W0260041

D. Schwarzenbach

Kristallographie

Springer

Berlin
Heidelberg
New York
Barcelona
Hongkong
London
Mailand
Paris
Singapur
Tokio

D. Schwarzenbach

Kristallographie

Mit 139 Abbildungen und 21 Tabellen

Übersetzt von J. Glinnemann

 Springer

Autor:

Prof. Dieter Schwarzenbach
Université de Lausanne
Institut de Cristallographie
BSP – Dorigny
1015 Lausanne
Switzerland

Übersetzer:

Dr. Juergen Glinnemann
Johann Wolfgang Goethe-Universität
Institut für Mineralogie
Abt. Kristallographie
Senckenberganlage 30
60054 Frankfurt/Main

Die Deutsche Bibliothek – CIP-Einheitsaufnahme

Kristallographie / D. Schwarzenbach, J. Glinnemann – Berlin ; Heidelberg ; New York ; Barcelona ; Hongkong ; London ; Mailand ; Paris ; Singapur ; Tokio : Springer, 2001

ISBN 978-3-540-67114-5   ISBN 978-3-642-59530-1 (eBook)
DOI 10.1007/978-3-642-59530-1

Die französische Originalausgabe ist 1996 unter dem Titel *Cristallographie* erschienen.
© 1996 Presses polytechniques et universitaires romandes, Lausanne, Switzerland.
Alle Rechte vorbehalten

Dieses Werk ist urheberrechtlich geschützt. Die dadurch begründeten Rechte, insbesondere die der Übersetzung, des Nachdrucks, des Vortrags, der Entnahme von Abbildungen und Tabellen, der Funksendung, der Mikroverfilmung oder der Vervielfältigung auf anderen Wegen und der Speicherung in Datenverarbeitungsanlagen, bleiben, auch bei nur auszugsweiser Verwertung, vorbehalten. Eine Vervielfältigung dieses Werkes oder von Teilen dieses Werkes ist auch im Einzelfall nur in den Grenzen der gesetzlichen Bestimmungen des Urheberrechtsgesetzes der Bundesrepublik Deutschland vom 9. September 1965 in der jeweils geltenden Fassung zulässig. Sie ist grundsätzlich vergütungspflichtig. Zuwiderhandlungen unterliegen den Strafbestimmungen des Urheberrechtsgesetzes.

Springer-Verlag Berlin Heidelberg New York
ein Unternehmen der BertelsmannSpringer Science+Business Media GmbH

© Springer-Verlag Berlin Heidelberg 2001

Die Wiedergabe von Gebrauchsnamen, Handelsnamen, Warenbezeichnungen usw. in diesem Werk berechtigt auch ohne besondere Kennzeichnung nicht zu der Annahme, daß solche Namen im Sinne der Warenzeichen- und Markenschutz-Gesetzgebung als frei zu betrachten wären und daher von jedermann benutzt werden dürften.
Sollte in diesem Werk direkt oder indirekt auf Gesetze, Vorschriften oder Richtlinien (z.B. DIN, VDI, VDE) Bezug genommen oder aus ihnen zitiert worden sein, so kann der Verlag keine Gewähr für die Richtigkeit, Vollständigkeit oder Aktualität übernehmen. Es empfiehlt sich, gegebenenfalls für die eigenen Arbeiten die vollständigen Vorschriften oder Richtlinien in der jeweils gültigen Fassung hinzuzuziehen.

Einbandgestaltung: design & production, Heidelberg
Satz: Reproduktionsfertige Vorlagen vom Autor

Gedruckt auf säurefreiem Papier   SPIN: 10757340   2/3020   – 5 4 3 2 1 0 –

Vorwort

Eine wesentliche Grundlage der exakten Naturwissenschaften ist die Erwartung, dass die makroskopischen Eigenschaften von Materialien sich durch ihre mikroskopischen Strukturen erklären und vorhersagen lassen. Die Kenntnis von der räumlichen Anordnung von Atomen und Molekülen, von interatomaren Bindungslängen und Bindungswinkeln, sowie von der Dynamik der Temperaturbewegungen ist deshalb von größtem Interesse für Physiker, Materialwissenschafter, Mineralogen, Chemiker und Biologen. Die Beugung von Strahlung kurzer Wellenlänge an Kristallen, in der Praxis hauptsächlich von Röntgenstrahlen, liefert diese Information und ist deshalb einem Mikroskop mit atomarer Auflösung vergleichbar. Die Röntgenkristallographie gehört heute zu den wichtigsten analytischen Untersuchungsmethoden in allen Fachrichtungen der Naturwissenschaften und wird in vielen Lehrbüchern aller Disziplinen kurz dargestellt. Ausgezeichnete Lehrbücher der Theorie und Praxis der Röntgenkristallographie sind ebenfalls in vielen Sprachen weit verbreitet.

Das vorliegende Werk entwickelte sich aus einer Grundvorlesung in Kristallographie für Studenten der Physik und der Materialwissenschaften im dritten und vierten Semester an den Lausanner Hochschulen. Es verfolgt nicht das Ziel, den Leser in die Praxis der Kristallstrukturbestimmung einzuführen, für die heute häufig ein Service-Kristallograph zur Verfügung steht. Es möchte vielmehr die fundamentalen Begriffe der Kristallographie vermitteln, deren Darstellung in manchen Lehrbüchern und besonders in kurzen Einführungen in die Kristallographie etwas zu summarisch ist. Begriffe wie das *Bravais-Gitter* oder das *Bragg-Gesetz* sind nur auf den ersten Blick trivial und werden oft mit Hilfe einfacher Bilder nicht hinlänglich genau präsentiert. Manche Physiker arbeiten vorwiegend mit einfachen, oftmals kubischen Kristallstrukturen, die von vielen Metallen realisiert werden. Sie bezeichnen häufig mit dem Wort *Gitter* sowohl die Anordnung der Atome (*Kristallstruktur*), als auch die Periodizität des Kristalls (*Translationengitter*), was für nur wenig kompliziertere Verbindungen zu unzulässigen Schlußfolgerungen führen kann. Umgekehrt kommen Chemiker und Biologen hauptsächlich mit Strukturen niedriger Symmetrie und vielen unabhängigen Atomen in Berührung und werden mit einer Vielzahl von Symbolen für Symmetriegruppen konfrontiert. Eine genaue Kenntnis der kristallographischen Grundbegriffe ist wesentlich für alle, sowohl in der Forschung als auch für das Verständnis einer Vielzahl von wissenschaftlichen Publikationen, sowohl für die Bedienung von heute weit verbreiteten und leicht zugänglichen Röntgenbeugungsgeräten als auch für das Verständnis der Resultate von Kristallstrukturbestimmungen und der Verwendung der Information aus kristallographischen Datenbanken.

Das erste Kapitel behandelt die klassischen Gesetze der Kristallmorphologie und der Translationssymmetrie. Insbesondere werden nichtunitäre (nichtorthonormierte) Gitterkoordinatensysteme und die entsprechenden reziproken Koordinatensysteme schon hier dargestellt. Das zweite Kapitel ist der Kristallsymmetrie gewidmet und soll den erfolgreichen Gebrauch der Internationalen Tabellen für Kristallographie ermöglichen. Insbesondere wird Wert darauf gelegt, dass die Kristallsysteme nicht durch die Gittermetrik, sondern durch die Kristallsymmetrie definiert werden und dass die metrischen Eigenschaften der entsprechenden Koordinatensysteme und auch der Bravais-Gitter aus der Symmetrie abgeleitet werden. Die mentale Vorstellung der Symmetrie im dreidimensionalen Raum, dargestellt durch zweidimensionale Skizzen, bereitet häufig wesentlich mehr Mühe, ist aber doch viel wichtiger zum tieferen Verständnis als der mathematische Formalismus der linearen Algebra. Im dritten Kapitel wird die Röntgenbeugung an Kristallen dargestellt. Es wird gezeigt, wie die Kristallmetrik (Pulvermethode) und die Kristallsymmetrie (Einkristallmethoden, Auslöschungen) bestimmt werden können. Als Schlüssel zu der heute weitgehend automatisierten Kristallstrukturanalyse wird das *Prokristallmodell* präsentiert: Die räumliche Verteilung der Elektronen wird in sehr guter Näherung durch die Überlagerung freier, kugelsymmetrischer Atome unter Vernachlässigung der chemischen Wechselwirkungen beschrieben. Im vierten Kapitel über Kristallphysik, darunter auch über die Kristalloptik, werden einige wichtige anisotrope Eigenschaften von Kristallen behandelt.

Das Buch wurde für die, nach Meinung des Autors, wichtigsten Bedürfnisse der Studenten geschrieben, die nicht ohne weiteres durch Lehrbücher der Physik, Chemie oder Materialwissenschaften befriedigt werden können. Es behandelt nicht die modernen Themen der kristallographischen Forschung, wie zum Beispiel aperiodische Kristalle, da auch heute noch die meisten Naturwissenschafter und Ingenieure kaum mit solchen Objekten in Berührung kommen. In vielen Laboratorien stehen klassische Röntgengeräte, auch wenn Flächendetektoren und Synchrotronstrahlung revolutionäre moderne Entwicklungen sind. Der Autor hofft, dass die vorliegende Darstellung der klassischen Kristallographie dem interessierten Leser auch den Einstieg in die moderne Forschung erleichtern wird. Er dankt seinen Studenten für ihre vielen Fragen zu den Vorlesungen, die Schwierigkeiten und schwer verständliche Argumente aufzeigten, und ohne die das Buch nicht geschrieben worden wäre. Er dankt auch vielen Freunden und Kollegen, allen voran dem Übersetzer, für ihre Vorschläge und konstruktive Kritik.

Dieter Schwarzenbach

Technische Bemerkungen

Die meisten Bilder wurden mit den Programmen MacDraw II, MacDrawPro (Claris) und SHAPE (Eric Dowty, Shape Software) gezeichnet. Die Vektoren und im vierten Kapitel auch die Tensoren werden in Fettdruck geschrieben, da ja Vektoren Tensoren erster Stufe sind. Der Betrag eines Vektors wird kursiv geschrieben: $\|\mathbf{a}\| = a$. Das Skalarprodukt zweier Vektoren $\mathbf{a}$ und $\mathbf{b}$ wird $\mathbf{a} \cdot \mathbf{b}$ geschrieben, das Vektorprodukt $\mathbf{a} \times \mathbf{b}$. Die Komponenten eines Vektors haben Spaltenform, d.h. er wird mit einer quadratischen Matrix $\mathbf{M}$ von links multipliziert, $\mathbf{a}' = \mathbf{M}\mathbf{a}$. Der transponierte Vektor $\mathbf{a}^T$ ist in Zeilenform und wird mit einer Matrix von rechts multipliziert: $\mathbf{a}'^T = \mathbf{a}^T\mathbf{M}^T$. Die Schreibweise $a{:}b{:}c$ bedeutet das numerische Verhältnis dreier Zahlen, d.h. die Quotienten a/b und b/c.

Inhaltsverzeichnis

Kapitel 1

Geometrische Kristallographie

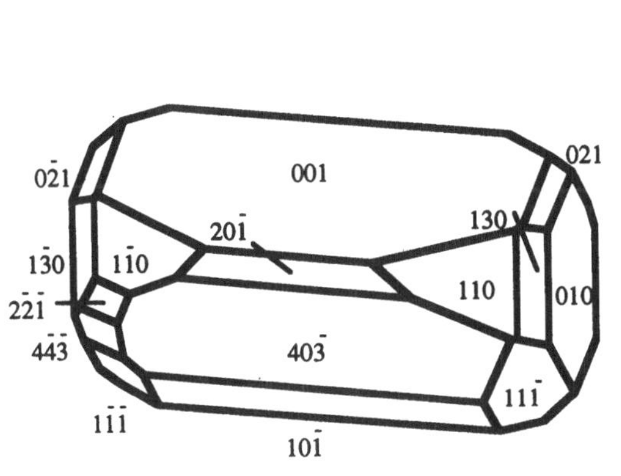

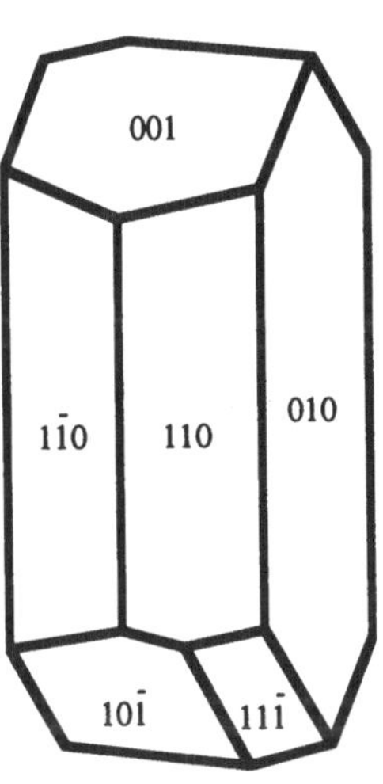

1.1 Einleitung

Die naturwissenschaftliche Disziplin Kristallographie ist der Erforschung der Struktur der
Materie im atomaren Bereich gewidmet, also der Bestimmung, Klassifizierung und
Interpretation der geometrischen Strukturen fester Stoffe, insbesondere der Kristalle. Ein
Kristall ist ein Festkörper, dessen mikroskopische Struktur durch eine dreidimensional-
periodische Wiederholung eines Motivs aus Atomen charakterisiert ist. Ein Kristall besitzt
demnach eine wohlgeordnete Struktur. In Quarz (Bergkristall) beispielsweise besteht das
Motiv aus drei Silicium- und sechs Sauerstoffatomen und beansprucht ein Volumen von
113 $\mathring{A}^3$ (0,113 nm^3). Das Studium atomarer Ordnung und Fehlordnung ist das zentrale
Anliegen des Kristallographen. Die Periodizität der atomaren Anordnung bedingt die
makroskopischen Eigenschaften der Kristalle: Ihre physikalischen Eigenschaften
(Spaltbarkeit, Härte, Wachstumsgeschwindigkeit, elektrische und thermische Leitfähigkeit,
Brechungsindex, Elastizität, Piezoelektrizität, um nur einige zu nennen) sind im
allgemeinen richtungsabhängig. Eine richtungsabhängige Eigenschaft wird als *anisotrop*,
eine richtungsunabhängige als *isotrop* bezeichnet. Gemäß einer älteren Definition ist ein
Kristall ein homogener, anisotroper Körper. Die polyedrischen Formen der Kristalle
entwickeln sich bei ungestörtem, hindernisfreiem Wachstum; sie sind die Übertragung der
Regelmäßigkeit der mikroskopischen, atomaren Strukturen in makroskopische Gestalt; sie
bilden darüber hinaus ein klassisches Beispiel für die Anisotropie der Kristalle.

Die Kristallographie ist eine interdisziplinäre Wissenschaft zwischen Physik, Chemie,
Molekularbiologie, Materialwissenschaften und Mineralogie-Petrographie. Zu ihren Themen
gehören: die geometrischen Grundlagen der Festkörperphysik; die Aufklärung der
mikroskopischen Strukturen in atomarer Auflösung (Kristallstrukturen) anorganischer,
organischer und makromolekularer Substanzen (zwischenatomare Abstände, Bindungs-
winkel, Stereochemie); die Identifikation kristalliner Substanzen und Substanzgemische
(Minerale und Gesteine, Qualitätskontrolle z. B. bei der Zementherstellung, Analyse von
Korrosionsprodukten, etc.); die Texturanalyse an Gesteinen und Legierungen sowie die
Analyse und Kontrolle von Kristallorientierungen. Die bei allen genannten Themen hauptsächlich angewandte experimentelle Untersuchungsmethode ist die Beugung (Diffraktion)
von Röntgenstrahlen und Neutronen mit Wellenlängen von etwa 1 $\mathring{A}$ (100 pm).

Aus dem exakten Vermessen der Flächenorientierungen an Kristallpolyedern hat sich
während des 18. und 19. Jahrhunderts die Theorie der Symmetrie der Kristalle und der
Periodizität ihrer mikroskopischen Strukturen (Translationssymmetrie) entwickelt.
Bestätigung fand diese Theorie im Jahre 1912 durch die grundlegenden Beugungsexperimente
mit Röntgenstrahlen von *M. von Laue, W. Friedrich und P. Knipping*. In der Folge reiften
Theorie und Technik der Kristallstrukturbestimmung durch Beugung zu einem machtvollen
Verfahren der Strukturanalyse, das mit einem Mikroskop atomarer Auflösung von etwa 0,5
$\mathring{A}$ (50 pm) verglichen werden kann. Von 1960 an hat die Röntgen-Kristallographie durch die
Entwicklung elektronischer Rechenanlagen mit immer größerer Leistungsfähigkeit einen
rasanten Aufschwung genommen. Heute werden jährlich mehr als 9000 Kristallstrukturen
und etwa 2000 neue Pulverdiagramme (vgl. Kap. 3) veröffentlicht. Kristallographische
Datenbanken und moderne graphische Methoden ermöglichen die wissenschaftliche Nutzung
dieser Ergebnisse.

Die Kristallographie des 19. Jahrhunderts kann als mathematischer Zweig der Mineralogie angesehen werden. Sie gründet auf zwei empirischen Gesetzen, dem *Gesetz der Winkelkonstanz* und dem *Gesetz der rationalen Indizes (Rationalitätsgesetz)*. Beiden Gesetzen wird gebührender Platz in diesem ersten Kapitel gewidmet, nachdem zwei fundamentale mathematische Prinzipien der Kristallographie diskutiert wurden: schiefwinklige Koordinatensysteme und reziproke Koordinatensysteme.

1.2 Analytische Geometrie schiefwinkliger Bezugssysteme

1.2.1 Koordinatensysteme

Die in der Kristallographie üblichen Koordinatensysteme werden definiert durch drei *nicht orthogonale Basisvektoren* **a**, **b**, **c** mit verschiedenen Längen a, b, c. Der Gebrauch dieser *Systeme* macht die analytische Geometrie etwas komplizierter als bei Verwendung eines orthonormierten Koordinatensystems.

> KONVENTION. *Es wird ein rechtshändiges System gewählt; die Reihenfolge der Koordinatenachsen* **a**, **b** *und* **c** *ist wie Daumen, Zeigefinger und Mittelfinger der rechten Hand;* α *ist der Winkel zwischen* **b** *und* **c**, β *der Winkel zwischen* **c** *und* **a** *und* γ *der Winkel zwischen* **a** *und* **b**.

Die Position eines beliebigen Punktes P wird durch die Koordinaten u, v, w des Vektors $\mathbf{r} = u\mathbf{a} + v\mathbf{b} + w\mathbf{c}$ beschrieben (Bild 1.1).

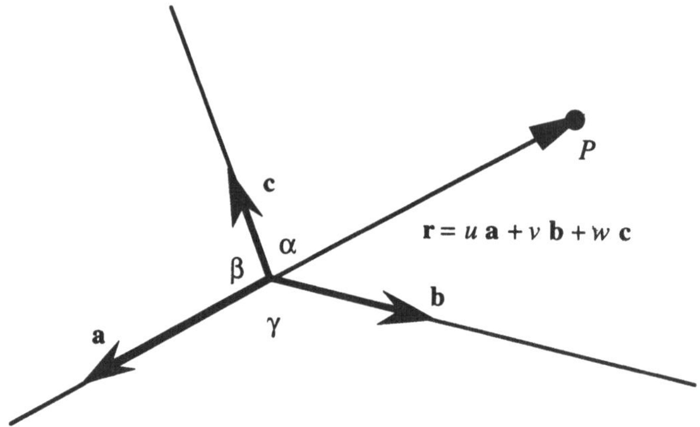

Bild 1.1 Schiefwinkliges Koordinatensystem und Koordinaten u, v, w eines Punktes P

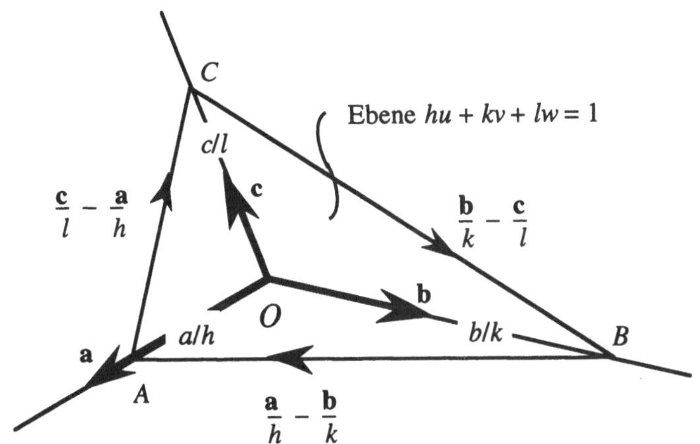

Bild 1.2 Schiefwinkliges Koordinatensystem und Gleichung einer Ebene

Die Gleichung einer Ebene als Achsenabschnittsform lautet $hu + kv + lw = 1$ wie bei einem orthonormierten Koordinatensystem (Bild 1.2). Für $v = w = 0$ folgt $u = 1/h$; h ist daher der *reziproke* Wert des Achsenabschnitts $O\text{–}A$ in Einheiten von a; A ist der Schnittpunkt der Ebene mit der Achse $\mathbf{a}$. Wird a in Metern gemessen, beträgt die Länge des Abschnitts $O\text{–}A$ a/h Meter. Der Abstand der Ebene vom Ursprung sei d.

1.2.2 Reziproke Koordinatensysteme

Die Normale $\mathbf{N}$ der Ebene $hu + kv + lw = 1$ verläuft vom Ursprung O auf die Ebene und berechnet sich aus dem Vektorprodukt (Bild 1.2):

$$\mathbf{N} = (\text{sign } hkl)[(\tfrac{\mathbf{a}}{h} - \tfrac{\mathbf{b}}{k}) \times (\tfrac{\mathbf{b}}{k} - \tfrac{\mathbf{c}}{l})] = \frac{1}{|hkl|}[h(\mathbf{b} \times \mathbf{c}) + k(\mathbf{c} \times \mathbf{a}) + l(\mathbf{a} \times \mathbf{b})]$$

Betrachten wir die Pyramide O, A, B, C. Ihr Volumen V beträgt ein Drittel des Produktes aus dem Flächeninhalt einer beliebigen Dreiecksfläche mit dem Abstand dieser Fläche von der vierten Ecke. Sei A, B, C die Dreiecksfläche, so gilt

$$V = \frac{1}{3}\,[\frac{1}{2}\,\|(\frac{\mathbf{a}}{h} - \frac{\mathbf{b}}{k}) \times (\frac{\mathbf{b}}{k} - \frac{\mathbf{c}}{l})\|]\,d = \frac{1}{6}\,d\,\|\mathbf{N}\|.$$

Sei stattdessen O, A, B die Dreiecksfläche, dann gilt

$$V = \frac{1}{3}\,\|[\frac{1}{2}\,(\frac{\mathbf{a}}{h} \times \frac{\mathbf{b}}{k}]\,\frac{\mathbf{c}}{l}\| = \frac{1}{6|hkl|}(\mathbf{a}\,\mathbf{b}\,\mathbf{c}),$$

mit $(\mathbf{a}\,\mathbf{b}\,\mathbf{c}) = \mathbf{a}\cdot(\mathbf{b} \times \mathbf{c}) = \mathbf{b}\cdot(\mathbf{c} \times \mathbf{a}) = \dots$ als Volumen des Parallelepipeds mit den Kanten $\mathbf{a}$, $\mathbf{b}$, $\mathbf{c}$. Also ist

$$\|\mathbf{N}\| = \frac{1}{d} \frac{(\mathbf{abc})}{|hkl|} \tag{1.1}$$

Der Vektor $\mathbf{r}^* = |hkl|\,\mathbf{N}/(\mathbf{a\,b\,c})$ hat die folgenden Eigenschaften (Bild. 1.3):

- $\mathbf{r}^* = h\,\mathbf{a}^* + k\,\mathbf{b}^* + l\,\mathbf{c}^*$;
  $\mathbf{a}^* = (\mathbf{b} \times \mathbf{c})/(\mathbf{a\,b\,c})$, $\mathbf{b}^* = (\mathbf{c} \times \mathbf{a})/(\mathbf{a\,b\,c})$, $\mathbf{c}^* = (\mathbf{a} \times \mathbf{b})/(\mathbf{a\,b\,c})$;

- $\mathbf{r}^*$ ist die Normale der Ebene $hu + kv + lw = 1$, vom Ursprung O gegen die Ebene gerichtet;

- der Betrag von $\mathbf{r}^*$ ist $\|\mathbf{r}^*\| = 1/d$.

Das Koordinatensystem $\mathbf{a}^*$, $\mathbf{b}^*$, $\mathbf{c}^*$ ist *reziprok* zum Bezugssystem $\mathbf{a}$, $\mathbf{b}$, $\mathbf{c}$. Werden die Längen a, b, c in Metern gemessen, so haben die Beträge a^*, b^*, c^* die Einheit (Meter)$^{-1}$. Die reziproken Vektoren $\mathbf{a}^*$, $\mathbf{b}^*$, $\mathbf{c}^*$ sind im allgemeinen *nicht* parallel zu $\mathbf{a}$, $\mathbf{b}$ und $\mathbf{c}$, und ihre Beträge sind *nicht* gleich $1/a$, $1/b$ und $1/c$. Man sieht leicht, daß die folgenden Beziehungen gelten:

$$\mathbf{a}^*{\cdot}\mathbf{a} = \mathbf{b}^*{\cdot}\mathbf{b} = \mathbf{c}^*{\cdot}\mathbf{c} = 1;\ \mathbf{a}^*{\cdot}\mathbf{b} = \mathbf{a}^*{\cdot}\mathbf{c} = \mathbf{b}^*{\cdot}\mathbf{a} = \mathbf{b}^*{\cdot}\mathbf{c} = \mathbf{c}^*{\cdot}\mathbf{a} = \mathbf{c}^*{\cdot}\mathbf{b} = 0.$$

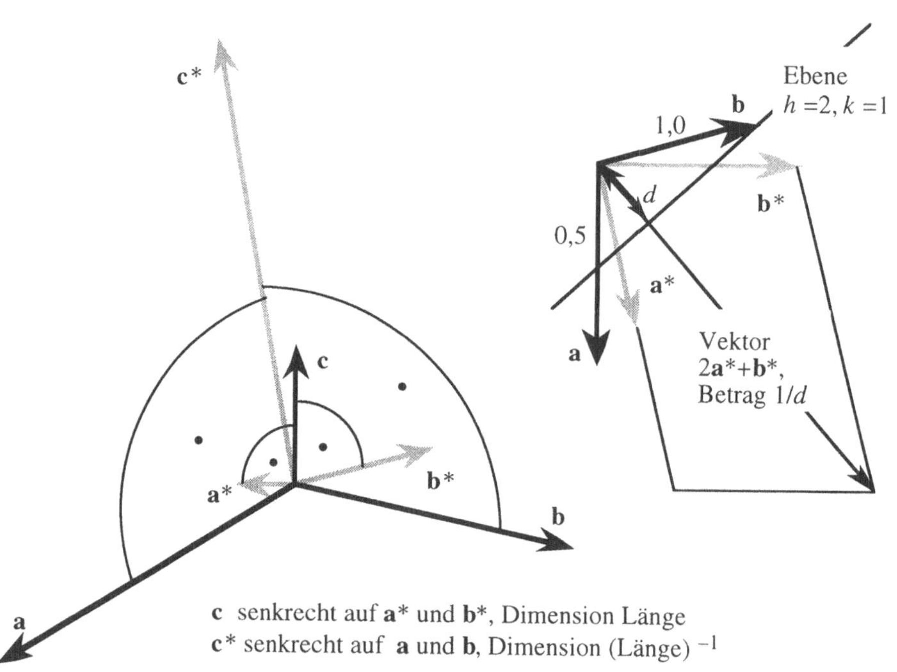

Bild 1.3 Direkte und reziproke Achsen. Der Vektor $2\mathbf{a}^* + \mathbf{b}^*$ ist die Normale zur Ebene $h/k = 2$. Diese Ebene schneidet die Achsen $\mathbf{a}$ und $\mathbf{b}$ in den Punkten $1/2a$ und $1b$

Werden die Basisvektoren mit $\mathbf{a}_1$, $\mathbf{a}_2$ und $\mathbf{a}_3$ bezeichnet und ihre reziproken Vektoren mit $\mathbf{a}_1{}^*$, $\mathbf{a}_2{}^*$ und $\mathbf{a}_3{}^*$, können diese Beziehungen durch den folgenden Ausdruck zusammengefaßt werden, der die reziproken Vektoren mittels der Basisvektoren definiert und umgekehrt:

$$\mathbf{a}_i \cdot \mathbf{a}_j{}^* = \delta_{ij}\ (\,=1\ \text{für}\ i=j,\ 0\ \text{für}\ i \neq j).\tag{1.2}$$

Die Symmetrie von (1.2) zeigt, daß $\mathbf{a}_1$, $\mathbf{a}_2$, $\mathbf{a}_3$ das reziproke System zu $\mathbf{a}_1{}^*$, $\mathbf{a}_2{}^*$, $\mathbf{a}_3{}^*$ bildet; $\mathbf{a} = (\mathbf{b}^* \times \mathbf{c}^*)/(\mathbf{a}^*\ \mathbf{b}^*\ \mathbf{c}^*)$, etc.

Die Gleichung der Ebene hkl wird nun zu $hu + kv + lw = \mathbf{r} \cdot \mathbf{r}^* = 1$. Die Projektion des Vektors $\mathbf{r}$ auf die Ebenennormale $\mathbf{r}^*$ beträgt d.

Die Berechnung reziproker Größen erfolgt mittels Formeln, die sich aus einigen Skalar- und Vektorprodukten ableiten lassen:

$$\mathbf{a}^* \cdot \mathbf{b}^* = (\mathbf{b} \times \mathbf{c}) \cdot (\mathbf{c} \times \mathbf{a})/(\mathbf{a}\ \mathbf{b}\ \mathbf{c})^2$$

$$\phantom{\mathbf{a}^* \cdot \mathbf{b}^*} = [(\mathbf{b}\cdot\mathbf{c})(\mathbf{a}\cdot\mathbf{c}) - c^2(\mathbf{a}\cdot\mathbf{b})]/(\mathbf{a}\ \mathbf{b}\ \mathbf{c})^2 \tag{1.3}$$

$$\mathbf{a}^* \times \mathbf{b}^* = [(\mathbf{b} \times \mathbf{c}) \times (\mathbf{c} \times \mathbf{a})]/(\mathbf{a}\ \mathbf{b}\ \mathbf{c})^2 = \mathbf{c}\cdot(\mathbf{b}\ \mathbf{c}\ \mathbf{a})/(\mathbf{a}\ \mathbf{b}\ \mathbf{c})^2 \tag{1.4}$$

$$c\,(\mathbf{a}\ \mathbf{b}\ \mathbf{c}) = \|(\mathbf{b} \times \mathbf{c}) \times (\mathbf{c} \times \mathbf{a})\| = abc^2\sin\alpha\ \sin\beta\ \sin\gamma^* \tag{1.5}$$

$$(\mathbf{a}\ \mathbf{b}\ \mathbf{c})^2 = a^2\,\|\,\mathbf{b} \times \mathbf{c}\,\|^2 - \|\mathbf{a} \times (\mathbf{b} \times \mathbf{c})\|^2$$

$$\phantom{(\mathbf{a}\ \mathbf{b}\ \mathbf{c})^2} = a^2b^2c^2\,(1 - \cos^2\alpha - \cos^2\beta - \cos^2\gamma + 2\cos\alpha\ \cos\beta\ \cos\gamma) \tag{1.6}$$

$$(\mathbf{a}\ \mathbf{b}\ \mathbf{c}) = abc\ \sin\alpha\ \sin\beta\ \sin\gamma^* = abc\ \sin\alpha\ \sin\beta^*\ \sin\gamma$$

$$\phantom{(\mathbf{a}\ \mathbf{b}\ \mathbf{c})} = abc\ \sin\alpha^*\ \sin\beta\ \sin\gamma \qquad\qquad \text{aus (1.5)} \tag{1.7}$$

$$(\mathbf{a}^*\ \mathbf{b}^*\ \mathbf{c}^*) = (\mathbf{a}\ \mathbf{b}\ \mathbf{c})^{-1} \qquad\qquad \text{aus (1.4)} \tag{1.8}$$

$$a^* : b^* : c^* = bc\ \sin\alpha : ca\ \sin\beta : ab\ \sin\gamma \tag{1.9}$$

$$\cos\gamma^* = (\cos\alpha\ \cos\beta - \cos\gamma)/(\sin\alpha\ \sin\beta) \qquad\qquad \text{aus (1.3)} \tag{1.10}$$

$$\cos\alpha^* = (\cos\beta\ \cos\gamma - \cos\alpha)/(\sin\beta\ \sin\gamma) \qquad\qquad \text{aus (1.3)} \tag{1.11}$$

$$\cos\beta^* = (\cos\alpha\ \cos\gamma - \cos\beta)/(\sin\alpha\ \sin\gamma) \qquad\qquad \text{aus (1.3)} \tag{1.12}$$

$$a^* = (a\ \sin\beta\ \sin\gamma^*)^{-1} = (a\ \sin\beta^*\ \sin\gamma)^{-1} \qquad\qquad \text{aus (1.7)} \tag{1.13}$$

$$b^* = (b\ \sin\gamma\ \sin\alpha^*)^{-1} = (b\ \sin\gamma^*\ \sin\alpha)^{-1} \qquad\qquad \text{aus (1.7)} \tag{1.14}$$

$$c^* = (c\ \sin\alpha\ \sin\beta^*)^{-1} = (c\ \sin\alpha^*\ \sin\beta)^{-1} \qquad\qquad \text{aus (1.7)} \tag{1.15}$$

1.2.3 Metrischer Tensor

Das Betragsquadrat eines Vektors $\mathbf{r} = u\mathbf{a} + v\mathbf{b} + w\mathbf{c}$ ist $\|\mathbf{r}\|^2 = (u\mathbf{a} + v\mathbf{b} + w\mathbf{c})^2 =$
$= u^2a^2 + v^2b^2 + w^2c^2 + 2uv\mathbf{a}\cdot\mathbf{b} + 2uw\mathbf{a}\cdot\mathbf{c} + 2vw\mathbf{b}\cdot\mathbf{c}$. In Matrixschreibweise:

$$\|\mathbf{r}\|^2 = (u \quad v \quad w)\begin{pmatrix} \mathbf{a}^2 & \mathbf{a}\cdot\mathbf{b} & \mathbf{a}\cdot\mathbf{c} \\ \mathbf{a}\cdot\mathbf{b} & \mathbf{b}^2 & \mathbf{b}\cdot\mathbf{c} \\ \mathbf{a}\cdot\mathbf{c} & \mathbf{b}\cdot\mathbf{c} & \mathbf{c}^2 \end{pmatrix}\begin{pmatrix} u \\ v \\ w \end{pmatrix} = \mathbf{u}^T \mathsf{M}\, \mathbf{u} \tag{1.16}$$

$\mathbf{u}^T$ ist dabei der Zeilenvektor $(u\ v\ w)$, also der transponierte Spaltenvektor $\mathbf{u}$. M heißt *metrischer Tensor*; seine Determinante ist

$$|\mathsf{M}| = (\mathbf{a}\ \mathbf{b}\ \mathbf{c})^2 \tag{1.17}$$

In analoger Weise wird das Betragsquadrat eines reziproken Vektors erhalten:
$\|\mathbf{r}^*\|^2 = (h\mathbf{a}^* + k\mathbf{b}^* + l\mathbf{c}^*)^2 = h^2a^{*2} + k^2b^{*2} + l^2c^{*2} + 2hk\mathbf{a}^*\cdot\mathbf{b}^* + 2hl\mathbf{a}^*\cdot\mathbf{c}^* + 2kl\mathbf{b}^*\cdot\mathbf{c}^*$.
In Matrixschreibweise folgt

$$\|\mathbf{r}^*\|^2 = (h \quad k \quad l)\begin{pmatrix} \mathbf{a}^{*2} & \mathbf{a}^*\cdot\mathbf{b}^* & \mathbf{a}^*\cdot\mathbf{c}^* \\ \mathbf{a}^*\cdot\mathbf{b}^* & \mathbf{b}^{*2} & \mathbf{b}^*\cdot\mathbf{c}^* \\ \mathbf{a}^*\cdot\mathbf{c}^* & \mathbf{b}^*\cdot\mathbf{c}^* & \mathbf{c}^{*2} \end{pmatrix}\begin{pmatrix} h \\ k \\ l \end{pmatrix} = \mathbf{h}^T \mathsf{M}^* \mathbf{h} \tag{1.18}$$

$\mathbf{h}^T$ ist der Zeilenvektor $(h\ k\ l)$, Transponierter des Spaltenvektors $\mathbf{h}$. Man kann zeigen, daß der reziproke metrische Tensor M^* invers zu M ist:

$$\mathsf{M}^* = \mathsf{M}^{-1}. \tag{1.19}$$

Der metrische Tensor einer orthonormierten Basis wird durch die Einheitsmatrix dargestellt

$$\mathsf{M}_{ij} = \mathsf{M}^*_{ij} = \delta_{ij}.$$

Das *Skalarprodukt* zweier Vektoren $\mathbf{r}_1$ und $\mathbf{r}_2$ ist $\mathbf{r}_1\cdot\mathbf{r}_2 = \mathbf{u}_1^T \mathsf{M}\, \mathbf{u}_2$, das zweier reziproker Vektoren $\mathbf{r}_1^*$ und $\mathbf{r}_2^*$ ist $\mathbf{r}_1^*\cdot\mathbf{r}_2^* = \mathbf{h}_1^T \mathsf{M}^* \mathbf{h}_2$. Das Skalarprodukt von $\mathbf{r}_1$ und $\mathbf{r}_2^*$ ist $\mathbf{r}_1\cdot\mathbf{r}_2^* = \mathbf{u}_1^T \mathbf{h}_2$.

Das *Vektorprodukt* zweier Vektoren $\mathbf{r}_1$ und $\mathbf{r}_2$, dividiert durch $(\mathbf{a}\ \mathbf{b}\ \mathbf{c})$, wird

$$(\mathbf{r}_1 \times \mathbf{r}_2)/(\mathbf{a}\ \mathbf{b}\ \mathbf{c}) = (v_1w_2 - v_2w_1)\mathbf{a}^* + (w_1u_2 - w_2u_1)\mathbf{b}^* + (u_1v_2 - u_2v_1)\mathbf{c}^* = \mathbf{r}_{hkl}{}^*,$$

das Vektorprodukt zweier reziproker Vektoren $\mathbf{r}_1^*$ und $\mathbf{r}_2^*$, dividiert durch $(\mathbf{a}^*\ \mathbf{b}^*\ \mathbf{c}^*)$

$$(\mathbf{r}_1^* \times \mathbf{r}_2^*)/(\mathbf{a}^*\mathbf{b}^*\mathbf{c}^*) = (k_1l_2 - k_2l_1)\mathbf{a} + (l_1h_2 - l_2h_1)\mathbf{b} + (h_1k_2 - h_2k_1)\mathbf{c} = \mathbf{r}_{uvw}.$$

Die beiden letzten Relationen können mittels der beiden folgenden Determinantenschemata dargestellt werden:

$$\frac{\begin{vmatrix} u_1 \\ u_2 \end{vmatrix}\begin{matrix} v_1 & w_1 & u_1 & v_1 \\ v_2 & w_2 & u_2 & v_2 \end{matrix}\begin{vmatrix} w_1 \\ w_2 \end{vmatrix}}{h \qquad k \qquad l} \qquad \frac{\begin{vmatrix} h_1 \\ h_2 \end{vmatrix}\begin{matrix} k_1 & l_1 & h_1 & k_1 \\ k_2 & l_2 & h_2 & k_2 \end{matrix}\begin{vmatrix} l_1 \\ l_2 \end{vmatrix}}{u \qquad v \qquad w} \qquad (1.20)$$

1.2.4 Kovariante und kontravariante Transformationen

Beim Übergang von einem Bezugssystem $\mathbf{a}$, $\mathbf{b}$, $\mathbf{c}$ zu einem anderen $\mathbf{a'}$, $\mathbf{b'}$, $\mathbf{c'}$ transformieren die Vektoren sowie die Koordinaten des Direktraumes und des reziproken Raumes nicht auf gleiche Weise. Angenommen, die jeweiligen Transformationen werden durch die (3×3)-Matrizen $\mathbf{C}_a$, $\mathbf{C}_{a*}$, $\mathbf{C}_u$ und $\mathbf{C}_h$ beschrieben:

$$\begin{pmatrix} \mathbf{a'} \\ \mathbf{b'} \\ \mathbf{c'} \end{pmatrix} = \mathbf{C}_a \begin{pmatrix} \mathbf{a} \\ \mathbf{b} \\ \mathbf{c} \end{pmatrix}, \quad \begin{pmatrix} \mathbf{a*'} \\ \mathbf{b*'} \\ \mathbf{c*'} \end{pmatrix} = \mathbf{C}_{a*} \begin{pmatrix} \mathbf{a*} \\ \mathbf{b*} \\ \mathbf{c*} \end{pmatrix}, \quad \begin{pmatrix} u' \\ v' \\ w' \end{pmatrix} = \mathbf{C}_u \begin{pmatrix} u \\ v \\ w \end{pmatrix}, \quad \begin{pmatrix} h' \\ k' \\ l' \end{pmatrix} = \mathbf{C}_h \begin{pmatrix} h \\ k \\ l \end{pmatrix}$$

Die Vektoren $\mathbf{r}$ und $\mathbf{r*}$ und ebenso das Skalarprodukt $\mathbf{r}\cdot\mathbf{r*}$ sind invariant bezüglich dieser Transformationen:

$$\mathbf{r} = \begin{pmatrix} u & v & w \end{pmatrix}\begin{pmatrix} \mathbf{a} \\ \mathbf{b} \\ \mathbf{c} \end{pmatrix} = \begin{pmatrix} u' & v' & w' \end{pmatrix}\begin{pmatrix} \mathbf{a'} \\ \mathbf{b'} \\ \mathbf{c'} \end{pmatrix} = \begin{pmatrix} u & v & w \end{pmatrix}\mathbf{C}_u^T\mathbf{C}_a\begin{pmatrix} \mathbf{a} \\ \mathbf{b} \\ \mathbf{c} \end{pmatrix}$$

$$\mathbf{r*} = \begin{pmatrix} h & k & l \end{pmatrix}\begin{pmatrix} \mathbf{a*} \\ \mathbf{b*} \\ \mathbf{c*} \end{pmatrix} = \begin{pmatrix} h' & k' & l' \end{pmatrix}\begin{pmatrix} \mathbf{a*'} \\ \mathbf{b*'} \\ \mathbf{c*'} \end{pmatrix} = \begin{pmatrix} h & k & l \end{pmatrix}\mathbf{C}_h^T\mathbf{C}_{a*}\begin{pmatrix} \mathbf{a*} \\ \mathbf{b*} \\ \mathbf{c*} \end{pmatrix}$$

$$\mathbf{r}\cdot\mathbf{r*} = \begin{pmatrix} u & v & w \end{pmatrix}\begin{pmatrix} h \\ k \\ l \end{pmatrix} = \begin{pmatrix} u' & v' & w' \end{pmatrix}\begin{pmatrix} h' \\ k' \\ l' \end{pmatrix} = \begin{pmatrix} u & v & w \end{pmatrix}\mathbf{C}_u^T\mathbf{C}_h\begin{pmatrix} h \\ k \\ l \end{pmatrix}$$

Daher folgt:

$$\mathbf{C}_a = \mathbf{C}_h = \left(\mathbf{C}_{a*}^T\right)^{-1}, \quad \mathbf{C}_{a*} = \mathbf{C}_u = \left(\mathbf{C}_a^T\right)^{-1} \qquad (1.21)$$

Die Basisvektoren $\boldsymbol{a}$, $\boldsymbol{b}$, $\boldsymbol{c}$ des Direktraums und die reziproken Koordinaten h, k, l transformieren kovariant. Die Basisvektoren $\boldsymbol{a*}$, $\boldsymbol{b*}$, $\boldsymbol{c*}$ des reziproken Raumes und die direkten Koordinaten u, v, w transformieren kontravariant.

1.3 Polyedergestalt der Kristalle

1.3.1 Konstanz der Flächenwinkel

Das Gesetz der Winkelkonstanz wurde von dem Dänen *Nils Steensen* (latinisiert *Nicolaus Steno*, 1669) an Quarzkristallen festgestellt. Verallgemeinert von dem Italiener *Domenico Guglielmini* (1688) und von dem Schweizer *Moritz Anton Cappeller* (1723), wurde es von dem Franzosen *Jean Baptiste Louis Romé de l'Isle* (1783) endgültig formuliert:

*   Der Winkel zwischen zwei Flächen ändert sich nicht während des Kristallwachstums; er ist daher unabhängig vom Abstand der Flächen von einem gegebenen Punkt;
*   die Winkel zwischen entsprechenden Flächen zweier Individuen derselben Kristallart sind gleich (bei gleicher Temperatur und gleichem Druck);
*   unter definierten physikalischen Bedingungen sind die Winkel zwischen Flächen demnach charakteristisch für eine Kristallart.

(Es sollte beachtet werden, daß die Winkelkonstanz zwischen verschiedenen Individuen derselben Spezies nicht einschließt, daß verschiedene Kristallarten notwendigerweise durch unterschiedliche Winkel charakterisiert sind.)

Daraus leitet sich das *Prinzip von Bernhardi* (1809) ab: Anzahl und Größe der Flächen eines Kristalls sind uncharakteristisch; jeder Kristall besitzt seine eigene Individualität (*Habitus*). Einzig *Richtungen* und *Orientierungen* sind entscheidend, das heißt Richtungen von *Kanten* und *Flächennormalen* (Bild 1.4). (Die Orientierung einer Ebene wird durch ihre Normalenrichtung charakterisiert.)

Die Winkel zwischen den Flächennormalen eines Kristalls werden mit einem optischen Goniometer (Theodolit) bei Reflexion eines Lichtstrahls an den Flächen gemessen. Die Genauigkeit derartiger Messungen beträgt etwa fünf Bogenminuten.

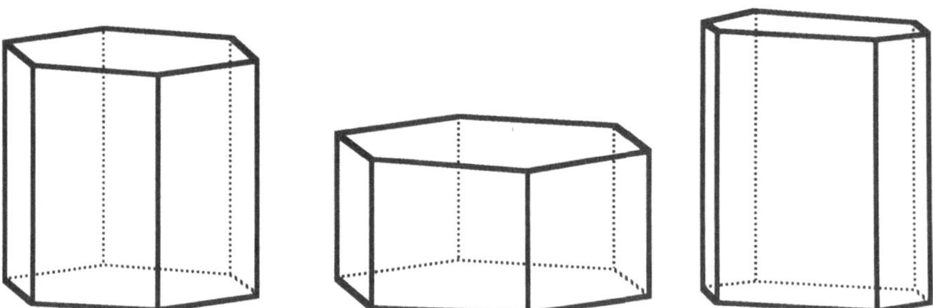

Bild 1.4 Prinzip von Bernhardi: Drei Polyeder mit denselben Winkeln von 60° und 90° zwischen Normalen einander entsprechender Flächen

1.3.2 Gesetz der rationalen Indizes

Dieses Gesetz besagt, daß die Gestalt eines Kristalls kein beliebiges Polyeder sein kann. Erstmalig fomuliert von *René Just Haüy* (1743-1826), wurde es in der ersten Hälfte des 19. Jahrhunderts von *Chr. S. Weiss, F. E. Neumann* und *W. H. Miller* präzisiert. Wie die Gesetze der Stöchiometrie ist es Ausdruck des atomaren Aufbaus der Materie und daher also von fundamentaler Bedeutung.

Zur analytischen Beschreibung der Kristallflächen wählen wir ein Koordinatensystem, das dem Kristall angepaßt ist. Im allgemeinen wird es sich daher nicht um ein orthonormiertes System handeln. Drei nicht koplanare Kanten werden als Richtungen der Achsen **a**, **b** und **c** gewählt. Die Längenverhältnisse $a : b : c$ sind dann durch eine vierte Kantenrichtung, die als **a** + **b** + **c** definiert wird, bestimmt. Die absoluten Beträge a, b und c sind hierbei nicht von Interesse: Die Gestalt des Kristalls wird nur durch die *Richtungen* der Kanten und die *Orientierungen* der Flächen charakterisiert. Die Gleichung einer Fläche ist $hu + kv + lw = n$, mit n als Konstante von beliebigem Wert. Ein Verschieben der Fläche, bis sie den Ursprung enthält, ändert die Gleichung zu $hu + kv + lw = 0$; das Verhältnis $h : k : l$ bestimmt ihre Orientierung. In analoger Weise ist die Richtung einer Kante durch das Verhältnis $u : v : w$ festgelegt.

In der Praxis werden nur die Orientierungen von Flächen, nicht jedoch die Richtungen von Kanten benutzt, um das Koordinatensystem festzulegen (Bild 1.5): Man wählt drei nicht koplanare Flächen, deren paarweise Schnittgeraden die Richtungen der Vektoren **a**, **b** und **c** definieren. Durch die Wahl einer vierten Fläche, die alle drei Kanten schneidet, wird das Verhältnis $a : b : c$ festgelegt. Die Orientierungen sämtlicher anderer Flächen des Kristalls beziehen sich nun ebenfalls auf dieses Koordinatensystem und gehorchen wie auch die Kanten dem *Gesetz der rationalen Indizes*:

Die Verhältnisse $h : k : l$ sämtlicher Flächen und $u : v : w$ sämtlicher Kanten sind rationale Zahlen.

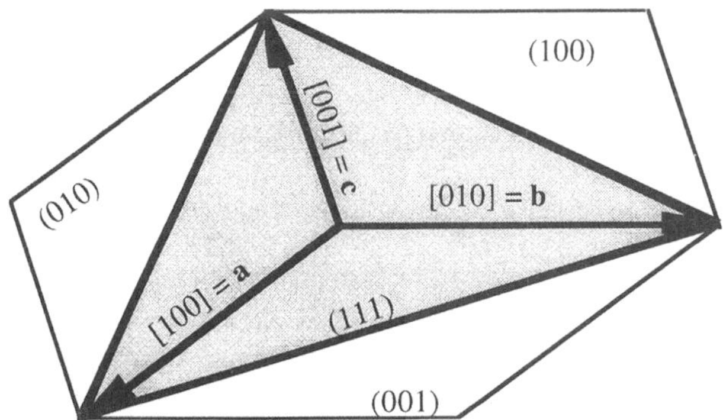

Bild 1.5 Definition eines Koordinatensystems mittels vier Flächen. [1 0 0], [0 1 0] und [0 0 1] stehen für die Achsen **a**, **b**, **c**: **a** = 1**a** + 0**b** + 0**c** etc. (1 0 0), (0 1 0) und (0 0 1) bezeichnen Flächen parallel zu den (**b**,**c**)-, (**a**,**c**)- und (**a**,**b**)-Ebenen. (1 1 1) ist die Fläche mit $h : k : l = 1 : 1 : 1$, d. h. mit $u + v + w =$ konstant

Jedes Meßergebnis mit endlicher Genauigkeit kann durch eine rationale Zahl beschrieben werden. Die Angabe rationaler Zahlen für Flächen- und Kantenindizes von Kristallen macht daher offenbar nur Sinn, wenn es sich um *kleine ganze* Zahlen handelt, die außerdem noch *teilerfremd* sein dürfen:

> *Die Koordinaten h, k, l aller Flächen sowie die Koordinaten u, v, w aller Kanten eines Kristalls sind kleine ganze Zahlen und teilerfremd.*

Diese Zahlen heißen *Miller-Indizes* und befinden sich selten außerhalb des Intervalls ±10. Die *Flächenindizes* stehen, ohne durch Kommata getrennt zu sein, zwischen *runden* Klammern, negative Zahlen werden $\bar{h}, \bar{k}, \bar{l}$ geschreiben, z. B. (1 3 $\bar{4}$) oder (1 $\bar{1}$ 1). Die Indizes ($h\ k\ l$) und ($\bar{h}\ \bar{k}\ \bar{l}$) bezeichnen parallele Flächen des Polyeders bzw. die zwei Seiten einer Fläche. Sämtliche Flächen ($h\ k\ 0$) sind parallel zum Vektor **c**, alle Flächen ($h\ 0\ l$) parallel zu **b** und alle Flächen ($0\ k\ l$) parallel zu **a**. Die Koeffizienten h, k, l definieren darüber hinaus den reziproken Vektor $\mathbf{r^*} = h\mathbf{a^*} + k\mathbf{b^*} + l\mathbf{c^*}$. Die *Kantenindizes* stehen zwischen *eckigen* Klammern, [$u\ v\ w$], z. B. [1 3 $\bar{4}$], [1 $\bar{1}$ 1]. Sie definieren den Vektor $\mathbf{r} = u\mathbf{a} + v\mathbf{b} + w\mathbf{c}$ im Kristallraum.

Sind die Miller-Indizes zweier Flächen bekannt, ($h_1\ k_1\ l_1$) und ($h_2\ k_2\ l_2$), können mit Hilfe des rechten Determinantenschemas in (1.20) auf S. 9 die Indizes [$u\ v\ w$] ihrer Schnittkante berechnet werden. So sind z. B. [0 $\bar{1}$ 1], [1 0 $\bar{1}$] und [$\bar{1}$ 1 0] die Schnittkanten der Fläche (1 1 1) mit (1 0 0), (0 1 0) und (0 0 1).

1.3.3 Zone

Zu Beginn haben wir den Kristall mit Hilfe seiner Flächen und Kanten beschrieben, anschließend die Flächen durch ihre Normalen ersetzt. In Analogie kann eine Kante durch die zu ihr senkrechte Ebene ersetzt werden, die wiederum die Normalen aller Ebenen enthält, die zu dieser Kante parallel sind. Eine *Zone* ist die Gesamtheit der Flächen, die parallel zu einer bestimmten Richtung liegen. Falls sich Flächen einer Zone schneiden, was vom Habitus des Kristalls abhängt, verläuft ihre Schnittkante parallel zu dieser Richtung, der *Zonenachse*. Diese ist daher eine wirklich existierende oder doch mögliche Kristallkante. Die Normalen der Flächen einer Zone bilden die *Zonenebene*.

Die geometrische Kristallographie beschreibt die Gestalt eines Kristalls mit Hilfe seiner Flächennormalen und seiner Zonenebenen, also durch Richtungen und Ebenen im reziproken Raum. Dort schneidet die Zonenebene [$u\ v\ w$] die Vektoren $\mathbf{a^*}$, $\mathbf{b^*}$, $\mathbf{c^*}$ an den Stellen a^*/u, b^*/v und c^*/w. Dies ist eine gleichwertige Beschreibung zu der mit Flächen und Kanten im Kristallraum.

1.3.4 Stereographische Projektion

Ein nützliches Werkzeug zur zweidimensionalen Darstellung einer Kristallgestalt ist die *stereographische Projektion* mit Hilfe des *Wulffschen Netzes* (Bilder 1.6 und 1.7, S. 13/14).

Der zu projizierende Kristall befinde sich im Mittelpunkt einer Kugel, der Projektions- oder Lagekugel. Die Schnittpunkte der Flächennormalen $\mathbf{r^*}$ mit der Kugeloberfläche bilden die Flächenpole s. Deren stereographische Projektion in die Äquatorialebene – und damit Zeichenebene – sind die Schnittpunkte p der Verbindungsgeraden von s zum Projektions-

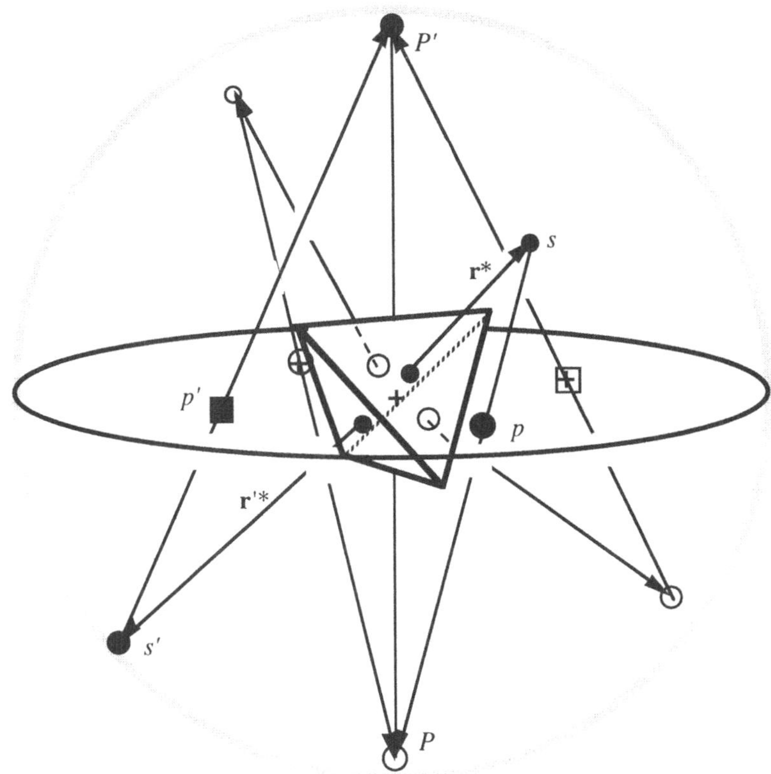

Bild 1.6 Stereographische Projektion

punkt *P*. Für Flächennormalen **r***' bzw. Flächenpole *s'* in der unteren Kugelhälfte wird *P'* als Projektionspunkt benutzt und so *p'* als stereographische Projektion erhalten. Die stereographische Projektion ist winkel- und kreistreu. Eine Zonenebene aus mehreren Flächennormalen **r*** bildet auf der Projektionskugel einen Großkreis (Meridian), den Zonenkreis. In der stereographischen Projektion liegen die zugehörigen Flächenpole *s* ebenfalls auf einem Großkreis.

Analog zum Gebrauch in der Geographie werden die Koordinaten der Punkte *s* auf der Lagekugel mit Hilfe eines Netzes von Längenkreisen (Meridianen, Großkreisen) und zueinander parallelen Breitenkreisen (Kleinkreisen) beschrieben. Das Wulffsche Netz (Bild 1.7, S. 14) ist die stereographische Projektion dieses Netzes, wobei der *Nord-* und *Südpol* auf der Peripherie der Projektionsebene liegen.

Von einem Kristall kann nach Ausmessen der Winkel zwischen seinen Flächennormalen auf einem optischen Goniometer mit Hilfe des Wulffschen Netzes eine stereographische Projektion (auch Stereogramm genannt) gezeichnet werden. Anschließend können Zonen gefunden werden, indem das Stereogramm über dem Wulffschen Netz um dessen Mittelpunkt gedreht wird, bis mehrere Flächenpole auf einem der Großkreise des Netzes liegen. Die Flächen können dann indiziert werden (vgl. Übung 5.1.6).

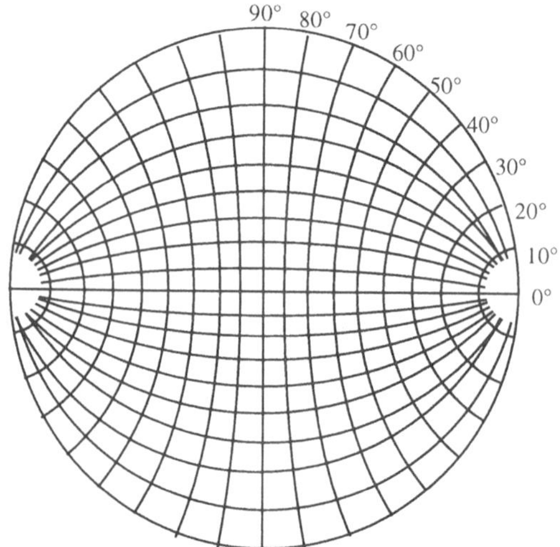

Bild 1.7 Wulffsches Netz. Die beiden dem geographischen Nord- und Südpol entsprechenden Pole liegen auf der Peripherie der Projektionsebene

1.4 Periodische Parkettierungen und Kristallstrukturen

1.4.1 Translationengitter

Das Gesetz der rationalen Indices und die Beobachtung einer ausgeprägten Spaltbarkeit – ebenfalls nach rationalen Flächen – vieler Kristalle, insbesondere die von Calcit, $CaCO_3$, bildeten den Keim für die Theorie eines gitterartigen inneren Aufbaus der kristallinen Materie:

Eine Kristallstruktur ist die dreidimensional-periodische Wiederholung eines Motivs.

Diese Theorie impliziert die Existenz eines mikroskopischen strukturellen Elementarbereichs, dem „molécule intrégrante" von *René Just Haüy*. Sie führte, zusammen mit den Gesetzen der Stöchiometrie, zur Entdeckung des atomaren Aufbaus der Materie durch das fundamentale Experiment zur Beugung von Röntgenstrahlen (*Max von Laue*, 1912; vgl. Kap. 3).

Die zweidimensional-periodische Struktur in Bild 1.8a sei unendlich ausgedehnt. Wir wählen *Gitterpunkte* durch Markieren einer beliebigen Stelle und aller weiteren mit exakt gleichartiger Umgebung. Die Gesamtheit aller Markierungen (•) nennen wir das *Translationengitter* oder einfach *Gitter*. Bei Translation von einem Gitterpunkt zu einem beliebigen anderen wird das Muster auf sich selbst abgebildet: Es handelt sich hierbei um eine *Symmetrieoperation*. Die meisten Tapetenmuster und gekachelten Fußböden oder Wände sind repräsentative Beispiele für zweidimensional-periodische Strukturen (Modelle für zweidimensionale Kristalle).

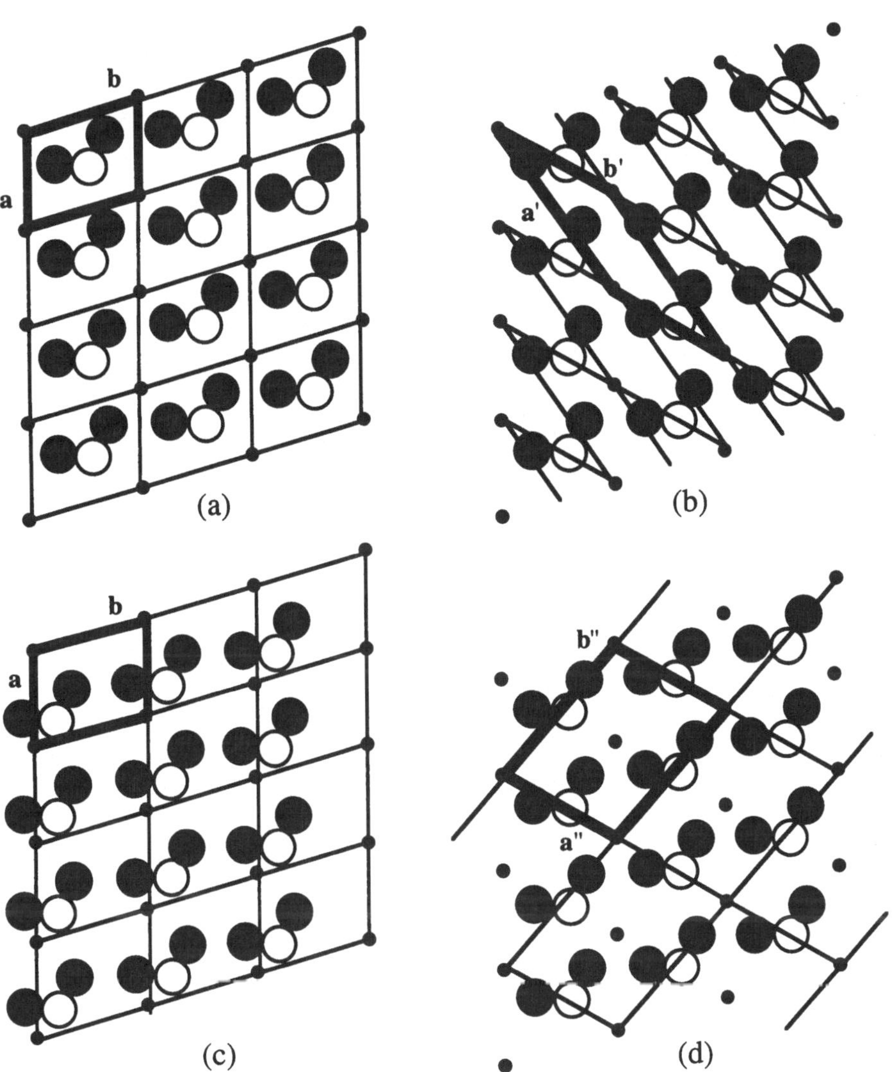

Bild 1.8 Kristallstruktur, Motiv, Translationengitter und Elementarzelle

Die periodisch wiederholte Einheit heißt *Motiv*. In Bild 1.8a ist das der Inhalt jedes eingezeichneten Parallelogramms. Es muß äußerst sorgfältig zwischen den Begriffen *Gitter*, *Motiv* und *(Kristall-)Struktur* unterschieden werden:

> *Eine periodische (also auch Kristall-)Struktur wird aus der Wiederholung eines Motivs durch die Translationen eines Gitters aufgebaut.*

Wir wählen (Bild 1.8a) zwei nicht kolineare Translationen **a** und **b** als *Gitterbasis*. Die Gesamtheit aller Translationen $\mathbf{r} = u\mathbf{a} + v\mathbf{b}$ mit u und v ganzzahlig beschreibt nun das

Gitter. Das Parallelogramm $(\mathbf{a},\mathbf{b})$ heißt *Elementarmasche*. Die Basis eines dreidimensionalen Gitters wird analog durch drei nicht koplanare Translationen $\mathbf{a}$, $\mathbf{b}$ und $\mathbf{c}$ gebildet. Die *Elementarzelle* ist nun ein Parallelepiped. Die Koordinaten x, y, z eines Punktes in der Elementarzelle beziehen sich auf dieses im allgemeinen nicht orthonormierte Achsensystem. Die Gesamtheit aller zu einem Punkt x_j, y_j, z_j translatorisch äquivalenten Punkte wird durch die folgenden Vektoren gegeben:

$$\mathbf{R}_{j,\,uvw} = (x_j + u)\mathbf{a} + (y_j + v)\mathbf{b} + (z_j + w)\mathbf{c}, \tag{1.22}$$
$$\text{mit } 0 \leq x_j,\, y_j,\, z_j < 1;\ u,\, v,\, w \text{ ganzzahlig.}$$

Die Gitterpunkte repräsentieren weder Atome noch andere physikalische Objekte. Das Gitter beschreibt lediglich die Periodizität der Struktur, d. h. eine Symmetrieeigenschaft.

Die Bilder 1.8b bis 1.8d geben dieselbe Struktur und damit dasselbe Translationsgitter wieder wie Bild 1.8a. In Bild 1.8c wurde nur ein anderer Ursprung für das gleiche Koordinatensystem gewählt. Bild 1.8b zeigt dagegen eine andere Basis $\mathbf{a}' = 2\mathbf{a} + \mathbf{b}$, $\mathbf{b}' = \mathbf{a} + \mathbf{b}$. Sofern die Determinante der Transformationsmatrix zwischen den Basen $\mathbf{a}'$, $\mathbf{b}'$ und $\mathbf{a}$, $\mathbf{b}$ gleich ± 1 ist, sind die Flächeninhalte der beiden zugehörigen Elementarmaschen gleich, was in Bild 1.8b der Fall ist. Entsprechend bleibt das Volumen der Elementarzelle unverändert, wenn im Dreidimensionalen von der Basis $\mathbf{a}$, $\mathbf{b}$, $\mathbf{c}$ zur Basis $\mathbf{a}'$, $\mathbf{b}'$, $\mathbf{c}'$ gewechselt wird und die Determinante der Transformationsmatrix ± 1 ist. Ist diese Determinante negativ, wird von einem rechtshändigen zu einem linkshändigen Koordinatensystem gewechselt oder umgekehrt. Beim Übergang zu $\mathbf{a}'' = \mathbf{a} + \mathbf{b}$, $\mathbf{b}'' = -\mathbf{a} + \mathbf{b}$ in Bild 1.8d hat die Determinante den Wert 2: Die Elementarmasche in Bild 1.8d ist doppelt so groß. Die Koordinaten der Gitterpunkte, bezogen auf $\mathbf{a}''$ und $\mathbf{b}''$, sind dort (u, v) und $(u + 1/2, v + 1/2)$, mit u und v ganzzahlig; $(\mathbf{a}'' + \mathbf{b}'')/2$ ist daher ebenfalls eine Gittertranslation.

Eine Elementarzelle heißt *primitiv*, wenn sämtliche Gitterpunkte ganzzahlige Koordinaten besitzen. Die Gesamtheit translatorisch äquivalenter Punkte ist dann durch den Ausdruck (1.22) gegeben. Bei einer *zentrierten* Elementarzelle existieren darüber hinaus nichtganzzahlige Translationen, so daß sie mehrere Gitterpunkte enthält. In einem solchen Falle genügt es, die Koordinaten der *zusätzlichen* Gitterpunkte anzugeben: Die Gesamtheit der Punkte $u + 1/2$, $v + 1/2$, $w + 1/2$, mit u, v, w ganzzahlig wird mit $(1/2, 1/2, 1/2)$ beschrieben. Tabelle 1.1 (S. 17) enthält die Symbole für zentrierte Zellen sowie die x_j, y_j, z_j translatorisch äquivalenter Punkte.

Es ist immer möglich, eine primitive Elementarzelle zu wählen. Weshalb in bestimmten Fällen einer zentrierten Zelle der Vorzug gegeben wird, wird in Abschnitt 2.6.2 bei der Behandlung der Bravais-Gitter diskutiert. An dieser Stelle soll der Hinweis genügen, daß Kristalle außer der Tanslationssymmetrie auch noch Dreh- und Spiegelsymmetrien besitzen können. In solchen Fällen werden die Basisvektoren $\mathbf{a}$, $\mathbf{b}$ und $\mathbf{c}$ in die durch solche Symmetrien ausgezeichneten Gitterrichtungen (Symmetrierichtungen, Blickrichtungen) gelegt. Die resultierende Elementarzelle ist dann nicht notwendigerweise primitiv.

Tabelle 1.1 Translationen und Symbole für zentrierte Elementarzellen. Ganzzahlige Translationen werden mit (0,0,0)+ gekennzeichnet

Translationen		Position j	Elementarzelle	Symbol
		x_j, y_j, z_j	primitiv	P
(0,0,0)+	(0,1/2,1/2)+	x_j, y_j, z_j	(**b**,**c**)-Fläche zentriert	A
(0,0,0)+	(1/2,0,1/2)+	x_j, y_j, z_j	(**a**,**c**)-Fläche zentriert	B
(0,0,0)+	(1/2,1/2,0)+	x_j, y_j, z_j	(**a**,**b**)-Fläche zentriert	C
(0,0,0)+	(0,1/2,1/2)+ (1/2,0,1/2)+ (1/2,1/2,0)+	x_j, y_j, z_j	allseits flächenzentriert	F
(0,0,0)+	(1/2,1/2,1/2)+	x_j, y_j, z_j	innenzentriert	I
(0,0,0)+	(2/3,1/3,1/3)+ (1/3,2/3,2/3)+	x_j, y_j, z_j	rhomboedrische Zelle	R

Alternativ zur hier gegebenen Schreibweise wird beispielsweise für F-zentrierte Zellen geschrieben: (0,0,0; 0,1/2,1/2; 1/2,0,1/2; 1/2,1/2,0)+.

Eine Kristallstruktur kann auf verschiedene Weise in Elementarbereiche zerlegt werden, die durch periodische Wiederholungen den Raum lückenlos füllen und die natürlich alle das Motiv enthalten müssen (Bild 1.9 gibt ein Beispiel). Als *Elementarzellen* eines Gitters sind indessen grundsätzlich nur *Parallelepipede* zugelassen.

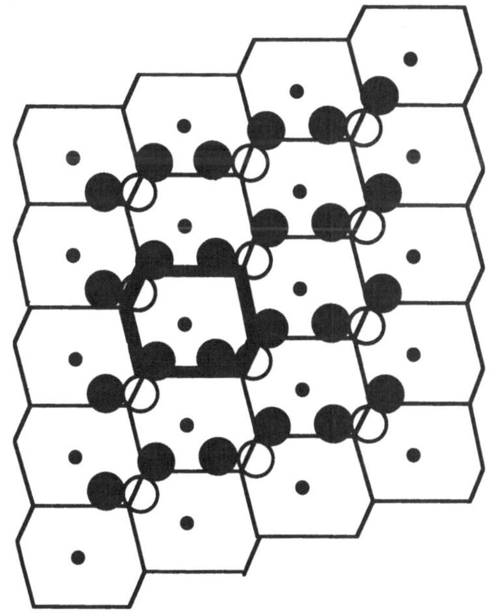

Bild 1.9 Wigner-Seitz-Zellen, eine periodische Parkettierung

1.4.2 Kanten, Flächen und Gitter

Eine Gerade durch zwei (und damit durch unendlich viele) Gitterpunkte heißt *Gittergerade*. Ein primitiver Vektor $\mathbf{T} = U\mathbf{a} + V\mathbf{b} + W\mathbf{c}$ (U, V, W ganzzahlig und teilerfremd) definiert die *Richtung* eines Bündels paralleler, translatorisch äquivalenter Gittergeraden. Man erkennt leicht, daß der Betrag $\|\mathbf{T}\|$ umso kleiner ist, je größer die Abstände zwischen den Gittergeraden sind.

Eine Ebene durch drei (und damit durch unendlich viele) Gitterpunkte heißt *Netzebene*. Translatorisch äquivalente und damit äquidistante Ebenen bilden eine Netzebenenschar. Der Flächeninhalt ihrer (zweidimensionalen) Elementarmaschen ist umso kleiner, je größer der gegenseitige Abstand der Netzebenen ist, da sämtliche primitive (dreidimensionale) Elementarzellen dasselbe Volumen besitzen. Bild 1.10 zeigt eine Netzebenenschar mit Numerierung aufeinander folgender Ebenen, beginnend bei Null für die Ebene durch den Koordinatenursprung. Die Gleichung der dem Ursprung nächsten Netzebene ist $Hu + Kv + Lw = 1$, mit u, v, w als Koordinaten der Gitterpunkte auf dieser Ebene und H, K, L als reziproke Längen der Achsenabschnitte auf $\mathbf{a}$, $\mathbf{b}$ und $\mathbf{c}$ (in Einheiten von a, b, c; vgl. Abschn. 1.2.1). Da die Achsenabschnitte der n-ten Ebene n-mal größer sind als die der ersten, ist die Gleichung der n-ten Ebene $Hu + Kv + Lw = n$, mit n ganzzahlig. Jeder Gitterpunkt ($-\infty < u$, v, $w < +\infty$) liegt auf irgendeiner Ebene dieser Netzebenenschar, woraus folgt, daß die H, K, L ganzzahlig sind. Sei m ein gemeinsamer Teiler von H, K, L, $(H\,K\,L) = m(H'\,K'\,L')$, mit H', K', L' und m ganzzahlig. Die Gleichung der ersten Ebene lautet dann $H'u + K'v + L'W = 1/m =$ ganzzahlig, also $m = 1$. Die H, K, L sind daher teilerfremd.

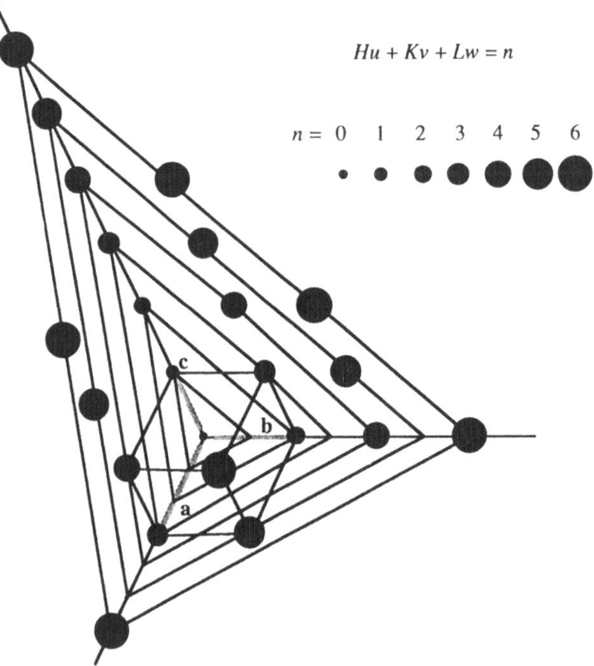

Bild 1.10 Netzebenenschar $(H\,K\,L) = (3\,2\,1)$

Aufgrund der Analogie der Gleichungen für die Begrenzungsflächen und die Kanten eines Kristalls mit denen für Netzebenenscharen und Gittergeraden wurde auf die Gittereigenschaft der Kristallstrukturen geschlossen. *Auguste Bravais* (1811-1863) interpretierte diese Gesetze rationaler Indizes wie folgt:

Die äußeren Flächen eines Kristalls liegen parallel zu dicht mit Gitterpunkten belegten Netzebenenscharen im Kristall. Die Kanten an einem Kristall verlaufen parallel zu Gittergeraden mit kurzen Translationen.

1.4.3 Reziprokes Gitter

Das zu **a**, **b**, **c** reziproke Koordinatensystem **a***, **b***, **c*** wurde bereits in Abschn. 1.2.2 eingeführt. Der reziproke Vektor $\mathbf{r}^* = H\mathbf{a}^* + K\mathbf{b}^* + L\mathbf{c}^*$ (H, K, L ganzzahlig und teilerfremd) repräsentiert den Normalenvektor der Ebene $Hu + Kv + Lw = 1$. Sein Betrag ist $\|\mathbf{r}^*\| = 1/d_{HKL}$, wobei d_{HKL} der Abstand dieser Netzebene vom Koordinatenursprung und gleichzeitig der zwischen allen benachbarten Netzebenen dieser Schar ist. Das reziproke Gitter ist die Gesamtheit der Vektoren

$$\mathbf{r}^* = h\mathbf{a}^* + k\mathbf{b}^* + l\mathbf{c}^* \quad (-\infty < h, k, l < +\infty;\ h, k, l \text{ ganzzahlig}) \tag{1.23}$$

Die Beziehungen zwischen dem Kristallgitter und seinem reziproken Gitter sind in Bild 1.11 und in Tabelle 1.2 (S. 20) zusammengefaßt.

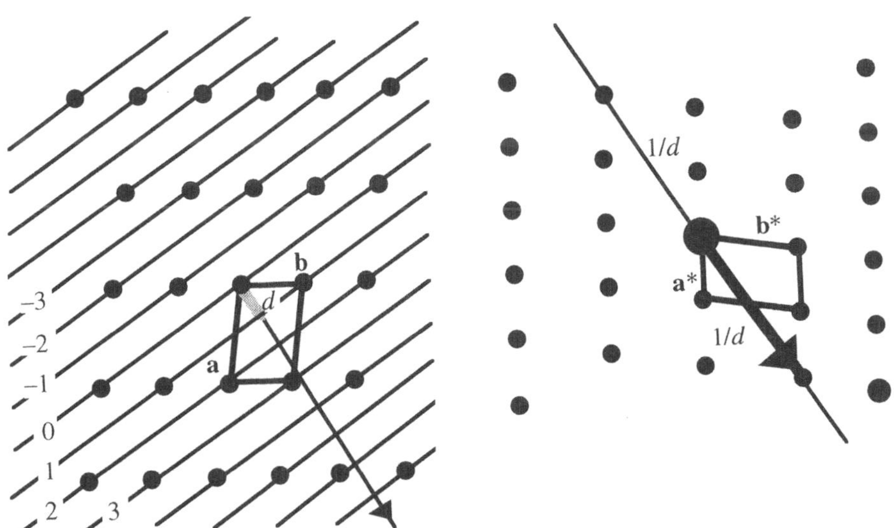

Bild 1.11 Direktes und reziprokes Gitter

Tabelle 1.2 Beziehungen zwischen Kristallgitter und reziprokem Gitter

a, b, c		a*, b*, c*
Netzebenenschar (HKL) mit gegenseitigem Abstand d_{HKL}, (HKL) teilerfremd	⇔	Gittergerade $t^* = ha^* + kb^* + lc^*$ mit $(hkl) = m(HKL)$; Betrag $\|t^*\| = m/d_{HKL}$
Gittergerade $t = ua + vb + wc$ mit $[uvw] = m[UVW]$; Betrag $\|t\| = m/d^*_{UVW}$	⇔	Netzebenenschar $[UVW]$ mit gegenseitigem Abstand d^*_{UVW}, $[UVW]$ teilerfremd

1.5 Was ist ein Kristall?

Auf den vorstehenden Seiten wurde der Begriff Kristall aus der dreidimensional-periodischen Verteilung der Atome definiert: Ein Kristall ist durch eine vollständige Ordnung langer Reichweite gekennzeichnet. Diese fundamentale Definition bildet den Kern des vorliegenden Buches, obwohl sie nicht sämtliche streng geordnete Strukturen einschließt und eine Idealisierung der realen Kristalle bedeutet, die niemals perfekte Ordnung besitzen können.

1.5.1 Quasiperiodische und aperiodische Strukturen

Zu diesen gehören inkommensurable Kristalle und Quasikristalle. Auch sie besitzen Strukturen mit perfekter Ordnung langer Reichweite, allerdings ohne Periodizität.

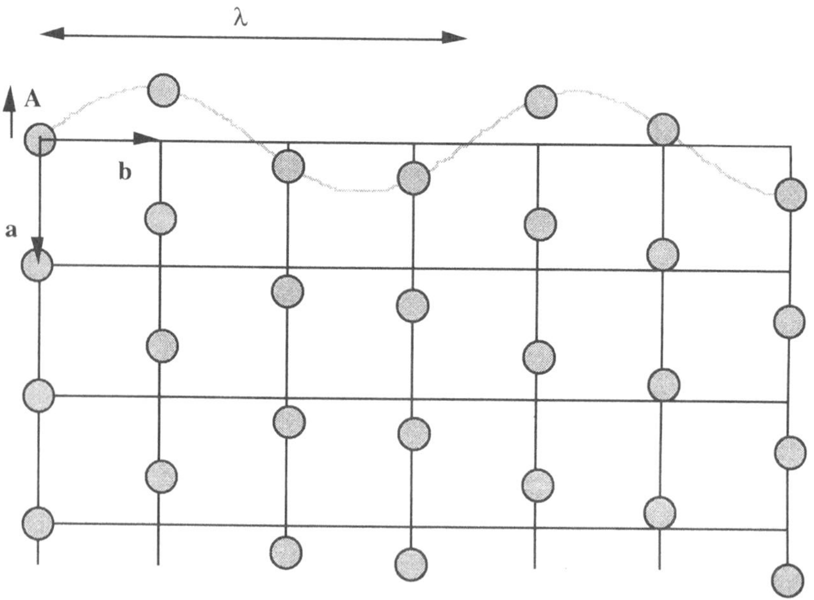

Bild 1.12 Beispiel einer inkommensurablen Kristallstruktur. Die Atome sind aus ihren idealen Lagen im Gitter (**a**,**b**) durch eine transversale Modulation mit der Wellenlänge λ und der Amplitude **A** ausgelenkt

Bild 1.12 zeigt ein einfaches Beispiel einer inkommensurablen (oder modulierten) Struktur. Das quadratische Raster sei das Gitter des zugehörigen perfekten Kristalls. Nun besetzen die Atome aber gerade nicht ihre streng translatorisch äquivalenten Plätze: Sie sind relativ zu ihren idealen Positionen in einer ebenen Welle sinusartiger Form ausgelenkt, wobei die Wellenlänge λ inkommensurabel zur Länge der Translation **b** ist. Also ist λ/b eine irrationale Zahl. Die Atomlagen einer inkommensurablen Struktur aus verschiedenen Atomsorten sind:

$$\mathbf{R}_{j,uvw} = \mathbf{r}_j + \mathbf{n}_{uvw} + \mathbf{A}_j \sin[\mathbf{q} \cdot (\mathbf{r}_j + \mathbf{n}_{uvw}) + \phi_j] \qquad (1.24)$$

$$\mathbf{r}_j + \mathbf{n}_{uvw} = (x_j + u)\mathbf{a} + (y_j + v)\mathbf{b} + (z_j + w)\mathbf{c}$$

$$\|\mathbf{q}\| = 2\pi/\lambda$$

Die Translationen $\mathbf{n}_{uvw} = u\mathbf{a} + v\mathbf{b} + w\mathbf{c}$ sind die einer streng periodischen Struktur mit den Atompositionen $\mathbf{r}_j + \mathbf{n}_{uvw}$ nach Gleichung (1.22) (S. 16). Der Wellenvektor der Modulation ist $\mathbf{q}$, λ ihre Wellenlänge und $\mathbf{A}_j$ die Amplitude der Auslenkung der Atome j, die transversal, longitudinal oder schief zu $\mathbf{q}$ sein kann. ϕ ist die Phase der Welle, bezogen auf einen Referenzpunkt. Die Modulationswelle kann natürlich komplizierter als eine sinusoidale Kurve sein. Man kann sich auch Modulationen in zwei oder gar drei Raumrichtungen vorstellen. Die Beziehungen (1.24) enthalten neben den drei Periodizitäten des perfekten Gitters zusätzlich die Periodizität der Modulationswelle. Dieser Sachverhalt kann ebenso durch eine in *vier Dimensionen streng periodische* Struktur beschrieben werden. (Der vierte Basisvektor im zugehörigen reziproken Gitter ist $\mathbf{q} + \mathbf{e}$, wobei der Einheitsvektor $\mathbf{e}$ senkrecht auf der dreidimensionalen Basis $\mathbf{a}^*$, $\mathbf{b}^*$, $\mathbf{c}^*$ steht.) Die Fälle mehrerer Modulationen werden entsprechend in fünf- oder sechsdimensionalen Räumen behandelt. Die Verteilung der Atome erhält man aus einem Schnitt dieser höherdimensionalen Strukturen mit dem dreidimensionalen Raum. Das Studium inkommensurabler Strukturen hat die Entwicklung höherdimensionaler Kristallographie nachdrücklich vorangetrieben.

Bild 1.13 (S. 22) gibt ein Beispiel für eine Art inkommensurabler Strukturen, die *Kompositstrukturen* genannt werden. Sie sind gekennzeichnet durch eine Verflechtung zweier Teilstrukturen aus verschiedenen Atomen, deren Gitter nicht zusammenpassen. Ein Beispiel liefert die Verbindung $Hg_{3-x}AsF_6$: Die Quecksilberatome bilden eine lineare Kette mit einer Periodizität, die inkommensurabel zum Arrangement der AsF_6-Oktaeder ist.

Quasikristalle besitzen eine makroskopische Symmetrie, die mit einem dreidimensionalen Kristallgitter nicht verträglich ist (vgl. Abschn. 2.4.1). Das erste Beispiel wurde 1984 an der Legierung AlMn entdeckt: Bei sehr schneller Abkühlung aus der Schmelze bilden sich Quasikristalle mit Ikosaedersymmetrie (vgl. Abschn. 2.5.6). Man nimmt an, daß quasikristalline Strukturen aus einer periodischen Parkettierung nicht nur einer, sondern mehrerer verschiedener Elementarzelltypen bestehen. Im Zweidimensionalen ist das *Penrose*-Muster das bestbekannte Beispiel. Es ist aus zwei verschiedenen Rauten aufgebaut und besitzt lokale fünfzählige Drehsymmetrie. Für die ikosaedrische Struktur von AlMn nimmt man ein dreidimensionales Penrose-Analogon an. Wie die inkommensurablen Kristalle werden auch Quasikristalle mit Gittern perfekter Translationssymmetrie in höherdimensionalen Räumen beschrieben. Im Falle des ikosaedrischen AlMn wird eine sechsdimensionale Beschreibung benötigt.

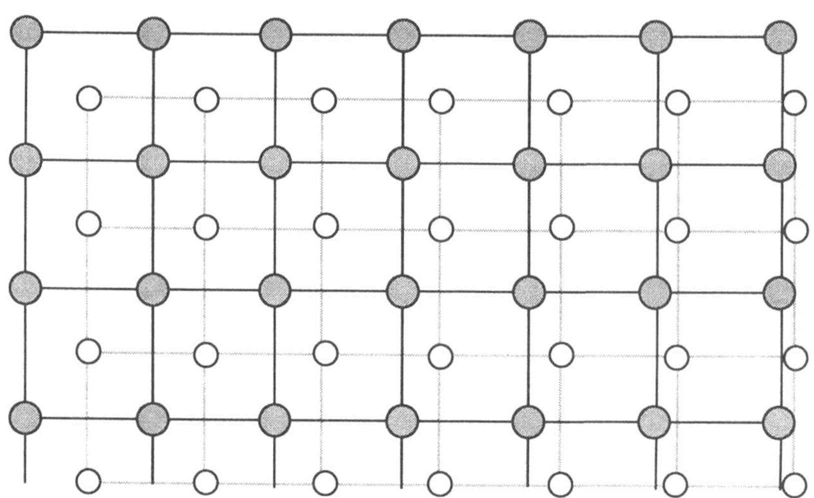

Bild 1.13 Kompositstruktur

Quasiperiodische Kristalle sind von großem wissenschaftlichem Interesse. Gleichwohl besteht die überwältigende Mehrheit der Festkörper aus dreidimensional-periodischen Kristallen. Aus diesem Grunde handeln die folgenden Kapitel von der dreidimensionalen Kristallographie.

1.5.2 Realstruktur, Ordnung und Unordnung

Die Atome eines Kristalls oder Quasikristalls sind niemals perfekt geordnet: Die realen Strukturen sind immer mehr oder weniger fehlgeordnet. Abweichungen von der idealen periodischen Struktur werden als *Baufehler* bezeichnet. Diese Fehler können einige Eigenschaften der Kristalle maßgeblich bestimmen, so zum Beispiel die elektrische Leitfähigkeit oder auch mechanische Eigenschaften.

Für einige Unordnungstypen kann eine gemittelte Struktur mit perfekter Translationssymmetrie definiert werden. Die *thermischen Bewegung*en der Atome bedingen eine allgegenwärtige Unordnung. Die Atome vibrieren um ihre mittleren Positionen, die ein perfekt-periodisches Arrangement bilden. Translationssymmetrie ist daher nur im zeitlichen Mittel realisiert. Ein weiterer Typ der Baufehler, besonders häufig in Legierungen auftretend, ist *chemische Unordnung*. Hierbei bilden die Atompositionen eine periodische Anordnung, die Verteilung der verschiedenen Atomspezies auf sie ist jedoch mehr oder weniger zufällig. Die gemittelte Verteilung besitzt Translationssymmetrie. In der Legierung $AuCu_x$ beispielsweise existiert ein sehr variabler Ordnungsgrad in Abhängigkeit von der Zusammensetzung und der thermischen Behandlung. Auch gibt es eine inkommensurable Struktur, in der die Besetzung der Atompositionen periodisch variiert.

Weitere Baufehler zerstören partiell die Ordnung langer Reichweite, und die Realstruktur nähert sich der einer Flüssigkeit. *Fehlstellen* und *interstitielle* Atome sind Punktdefekte. *Versetzungen* als lineare Baufehler sind von großer Bedeutung für die mechanischen

Eigenschaften eines Materials. *Grenzflächen* zwischen Kristallbereichen unterschiedlicher Orientierungen (Korngrenzen) sind zweidimensionale Defekte.

Bestimmte Strukturen sind in zwei Richtungen periodisch und in der dritten mehr oder weniger fehlgeordnet (z. B. die Stapelung atomarer Schichten in Graphit oder in Glimmern). Flüssigkristalle schließlich sind Flüssigkeiten, in denen die (im allgemeinen langgestreckten organischen) Moleküle mehr oder weniger gut räumlich gleich ausgerichtet sind und daher eine gewisse Ordnung besitzen.

Was ist ein Kristall? Die Grenze zwischen kristalliner und amorpher (und flüssiger) Materie ist nur ungenau definiert. Dennoch ist die Translationssymmetrie, auch wenn nur unvollkommen vorhanden, die Basis zur Bestimmung (Kap. 3), Beschreibung (Kap. 2) und zur Interpretation der Strukturen der meisten Festkörper; sie ist ihr prinzipielles Charakteristikum. Deshalb ist sie das zentrale Thema des vorliegenden Werkes.

Kapitel 2

Symmetrie

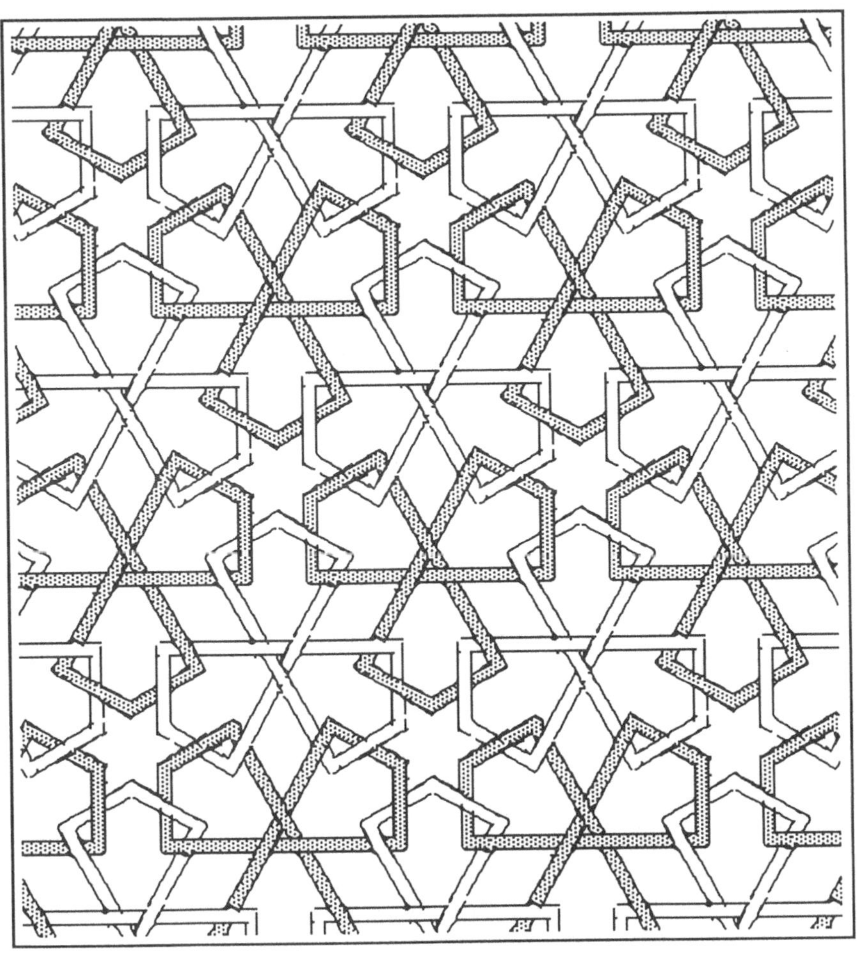

2.1 Einleitung

Das Wissen um Symmetrieprinzipien scheint dem Menschen angeboren zu sein. Alle Kulturen, vom antiken Ägypten über das klassische Griechenland und die arabischen Reiche bis zu den Indianern Amerikas, haben symmetrische Friese und Ornamente geschaffen und intuitiv die mathematischen Prinzipien entdeckt, die der Konstruktion periodischer Muster innewohnen. Die mathematische Theorie der Symmetriegruppen konnte allerdings erst im 19. und 20. Jahrhundert endgültig formuliert werden. Heute ist die fundamentale Bedeutung der Symmetrie in den exakten Wissenschaften unumschränkt anerkannt.

Seit der Formulierung des *Symmetriegesetzes* durch R.-J. Haüy (1815) gehört das Studium der Symmetrie zu den Grundlagen der Kristallographie. (Für eine historische Übersicht vgl. J. J. Burckhardt, *Die Symmetrie der Kristalle*, Birkhäuser, Basel 1988.) Die Raumgruppen, die die Symmetrie periodischer Strukturen beschreiben, wurden erstmalig 1919 in der Absicht tabelliert, eine effiziente Durchführung der Kristallstrukturbestimmung mittels Röntgenbeugung (vgl. Kap. 3) zu ermöglichen (P. Niggli, *Geometrische Kristallographie des Diskontinuums*). Diesem Werk folgten weitere vervollständigte und verbesserte Zusammenstellungen. Die neueste Ausgabe der *International Tables for Crystallography* wird von der *International Union of Crystallography* publiziert:

International Tables for Crystallography, Vol. A.: Space-Group Symmetry. Edited by Theo Hahn. Fourth, revised edition; Kluwer Academic Publishers, Dordrecht (The Netherlands), 1996.

Dieses Kapitel ist eine Einführung in Inhalt und Verwendung dieses Referenzwerkes, das der Leser für weitergehende Informationen konsultieren sollte. Es sei darauf hingewiesen, daß sich in Bibliotheken und Laboratorien häufig noch die vorausgegangene Ausgabe der *International Tables* findet:

International Tables for X-Ray Crystallography, Vol. I.: Symmetry Groups. Edited by Norman F. Henry and Kathleen Lonsdale. The Kynoch Press, Birmingham (England), 1977.

2.2 Symmetrieoperationen

2.2.1 Affine Transformationen

Der Begriff *Symmetrie* bezeichnet die Invarianz eines Objektes oder einer Struktur bezüglich bestimmter Operationen. Eine *geometrische Symmetrieoperation* ist eine deformationsfreie Abbildung des Raumes auf sich selbst, was auch als Deckoperation oder Isometrie bezeichnet wird.

In einem sehr weiten Sinne sind die Begriffe Symmetrie und Ordnung Synonyme. Alles, was invariant oder strukturiert ist, bezeugt die Existenz einer Symmetrie, wie z. B. die Erhaltungssätze der Physik. Symmetrie und Symmetriebrechung spielen eine bestimmende Rolle in allen künstlerischen Ausdrucksformen wie beispielsweise Architektur, Malerei oder Musik.

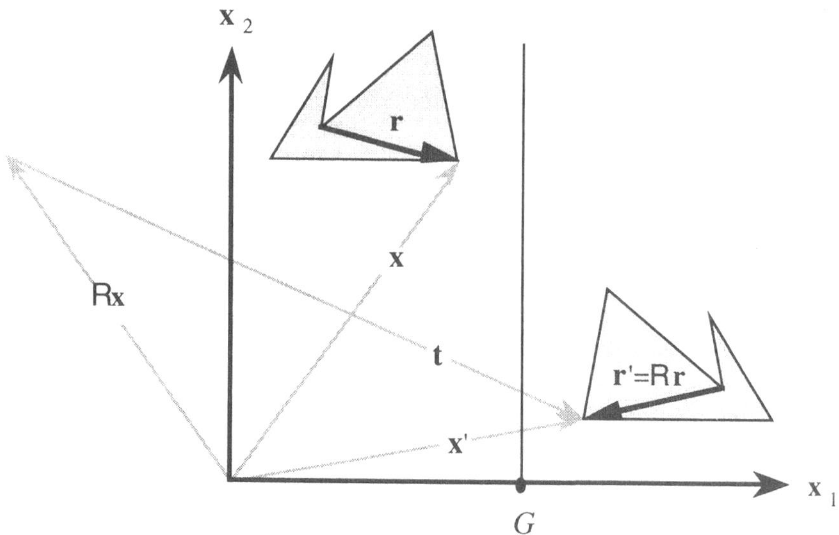

Bild 2.1 Beispiel einer affinen Abbildung (R, t). Der Vektor **r** und sein Spiegelbild **r'** gehören zu äquivalenten Polygonen

Eine geometrische Symmetrieoperation kann durch eine *affine Abbildung* des folgenden Typs dargestellt werden:

$$\begin{pmatrix} x_1' \\ x_2' \\ x_3' \end{pmatrix} = \begin{pmatrix} r_{11} & r_{12} & r_{13} \\ r_{21} & r_{22} & r_{23} \\ r_{31} & r_{32} & r_{33} \end{pmatrix} \begin{pmatrix} x_1 \\ x_2 \\ x_3 \end{pmatrix} + \begin{pmatrix} t_1 \\ t_2 \\ t_3 \end{pmatrix}$$

$$\mathbf{x'} = \mathsf{R} \cdot \mathbf{x} + \mathbf{t} \qquad (2.1)$$

Abgekürzt schreiben wir diese Operation (R, t). Bild 2.1 zeigt eine polygone Form und ihr Spiegelbild nach einer affinen Abbildung.

Die Matrix R, die **r** nach **r'** transformiert, ist unabhängig von der Wahl des Ursprungs des Koordinatensystems, allerdings nicht von der Wahl der Achsen $\mathbf{x}_1$ und $\mathbf{x}_2$. Der Vektor **t** dagegen ist ursprungsabhängig. Wird der Ursprung in Bild 2.1 in den Punkt G verlegt, verläuft der Vektor **t** antiparallel zu $\mathbf{x}_2$ (vgl. Bild 2.2). Aufeinanderfolgende Abbildungen (R, t), symbolisiert durch $(R, t)^2 = (R^2, Rt + t)$, $(R, t)^3 = (R^3, R^2t + Rt + t)$, ..., erzeugen eine symmetrische Struktur, die invariant ist in bezug auf (R, t) und deren Potenzen $(R, t)^n$ (vgl. Bild 2.2).

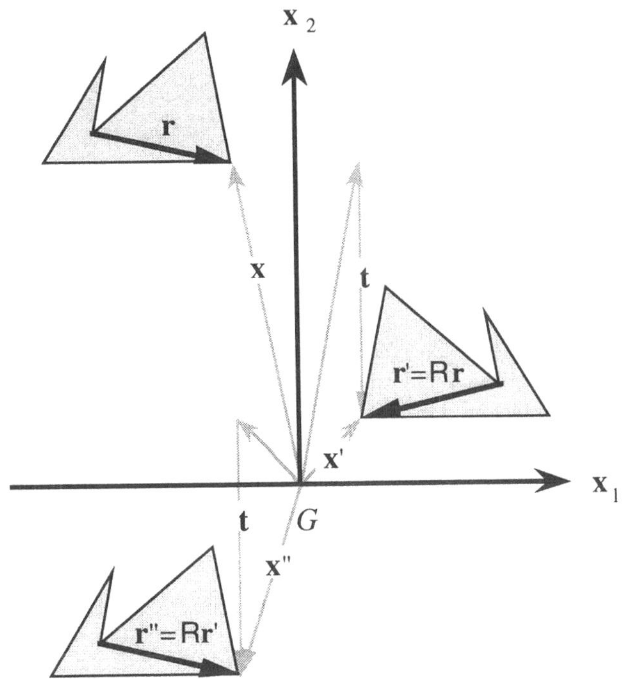

Bild 2.2 Wiederholte affine Abbildung aus Bild 2.1

2.2.2 Gruppen

Wenn eine Struktur invariant ist bezüglich zweier Symmetrieoperationen (P, t_P) und (Q, t_Q), ist sie offensichtlich ebenfalls invariant gegen ein Nacheinanderausführen beider Operationen. Eine derartige Kopplung wird *Produkt* genannt. Wird zuerst (P, t_P) und anschließend (Q, t_Q) durchgeführt, wird der transformierte Vektor $x'' = Qx' + t_Q = QPx + Qt_P + t_Q$. Die Multiplikation mit den Matrizen Q und P wird also von *rechts nach links* durchgeführt. Im allgemeinen ist die Multiplikation nicht kommutativ:

$$(Q, t_Q)(P, t_P) = (QP, Qt_P + t_Q)$$

$$(P, t_P)(Q, t_Q) = (PQ, Pt_Q + t_P) \tag{2.2}$$

Jedes Objekt ist invariant unter der Symmetrieoperation der *Identität* $(E, 0)$, mit E als Einheitsmatrix und 0 dem Nullvektor.

Ist (P, t_P) eine Symmetrieoperation, so ist die inverse Operation $(P, t_P)^{-1}$ mit der Eigenschaft $(P, t_P)(P, t_P)^{-1} = (P, t_P)^{-1}(P, t_P) = (E, 0)$ ebenfalls eine Symmetrieoperation. Mit Gleichung (2.2) gilt dann

$$(P, t_P)^{-1} = (P^{-1}, -P^{-1}t_P) \tag{2.3}$$

Das Produkt aus Symmetrieoperationen ist assoziativ:

$$[(R, t_R)(Q, t_Q)](P, t_P) = (R, t_R)[(Q, t_Q)(P, t_P)]$$
$$= (RQP, RQt_P + Rt_Q + t_R) \tag{2.4}$$

Die vorstehend genannten Eigenschaften der Symmetrieoperationen folgen den Gruppenaxiomen. Daher: Die Symmetrieoperationen eines Objektes bilden eine Gruppe.

Eine Operation (R, t_R) und ihre Potenzen $(R, t_R)^2$, $(R, t_R)^3$, ..., $(R, t_R)^n$ bilden eine *zyklische Gruppe*. Sind die Operationen kommutativ, $(R_j t_j)(R_i t_i) = (R_i t_i)(R_j t_j)$ für alle Paare (i,j), heißt sie *Abelsche Gruppe*.

Für eine Gruppe aus Symmetrieoperationen (Symmetriegruppe) bilden die Matrizen R und die Vektoren t eine *Darstellung*, die an die Wahl eines Koordinatensystems und seines Ursprungs gebunden ist. Für eine gegebene Gruppe existieren unendlich viele Darstellungen, nämlich für jedes andersartige Koordinatensystem eine eigene.

2.2.3 Drehung, Drehspiegelung, Drehinversion

Wenn (R, t) eine Symmetrieoperation ist, sind die Beträge von r und r' (vgl. Bilder 2.1 und 2.2, S. 28/29) gleich. Nach Wahl eines *orthonormalen Koordinatensystems* gilt dann $\|r'\|^2 = r^T R^T R r = \|r\|^2$, also $R^T R = E$ (E Einheitsmatrix, R^T Transponierte von R). Daraus folgt, daß R eine *orthogonale* Matrix ist:

$$R^T = R^{-1}, \ |R| = \pm 1, \text{ orthonormales Koordinatensystem} \tag{2.5}$$

Die Eigenwerte einer orthogonalen Matrix R sind $e^{i\phi}$, $e^{-i\phi}$ ± 1; ϕ ist gegeben durch $\cos\phi = [\text{Spur}(R) \mp 1]/2$. Wir beschränken uns auf $\phi = 2\pi r'$, $r' = m/n$ als rationale Zahl. R ist daher eine zu U äquivalente Matrix.

$$U(\phi) = \begin{pmatrix} \cos\phi & -\sin\phi & 0 \\ \sin\phi & \cos\phi & 0 \\ 0 & 0 & \pm 1 \end{pmatrix}, \ \phi = \frac{m}{n} 2\pi; \ m \text{ und } n \text{ ganzzahlig und teilerfremd} \tag{2.6}$$

Zwei Matrizen U und R sind äquivalent, wenn eine Matrix X existiert derart, daß $U(\phi) = X^{-1}RX$. Man kann leicht zeigen, daß $U^2(\phi) = U(2\phi)$, und $U^{-1}(\phi) = U^T(\phi) = U(-\phi)$. Es existiert eine ganze Zahl $p<n$, mit $pm/n \pmod 1 = 1/n$, so daß $U^p(\phi) = U(\phi')$, mit $\phi' = 2\pi/n$. Da $U(\phi)$ eine Symmetrieoperation ist, gilt gleiches für $U(\phi')$.

Es werden drei Arten von Symmetrieoperationen unterschieden (vgl. Bild 2.3). Ihre Matrix*darstellungen* sind:

$$\text{Drehung } A_n, \text{ Matrix äquivalent zu } \begin{pmatrix} \cos\phi & -\sin\phi & 0 \\ \sin\phi & \cos\phi & 0 \\ 0 & 0 & +1 \end{pmatrix}, \ \phi = \frac{2\pi}{n} \tag{2.7}$$

Drehspiegelung S_n, Matrix äquivalent zu $\begin{pmatrix} \cos\phi & -\sin\phi & 0 \\ \sin\phi & \cos\phi & 0 \\ 0 & 0 & -1 \end{pmatrix}$, $\phi = \dfrac{2\pi}{n}$ $\qquad$ (2.8)

Drehinversion I_n, Matrix äquivalent zu $\begin{pmatrix} -\cos\phi & \sin\phi & 0 \\ -\sin\phi & -\cos\phi & 0 \\ 0 & 0 & -1 \end{pmatrix}$, $\phi = \dfrac{2\pi}{n}$ $\qquad$ (2.9)

Die *Drehung* A_n um eine Achse transformiert eine linke Hand in eine linke, eine rechte in eine rechte: Sie bewahrt die *Händigkeit (Chiralität)*. Die Drehung wird *Symmetrieoperation erster Art* genannt. Die Determinante ihrer Matrixdarstellung ist $|A_n| = 1$.

Die *Drehspiegelung* S_n entspricht einer Rotation um den Winkel ϕ um eine Achse, gefolgt von einer Spiegelung an der Ebene senkrecht zur Achse. Es handelt sich also weder um eine reine Drehung noch um eine reine Spiegelung, sondern um eine aus beiden zusammengesetzte Operation. Sie transformiert eine linke Hand in eine rechte und umgekehrt und wird als *Operation zweiter Art* bezeichnet. Die Determinante der darstellenden Matrix S_n ist für Symmetrieoperationen zweiter Art $|S_n| = -1$. Die Drehspiegelung S_1 ($\phi = 0$) entspricht einer unmittelbaren Spiegelung an einer Symmetrieebene, also an einer *Spiegelebene*. Die Operation S_2 ist die *Inversion*, d. h. die Spiegelung an einem Punkt.

Die *Drehinversion* I_n ist ebenfalls eine Symmetrieoperation zweiter Art und besteht aus einer Drehung um den Winkel ϕ um eine Achse, gefolgt von einer Inversion in einem Punkt auf der Achse. Es handelt sich daher ebenfalls um eine kombinierte Operation, also weder um eine reine Drehung noch um eine reine Inversion. Man erkennt leicht, daß jede Drehinversion mit einer Drehspiegelung identisch ist: $I(\phi) = S(\pi + \phi)$, $S(\phi) = I(\pi + \phi)$.

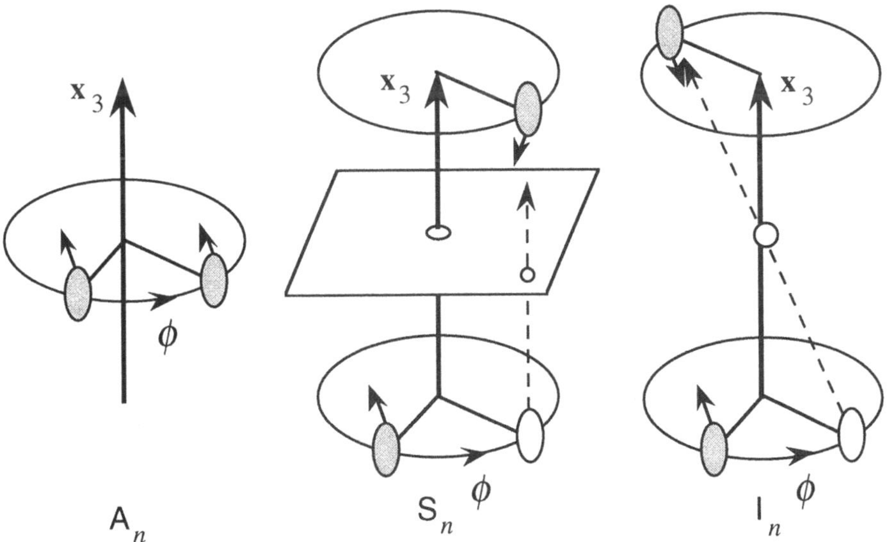

Bild 2.3 Symmetrieoperationen Drehung (A_n), Drehspiegelung (S_n) und Drehinversion (I_n)

Tabelle 2.1 Identität von Drehspiegelungen S_n und Drehinversionen I_n

$I_1 = S_2$	$=$ Inversion		$S_1 = I_2$	$=$ Spiegelung
$I_2 = S_1$	$=$ Spiegelung		$S_2 = I_1$	$=$ Inversion
$I_3 = S_6^{-1}$	$= S_6^5$		$S_3 = I_6^{-1}$	$= I_6^5$
$I_4 = S_4^{-1}$	$= S_4^3$		$S_4 = I_4^{-1}$	$= I_4^3$
$I_5 = S_{10}^{-3}$	$= S_{10}^7$		$S_5 = I_{10}^{-3}$	$= I_{10}^7$
$I_6 = S_3^{-1}$	$= S_3^2$		$S_6 = I_3^{-1}$	$= I_3^2$
$I_7 = S_{14}^{-5}$	$= S_{14}^9$		$S_7 = I_{14}^{-5}$	$= I_{14}^9$
$I_8 = S_8^{-3}$	$= S_8^5$		$S_8 = I_8^{-3}$	$= I_8^5$

Man kann daher die Symmetrieoperationen zweiter Art ebensogut durch Drehinversionen wie durch Drehspiegelungen darstellen; man begnügt sich jeweils mit einer der beiden Darstellungsweisen. Tatsächlich unterliegt den beiden gebräuchlichen Nomenklatursystemen zur Beschreibung geometrischer Symmetrien eine unterschiedliche Konvention: Das System nach Schoenflies enthält die Drehspiegelungen, jenes nach Hermann-Mauguin, auch Internationales System genannt, jedoch Drehinversionen; in der Kristallographie wird letzteres bevorzugt. Tabelle 2.1 stellt die für Kristalle möglichen Drehinversionen I_n und Drehspiegelungen S_n einander gegenüber.

Ist n eine endliche Zahl, gilt $A_n^n = E$ (n gerade oder ungerade), $S_n^n = I_n^n = E$ (n gerade), $S_n^{2n} = I_n^{2n} = E$ (n ungerade). Die entsprechenden Gruppen aus A_n und I_n (oder S_n) und ihren Potenzen sind Gruppen endlicher Ordnung. Wenn die Symmetrieoperation eine infinitesimal kleine Drehung ist, also $n \rightarrow \infty$, ist die entsprechende Gruppe von unendlicher Ordnung (beispielsweise die Rotationssymmetrie eines geraden Zylinders). Mindestens ein Punkt im Raum ist invariant gegen sämtliche Operationen A_n und I_n (oder S_n):

Die aus Drehungen und Drehinversionen (oder Drehspiegelungen) gebildeten Gruppen heißen Punktgruppen.

Es sei noch einmal betont, daß zwischen einer Symmetrieoperation und ihrer *Matrixdarstellung* unterschieden werden muß. Letztere ist vom verwendeten Koordinatensystem abhängig.

2.2.4 Translationen

Eine Translation wird durch die Operation $(E, \mathbf{T}_{uvw})$ dargestellt, mit E als Identität (dargestellt durch die Einheitsmatrix) und $\mathbf{T}_{uvw} = n\mathbf{a} + v\mathbf{b} + w\mathbf{c}$ als ein Vektor des Translationengitters. Die Translationssymmetrie erlaubt es, eine große Zahl identischer Moleküle oder Atome derart anzuordnen, daß sie ununterscheidbar sind, vorausgesetzt der Kristall ist unendlich groß (oder doch groß verglichen mit seinen kürzesten Translationen). Atome oder Moleküle in einer natürlichen Fläche des Kristalls sind bezüglich eines zweidimensionalen Gitters äquivalent, das parallel zu bestimmten Netzebenen des dreidimensionalen Gitters liegt (Regel von Bravais, Abschn. 1.4.2).

Die Gruppe aller Translationen $\mathbf{T}_{uvw}$ ($-\infty \leq u,v,w \leq +\infty$) ist von unendlicher Ordnung und Abelsch.

Die Existenz eines Translationengitters impliziert eine Ordnung langer Reichweite. Dabei ist jedoch die Existenz von Kräften großer Reichweite keineswegs eine Voraussetzung. Eine gespannte Kette beispielsweise besitzt perfekte Translationssymmetrie; ihre Glieder wechselwirken jedoch nur mit den beiden jeweils nächsten Nachbargliedern (Bild 2.4). Man erhält eine periodische Struktur, indem lediglich die Orientierung aufeinander folgender Kettenglieder festgelegt wird.

Bild 2.4 Eine gespannte Kette

2.3 Symmetrieelemente

2.3.1 Fixpunkt, Drehachse und Spiegelebene

Die Bilder 2.1 (S. 28) und 2.2 (S. 29) demonstrieren die Abhängigkeit eines Vektors $\mathbf{t}$ einer Symmetrieoperation $(\mathsf{R}, \mathbf{t})$ von der Wahl des Ursprungs eines Gitters. Existiert ein bevorzugter Ursprung?

Bei einer Verschiebung des Ursprungs um den Vektor $\mathbf{v}$ ändert sich die affine Abbildung $\mathbf{x}' = \mathsf{R}\mathbf{x} + \mathbf{t}$ nach $\mathbf{x}' - \mathbf{v} = \mathsf{R}(\mathbf{x} - \mathbf{v}) + \mathbf{t}_v = (\mathsf{R}\mathbf{x} + \mathbf{t}) - (\mathsf{R}\mathbf{v} + \mathbf{t}_v)$. Die Operation $(\mathsf{R}, \mathbf{t})$ wird zu $(\mathsf{R}, \mathbf{t}_v)$ mit dem Vektor

$$\mathbf{t}_v = (\mathsf{R} - \mathsf{E})\mathbf{v} + \mathbf{t}$$

Fixpunkt einer affinen Abbildung wird ein Punkt genannt, der auf sich selbst abgebildet wird, $\mathbf{x}' = \mathsf{R}\mathbf{x} + \mathbf{t} = \mathbf{x} = \mathsf{E}\mathbf{x}$; folglich gilt $(\mathsf{R} - \mathsf{E})\mathbf{x} = -\mathbf{t}$. Es können vier Fälle unterschieden werden:

- Die Matrix $(\mathsf{R} - \mathsf{E})$ besitzt drei von Null verschiedene Eigenwerte und die Inverse $(\mathsf{R} - \mathsf{E})^{-1}$ existiert. Bei Ursprungsverschiebung in den Fixpunkt, $\mathbf{v} = \mathbf{x} = -(\mathsf{R} - \mathsf{E})^{-1}\mathbf{t}$, verschwindet der Translationsvektor, $\mathbf{t}_v = \mathbf{0}$, und die Abbildung wird linear, $(\mathsf{R}, \mathbf{0})$. Dies trifft für alle Drehinversionen I_n zu, Matrixdarstellung (2.9), mit Ausnahme des Falles $n = 2$, der Spiegelung an einer Ebene (oder für alle Drehspiegelungen S_n, ausgenommen für $n = 1$). Beispielsweise besitzt die Operation I_1, verbunden mit einer Translation, die den Punkt $\mathbf{x}$ mit den Koordinaten (x_1, x_2, x_3) nach $\mathbf{x}'$ mit den Koordinaten $(1/2 - x_1, 1/2 - x_2, 1/2 - x_3)$ verschiebt, einen Fixpunkt in $(1/4, 1/4, 1/4)$. Ein derartiger, durch die Operation I_1 ausgezeichneter Punkt heißt *Inversionszentrum* oder auch *Symmetriezentrum*. Die Spiegelung an einer Ebene, $\mathsf{I}_2 = \mathsf{S}_1$, besitzt dagegen keinen ausgezeichneten Fixpunkt.
- Die Matrix $(\mathsf{R} - \mathsf{E})$ besitzt einen verschwindenden und zwei nichtverschwindende Eigenwerte; sie ist daher nicht invertierbar. Dies ist für alle Drehungen A_n, Matrixdarstellung (2.7), mit Ausnahme $n = 1$, also der Identität E der Fall. Der Eigenvektor $\mathbf{x}_0$ zum Eigenwert Null bildet die *Drehachse*. Er ist invariant unter R, da $\mathsf{R}\mathbf{x}_0 = \mathbf{x}_0$. Eine Verschiebung des Ursprungs auf der Drehachse ändert nicht die Translation $\mathbf{t}$ der affinen Abbildung, wohingegen eine zur Drehachse senkrechte Ursprungsverschiebung die

Komponenten von t verändert. Wird der Ursprung in die Drehachse gelegt, besitzt der Vektor t nur eine mögliche Komponente parallel zur Achse, beispielsweise $t = (0, 0, t_3)$ bei einer Drehachse parallel x_3. Für $t = 0$ ist jeder Punkt der Drehachse ein Fixpunkt.

- Zwei Eigenwerte der Matrix $(R - E)$ sind Null, einer verschieden von Null. Dieser Fall trifft bei der Spiegelung an einer Ebene zu, $I_2 = S_1$. Deren Darstellung ist äquivalent zur Matrix für eine Spiegelebene senkrecht x_3

$$I_2 = \begin{pmatrix} 1 & 0 & 0 \\ 0 & 1 & 0 \\ 0 & 0 & -1 \end{pmatrix}$$

Der Eigenvektor zum von Null verschiedenen Eigenwert steht senkrecht auf der *Spiegelebene*. Die affine Abbildung (I_2, t) ist invariant bezüglich einer Ursprungsverschiebung in der Spiegelebene. Der Vektor t besitzt dann zwei Komponenten parallel zur Ebene, die von Null verschieden sein können. Bild 2.2 (S. 29) gibt ein zweidimensionales Beispiel: R repräsentiert eine Spiegelgerade, die x_1 nach $-x_1$ transformiert; t verläuft dabei parallel zur Spiegelgeraden. Für $t = 0$ ist jeder Punkt auf der Spiegelgeraden ein Fixpunkt.

- Drei Eigenwerte der Matrix $(R - E)$ sind Null, folglich ist $R = E$. Diese Operation beschreibt eine reine Translation, und es existiert weder ein Fixpunkt noch ein bevorzugter Nullpunkt.

Ein Symmetrieelement ist die Gesamtheit aller Fixpunkte (Punkte, Geraden, Ebenen) einer Symmetrieoperation. Dem Fixpunkt von I_n (oder S_n) muß die Gerade der Fixpunkte oder die dazu senkrechte Ebene zugeschrieben werden, die zur Drehung A_n gehört. Zu den Drehungen A_n gehören Drehachsen, zu den Drehinversionen I_n die Inversionspunkte und Drehinversionsachsen, zu den Drehspiegelungen S_n die Ebenen und die Drehspiegelachsen. Zu I_1 korrespondiert das Symmetriezentrum und zu I_2 die Spiegelebene. Die Symmetrieelemente werden zur bildlichen Darstellung von Symmetrieoperationen und von Symmetriegruppen benötigt.

Eine *Gruppe* besteht aus einem Ensemble von Symmetrieoperationen. Das *Symmetrieelement* ist ein geometrischer Ort. Symmetrieelemente werden mit den Symbolen der Tabelle 2.2 gekennzeichnet. Wir können die Operationen zweiter Art entweder als Drehspiegelungen oder als Drehinversionen beschreiben (vgl. Tabelle 2.1, S. 32); in Tabelle 2.3 ist die Äquivalenz zwischen den betreffenden Symmetrieelementen angegeben. Als *Symmetrieelemente* (und nicht als Operationen) sind nur die Drehinversionsachsen $\bar{4}$ und $\bar{8}$ usw. unabdingbar, um Gruppen darzustellen. Sämtliche $\bar{n}$-Achsen erzeugen indessen zyklische Gruppen. Konsequenterweise werden die Symbole $\bar{3}$ und $\bar{6}$ bei entsprechenden Kombinationen von Drehachsen und Symmetriezentren oder Spiegelebenen bevorzugt. Bild 2.5 verdeutlicht einige dieser Drehinversionsachsen.

Tabelle 2.2 Symbole für Symmetrieelemente. Die Spiegelebene besitzt das spezielle Symbol m. $\bar{1}$ repräsentiert einen Punkt

Symmetrieelemente	Symbole
Drehachsen	$1, 2, 3, ..., x$
Drehinversionsachsen	$\bar{1}, \bar{2} = m, \bar{3}, ..., \bar{x}$
Drehspiegelachsen	$\tilde{1} = m, \tilde{2}, \tilde{3}, ..., \tilde{x}$

Tabelle 2.3 Äquivalenz von Drehinversions- und Drehspiegelachsen

$\bar{1} = \tilde{2}$	Symmetriezentrum
$\bar{2} = \tilde{1} = m$	Spiegelebene
$\bar{3} = \tilde{6}$	Kombination von dreizähliger Drehachse und Symmetriezentrum
$\bar{4} = \tilde{4}$	darf nicht als Kombination einer Drehachse mit einem Symmetriezentrum oder mit einer Spiegelebene aufgefaßt werden
$\bar{6} = \tilde{3}$	Kombination von dreizähliger Drehachse und Spiegelebene
$\bar{n},\ n = 2m+1$	Drehachse der Zähligkeit n mit Symmetriezentrum; äquivalent zu einer Drehspiegelachse $\tilde{x}$, $x = 2n = 4m + 2$
$\bar{n},\ n = 4m+2$	Drehachse der Zähligkeit $n/2$ mit Spiegelebene; äquivalent zu einer Drehspiegelachse $\tilde{x}$, $x = n/2 = 2m + 1$
$\bar{n},\ n = 4m$	nicht weiter zerlegbares Symmetrieelement; äquivalent zu einer Drehspiegelachse $\tilde{n}$

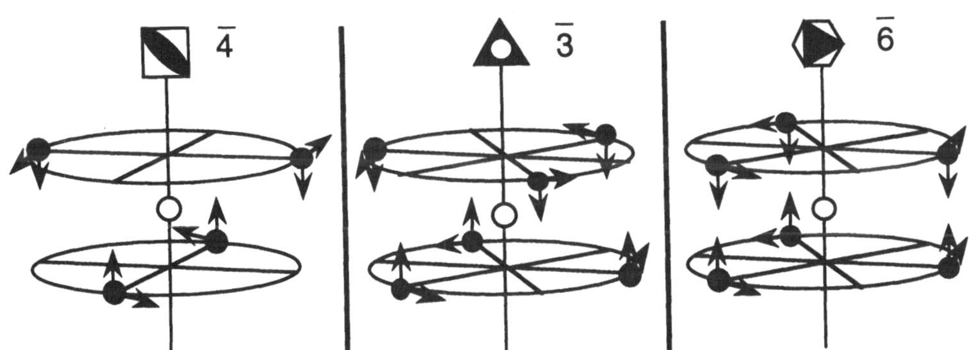

Bild 2.5 Drehinversionsachsen $\bar{4}$, $\bar{3}$ und $\bar{6}$. Diese Symmetrieelemente repräsentieren zyklische Gruppen. Im Gegensatz dazu erhält man nichtzyklische Gruppen bei Kombination einer Drehachse gerader Ordnung mit einem Symmetriezentrum oder mit einer zur Achse senkrechten Spiegelebene

2.3.2 Schraubenachsen und Gleitspiegelebenen

Ist R von endlicher Ordnung, gilt $R^n = E$. Die n-fache Ausführung der Operation (R, t) resultiert dann in einer reinen Translation **T**: $(R, t)^n = (E, \mathbf{T})$. Mit Gleichung (2.2) (S. 29) ergibt sich:

$$(R, t)^n = (R^n, [R^{n-1} + R^{n-2} + \ldots + R^2 + R + E]t) = (R^n, [\sum_{x=0}^{n-1} R^x]t = (E, T)$$

Multiplikation der Summe von rechts oder von links mit R und mit $(R - E)$ ergibt

$$R(\sum_{x=0}^{n-1} R^x) = (\sum_{x=0}^{n-1} R^x)R = \sum_{x=1}^{n} R^x = \sum_{x=0}^{n-1} R^x \quad \text{und}$$

$$(R - E)\sum_{x=0}^{n-1} R^x = \sum_{x=0}^{n-1} R^x (R - E) = 0 \tag{2.10}$$

wobei 0 eine Matrix ausschließlich mit Nullelementen ist. Multiplizieren von (2.10) mit t von rechts ergibt $(R - E)T = 0$. Somit ist T ein Eigenvektor von R und damit auch von R^x mit dem Eigenwert +1. Der Mittelwert Ω der Matrizen R^x ist eine *idempotente* Matrix mit den Eigenschaften

$$\Omega = \frac{1}{n}(\sum_{x=0}^{n-1} R^x) : \Omega\Omega = \Omega, \quad \Omega t = \frac{1}{n}T$$

Die Eigenwerte jeder idempotenten Matrix Ω betragen 0 oder +1; sie entsprechen den verschwindenden oder nicht verschwindenden Eigenwerten von $(R - E)$. Es werden dieselben vier Fälle wie in Abschnitt 2.3.1 unterschieden:

- Die Matrix $(R - E)$ ist invertierbar, R besitzt einen Fixpunkt und $(R - E)^{-1}$ existiert, folglich gilt $\Omega = 0$ und $T = 0$. Sämtliche Eigenwerte von Ω sind null. Befindet sich der Ursprung des Koordinatensystems im Fixpunkt, ist die Operation eine Drehinversion I_1, I_2, I_3, ... ohne Translation, mit $t = 0$.
- Für die Operation A_n einer Drehachse n mit $n \neq 1$ wird einer der Eigenwerte von R und Ω gleich 1. Der zugehörige Eigenvektor ist parallel zur Drehachse. Die beiden anderen Eigenwerte von Ω sind null. Liegt der Ursprung des Koordinatensystems auf der Drehachse, wird der Vektor t zu

$$t = \frac{m}{n}T_r, \text{ mit der Translation } T_r \text{ parallel zur Drehachse.} \tag{2.11}$$

Das Symmetrieelement der Operation (R, t) ist eine *Schraubenachse* (die Achse ist durch die Gesamtheit der Fixpunkte von A_n definiert). In den Bildern 2.6 (S. 37) und 2.7 (S. 38) sind die zu den verschiedenen möglichen Werten n und m gehörenden Schraubenachsen dargestellt; ihre graphischen wie auch numerischen Symbole n_m sind gleichfalls angegeben.

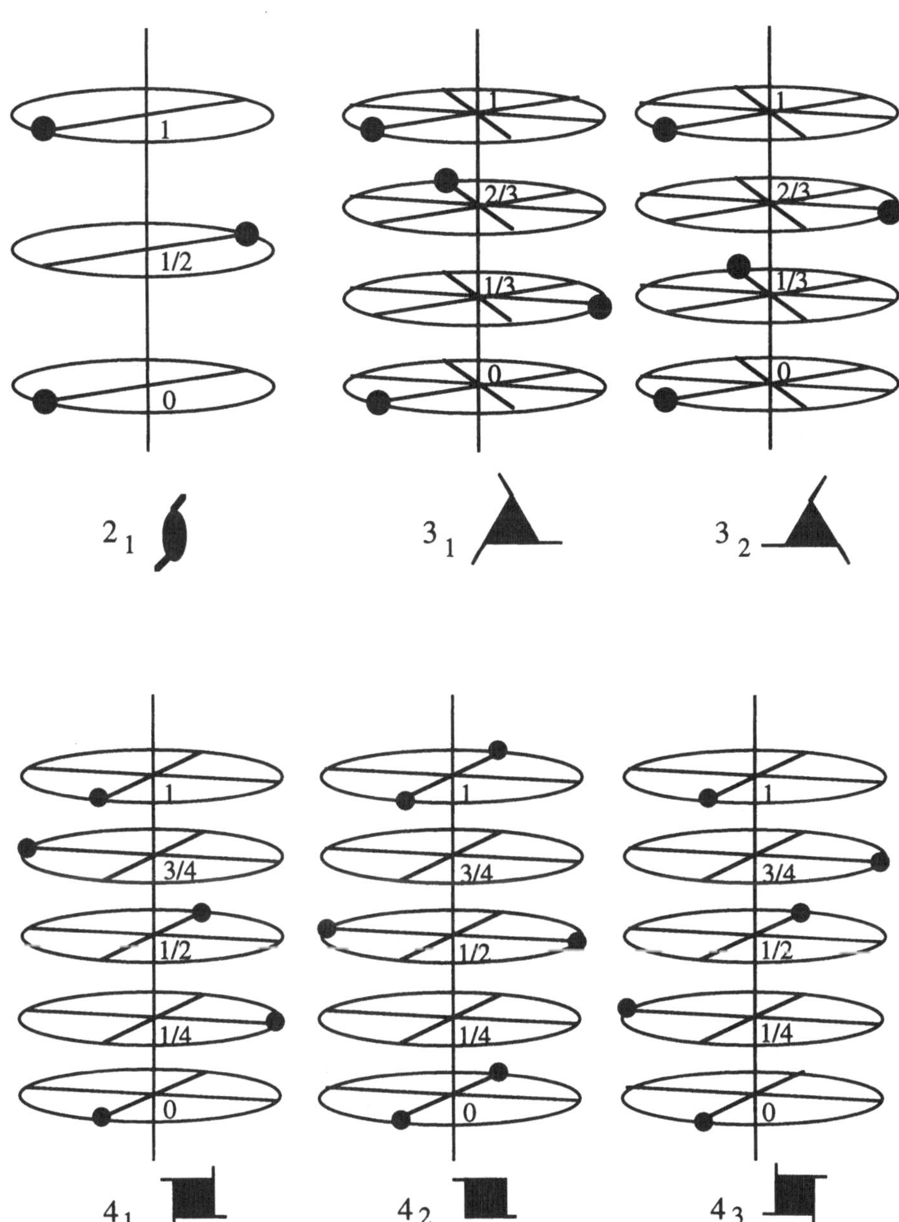

Bild 2.6 Schraubenachsen der Ordnung zwei, drei und vier mit Translationen $t = 1/2$, $1/3$, $2/3$, $1/4$, $2/4$ und $3/4$

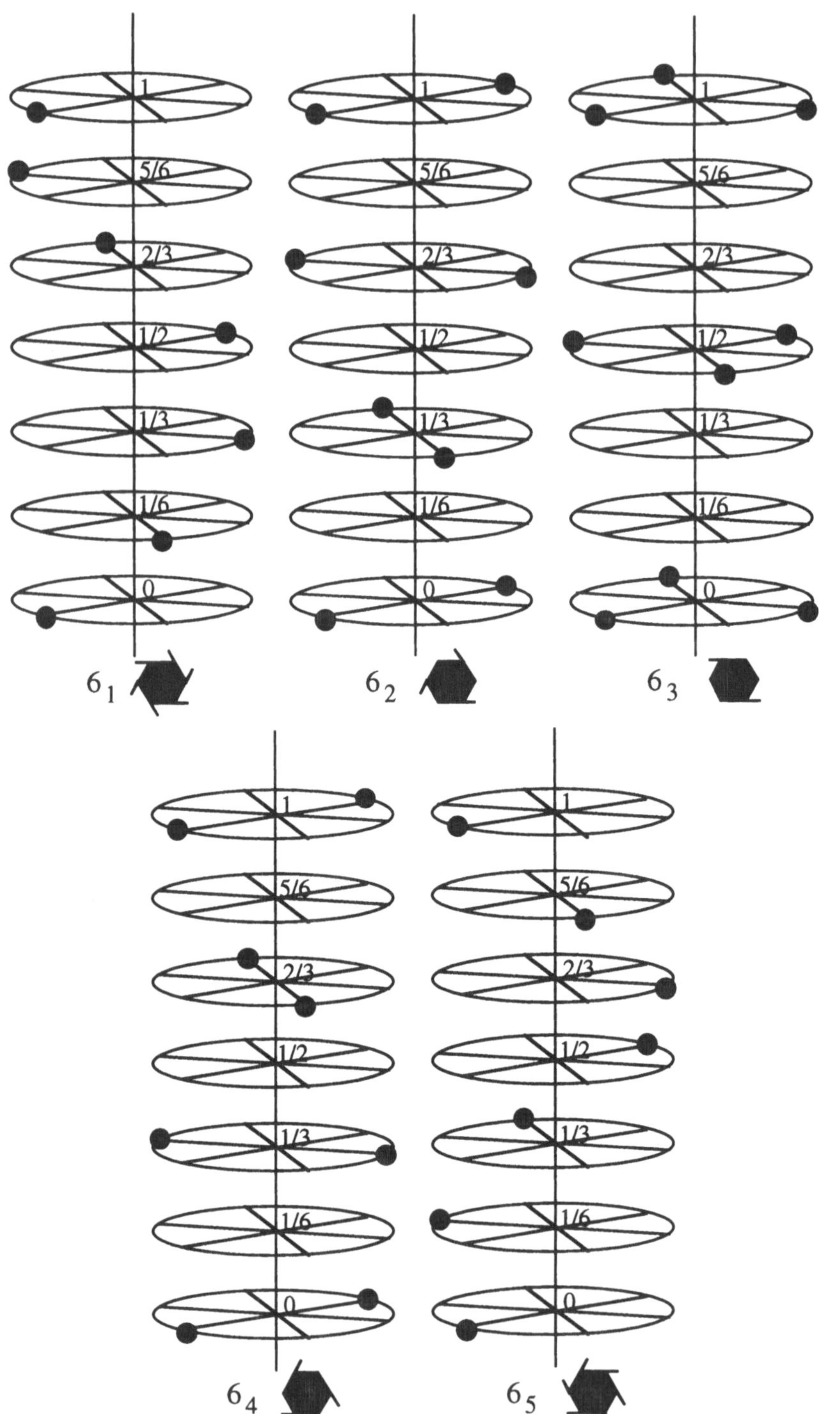

Bild 2.7 Schraubenachsen der Ordnung sechs

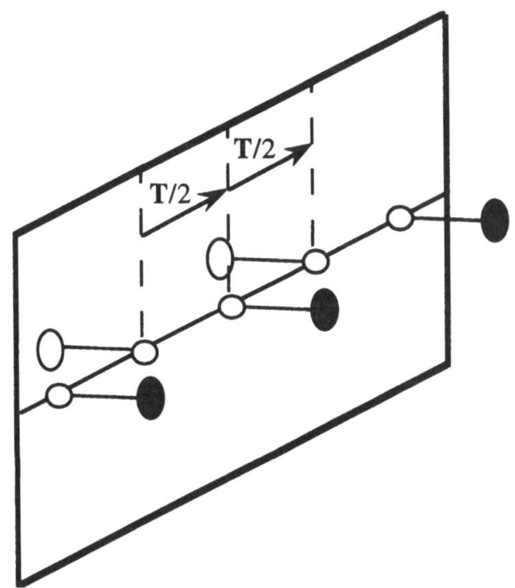

Bild 2.8 Beispiel einer Gleitspiegelebene

- Für die Operation $I_2 = S_1$ (zu der die Spiegelebene m gehört) haben zwei Eigenwerte von R und Ω den Wert 1. Die beiden zugehörigen Eigenvektoren verlaufen parallel zur Spiegelebene. Wird der Ursprung des Koordinatensystems in diese Ebene gelegt, reduziert sich der Vektor **t** zu

$$t = \frac{1}{2} T_m, \text{ mit einer Translation } T_m \text{ parallel zur Spiegelebene.} \tag{2.12}$$

Das Symmetrieelement ist eine *Gleitspiegelebene* (die Ebene enthält die Gesamtheit der Fixpunkte von I_2). Ein Beispiel zeigt Bild 2.8.
- R ist eine Einheitsmatrix, $R = E = \Omega$, und **t** = **T** ist eine beliebige Gittertranslation.

Schraubenachsen und Gleitspiegelebenen sind die beiden einzigen Typen von Symmetrieelementen, die sich aus der Kombination einer Drehung oder einer Drehinversion mit einer Translation ergeben.

2.3.3 Symbole für Symmetrieelemente

Die gebräuchlichen Symbole für Symmetrieelemente mit und ohne Translationsanteile sind in den Tabellen 2.4 (S. 40) und 2.5 (S. 41) wiedergegeben. Es sei noch einmal ausdrücklich betont, daß sorgfältig unterschieden werden muß zwischen den Symmetrie*operationen*, also den Drehungen (A_n), Drehinversionen (I_n) und Drehspiegelungen (S_n) und den Symmetrie*elementen*, damit also den Drehachsen (n), Drehinversionsachsen ($\bar{n}$) und Drehspiegelachsen ($\tilde{n}$).

Tabelle 2.4 Symbole für Symmetrieelemente ohne Translationskomponente

❘ →	zweizählige Drehachse (Operation A_2) Symbol 2 Drehachse 2 parallel zur Projektionsebene	▲	dreizählige Drehachse (Operation A_3) Symbol 3
◼	vierzählige Drehachse (Operation A_4) Symbol 4	⬣	sechszählige Drehachse (Operation A_6) Symbol 6
	Operation der Identität, A_1 Symbol 1 (ohne graphisches Symbol)		Spiegelebene senkrecht zur Projektionsebene (Operation I_2) Symbol m ($=\bar{2}$)
○	Symmetriezentrum (Operation I_1) Symbol $\bar{1}$	oder	Spiegelebene parallel zur Projektionsebene
◪	Drehinversionsachse der Ordnung 4 (Operation I_4) Symbol $\bar{4}$		
◭	Drehinversionsachse der Ordnung 6; äquivalent zur Kombination einer dreizähligen Drehachse mit einem Symmetriezentrum (Operation I_3) Symbol $\bar{3}$	⬡	Drehinversionsachse der Ordnung 6, äquivalent zur Kombination einer dreizähligen Drehachse mit einer dazu senkrechten Spiegelebene (Operation I_6) Symbol $\bar{6}$

BEMERKUNGEN zur nachfolgenden Tabelle 2.5: Gleitspiegelebenen des Typs d können nur in den folgenden Bravais-Gittern (vgl. Abschn. 2.6.1) auftreten: orthorhombisch F, tetragonal I, kubisch I und F. Im tetragonalen, trigonalen, hexagonalen und kubischen Kristallsystem (vgl. Abschn. 2.5.8 und 2.5.9) existieren auch (Gleit-)Spiegelebenen nicht parallel zu den Netzebenen (100), (010) oder (001). Die Gleitungen entsprechender Ebenen n und d verlaufen schief zu den Vektoren **a**, **b**, **c**. Für detaillierte Auskunft sei auf die *International Tables for Crystallography, Vol. A*, verwiesen.

Tabelle 2.5 Symbole für Symmetrieelemente mit Translationskomponente

Schraubenachsen		
zweizählig Symbol 2_1		senkrecht zur Projektionsebene parallel zur Projektionsebene
dreizählig Symbole 3_1, 3_2	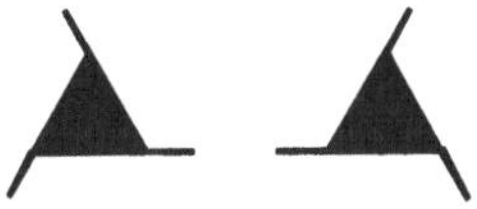	
vierzählig Symbole 4_1, 4_2, 4_3		
sechszählig Symbole 6_1, 6_2, 6_3, 6_4, 6_5		
Gleitspiegelebenen	Ebene senkrecht zur Projektionsebene	Ebene parallel zur Projektionsebene
Gleitung um eine halbe Translation **a**: Symbol a Gleitung um eine halbe Translation **b**: Symbol b	 Gleitung in der Projektionsebene	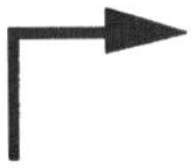
Gleitung um eine halbe Translation **c**: Symbol c	 Gleitung senkrecht zur Projektionsebene	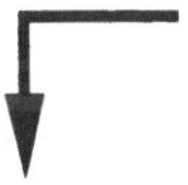
Gleitung um eine halbe Translation **a** + **b** oder **b** + **c** oder **c** + **a**: Symbol n	 Gleitung geneigt zur Projektionsebene	
In F- oder I-zentrierten Gittern Gleitung um ein Viertel der Translation **a** ± **b**, **b** ± **c** oder **c** ± **a** (F) oder **a** ± **b** ± **c** (I): Symbol d	 Gleitung geneigt zur Projektionsebene	Der Pfeil markiert die Gleitrichtung

2.4 Symmetrie und Metrik der Kristallgitter

2.4.1 Mit Translationen verträgliche Symmetrieelemente

Die Anzahl der Punktgruppen, die aus Kombinationen der Symmetrieoperationen A_n und I_n mit $1 \leq n < \infty$ (vgl. Abschn. 2.2.3) bestehen, ist zwar unendlich, aber abzählbar. Punktgruppen beschreiben die makroskopische Symmetrie dreidimensionaler Objekte. Im Gegensatz dazu lassen periodische Strukturen nicht sämtliche dieser Operationen zu; sie sind nur gegen eine beschränkte Auswahl invariant.

Eine periodische Struktur enthält *Serien* von Symmetrieelementen, also Serien von Dreh- und Drehinversionsachsen, wie das Beispiel in Bild 2.9 zeigt.

Ist $\mathbf{x}$ ein beliebiger Vektor einer periodischen Struktur mit Translationen $\mathbf{T} = u\mathbf{a} + v\mathbf{b} + w\mathbf{c}$, $-\infty < u, v, w < \infty$, dann sind die Endpunkte aller Vektoren $\mathbf{x} + \mathbf{T}$ translatorisch äquivalent. Sei $(\mathbf{R}, \mathbf{t})$ eine Symmetrieoperation, die $\mathbf{x}$ in $\mathbf{x}'$ überführt, also $\mathbf{R}\mathbf{x} + \mathbf{t} = \mathbf{x}'$ (vgl. Abschn. 2.2.1). Sie transformiert folglich $\mathbf{x} + \mathbf{T}$ nach $\mathbf{x}' + \mathbf{R}\mathbf{T}$: $\mathbf{R}(\mathbf{x} + \mathbf{T}) + \mathbf{t} = \mathbf{x}' + \mathbf{R}\mathbf{T}$. Also ist auch $\mathbf{R}\mathbf{T} = \mathbf{T}'$ eine Translation des Gitters.

Ein Gitter muß invariant sein bezüglich Drehungen A_n und Drehinversionen I_n.

Zu Anfang des Abschnitts 2.2.3 wurde gezeigt, daß bei Wahl eines orthonormalen Koordinatensystems $\mathbf{R}$ durch eine orthogonale Matrix dargestellt wird. Die Matrizen (2.7), (2.8) und (2.9) (vgl. S. 30 u. 31) sind Beispiele orthogonaler Matrizen. Alternativ kann als Koordinatensystem eine Gitterbasis $\mathbf{a}, \mathbf{b}, \mathbf{c}$ gewählt werden, also drei primitive, nicht komplanare Vektoren. Die Koordinaten u, v, w der Gitterpunkte sind dann ganzzahlig, genauso wie die Glieder der zu $\mathbf{R}$ gehörenden Darstellung. Sei die orthogonale Darstellung durch die Matrix $\mathbf{U}$ gegeben, die Darstellung mit ganzzahligen Gliedern durch die Matrix $\mathbf{N}$. Beide Matrizen sind äquivalent, da sie dieselbe Operation repräsentieren. Also existiert eine Matrix $\mathbf{X}$ derart, daß gilt $\mathbf{N} = \mathbf{X}^{-1}\mathbf{U}\mathbf{X}$: Die Matrix $\mathbf{X}$ transformiert das dem Gitter angepaßte Koordinatensystem in das orthonormale Koordinatensystem. Da äquivalente Matrizen dieselbe Spur besitzen, gilt

$$\mathrm{Spur}(\mathbf{U}) = \pm(2\cos\phi \pm 1) = \text{ganze Zahl, daher}$$
$$\cos\phi = \cos(2\pi/n) = N/2, \; n \text{ und } N \text{ ganzzahlig.} \tag{2.13}$$

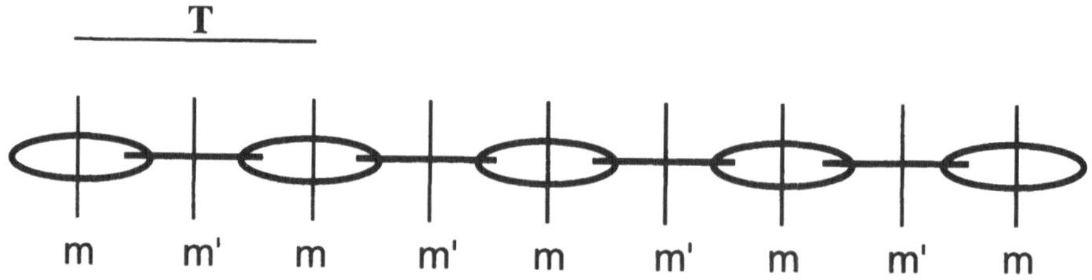

Bild 2.9 Symmetrie der gespannten Kette in Bild 2.4 (S. 33) mit $\mathbf{T}$ als Translation. Es sind zwei Typen (oder Klassen) von Spiegelgeraden, m und m', zu unterscheiden. Innerhalb jeder Klasse sind die Spiegelgeraden bezüglich der Translation $\mathbf{T}$ untereinander äquivalent

Die erlaubten Werte für n sind daher nur n = 1, 2, 3, 4, 6. Periodische Strukturen können nur invariant sein bezüglich der Drehachsen 1, 2, 3, 4, 6 *sowie der Drehinversionsachsen* $\bar{1}, \bar{2} = m, \bar{3}, \bar{4}, \bar{6}$ *(bzw. der entsprechenden Drehspiegelachsen).*

Dieses wichtige Theorem gilt für zwei- und dreidimensionale periodische Strukturen. Es bringt zum Ausdruck, daß eine lückenlose Aufteilung der Euklidischen Ebene durch reguläre Polygone nur von Dreieck, Quadrat und Sechseck möglich ist.

2.4.2 Gittermetrik und Punktgruppensymmetrie

Die Anwesenheit von Dreh- oder Drehinversionsachsen wirkt sich auf die Metrik eines Gitters aus, wie Bild 2.10 für zweidimensionale Gitter zeigt. Zweizählige Drehpunkte (in drei Dimensionen Drehachsen) erzeugen keine besonderen metrischen Zusammenhänge; Spiegelgeraden begründen ein Rechteck- oder Rautengitter; vierzählige Drehpunkte erzeugen ein quadratisches (tetragonales), drei- und sechszählige Drehpunkte ein dreieckiges (hexagonales) zweidimensionales Gitter.

Sei T eine beliebige Translation eines Gitters, S_1 die Spiegelung an einer Gitterebene und T' äquivalent zu T durch eben die Spiegelung S_1 (vgl. Bild 2.11, S. 44). Die Translation T–T' steht dann senkrecht auf der Spiegelebene, die Translation T+T' dagegen verläuft parallel zu ihr. Auf ähnliche Weise kann gezeigt werden, daß

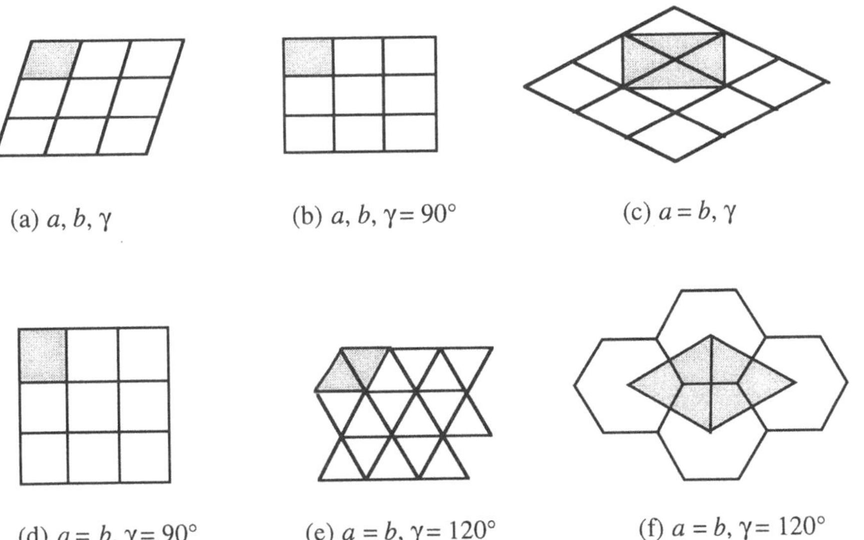

(a) a, b, γ (b) $a, b, \gamma = 90°$ (c) $a = b, \gamma$

(d) $a = b, \gamma = 90°$ (e) $a = b, \gamma = 120°$ (f) $a = b, \gamma = 120°$

Bild 2.10 Lückenlose Parkettierung der Euklidischen Ebene. (a) beliebiges Gitter, Drehpunkte 2; (b) Rechtecke, Spiegelgeraden m; (c) Rauten und rechteckige, zentrierte Maschen, Spiegelgeraden m und Gleitspiegelgeraden g; (d) Quadrate, Drehpunkte 4; (e) Dreiecke, Drehpunkte 3; (f) Sechsecke, Drehpunkte 6; gleiche Maschenform wie in (e). Die Längen a, b und der Winkel γ beschreiben die Metrik der Masche

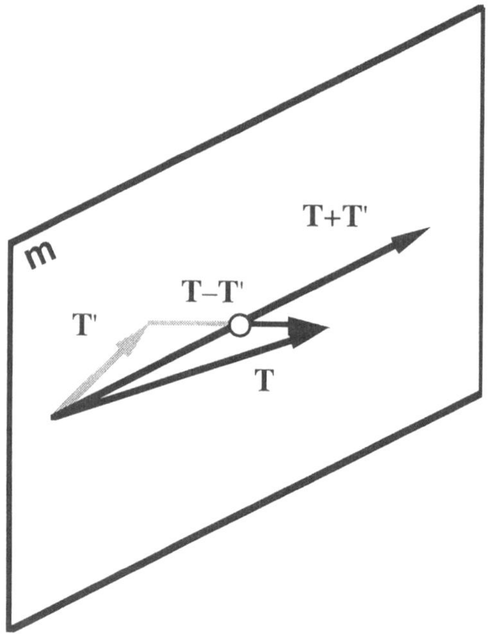

Bild 2.11 Spiegelebene m und Translation T

sämtliche Dreh- und Drehinversionsachsen (bzw. Drehspiegelachsen), die Symmetrieelemente eines Gitters sind, parallel zu Translationen und senkrecht zu Netzebenen dieses Gitters orientiert sind.

Jedes Symmetrieelement, ausgenommen das Inversionszentrum $\bar{1}$, bringt daher aufeinander senkrecht stehende Translationen hervor.

2.4.3 Punktgruppen und Raumgruppen

Gruppen aus Drehungen und Drehinversionen (Abschn. 2.2.3) werden Punktgruppen genannt:

Punktgruppen beschreiben die Symmetrie endlicher Objekte.

Gruppen, die Translationen enthalten, sind von unendlicher Ordnung; sie können außer Translationen noch Drehungen und Spiegelungen, mit oder ohne Translationskomponenten, sowie Drehinversionen enthalten. Bezogen auf die Euklidische Ebene werden sie *Ebenengruppen* genannt, bezogen auf den dreidimensionalen Raum heißen sie *Raumgruppen*.

Raumgruppen beschreiben die Symmetrie periodischer Strukturen.

Welche Relation besteht zwischen der die Symmetrie einer Kristallstruktur auf atomarem Niveau beschreibenden Raumgruppe und der die makroskopische Symmetrie des zugehörenden Kristalls zum Ausdruck bringenden Punktgruppe? Nach dem Prinzip von Bernhardi (vgl.

Abschn. 1.3.1) ist ein Kristall durch seine *richtungsabhängigen* Eigenschaften charakterisiert. Als Beispiele seien nur unterschiedliche Kristallwachstumsgeschwindigkeiten, thermische und elektrische Leitfähigkeiten, Elastizität und Piezoelektrizität genannt. Die makroskopischen Eigenschaften der zweidimensionalen Struktur in Bild 2.12 sind offenbar in den Richtungen der beiden großen Pfeile identisch, da sie die gleichen Winkel mit den Pfeilen in den „Molekülen" bilden. Die Symmetrie der periodischen Struktur ist durch zwei Typen von Gleitspiegelgeraden g und g' charakterisiert. Der makroskopische Kristall dagegen besitzt nur eine Spiegelgerade m. Ganz allgemein ergibt eine Serie von Dreh- oder Drehinversionsachsen der (dreidimensionalen) periodischen Struktur eine einzelne Dreh- oder Drehinversionsachse im makroskopischen Kristall.

Diese Beobachtungen können formal durch Einführen der *Faktorgruppe* beschrieben werden. Sei G eine Gruppe der Ordnung m, bestehend aus den Operationen g_k, $1 \leq k \leq m$, und S eine Untergruppe der Ordnung s. Der Komplex $g_i S$, erhalten durch linksseitige Multiplikation aller Operationen von S mit der Operation g_i aus G, heißt *linke Nebenklasse* von S. $g_i S$ ist identisch mit S, wenn g_i in S enthalten ist; $g_i S$ besitzt dagegen keine gemeinsame Operation mit S, wenn g_i nicht in S enthalten ist. Der Komplex $S\, g_i$ heißt eine *rechte Nebenklasse* von S. Ein *Normalteiler* (auch *invariante* oder *selbstkonjugierte* Untergruppe) $\mathcal{N}$ der Ordnung n wird durch $g_i^{-1} \mathcal{N} g_i = \mathcal{N}$ für alle Operationen g_i definiert; es gilt also $g_i \mathcal{N} = \mathcal{N} g_i$. $\mathcal{N}$ zerlegt G in m/n Nebenklassen, und jede Operation g_k gehört nur zu einer Nebenklasse von G. Die Nebenklassen von G nach einem Normalteiler $\mathcal{N}$ sind Elemente einer Gruppe der Ordnung $q = m/n$, die *Faktorgruppe* genannt wird, $Q = G / \mathcal{N}$; q heißt Index von $\mathcal{N}$ in G.

Die Gruppe der Translationen T ist ein Abelscher Normalteiler der Raumgruppe $\mathcal{E}$. Jede Operation von $\mathcal{E}$ gehört zu einer der q Nebenklassen nach T, q ist der Index von T in $\mathcal{E}$. T enthält sämtliche Operationen (E, **T**) (vgl. Abschn. 2.2.4). Nach Gleichung (2.2) (S. 29) gilt (R, **T**)(E, **T**) = (R, R**T** + **t**) = (R, **t**'), da R**T** eine Translation des Gitters ist. Die k-te

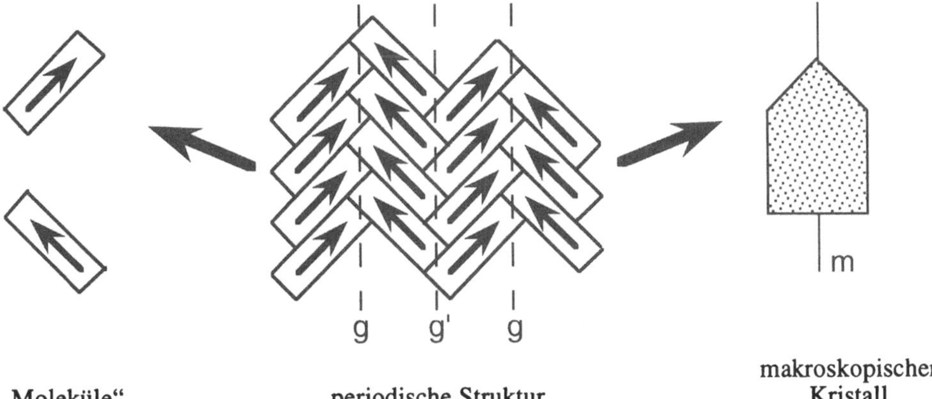

Bild 2.12 Symmetrie einer periodischen zweidimensionalen Struktur und des zugehörigen makroskopischen Kristalls

Nebenklasse nach $\mathcal{T}$ enthält also alle Operationen $(\mathsf{R}_k, \mathbf{t}_1)$, $(\mathsf{R}_k, \mathbf{t}_2)$, ..., mit derselben Drehung oder Drehinversion R_k, aber verschiedenen Translationen. Es existieren so viele Nebenklassen wie Operationen R_k.

Die Punktgruppe $\mathcal{P}$ ist isomorph zur Faktorgruppe der Raumgruppe nach der Gruppe ihrer Translationen, $\mathcal{P} = \mathcal{E}/\mathcal{T}$. Sie enthält die Operationen $\mathsf{R}_1 = \mathsf{E}$, R_2, ..., R_k, ..., R_p.

Die Struktur in Bild 2.12 verdeutlicht diesen Sachverhalt. Die Ebenengruppe besteht aus zwei Nebenklassen: Die Operation $(\mathsf{E}, \mathbf{T})$, die einen gegebenen Pflasterstein (z. B. mit Pfeil nach rechts) in sämtliche Steine gleicher Orientierung überführt, und die Operationen $(\mathsf{I}_2, \mathbf{t} + \mathbf{T})$, die sämtliche Pflastersteine der anderen Orientierung (mit Pfeil nach links; $\mathbf{t}$ ist die halbe Translationsperiode parallel g) erzeugt. Die zugehörige Punktgruppe enthält die Operationen E und I_2, wird also durch eine Spiegelebene m gebildet.

Als Kristallklassen werden Punktgruppen bezeichnet, die mit einem Kristallgitter verträglich sind und somit aus den Operationen A_1, A_2, A_3, A_4, A_6, I_1, I_2, I_3, I_4, I_6 sowie deren Potenzen bestehen.

2.5 Kristallklassen und Kristallsysteme

2.5.1 Der Klassenbegriff

Der Begriff *Klasse* wird zur Bezeichnung sehr verschiedenartiger Komplexe von Objekten verwendet. So darf die im voranstehenden Abschnitt eingeführte Klasse eines Normalteilers nicht mit der einer Konjugiertenklasse verwechselt werden. Eine *Konjugiertenklasse* besteht aus der Menge aller Operationen, die zu einer bestimmten Operation konjugiert sind. Sei $\mathcal{G}$ eine Gruppe der Ordnung m, bestehend aus den Operationen g_k, $1 \leq k \leq m$. Die Konjugiertenklasse der Operation g_x enthält sämtliche Operationen $\mathsf{g}_k^{-1}\mathsf{g}_x\mathsf{g}_k$, $1 \leq k \leq m$. Der Begriff Klasse wird im allgemeinen benutzt, um ein Ensemble von Objekten mit gewissen Gemeinsamkeiten zusammenzufassen: Die Nebenklassen nach einem Normalteiler von $\mathcal{G}$ fassen die Operationen $\mathsf{g}_i\mathcal{N}$ (oder $\mathcal{N}\mathsf{g}_i$) zusammen; eine Konjugiertenklasse von g_x besteht aus allen Operationen von $\mathcal{G}$, die zu g_x konjugiert sind und analoge Abbildungen ausführen (man sagt auch, g_x wird durch die g_k transformiert); die Kristallklassen teilen die Kristalle nach ihrer makroskopischen Symmetrie ein; die Laue-Klassen fassen wiederum Kristallklassen zusammen (vgl. Abschn. 2.5.4, 2.5.5 und 2.5.7); auch werden Symmetrieelemente zu Klassen zusammengefaßt. Im Bild 2.12 (S. 45) beispielsweise bilden die Gleitspiegelgeraden g eine Klasse, die Gleitspiegelgeraden g' eine zweite. Bestimmte Klassen, z. B. die Kristallklassen, sind darüber hinaus Gruppen.

2.5.2 Erzeugende von Gruppen

Die kristallographischen Gruppen werden durch eine beschränkte Anzahl von Symmetrieoperationen erzeugt. Eine zyklische Gruppe beispielsweise wird durch eine einzige Operation erzeugt. Ebenso gut wie die Symmetrieoperationen können die Symmetrieelemente als Erzeugende einer Gruppe dienen. Die Bilder 2.13 und 2.14 (S. 48) zeigen die zur Erzeugung von Gruppen nützlichsten Symmetrieelemente.

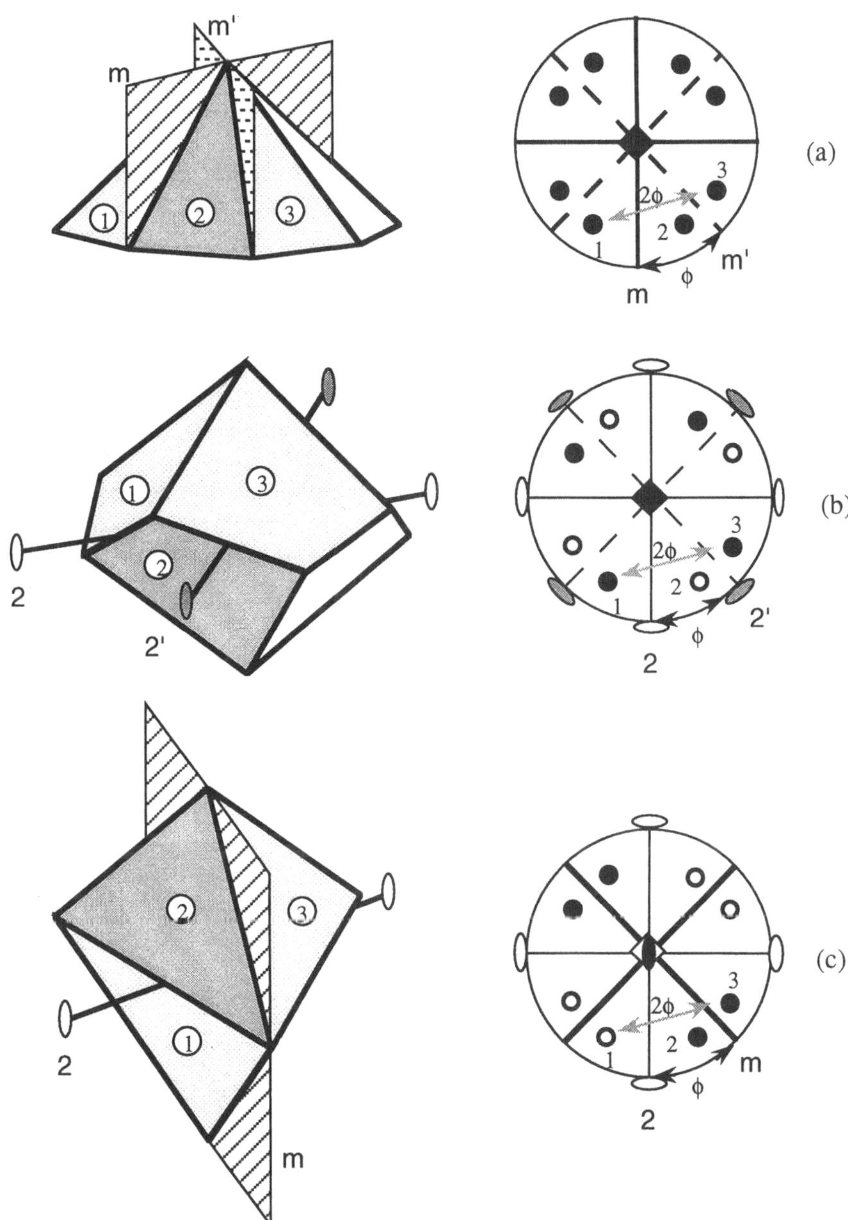

Bild 2.13 Kombination zweier Spiegelebenen (a), zweier zweizähliger Drehachsen (b), sowie einer Spiegelebene mit einer zweizähligen Drehachse (c). In den Stereogrammen steht ● für eine Fläche oberhalb, O für eine Fläche unterhalb der Projektionsebene

Zwei Spiegelebenen, die sich unter einem Winkel ϕ schneiden, erzeugen eine Drehachse der Periode 2ϕ. In Bild 2.13(a) schneiden sich zwei Spiegelebenen unter 45° und erzeugen daher eine Drehung von 90°. Wiederholte Anwendung beider Spiegelebenen resultiert in einer vierzähligen Drehachse sowie in insgesamt vier Spiegelebenen, die zu zwei verschiedenen Konjugiertenklassen gehören. Für jedes n gilt: Zwei Spiegelebenen, die einen Winkel $\phi = \pi/n$ einschließen, erzeugen eine Drehachse n und insgesamt n Spiegelebenen, die sich in zwei Konjugiertenklassen gliedern, wenn n gerade ist, aber im Falle n ungerade nur eine Klasse bilden.

Schneiden sich zwei zweizählige Drehachsen in einem Winkel ϕ, erzeugen sie eine Drehachse der Periode 2ϕ senkrecht zu der von ihnen definierten Ebene. Im Bild 2.13(b) beträgt ϕ 45°, so daß eine Drehung von 90° erzeugt wird. Mehrfache Anwendung beider ursprünglichen Drehachsen resultiert in einer vierzähligen Drehachse und insgesamt vier zweizähligen Drehachsen, die zwei konjugierten Klassen angehören. Für jedes n gilt: Zwei zweizählige Drehachsen, die sich unter einem Winkel $\phi = \pi/n$ schneiden, führen zu einer Drehachse n und insgesamt n zweizähligen Drehachsen, die bei n gerade zwei Konjugiertenklassen angehören, bei n ungerade jedoch nur zu einer Klasse gehören.

Eine Spiegelebene und eine zweizählige Drehachse mit Schnittwinkel ϕ erzeugen eine Drehspiegelachse der Periode 2ϕ (bzw. die entsprechende Drehinversionachse). Bild 2.13(c) zeigt eine Spiegelebene und eine zweizählige Drehachse im Winkel von 45°, wodurch eine Drehspiegelung mit $2\phi = 90°$ erzeugt wird. Wiederholte Anwendung der beiden ersten Operationen resultiert in einer Drehinversionsachse $\bar{4}$, zwei Spiegelebenen und zwei zweizähligen Drehachsen.

Eine Spiegelebene und eine dazu senkrechte zweizählige Drehachse (oder jede andere Achse gerader Ordnung) erzeugen ein Inversionszentrum (Bild 2.14). Zwei dieser drei Symmetrieelemente erzeugen die kleinste nichtzyklische (aber Abelsche) Gruppe: Die Gruppe der Ordnung vier mit den Operationen E, A_2, I_1 und I_2.

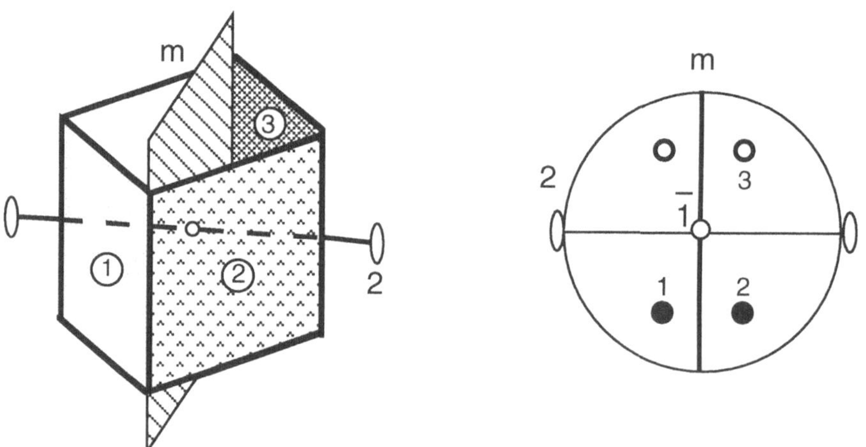

Bild 2.14 Kombination einer Spiegelebene m mit einer zweizähligen Drehachse 2 und einem Symmetriezentrum (Inversionszentrum) $\bar{1}$

2.5.3 Erzeugung von Punktgruppen

Zunächst sollen die vier Typen von Punktgruppen abgeleitet werden, die ausschließlich aus Drehungen (Operationen erster Art) bestehen. Diese Gruppen beschreiben die Symmetrie *chiraler* oder *enantiomorpher* Objekte. Ein enantiomorphes Objekt und sein Spiegelbild sind nicht deckungsgleich. So können linke und rechte Hand nicht zur Deckung gebracht werden; und zu jeder Rechtsschraube existiert eine Linksschraube.

Mit Hilfe der Ausführungen im vorangegangenen Abschnitt 2.5.2 können zwei Typen von Drehgruppen abgeleitet werden:

- Zyklische Gruppen, bestehend aus einer Drehachse p der Ordnung p;
- Gruppen aus einer Drehachse p der Ordnung p senkrecht zu p zweizähligen Drehachsen wie im Beispiel des Bildes 2.13(b). (Es sei daran erinnert, daß die zweizähligen Drehachsen zu zwei Konjugiertenklassen gehören, wenn p gerade ist, jedoch für p ungerade nur eine Klasse bilden.)

Die beiden verbleibenden Typen von Drehgruppen werden wie folgt abgeleitet. Zwei Drehachsen p und q der Ordnungen p und q, die sich in einem beliebigen Winkel schneiden, erzeugen weitere Drehachsen. Um p werden p Drehachsen der Ordnung q erhalten, q, q', q'', ..., q^{p-1}, die zu derselben Konjugiertenklasse gehören. Entsprechend werden um die Symmetrieelemente q q Drehachsen der Ordnung p erhalten, p, p', p'', ..., p^{q-1}, die ebenfalls zu einer Konjugiertenklasse gehören. Zusätzlich werden zweizählige Drehachsen erzeugt, die winkelhalbierend zwischen den Drehachsen einer Klasse verlaufen. Das Stereogramm in Bild 2.15 zeigt die Kombination einer vierzähligen ($p = 4$) mit einer dreizähligen ($q = 3$)

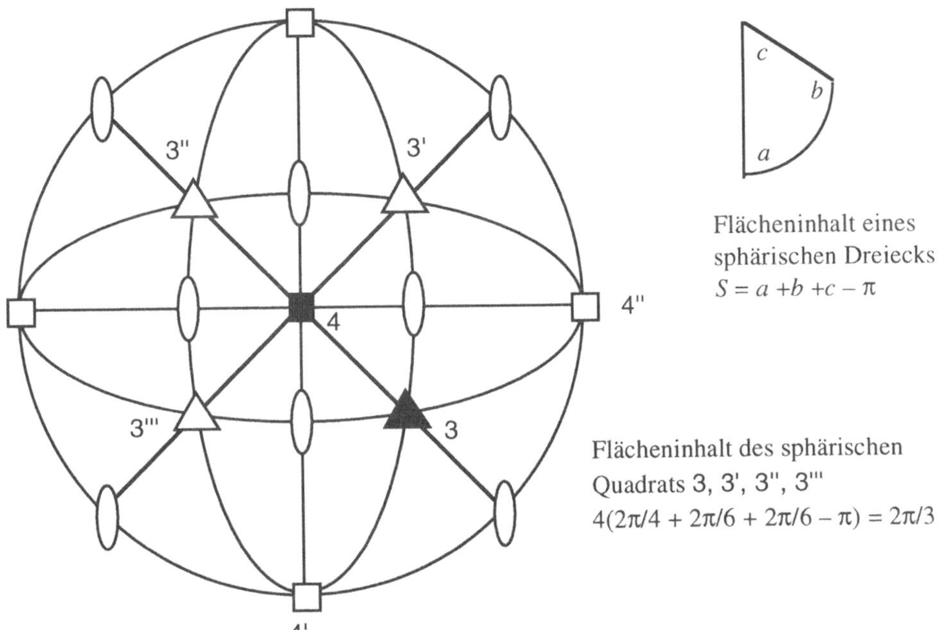

Flächeninhalt eines sphärischen Dreiecks
$$S = a + b + c - \pi$$

Flächeninhalt des sphärischen Quadrats 3, 3', 3", 3'''
$$4(2\pi/4 + 2\pi/6 + 2\pi/6 - \pi) = 2\pi/3$$

Bild 2.15 Eine Drehachse 4 und eine Drehachse 3 (schwarz markiert) erzeugen die Drehachsen 3', 3", 3''', 4', 4" sowie insgesamt sechs zweizählige Drehachsen

Drehachse (beide schwarz gekennzeichnet). Die als Folge dieser Kombination entstehenden Drehachsen erzeugen wiederum weitere Drehachsen, deren Pole in einer Projektion auf die Lagekugel (vgl. Abschn. 1.3.4) reguläre sphärische Polygone bilden. Da die resultierende Gruppe von endlicher Ordnung ist, bedeckt eine endliche Anzahl Polygone gleichen Typs (Quadrate oder Dreiecke in Bild 2.15) die Oberfläche der Projektionskugel. Die Fläche eines regulären sphärischen Vielecks der Ordnung p errechnet sich nach den Regeln der sphärischen Trigonometrie:

$$S_{\text{Polygon}} = p(2\pi/p + 2\pi/q - \pi), \text{ mit } S_{\text{Kugel}} = 4\pi \text{ als Oberfläche der Kugel}$$

Die Parkettierung der Kugeloberfläche mit einer endlichen Zahl von Vielecken ergibt $P = S_{\text{Kugel}}/S_{\text{Polygon}}$ = ganzzahlig, woraus sich die erlaubten Werte für p und q berechnen lassen:

$$P = 4q/(2q + 2p - pq) > 0 \text{ und ganzzahlig, Belegung mit } p \text{ Ecken}$$
$$Q = 4p/(2p + 2q - pq) > 0 \text{ und ganzzahlig, Belegung mit } q \text{ Ecken}$$

Eine zweizählige Drehachse und eine Drehachse der Ordnung $p > 2$, die sich in einem Winkel verschieden von 90° schneiden, erzeugen eine Drehachse der Ordnung $q > 2$. Es genügt daher, die Lösungen beider Gleichungen für ganze Zahlen p und $q > 2$ zu betrachten (senkrecht aufeinander stehende Drehachsen wurden bereits eingangs dieses Abschnitts diskutiert):

$p = 3, q = 3: P = Q = 4$	Tetraeder
$p = 3, q = 4: P = 8, Q = 6$	Oktaeder und Würfel (Hexaeder)
$p = 3, q = 5: P = 20, Q = 12$	Ikosaeder und Pentagondodekaeder

Diese Drehungen erzeugen Gruppen, die die Symmetrie *regulärer* oder *Platonischer* Körper beschreiben.

Schließlich beschreibt die (kontinuierliche) Drehgruppe unendlicher Ordnung die Symmetrie der Kugel (in der mathematischen Literatur mit SO_3 bezeichnet).

Ausgehend von reinen Drehgruppen können weitere Gruppen erzeugt werden, indem Spiegelebenen parallel oder senkrecht zu den Drehachsen hinzugefügt werden, wodurch keine neuen Drehachsen entstehen. Auf diese Weise werden sämtliche Punktgruppen erhalten. Im folgenden werden nur diejenigen beschrieben, die mit einem Translationengitter verträglich sind, also die Kristallklassen.

In der Literatur finden sich zwei verschiedene Systeme zur Kennzeichnung von Punktgruppen. Dabei ist die Notation nach *Schoenflies* die ältere. Sie ist zwar weit verbreitet, aber wenig geeignet, den Zusammenhang zwischen Kristallklassen und Raumgruppen deutlich werden zu lassen. Dieses System benutzt als Symmetrieelemente *Drehachsen* und *Drehspiegelachsen*. Es ist anzunehmen, daß es zunehmend durch die Notation nach *Hermann-Mauguin* (auch *Internationale* Notation genannt) ersetzt wird. Letztere bietet eine einheitliche Darstellung der Kristallklassen und Raumgruppen und findet gegenwärtig bei allen Arbeiten über Kristallstrukturen Anwendung. Es benutzt *Dreh-* und *Drehinversionsachsen* als Symmetrieelemente. In diesem Band werden die konventionellen Symbole beider Systeme angeführt; für alle Herleitungen und Anwendungen wird jedoch ausschließlich die Internationale Nomenklatur verwendet. Die Gruppensymbole werden eingeführt, ohne gleich jedes Detail aufzuzeigen. Ihre vollständige Diskussion (Abschn. 2.5.9) wird bis nach Einführung der Kristallsysteme (Abschn. 2.5.8) zurückgestellt. Bild 2.17 (S. 54 – 56) präsentiert für jede Kristallklasse neben den Symbolen nach beiden Nomenklatursystemen die jeweilige dreidimensionale räumliche Anordnung der Symmetrieelemente sowie Beispiele für Kristallformen. Zugehörige stereographische Projektionen folgen in Bild 2.18 (S. 57 – 58).

2.5.4 Die 32 Kristallklassen: Axiale Gruppen

Axiale Gruppen besitzen unter ihren Symmetrieelementen maximal eine Achse höherer als zweiter Ordnung. Diese Gruppen sind in Tabelle 2.6 aufgeführt, die durch die folgenden Bemerkungen ergänzt sei:

- Gruppen des Typs $\frac{x}{m}$ und $\frac{x}{m}m$ sind nur für geradzahlige x definiert. Das Symmetrieelement $\bar{x}$ mit $x = 4n + 2$ ($x = 2, 6, 10, \ldots$) entspricht einer Drehachse der Ordnung $2n + 1$ normal zu einer Spiegelebene m (vgl. Tabelle 2.3, S. 35). Daher repräsentiert $\frac{x}{m}$ mit x ungerade eine zyklische Gruppe innerhalb der Gruppen des Typs $\bar{x}$. Desgleichen gehört $\frac{x}{m}m$ mit x ungerade zum Gruppentyp $\bar{x}m$.

Tabelle 2.6 Die sieben Typen axialer Kristallklassen

Gruppen-typ	Erzeugende der Gruppe	Ordnung der Gruppe	Internationale Symbole
x	einzelne Drehachse	x	1, 2, 3, 4, 6
$\bar{x}$	einzelne Drehinversions-achse	x (x gerade) $2x$ (x ungerade)	$\bar{1}$, m, $\bar{3}$, $\bar{4}$, $\bar{6}$
$\frac{x}{m}$	Spiegelebene m *senkrecht* zur Drehachse x	$2x$ (x gerade)	$\frac{2}{m}$, $\frac{4}{m}$, $\frac{6}{m}$ (2/m, 4/m 6/m)
xm	Spiegelebene m *parallel* zur Drehachse x	$2x$	mm2, 3m, 4mm, 6mm
$x2$	Drehachse 2 *senkrecht* zur Drehachse x	$2x$	222, 32, 422, 622
$\bar{x}m$ oder $\bar{x}2$	Spiegelebene m *parallel* zur Achse $\bar{x}$, oder Drehachse 2 *senkrecht* zur Achse $\bar{x}$	$2x$ (x gerade) $4x$ (x ungerade)	$\bar{3}\frac{2}{m}$, $\bar{4}2m$, $\bar{6}m2$ ($\bar{3}m$, $\bar{4}m2$, $\bar{6}2m$)
$\frac{x}{m}m$	Spiegelebene m *parallel* zur Achse $\frac{x}{m}$, oder Drehachse 2 *senkrecht* zur Achse $\frac{x}{m}$	$4x$ (x gerade)	$\frac{2}{m}\frac{2}{m}\frac{2}{m}$, $\frac{4}{m}\frac{2}{m}\frac{2}{m}$, $\frac{6}{m}\frac{2}{m}\frac{2}{m}$ (mmm, 4/mmm, 6/mmm)

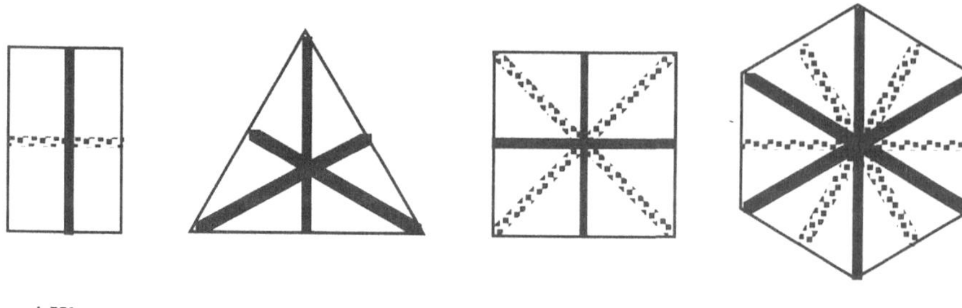

zwei Klassen   eine Klasse   zwei Klassen   zwei Klassen

Bild 2.16 Klassen konjugierter Spiegelebenen in den axialen Kristallklassen mm2, 3m, 4mm und 6mm

- Die Gruppen vom Typ xm enthalten die Operationen, die einer Drehachse x in Kombination mit x Spiegelebenen m parallel zu dieser Achse entsprechen (vgl. Bild 2.13(a), S. 47). Diese Spiegelebenen sind symmetrisch äquivalent (d. h. sie gehören zu einer Konjugiertenklasse), wenn x ungerade ist, und sie bilden zwei Konjugiertenklassen bei x geradzahlig (Bild 2.16). Die Internationalen Symbole mm2, 3m, 4mm, 6mm führen die verschiedenen Klassen der Symmetrieelemente auf. Das Symbol der Drehachse x steht dabei, ausgenommen für $x = 2$, am Anfang (vgl. Abschn 2.5.9).
- Gruppen vom Typ x2 besitzen den gleichen Aufbau wie die des voranstehenden Typs xm (vgl. Abschn. 2.5.11). Sie enthalten die Operationen, die der Kombination einer Drehachse x mit x senkrecht dazu stehenden zweizähligen Drehachsen entsprechen (vgl Bild 2.13(b)). Diese zweizähligen Achsen sind äquivalent, wenn x eine ungerade Zahl ist, zerfallen aber in zwei Konjugiertenklassen, falls x geradzahlig ist. Da diese Gruppen keine Spiegelungen enthalten, beschreiben sie die Symmetrie enantiomorpher Objekte.
- Gruppen des Typs $\overline{x}$m bzw. $\overline{x}$2 besitzen ebenfalls den gleichen Aufbau wie die vom Typ xm. Ein Beispiel ist in Bild 2.13(c) gegeben. Ist x ungerade, stehen die zweizähligen Drehachsen senkrecht auf den Spiegelebenen; ist x gerade, verlaufen sie geneigt zu jenen. $\overline{4}$m2 und $\overline{6}$2m sind alternative Symbole für $\overline{4}$2m und $\overline{6}$m2 (vgl. Abschn. 2.5.9).
- Eine Spiegelebene senkrecht zu einer Drehachse gerader Ordnung erzeugt ein Symmetriezentrum (vgl. Bild 2.14, S. 48). Die Gruppen $\frac{2}{m}$, $\frac{4}{m}$, $\frac{6}{m}$, $\frac{2}{m}\frac{2}{m}\frac{2}{m}$, $\frac{4}{m}\frac{2}{m}\frac{2}{m}$, $\frac{6}{m}\frac{2}{m}\frac{2}{m}$ und $\overline{3}\frac{2}{m}$ sind daher zentrosymmetrisch. Die *gekürzten Symbole* dieser Gruppen (2/m, 4/m, 6/m, mmm, 4/mmm, 6/mmm und $\overline{3}$m) sind für die Textverarbeitung besser geeignet.
- Gruppen der Typen x, $\overline{x}$ und x/m sind durch nur *eine einzige* Symmetrierichtung ausgezeichnet; die anderen Gruppen besitzen dagegen mehrere Symmetrierichtungen.

2.5.5 Die 32 Kristallklassen: Tetraeder- und Oktaedergruppen

Die fünf regulären oder Platonischen Körper (vgl. Bild 2.19, S. 59) sind seit dem Altertum bekannt und spielten eine wichtige Rolle in der Aristotelischen sowie in der mittelalter-

Tabelle 2.7 Einige Eigenschaften regulärer Polyeder

Polyeder	alchimistische Deutung	Anzahl der Flächen mit (x) Kanten	Anzahl der Ecken mit (x) Kanten	Anzahl Kanten
Tetraeder	Feuer	4 (3)	4 (3)	6
Oktaeder	Luft	8 (3)	6 (4)	12
Würfel	Erde	6 (4)	8 (3)	12
Ikosaeder	Wasser	20 (3)	12 (5)	30
Pentagon-dodekaeder	Quintessenz (Kosmos)	12 (5)	20 (3)	30

lichen Philosophie. Unter anderem symbolisieren sie die Elemente der Alchimie (Tabelle 2.7). Die Flächen eines regulären Polyeders sind gleichartige regelmäßige Vielecke. Sämtliche Ecken, Kanten und Flächen sind ununterscheidbar. (Die halbregulären oder Archimedischen Körper werden ebenfalls von regelmäßigen, aber verschiedenartigen Flächen, z. B. von gleichseitigen Dreiecken sowohl wie von Quadraten, begrenzt.)

Werden beim Oktaeder die Ecken durch Flächen und die Flächen durch Ecken ersetzt, entsteht ein Würfel. Gleiches Vorgehen beim Würfel führt zum Oktaeder. Würfel und Oktaeder werden deshalb als *Dualkörper* bezeichnet. Im gleichen Sinne sind Pentagon-dodekaeder und Ikosaeder Dualkörper, und ist das Tetraeder zu sich selbst dual. Aufgrund dieser Eigenschaften lassen sich die fünf regulären Polyeder in drei Arten von Punktgruppen einteilen, in die Tetraeder-, die Oktaeder- und die Ikosaedergruppen (Tabelle 2.7). Die Ikosaedergruppen enthalten Drehachsen 5 bzw. Drehinversionsachsen $\bar{5}$ und sind daher keine kristallographischen Punktgruppen.

Die Symmetrieelemente der Tetraeder- und Oktaedergruppen sind entlang den *charakteristischen Richtungen des Würfels* ausgerichtet (vgl. Bild 2.17, S. 54 – 56; „Kubisches System"):

- Kanten   3 Richtungen
- Raumdiagonalen   4 Richtungen
- Flächendiagonalen   6 Richtungen

Tetraeder und Oktaeder können daher einem Würfel einbeschrieben werden. Im Abschnitt 2.5.3 wurde bereits je eine enantiomorphe Tetraeder- und Oktaedergruppe abgeleitet. Durch Hinzufügen von Spiegelebenen, entweder senkrecht auf, parallel zu, oder winkelhalbierend zwischen den Drehachsen, werden weitere drei nichtenantiomorphe Gruppen erzeugt. Alle fünf Punktgruppen sind in Tabelle 2.8 mit einigen ihrer Charakteristika aufgeführt.

Für die beiden zentrosymmetrischen Gruppen $\frac{2}{m}\bar{3}$ und $\frac{4}{m}\bar{3}\frac{2}{m}$ werden üblicherweise die gekürzten Symbole $m\bar{3}$ und $m\bar{3}m$ benutzt. *Es sei besonders betont, daß alle fünf Punktgruppen durch Drehachsen 3 bzw. Drehinversionsachsen $\bar{3}$ entlang den Raumdiagonalen des Würfels ausgezeichnet sind.*

Tabelle 2.8 Die fünf *kubischen* Tetraeder- und Oktaedergruppen

Internationale Symbole	Kanten	Raumdiagonalen	Flächendiagonalen	Kommentar
23	2	3	–	enantiomorphe Tetraedergruppe
$\frac{2}{m}\bar{3}$	$\frac{2}{m}$	$\bar{3}$	–	23 plus Inversion
$\bar{4}3m$	$\bar{4}$	3	m	volle Symmetrie des Tetraeders
432	4	3	2	enantiomorphe Oktaedergruppe
$\frac{4}{m}\bar{3}\frac{2}{m}$	$\frac{4}{m}$	$\bar{3}$	$\frac{2}{m}$	volle Symmetrie des Oktaeders

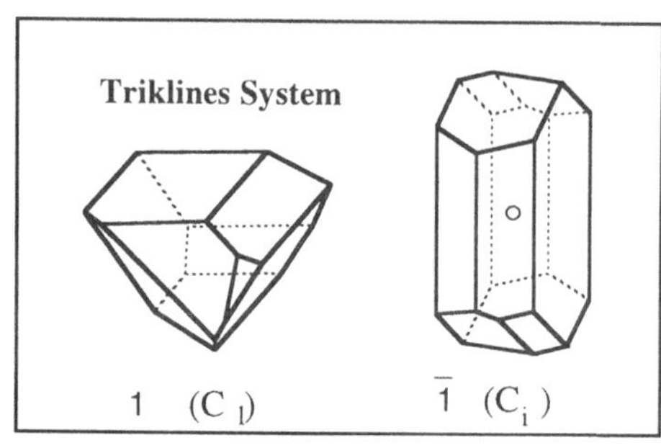

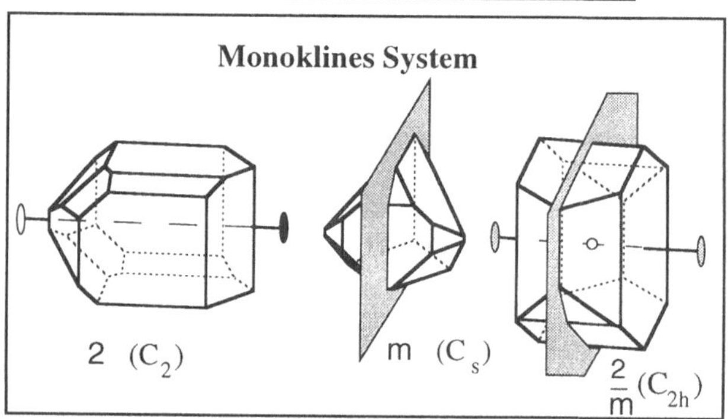

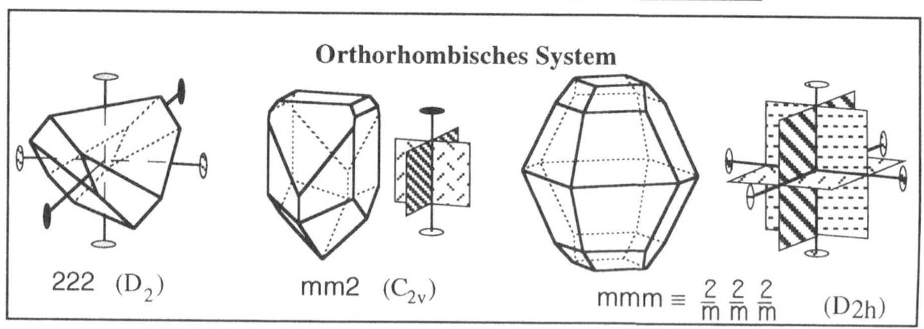

Bild 2.17 Dreidimensionale Darstellungen der 32 Kristallklassen

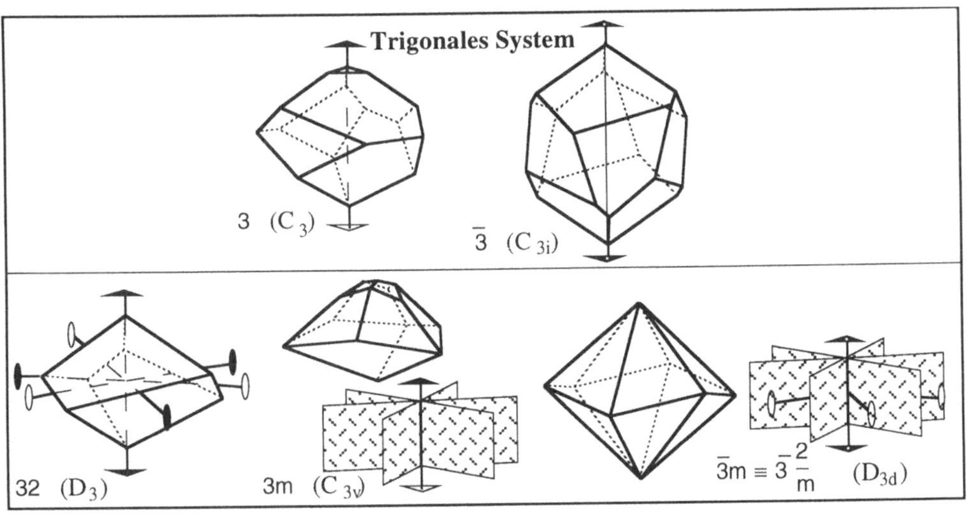

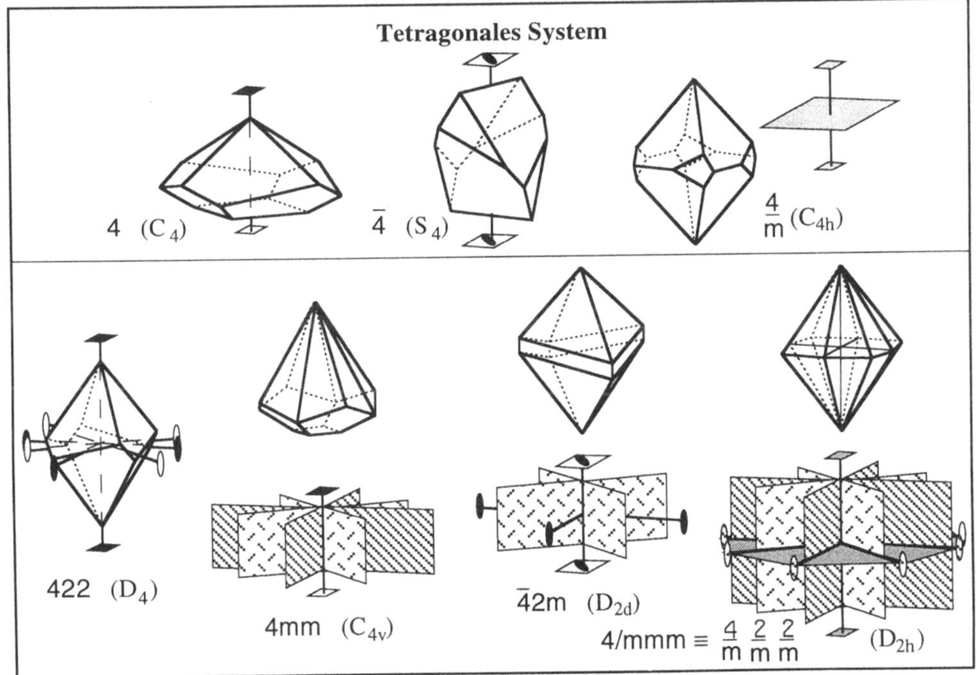

Bild 2.17 Fortsetzung

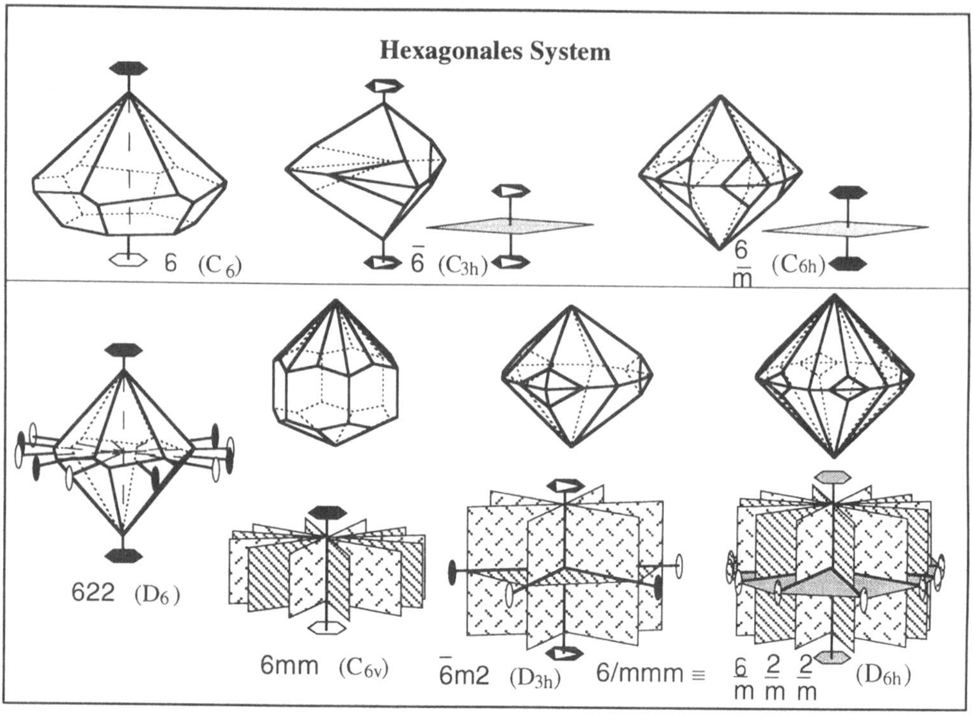

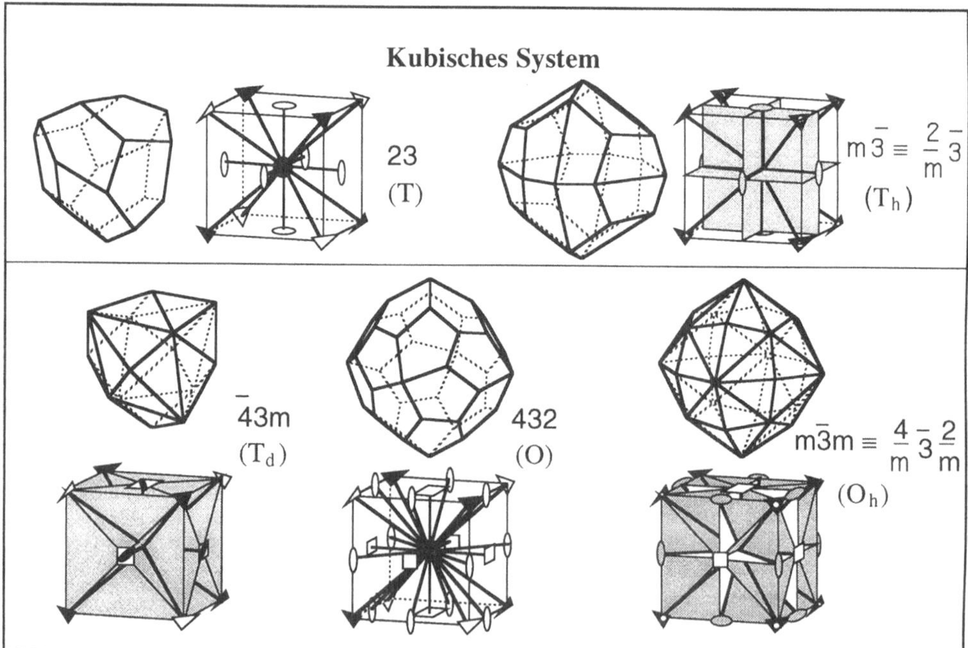

Bild 2.17 Fortsetzung und Ende

■ Positionen der Achsen **a, b, c** des Koordionatensystems
● Pole auf dem oberen Teil der Projektionskugel
○ Pole auf dem unteren Teil der Projektionskugel
◉ Überlagerung zweier Pole, vom oberen und vom unteren Teil der Projektionskugel

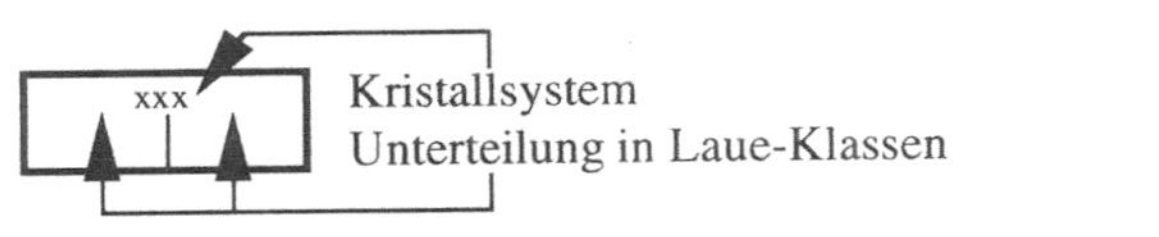

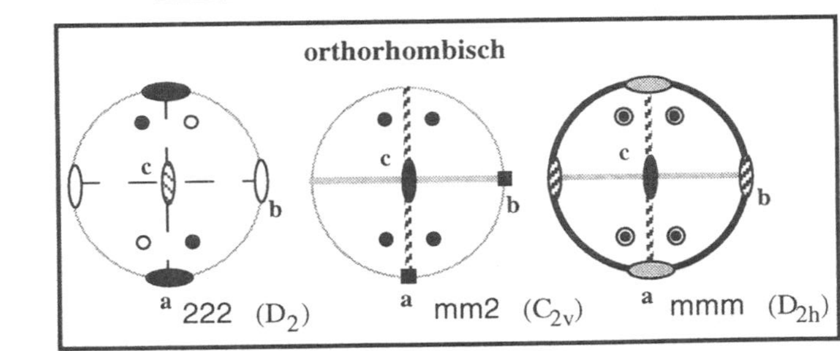

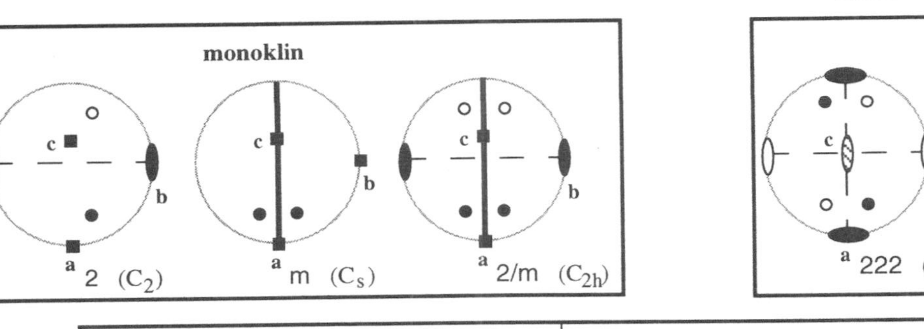

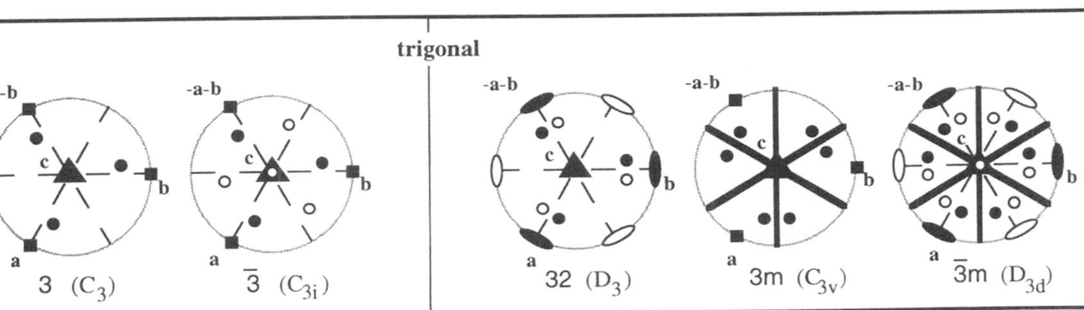

Bild 2.18 Stereographische Projektion der Symmetrieelemente und der symmetrisch äquivalenten Positionen (Kristallformen, auch Flächenformen) der allgemeinen Lage aller 32 Kristallklassen

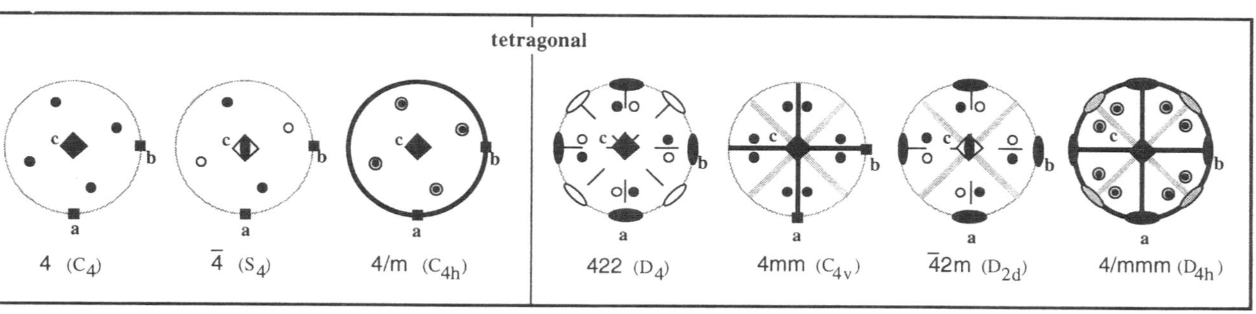

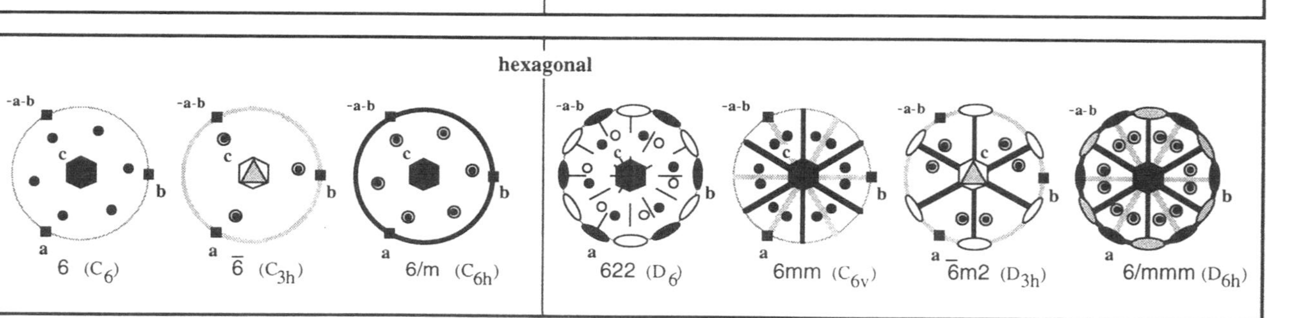

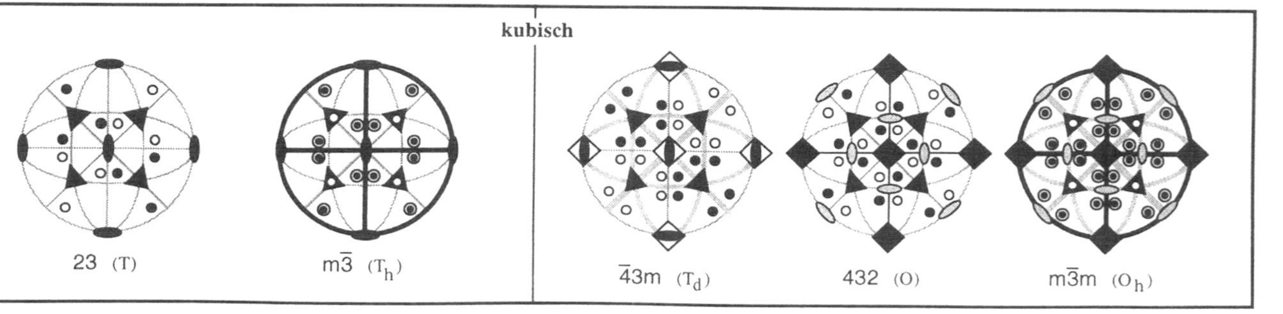

Bild 2.18 Fortsetzung

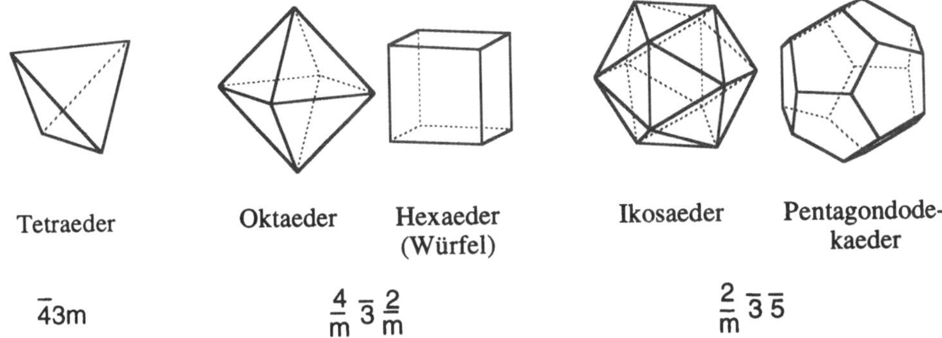

Bild 2.19 Die fünf Platonischen Körper

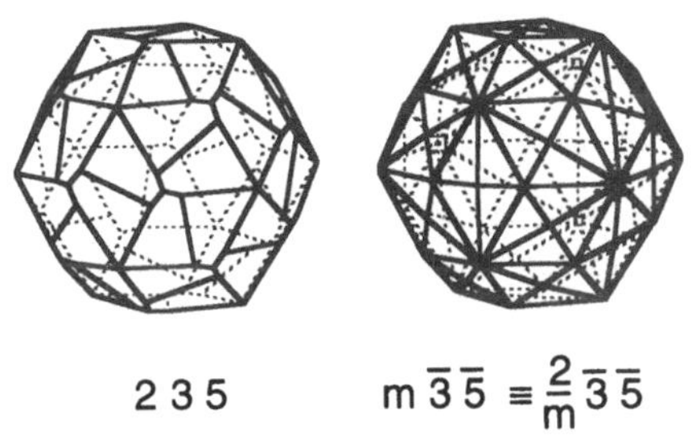

Bild 2.20 Polyeder der beiden nichtkristallographischen Ikosaedergruppen mit 60 bzw. 120 Flächen

2.5.6 Nichtkristallographische Punktgruppen

Die Einteilung der nichtkristallographischen Punktgruppen erfolgt gänzlich analog zu derjenigen der kristallographischen Punktgruppen:

Typ x	$5, 7, 8, 9, 10, \ldots, \infty$
Typ $\bar{x}$	$\bar{5}, \bar{7}, \bar{8}, \bar{9}, \overline{10}, \ldots$
Typ x/m	$8/m, 10/m, \ldots, \infty/m$ (x gerade)
Typ xm	$5m, 7m, 8mm, 9m, 10mm, \ldots, \infty m$
Typ x2	$52, 72, 822, 92, 10\,2\,2, \ldots, \infty 2$
Typ $\bar{x}2$	$\bar{5}\frac{2}{m}, \bar{7}\frac{2}{m}, \bar{8}2m, \bar{9}\frac{2}{m}, \overline{10}\,m2, \ldots$
Typ $\frac{x}{m}\frac{2}{m}$	$\frac{8}{m}\frac{2}{m}\frac{2}{m}, \frac{10}{m}\frac{2}{m}\frac{2}{m}, \ldots, \frac{\infty}{m}\frac{2}{m}$ (x gerade)
Ikosaedergruppen	$235, \frac{2}{m}\bar{3}\bar{5}$ (vgl. Bild 2.19)
Kugelgruppen	$2\infty, \frac{2}{m}\bar{\infty}$

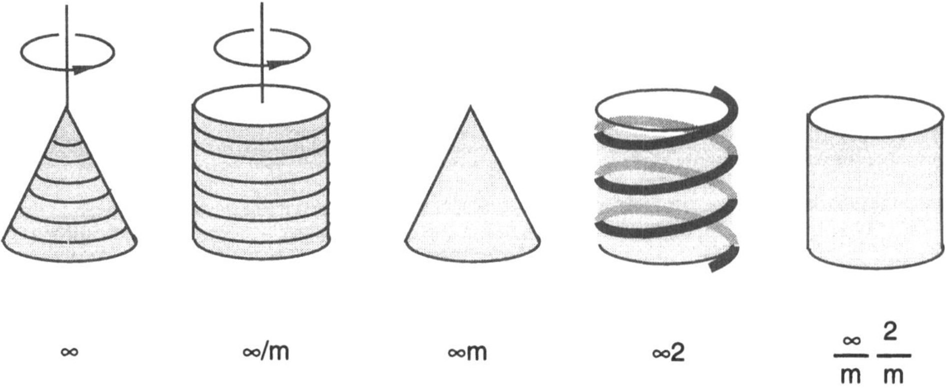

Bild 2.21 Die fünf Gruppen unendlicher Ordnung mit einer einzigen unendlichzähligen Drehachse (Zylindergruppen)

Die Kugelgruppen sind besser bekannt unter den Symbolen SO_3 (= 2∞; Gruppe aller Rotationen des dreidimensionalen Euklidischen Raumes, dargestellt durch sämtliche dreidimensionalen orthogonalen Matrizen mit Determinante +1) und O_3 (= $\frac{2}{m}\overline{\infty}$; Gruppe dargestellt durch sämtliche dreidimensionalen orthogonalen Matrizen).

Die fünf Gruppen unendlicher Ordnung mit einer einzigen Rotationsachse (Zylindergruppen) können durch die Objekte in Bild 2.21 veranschaulicht werden.

∞	rotierender Kreiskegel
∞/m	rotierender Kreiszylinder; axialer Vektor (z. B. magnetisches Feld)
∞m	stationärer Kreiskegel; polarer Vektor (z. B. elektrisches Feld)
∞2	zylindrische Schraube unendlicher Länge
$\frac{\infty}{m}\frac{2}{m}$	stationärer Kreiszylinder

2.5.7 Die 11 Laue-Klassen

Das Symmetriezentrum (Inversionszentrum) spielt eine ganz besondere Rolle unter allen Symmetrieelementen. Sämtliche Eigenschaften eines zentrosymmetrischen Kristalls können durch gerade Funktionen beschrieben werden, was einen unbestreitbaren mathematischen Vorteil darstellt. Der experimentelle Nachweis eines Symmetriezentrums ist jedoch oftmals nicht einfach. Viele anisotrope Eigenschaften auch nicht zentrosymmetrischer Kristalle sind zentrosymmetrisch (z. B. thermische und elektrische Leitfähigkeit, lineare Elastizität; vgl. Abschn. 4.4.2). In der Mehrheit der Fälle produziert die Beugung von Röntgenstrahlen zentrosymmetrische Beugungsmuster unabhängig davon, ob ein Kristall ein Symmetriezentrum besitzt oder nicht (Friedelsche Regel; vgl. Abschn. 3.7.3).

In einer Laue-Klasse werden alle Kristallklassen (Punktgruppen) zusammengefaßt, die durch Methoden, die unempfindlich für die Gegenwart eines Inversionszentrums sind, nicht unterschieden werden können. Die zu derselben Laue-Klasse gehörenden Gruppen unterscheiden sich daher vornehmlich durch Präsenz oder Abwesenheit der Inversion. In den

Bildern 2.17 und 2.18 (S. 54 bis 58) sind Kristallklassen derselben Laue-Klasse in Rahmen zusammengefaßt. Laue-Klassen werden durch die Symbole entsprechender zentrosymmetrischer Gruppen identifiziert:

$$\bar{1},\ 2/m,\ mmm,\ \bar{3},\ \bar{3}m,\ 4/m,\ 4/mmm,\ 6/m,\ 6/mmm,\ m\bar{3},\ m\bar{3}m$$

Die Laue-Klassen stellen eine Einteilung der Kristallklassen dar. Weitere Bedeutungen des Begriffs *Klasse* wurden im Abschn. 2.5.1 erwähnt.

2.5.8 Die sieben Kristallsysteme

Die Kristallsysteme bilden eine weitere Art der Einteilung der Kristallklassen (vgl. Bilder 2.17 und 2.18, S. 54 bis 58). In den Abschnitten 2.4.1 und 2.4.2 wurden bereits die Beziehungen zwischen Symmetrieelementen und Translationengittern diskutiert. Insbesondere wurde gezeigt, daß (a) die Anwesenheit von Dreh- oder Drehinversionsachsen spezifische metrische Verhältnisse des Gitters hervorruft und (b) Dreh- und Drehinversionsachsen parallel zu Gittertranslationen und senkrecht zu Gitterebenen verlaufen. Wenn z. B. ein Kristall zur Kristallklasse 2 gehört, kann eine Gitterbasis **a**, **b**, **c** mit zwei rechten Winkeln gewählt werden; indem **b** parallel zur zweizähligen Drehachse liegt und **a** und **c** parallel zu zwei Translationen in den zu **b** senkrechten Netzebenen, wird $\alpha = \gamma = 90°$ erhalten. Die Klasse 2 erlaubt nicht die Wahl eines höhersymmetrischen Koordinatensystems; es handelt sich bereits um die Basis höchster Symmetrie. Für einen Kristall der Klasse m wird eine analoge Basis gewählt mit **b** senkrecht und **a** und **c** parallel zur Spiegelebene. Auf ähnliche Weise können die Gittermetriken maximaler Symmetrie für die anderen Kristallklassen hergeleitet werden.

In einem Kristallsystem werden alle Kristallklassen zusammengefaßt, die die Wahl der gleichen Art von Gitterbasis maximaler Symmetrie erlauben.

Zu jedem Kristallsystem gehört also ein charakteristischer oder kanonischer Gitterbasis-Typ (d. h. ein Koordinatensystem **a**, **b**, **c**). Die Elementarzelle einer Kristallstruktur aufgrund einer solchen Wahl kann primitiv oder zentriert sein (vgl. Abschn. 1.4.1).

In den obigen Beispielen ist es die Anwesenheit einer zweizähligen Achse bzw. einer Spiegelebene, die die Wahl einer Basis mit zwei rechten Winkeln erlaubt. Indessen braucht ein Kristall mit einer solchen Metrik nicht notwendigerweise eines der beiden Symmetrieelemente zu besitzen: Solch eine zufällige, nicht durch Symmetrie erzwungene Metrik besteht nur bei bestimmten Temperatur- und Druckbedingungen, während die Metrik aufgrund von Symmetrie keine Funktion der Umgebungsbedingungen ist. *Es ist äußerst wichtig, zwischen symmetriebegründeter und zufälliger Metrik zu unterscheiden:*

Die Kristallsysteme stellen eine Klassifizierung der Symmetriegruppen dar. Sie sind jedoch keine Einteilung verschiedener Metriktypen. Die Symmetrie bestimmt die metrischen Zusammenhänge, nicht aber die Metrik die Symmetrie.

Tabelle 2.9 (S. 62) der sieben Kristallsysteme sei durch die folgenden Bemerkungen ergänzt:
- 2/m $(= \frac{2}{m})$ definiert eine einzige Symmetrierichtung, da die Normale der Spiegelebene (Achse $\bar{2}$) mit der Drehachse 2 zusammenfällt; 2/m erlaubt den gleichen Metriktyp wie m und 2.

Tabelle 2.9 Die sieben Kristallsysteme

Name	Definition	Metrische Charakteristik
Triklin	Klassen 1 oder $\bar{1}$	a, b, c, α, β, γ beliebige Werte
Monoklin	eine einzige Richtung 2 oder $\bar{2} = m$ oder 2/m	a, b, c, β beliebige Werte $\alpha = \gamma = 90°$
Orthorhombisch	drei senkrecht aufeinander stehende Richtungen 2 und/oder m	a, b, c beliebige Werte $\alpha = \beta = \gamma = 90°$
Tetragonal	eine einzige Richtung 4 oder $\bar{4}$	$a = b$, c $\alpha = \beta = \gamma = 90°$
Trigonal	eine einzige Richtung 3 oder $\bar{3}$	$a = b$, c $\alpha = \beta = 90°$, $\gamma = 120°$ (oder $a = b = c$, $\alpha = \beta = \gamma$)
Hexagonal	eine einzige Richtung 6 oder $\bar{6}$	$a = b$, c $\alpha = \beta = 90°$, $\gamma = 120°$
Kubisch	vier Richtungen 3 oder $\bar{3}$ (Raumdiagonalen im Würfel)	$a = b = c$ $\alpha = \beta = \gamma = 90°$

- Nach einer Tradition aus der Mineralogie wird die **b**-Achse im monoklinen Kristallsystem in die Symmetrierichtung der zweizähligen Drehachse bzw. der Normalen auf die Spiegelebene gelegt; daher kann der Winkel β einen beliebigen Wert annehmen, während $\alpha = \gamma = 90°$ ist. In allen anderen nichtkubischen Kristallsystemen *wird immer* **c** *parallel zu der mit höchster Zähligkeit ausgezeichneten Symmetrieachse* (dreizählig, vierzählig, sechszählig) gelegt. Danach wäre es konsequent, auch im monoklinen System die eine durch Symmetrie ausgezeichnete Achse **c** zu nennen; dann wäre γ der monokline Winkel und $\alpha = \beta = 90°$. Ebenso könnte **a** die monokline Achse sein. Es ist einfach, die Wahl eines bestimmten Autors zu erkennen, je nachdem, ob β oder γ oder α als monokliner Winkel angegeben ist. Die traditionelle Art findet sich in der Literatur am häufigsten.

- Im trigonalen und im hexagonalen Kristallsystem wird dasselbe Koordinatensystem verwendet: $a = b$, c, $\alpha = \beta = 90°$, $\gamma = 120°$. Dabei verläuft **c** parallel zur drei- oder sechszähligen Symmetrieachse. Im trigonalen System können allerdings auch *rhomboedrische Achsen* gewählt werden: $a = b = c$, $\alpha = \beta = \gamma$. Hierbei sind die Translationen **a**, **b** und **c** aufgrund der dreizähligen Drehachse symmetrisch äquivalent, verlaufen jedoch weder parallel noch senkrecht zu Symmetrieelementen. Im hexagonalen Kristallsystem ist eine solche Achsenwahl nicht der Symmetrie angepaßt. In der Literatur besteht ein gewisses Durcheinander, die Begriffe *trigonal* und *rhomboedrisch* betreffend. Insbesondere wird das trigonale System häufig rhomboedrisches Kristallsystem genannt. Die International Union of Crystallography empfiehlt die folgende Terminologie:

Der Begriff trigonal kennzeichnet ein Kristallsystem (bestimmt durch die Anwesenheit einer einzigen Achse 3 oder $\bar{3}$); der Ausdruck rhomboedrisch kennzeichnet ein Koordinatensystem **a**, **b**, **c** *sowie ein Bravais-Gitter (vgl. Abschn. 2.6.1).*

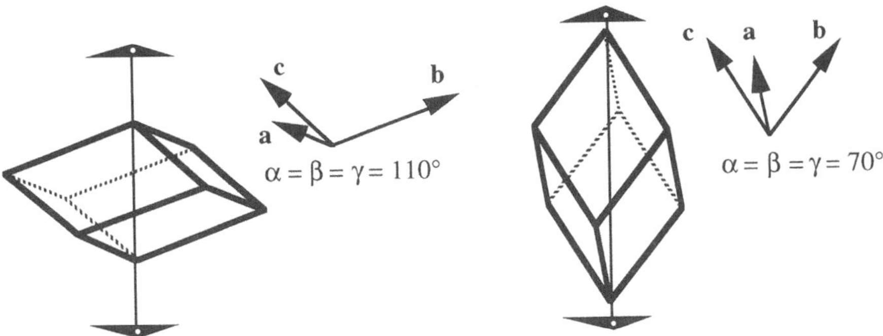

Bild 2.22 Gestauchtes und gestrecktes Rhomboeder

Der Ursprung des Ausdrucks *rhomboedrisch* ist leicht erkennbar: Als Rhomboeder wird ein Polyeder bezeichnet, das bei Streckung oder Stauchung eines Würfels entlang einer seiner Raumdiagonalen entsteht (Bild 2.22). Die Begriffe *rhomboedrisch* und *orthorhombisch* (letzterer Begriff erst recht in seiner nur im Deutschen gebräuchlichen Kurzform *rhombisch*) dürfen nicht verwechselt werden.

- Im hexagonalen Kristallsystem beträgt der Winkel γ definitionsgemäß 120°, nicht etwa 60°.
- Im kubischen Kristallsystem verlaufen die Vektoren **a**, **b**, **c** parallel zu den Kanten eines Würfels (parallel zu Symmetrieachsen 2, $\bar{4}$ oder 4).

2.5.9 Internationale Symbole für Punktgruppen

Die Internationalen Punktgruppensymbole bestehen aus einer Liste nichtäquivalenter Symmetrieelemente, d. h. Symmetrieelemente verschiedener Klassen. Die Symmetrieelemente sind durch die Symbole 1, 2, 3, 4, 6, $\bar{1}$, m, $\bar{3}$, $\bar{4}$, $\bar{6}$, $\frac{2}{m}$, $\frac{4}{m}$, $\frac{6}{m}$ (oder 2/m, 4/m, 6/m) gekennzeichnet. Das Symmetriezentrum kommt dabei nicht ausdrücklich vor; man weiß, daß es durch die Symbole $\bar{1}$, $\bar{3}$, $\frac{2}{m}$, $\frac{4}{m}$, $\frac{6}{m}$ implizit gegeben ist. Die Symmetrieelemente sind parallel bestimmter Richtungen im Raum angeordnet, die sich auf das kanonische Koordinatensystem **a**, **b**, **c** des Kristallsystems beziehen, zu dem die jeweilige Punktgruppe gehört. Bei Spiegelebenen ist die Richtung ihrer Normalen ausschlaggebend. Das Internationale Symbol einer Punktgruppe besteht aus ein bis drei Symbolen für Symmetrieelemente. Ihre Reihenfolge ist dabei spezifisch für das Kristallsystem, dem die Gruppe angehört. Die Richtungen und ihre Reihenfolge sind in Tabelle 2.10 (S. 64) wiedergegeben und in Bild 2.23 (S. 64) dargestellt. Tabelle 2.11 (S. 64) zeigt die Verteilung der Kristallklassen auf die Kristallsysteme.

Um die Orientierung der Symmetrieelemente in bezug auf das Koordinatensystem zweifelsfrei anzugeben, können die Symbole durch Hinzufügen von Achsen der Ordnung 1 erweitert werden. So bestimmt das Symbol 121 die Gruppe 2 mit der **b**-Achse parallel zur zweizähligen Drehachse, also entsprechend der traditionellen Aufstellung für eine monokline Klasse. Parallel zu **a** und **c** existieren keine Symmetrieelemente. Das Symbol 112 kenn-

Tabelle 2.10 Reihenfolge der Symbole der Symmetrieelemente in den Internationalen Symbolen für Punktgruppen

Kristallsystem	1. Position	2. Position	3. Position
Triklin	1 oder $\bar{1}$		
Monoklin	a	b	c
Orthorhombisch	a	b	c
Tetragonal	c	a, b	a + b, a − b
Trigonal	c	a, b, a + b	2a + b, a + 2b, −a + b
Hexagonal	c	a, b, a + b	2a + b, a + 2b, −a + b
	durch höchste Symmetrie ausgezeichnete Achse	Seiten eines n-Ecks	Diagonalen zwischen den Seiten des n-Ecks
Kubisch	a, b, c Kanten eines Würfels	a ± b ± c vier Raumdiagonalen eines Würfels	a ± b, b ± c, c ± a sechs Flächendiagonalen eines Würfels

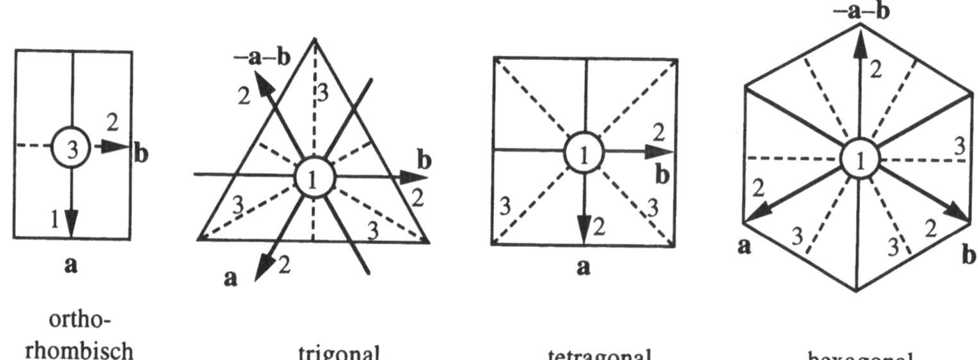

Bild 2.23 Reihenfolge der Symbole für Symmetrieelemente in einigen Kristallsystemen (vgl. Bild 2.16, S. 52)

Tabelle 2.11 Verteilung der Internationalen Symbole für Punktgruppen auf die Kristallsysteme

	triklin	monoklin	trigonal	tetragonal	hexagonal
x	1	2	3	4	6
$\bar{x}$	$\bar{1}$	m	$\bar{3}$	$\bar{4}$	$\bar{6}$
x/m		2/m		4/m	6/m
		orthorhombisch			
x2		222	32	422	622
xm		mm	3m	4mm	6mm
$\bar{x}$m			$\bar{3}$m	$\bar{4}$2m	$\bar{6}$m2
x/mmm		mmm		4/mmm	6/mmm
kubisch	23	m$\bar{3}$	$\bar{4}$3m	432	m$\bar{3}$m

zeichnet dieselbe Gruppe 2, nun mit **c** parallel zur zweizähligen Drehachse. Das Symbol m11 steht für die Gruppe m mit **a** senkrecht zur Spiegelebene. Das Symbol 3m1 zeigt an, daß die Achsen **a**, **b** und **a** + **b** senkrecht zu Spiegelebenen stehen (wie es in Bild 2.18, S. 57 – 58, der Fall ist). Das Punktgruppensymbol 31m dagegen sagt aus, daß diese Achsen nun in den Spiegelebenen liegen. In analoger Weise müssen die Unterschiede in 321 und 312, sowie zwischen $\bar{3}$m1 und $\bar{3}$1m beachtet werden. Schließlich finden sich in Bild 2.18 die stereographischen Projektionen für $\bar{4}$2m und $\bar{6}$m2; der Leser mag die Orientierungen der Vektoren **a**, **b**, **c**, für die Symbole $\bar{4}$m2 und $\bar{6}$2m selbst bestimmen.

Für die zentrosymmetrischen Gruppen $\frac{2}{m}\frac{2}{m}\frac{2}{m}$, $\frac{4}{m}\frac{2}{m}\frac{2}{m}$, $\frac{6}{m}\frac{2}{m}\frac{2}{m}$, $\bar{3}\frac{2}{m}$, $\frac{2}{m}\bar{3}$ und $\frac{4}{m}\bar{3}\frac{2}{m}$ werden häufig die *gekürzten* Symbole mmm, 4/mmm, 6/mmm, $\bar{3}$m, m$\bar{3}$ und m$\bar{3}$m verwendet. In jedem der gekürzten Symbole wird auf die Angabe der zweizähligen Drehachsen (und auf die vierzähligen im Falle m$\bar{3}$m) verzichtet, die auf den Spiegelebenen senkrecht stehen. Die Symmetrieelemente der gekürzten Symbole implizieren die Anwesenheit der zweizähligen (vierzähligen) Achsen.

Die Internationalen Symbole ermöglichen es, auf das Kristallsystem zu schließen, dem eine Gruppe angehört:

- triklin: 1 oder $\bar{1}$;
- monoklin: Achse 2 oder m, keine Achse höherer Ordnung;
- orthorhombisch: drei Achsen 2 oder m, keine Achse höherer Ordnung;
- trigonal: das Symbol beginnt mit 3 oder $\bar{3}$;
- tetragonal: das Symbol beginnt mit 4 oder $\bar{4}$;
- hexagonal: das Symbol beginnt mit 6 oder $\bar{6}$;
- kubisch: 3 oder $\bar{3}$ in zweiter Position.

2.5.10 Symbole nach Schoenflies

Die nichtkubischen enantiomorphen Punktgruppen, die ausschließlich Rotationen enthalten, werden durch die Buchstaben C und D gekennzeichnet. C_x ist eine zyklische Gruppe der Ordnung x, und D_x eine Diedergruppe aus einer Achse der Ordnung x und x dazu senkrechten zweizähligen Achsen. Man erhält die restlichen nichtkubischen Gruppen, indem den enantiomorphen Gruppen Spiegelebenen hinzugefügt werden. Diese Spiegelebenen werden im Schoenflies-Symbol durch den Buchstaben h (*horizontal*, normal zur Hauptachse), v (*vertikal*, parallel zur Hauptachse) oder d (*diagonal*, zwischen den zweizähligen Drehachsen einer Diedergruppe) gekennzeichnet. Enthält eine Punktgruppe sowohl eine horizontale als auch vertikale Spiegelebenen, wird der Buchstabe h verwendet. Im Unterschied zur Internationalen benutzt die Schoenfliessche Notation Drehspiegelungen, die prinzipiell mit S_x bezeichnet werden. Allerdings sind die meisten Drehspiegelachsen äquivalent zur Kombination einer Drehachse mit einer horizontalen Spiegelebene oder einer Drehachse mit einem Inversionszentrum. In diesen Fällen werden die Symbole C_s (*s* für *Spiegel*), C_{3h} (*h* für *horizontale* Ebene), C_i und C_{3i} (*i* für *Inversion*) anstelle von S_1 (m), S_3 ($\bar{6}$), S_2 ($\bar{1}$) und S_6 ($\bar{3}$) benutzt. In Analogie zu $\bar{6} \equiv C_{3h}$ wird $\bar{6}$m2 zu D_{3h}. Die enantiomorphen kubischen Gruppen werden mit T (*tetraedrisch*) und O (*oktaedrisch*) bezeichnet; bei den anderen kubischen Gruppen werden die Buchstaben h und d hinzugefügt. In der Tabelle 2.12 (S. 66) sind die Schoenflies-Symbole der Kristallklassen aufgeführt.

Tabelle 2.12 Verteilung der Schoenflies-Symbole für Punktgruppen auf die Kristallsysteme. Aufbau der Tabelle wie für Tabelle 2.11 (S. 64)

	triklin	monoklin	trigonal	tetragonal	hexagonal
C_x (x)	C_1	C_2	C_3	C_4	C_6
S_x ($\bar{x}$)	C_i	C_s	C_{3i}	S_4	↓
C_{xh} (x/m)		C_{2h}		C_{4h}	C_{3h}, C_{6h}
		orthorhombisch			
D_x (x2)		D_2	D_3	D_4	D_6
C_{xv} (xm)		C_{2v}	C_{3v}	C_{4v}	C_{6v}
D_{xd} ($\bar{x}$m)			D_{3d}	D_{2d}	↓
D_{xh} (x/mmm)		D_{2h}		D_{4h}	D_{3h}, D_{6h}
kubisch	T	T_h	T_d	O	O_h

2.5.11 Abstrakte Gruppen

Die abstrakte Gruppe einer Punktgruppe wird erhalten, indem von der geometrischen Bedeutung der Symmetrieoperationen abgesehen wird. Die *abstrakte Gruppe* ist also *isomorph* zur Punktgruppe, denn beide Gruppen besitzen die gleiche Gruppentafel. Die abstrakte zyklische Gruppe der Ordnung vier beispielsweise enthält die Objekte R, R^2, R^3, R^4 = E (es wird auf den Begriff *Element* für diese Objekte verzichtet, um sprachlich nicht mit den Symmetrie*elementen* in Konflikt zu geraten). Sie ist isomorph mit den Punktgruppen 4 und $\bar{4}$. Die Punktgruppen sind *Realisierungen* der abstrakten Gruppen. Die 32 Kristallklassen sind mit den 18 abstrakten Gruppen der Tabelle 2.13 isomorph.

Tabelle 2.13 Die 18 abstrakten Gruppen. In geschweiften Klammern { } sind isomorphe Kristallklassen zusammengefaßt

Ordnung	zyklisch	Abelsch, nichtzyklisch	nicht Abelsch
1	{1}		
2	{ $\bar{1}$, 2, m}		
3	{3}		
4	{4, $\bar{4}$}	{2/m, 222, mm2}	
6	{$\bar{3}$, 6, $\bar{6}$}		{32, 3m}
8		{4/m}, {mmm}	{422, 4mm, $\bar{4}$2m}
12		{6/m}	{$\bar{3}$m, 622, 6mm, $\bar{6}$m2}
			{23}
16			{4/mmm}
24			{6/mmm}
			{m$\bar{3}$}, {$\bar{4}$3m}, {432}
48			{m$\bar{3}$m}

Symmetrieoperationen können durch Matrizen *dargestellt* werden. Bei Wahl eines dreidimensionalen Koordinatensystems werden die Koordinaten symmetrisch äquivalenter Punkte durch (3x3)-Matrizen mit Determinanten ±1 ineinander überführt. Jede dieser Matrizen ist äquivalent zu einer orthogonalen Matrix (vgl. Abschn. 2.2.3). Die Gesamtheit aller Matrizen, die die Symmetrieoperationen einer Punktgruppe beschreiben, ist eine Matrizengruppe und ist isomorph zur Punktgruppe: Die Matrizengruppe *repräsentiert* die Punktgruppe. Zwei Repräsentationen einer Gruppe in zwei verschiedenen Koordinatensystemen sind *äquivalent*. Seien R_1, R_2, ..., R_n die Matrizen im Koordinatensystem $\mathbf{a}$, $\mathbf{b}$, $\mathbf{c}$ und R'_1, R'_2, ..., R'_n die Matrizen im System $\mathbf{a}'$, $\mathbf{b}'$, $\mathbf{c}'$; sei weiterhin T die Matrix, die die Koordinaten (x, y, z) eines Punktes im Koordinatensystem $\mathbf{a}$, $\mathbf{b}$, $\mathbf{c}$ in die Koordinaten (x', y', z') des Systems $\mathbf{a}'$, $\mathbf{b}'$, $\mathbf{c}'$ überführt. Die Beziehung zwischen den Matrizen R_i und R'_i ist dann:

$$R'_i = TR_iT^{-1} \tag{2.14}$$

Die Kristallklassen sind diejenigen Punktgruppen, die mit einem Gitter kompatibel sind (vgl. Abschn. 2.4.3): Für jede Kristallklasse existiert ein Gittertyp, der invariant ist gegen alle Symmetrieoperationen dieser Klasse. Eine dreidimensionale Kristallklasse ist daher eine Punktgruppe, die durch (3x3)-Matrizen repräsentiert werden kann, deren Elemente ganze Zahlen sind (vgl. Abschn. 2.4.1). Die Repräsentationen zweier *verschiedener* Kristallklassen können nicht etwa durch Wechsel des Koordinatensystems nach Gleichung (2.14) ineinander transformiert werden.

2.6 Klassifizierung von Gittern

2.6.1 Die 14 Bravais-Gitter

Die Bravais-Gitter (oder Bravais-Klassen) stellen eine *Einteilung der Translationengitter nach der durch die Symmetrie bewirkten Metrik* dar. Sie wurden erstmalig von M. A. Bravais abgeleitet (Journal de l'École polytechnique, Paris, 1850). Im Abschnitt 2.4.2 wurde gezeigt, daß die Symmetrie den Typ der Gittermetrik bestimmt; Bild 2.10 (S. 43) zeigt die entsprechenden regulären Parkettierungen der Euklidischen Ebene. Diese Beobachtung führt zur Wahl des üblichen (oder kanonischen) Koordinatensystems entsprechend dem Kristallsystem (vgl. Abschn. 2.5.8). Allerdings wird dabei nicht unbedingt eine primitive Zelle erhalten. Das soll mit der Hilfe zweidimensionaler Gitter gezeigt werden.

In Bild 2.24 (S. 68) ist m eine Spiegelgerade. Sei T eine primitive Translation und T' ihr Spiegelbild. (Eine Translation T ist *primitiv*, wenn $\frac{1}{2}T$ keine Translation ist.) $T + T'$ und $T - T'$ sind senkrecht zueinander und definieren eine rechtwinklige Elementarmasche. Sind $T + T'$ und $T - T'$ primitive Translationen, ist die rechtwinklige Masche zentriert, da sich ein Gitterpunkt in ihrem Zentrum befindet. Die Masche (T, T') ist dann die primitive Masche. Sind jedoch $\frac{1}{2}(T + T')$ und $\frac{1}{2}(T - T')$ primitive Translationen, wird eine primitive rechtwinklige Elementarmasche erhalten. Die beiden ebenen rechtwinkligen Gitter, entweder primitiv oder zentriert bzw. rautenförmig, stehen für zwei Gittertypen, die es deutlich zu unterscheiden gilt. Im ersten Fall ist es nicht möglich, eine primitive rautenförmige

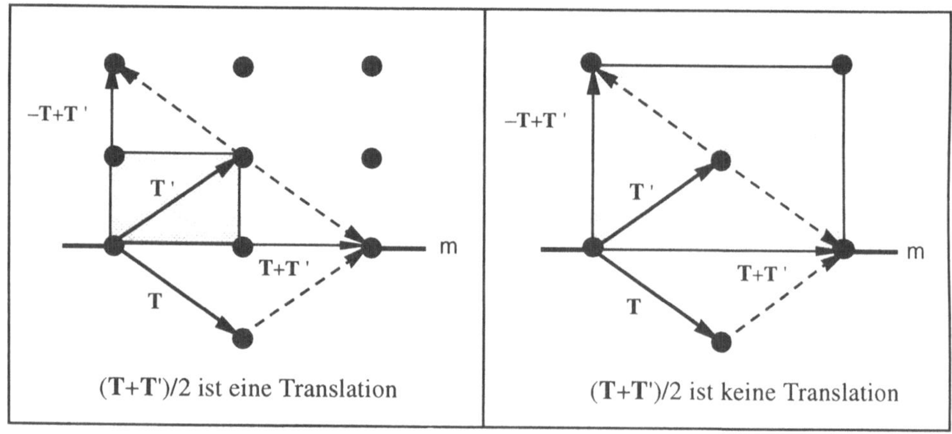

Bild 2.24 Primitives und zentriertes rechtwinkliges Gitter

Elementarmasche zu finden, im zweiten existiert keine rechtwinklig-primitive. Diese Beobachtungen führen zu einer *operationellen* Definition der Bravais-Gitter (oder Bravais-Klassen). Eine *Bravais-Klasse* wird charakterisiert durch

- die Metrik der Elementarzelle (vgl. *Kristallsysteme* im Abschn. 2.5.8);
- den Zelltyp (primitiv P, zentriert A, B, C, F, I, R, wie Tabelle 1.1, S. 17, angibt).

Die Bravais-Klasse eines Gitters wird bestimmt durch die Metrik und den Typ der kleinsten Elementarzelle, deren kanonische Basis sich im Einklang mit dem Kristallsystem befindet.

Es sei erneut betont, daß die Metrik des Kristalls von seiner Symmetrie herrührt: Ein trikliner Kristall mag bei einer bestimmten Temperatur und einem bestimmten Druck eine monokline Metrik besitzen, ohne jedoch wirklich monoklin zu sein.

Es sei daran erinnert, daß fünf zweidimensionale Bravais-Gitter existieren (vgl. Bild 2.10, S. 43): schiefwinklig p, rechtwinklig p und c, quadratisch p, und hexagonal p. In zwei Dimensionen wird der Gittertyp durch kleine Buchstaben, p (primitiv) und c (zentriert), angezeigt. Dagegen werden bei den 14 dreidimensionalen Bravais-Gittern die großen Buchstaben P, A, B, C, F, I, R verwendet (Bild. 2.25). In Bild 2.26 (S. 70) ist dargestellt, daß das schiefwinklige c-Gitter und das schiefwinklige p-Gitter zu derselben Bravais-Klasse gehören: Beide besitzen denselben Metriktyp, und eine Änderung des Koordinatensystems transformiert eines ins andere. Die beiden quadratrischen Gitter c und p gehören aus denselben Gründen zu nur einer Bravais-Klasse. Das rechtwinklige c-Gitter dagegen kann nicht durch eine Transformation in ein primitives rechtwinkliges Gitter überführt werden (Bild 2.24).

Die konventionellen Elementarzellen der 14 dreidimensionalen Bravais-Gitter zeigt Bild 2.25. Jede der Elementarzellen steht für eine Gitterklasse. Abschn. 1.4.1 enthält dazu weitere wichtige Auskünfte. Außerdem seien die folgenden Kommentare beachtet:

- *Monokline Gitter.* In Bild 2.25 ist die konventionelle Aufstellung mit **b** als der einzigen symmetriebehafteten Richtung wiedergegeben (Internationales Punktgruppensymbol

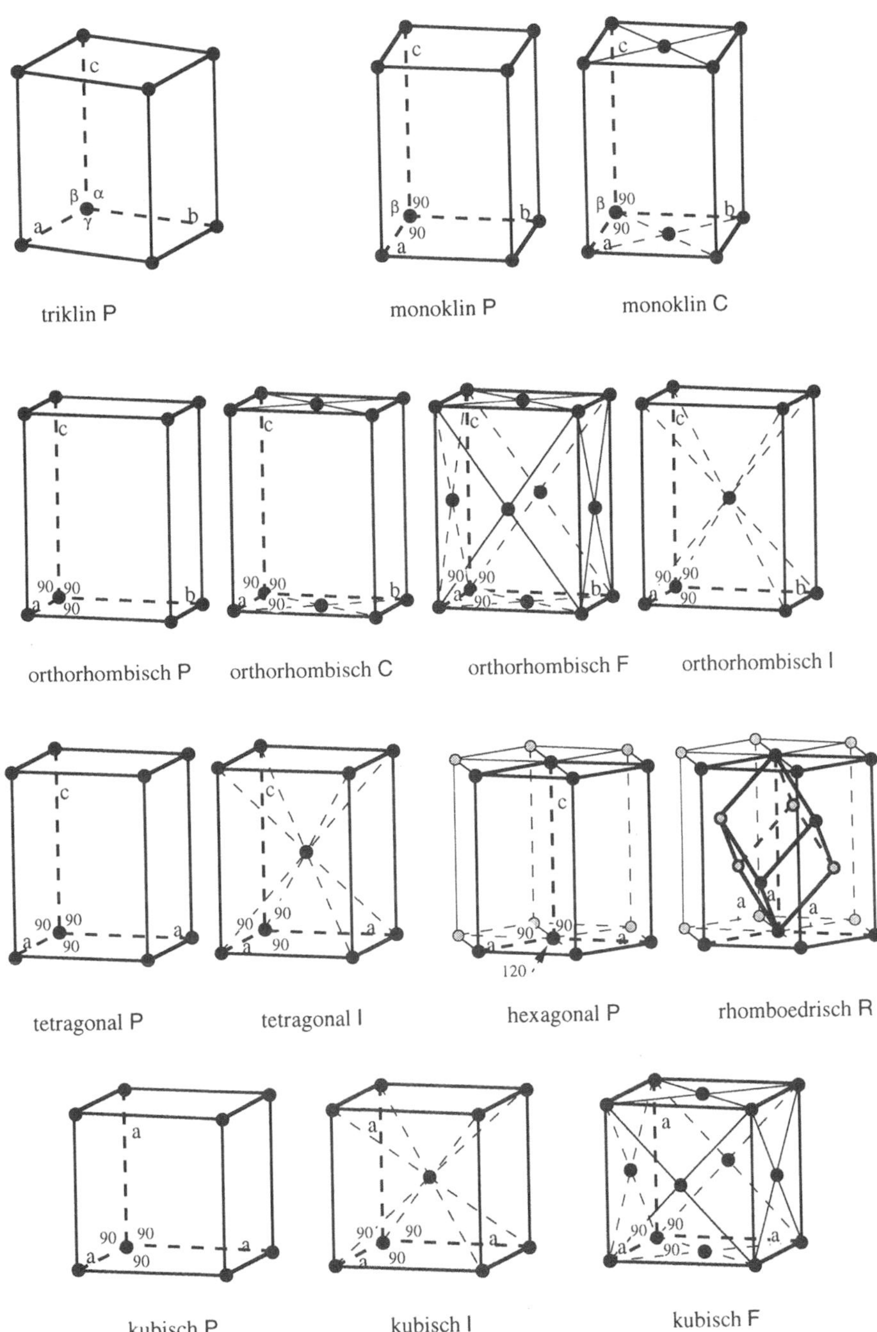

Bild 2.25 Die 14 Bravais-Gitter

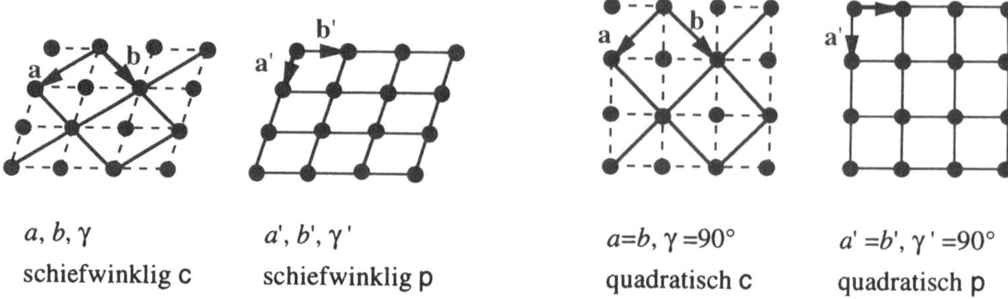

Bild 2.26 Äquivalenz des schiefwinkligen c- und p-Gitters und des quadratischen c- und p-Gitters

12/m1; vgl. Abschn. 2.5.8 und 2.5.9). Sämtliche Netzebenenscharen ($h0l$) sind rechtwinklig. Im C-zentrierten Gitter ist eine dieser Netzebenenscharen zentriert und daher rautenförmig. Die monoklinen Gitter A, C, I und F gehören zur Bravais-Klasse C, da eines ins andere durch Wahl einer anderen Basis unter Beibehalten desselben Metriktyps überführt werden kann: Die Transformation $\mathbf{a}' = -\mathbf{c}$, $\mathbf{c}' = \mathbf{a}$ ändert A nach C; $\mathbf{a}'' = \mathbf{a} + \mathbf{c}$, $\mathbf{c}'' = \mathbf{c}$ überführt I in C; $\mathbf{a}''' = \mathbf{a}$, $\mathbf{c}''' = 1/2\,(\mathbf{a} + \mathbf{c})$ transformiert F nach C. Das B-zentrierte Gitter ist mit dem P-Gitter äquivalent. Wird die einzige Symmetrierichtung $\mathbf{c}$ genannt (Internationales Symbol 112/m) werden die beiden Bravais-Klassen gewöhnlich mit P und B bezeichnet.

- *Orthorhombische Gitter.* Die drei Gitterzentrierungen A, B und C sind offensichtlich äquivalent.
- *Tetragonale Gitter.* C ist mit P äquivalent (Bild 2.26), F mit I. Die vierzählige Achse entlang $\mathbf{c}$ verbietet A- und B-Gitter.
- *Hexagonale und rhomboedrische Gitter.* Die Einteilung dieser Gitter folgt nicht eindeutig den Unterscheidungen der Kristallsysteme.

Das hexagonale P-Gitter ist verträglich mit sämtlichen trigonalen und hexagonalen Gruppen.

In Bild 2.25 (S. 69) ist die Elementarzelle dieses Gitters einem hexagonalen Prisma einbeschrieben. Ein Prisma repräsentiert niemals eine Elementarzelle; diese muß stattdessen immer ein Parallelepiped sein. Es wurde bereits betont, daß der hexagonale Winkel definitionsgemäß 120°, nicht etwa 60° beträgt.

Das R-Gitter ist nur mit trigonalen Gruppen verträglich.

Bild 2.27 gibt eine Projektion entlang der dreizähligen Achse wieder. Es kann eine hexagonale Elementarzelle mit Zentrierungen in (2/3, 1/3, 1/3) und (1/3, 2/3, 2/3) und den Translationen $\mathbf{a}_h$, $\mathbf{b}_h$, $\mathbf{c}_h$ ($\mathbf{c}_h$ entlang der dreizähligen Achse) gewählt werden, ebensogut aber auch eine primitive rhomboedrische Zelle (vgl. Bild 2.22, S. 63) mit sämtlichen Translationen symmetrieäquivalent:

$$\mathbf{a}_r = \tfrac{1}{3}(2\mathbf{a}_h + \mathbf{b}_h + \mathbf{c}_h), \quad \mathbf{b}_r = \tfrac{1}{3}(-\mathbf{a}_h + \mathbf{b}_h + \mathbf{c}_h), \quad \mathbf{c}_r = \tfrac{1}{3}(-\mathbf{a}_h - 2\mathbf{b}_h + \mathbf{c}_h) \qquad (2.15)$$

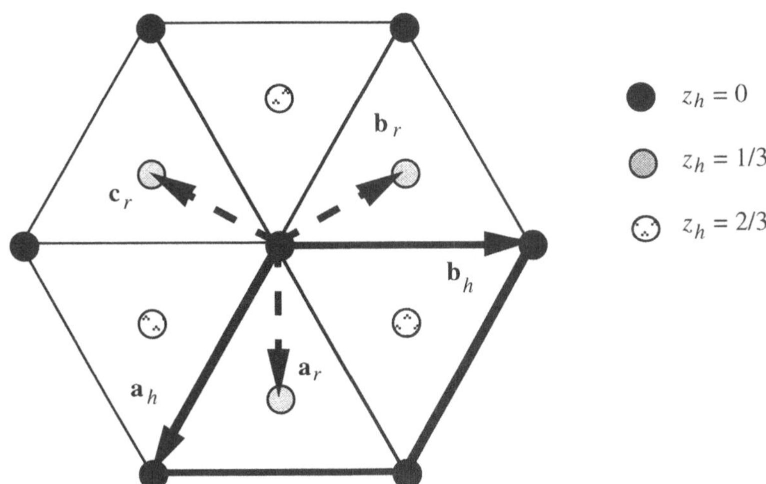

Bild 2.27 R-Gitter mit Basisvektoren für eine hexagonale und eine rhomboedrische Elementarzelle

In der Praxis wird meist die zentrierte hexagonale Elementarzelle gewählt, da ihre Basisvektoren $\mathbf{a}_h$, $\mathbf{b}_h$, $\mathbf{c}_h$ parallel zu Richtungen höchster Symmetrie verlaufen.

Die Tatsache, daß das hexagonale P-Gitter mit den Gruppen zweier Kristallsysteme verträglich ist, hat des öfteren zu Konfusion in der Literatur geführt. So wurde das trigonale Kristallsystem von einigen Autoren rhomboedrisch genannt. Andere versuchten, das trigonale und das hexagonale Kristallsystem zu einem einzigen hexagonalen System zu vereinen. Hier ist es angebracht, den Empfehlungen der *International Union of Crystallography* zu folgen:

- Die 32 Kristallklassen verteilen sich auf *sieben Kristallsysteme* mit den Bezeichnungen *triklin, monoklin, orthorhombisch, tetragonal, trigonal, hexagonal, kubisch;*
- die 14 Bravais-Gitter (oder -Klassen) werden in sieben *Bravais-Systeme* unterteilt, in das *trikline*, das *monokline*, das *orthorhombische*, das *tetragonale*, das *rhomboedrische*, das *hexagonale* und das *kubische* System;
- weiterhin können sechs *Kristallfamilien* definiert werden, die Kristallklassen und Bravais-Gitter vereinen: *trikline, monokline, orthorhombische, tetragonale, hexagonale* und *kubische* Familie.

Der Ausdruck trigonal *bezeichnet ein Ensemble von Symmetriegruppen, der Ausdruck* rhomboedrisch *dagegen einen Gittertyp.*

2.6.2 Holoedrie und Meroedrie

Jedem Bravais-System lassen sich mehrere Kristallklassen geringerer und eine Kristallklasse höchster Symmetrie (Ordnung) zuschreiben. So *muß* das Bravais-Gitter monoklin (P oder

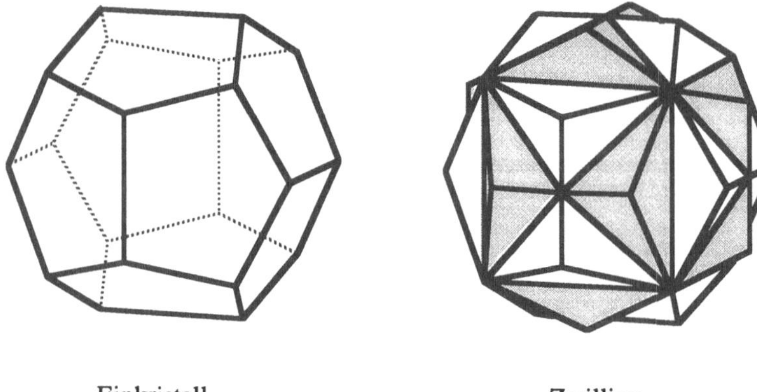

Einkristall   Zwilling

Bild 2.28 Meroedrischer Durchdringungszwilling von Pyrit, FeS_2, Kristallklasse $m\bar{3}$

C) sein, wenn der Kristall nur eine Spiegelebene oder eine zweizählige Drehachse besitzt (Kristallklassen m oder 2). Die monokline Elementarzelle läßt indessen auch die Symmetrie 2/m zu. Tatsächlich kann die Symmetrie des Zellinhalts (des Motivs) kleiner sein als die der leeren Zelle. In diesem Fall spricht man von *Meroedrie*. Zwillingsbildung wird relativ häufig bei meroedrischen Kristallen beobachtet. Ein *Zwilling* (Bild 2.28) ist eine Durchdringung oder Verwachsung mehrerer Kristallindividuen derselben Spezies, wobei die gegenseitigen Orientierungen ganz bestimmten Gesetzen genügen. Diese Orientierungen sind durch Symmetrieoperationen miteinander verknüpft, die nicht zur Kristallklasse des unverzwillingten Kristalls gehören, sei es nun eine Drehung um eine Translation $[u\ v\ w]$ oder eine Spiegelung an einer Netzebene $(h\ k\ l)$. Die Symmetrie des Zwillings ist im allgemeinen höher als die des unverzwillingten Individuums.

Die Maximalsymmetrie eines Bravais-Systems heißt *Holoedrie*; sie entspricht der Punktgruppe der leeren Zelle. Eine meroedrische Gruppe mit der halben Ordnung der holoedrischen Gruppe wird *hemiedrisch* genannt; sie heißt *tetartoedrisch*, wenn ihre Ordnung nur ein Viertel, und *ogdoedrisch*, wenn sie nur ein Achtel derjenigen der holoedrischen Gruppe beträgt. Tabelle 2.14 klassifiziert die Kristallklassen nach Holoedrien und Meroedrien.

Tabelle 2.14 Einteilung der Kristallklassen nach Holoedrien und Meroedrien

Bravais-System	Holoedrien	Meroedrien		
		Hemiedrien	Tetartoedrien	Ogdoedrien
triklin	$\bar{1}$	1		
monoklin	2/m	2, m		
orthorhombisch	mmm	222, mm2		
tetragonal	4/mmm	422, 4mm, $\bar{4}$2m, 4/m	4, $\bar{4}$	
rhomboedrisch	$\bar{3}$m	32, 3m, $\bar{3}$	3	
hexagonal	6/mmm	622, 6mm, $\bar{6}$m2, 6/m, $\bar{3}$m	6, $\bar{6}$ 32, 3m, $\bar{3}$	3
kubisch	m$\bar{3}$m	432, $\bar{4}$3m, $\bar{3}$m	23	

Die trigonalen Gruppen sind zugleich Holoedrien oder Meroedrien des rhomboedrischen als auch Meroedrien des hexagonalen Bravais-Systems. Tatsächlich sind die trigonalen Gruppen Untergruppen von $m\,3\,m$ und 6/mmm: Die trigonale Deformation einer kubischen Struktur (Streckung oder Stauchung entlang einer der Raumdiagonalen der Elementarzelle) führt zu einem R-Gitter; die trigonale Deformation einer hexagonalen Struktur liefert ein hexagonales P-Gitter.

2.7 Symmetrie periodischer Strukturen

2.7.1 Die 17 Ebenengruppen

In diesem Abschnitt werden die zweidimensionalen Raumgruppen, die Ebenengruppen, behandelt. Dies dient der didaktischen Einführung in die 230 dreidimensionalen Raumgruppen. In der Euklidischen Ebene können die folgenden Symmetrieelemente vorkommen:

- Drehpunkte 1, 2, 3, 4, 6;
- Spiegelgerade m;
- Translationen;
- Gleitspiegelgerade g.

Mit diesen Symmetrieelementen findet man:

- 10 Kristallklassen: 1, 2, 3, 4, 6, m, 2mm, 3m, 4mm, 6mm; die Internationalen Symbole sind auf die gleiche Weise aufgebaut wie die der dreidimensionalen Gruppen (vgl. Tabelle 2.10 und Bild 2.23, S. 64), mit der Ausnahme, daß auf der ersten Position immer die Drehpunkte höchster Zähligkeit genannt sind;
- 4 Kristallsysteme: schiefwinklig, rechtwinklig, quadratisch, hexagonal;
- 5 Bravais-Gitter: schiefwinklig p, rechtwinklig p und c, quadratisch p, hexagonal p;
- 17 Ebenengruppen.

In zwei Dimensionen sind die Bravais-Systeme mit den Kristallsystemen identisch; hier gibt es nicht die Komplikation *trigonal–hexagonal–rhomboedrisch* wie in drei Dimensionen (vgl. Abschn. 2.6.1). Graphische Darstellungen der 17 Ebenengruppen gibt Bild 2.29 (S. 74). Periodischen Mustern begegnet man täglich; interessierte Leser mögen die Ebenengruppen von Tapeten, Geschenkpapier, Fliesenmustern, Pflasterungen von Straßen und Plätzen in Ortschaften, Bettüchern, Tischdecken und Vorhängen entschlüsseln.

Im Abschnitt 2.4.1 wurde ausgeführt, daß eine periodische Struktur Serien von Symmetrieelementen aufweist. So wird ein gegebenes Symmetrieelement durch die Periodizität des Gitters immerfort wiederholt. Zusätzlich werden verschiedene Klassen, d. h. Serien nicht äquivalenter Elemente erhalten. In Bild 2.9 (S. 42) ist ein eindimensional-periodisches Muster mit Spiegelgeraden m und m' zweier Äquivalenzklassen dargestellt: Das Produkt einer Spiegelung an einer Geraden m mit einer primitiven Translation ist eine Spiegelung an m'. Allgemein findet man die folgenden Äquivalenzklassen bei Ebenengruppen (vgl. Bild 2.29):

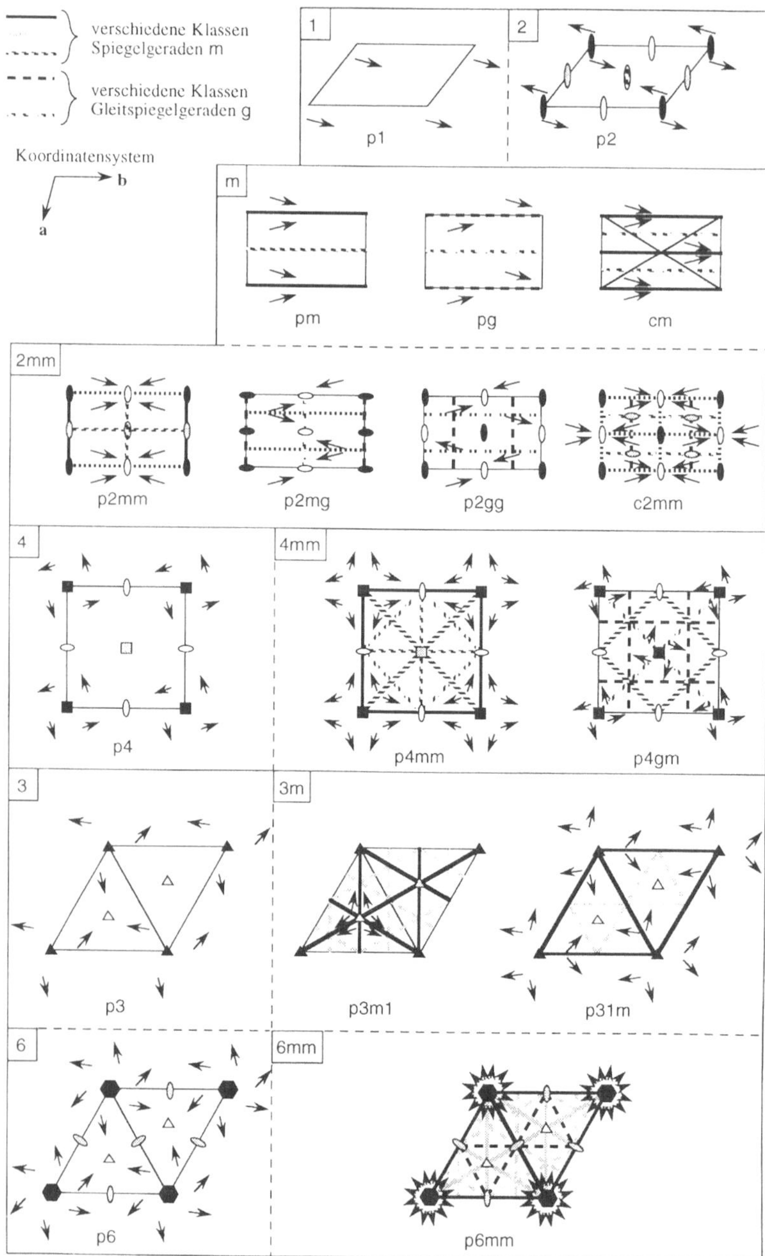

Bild 2.29 Die 17 Ebenengruppen. Für die graphischen Symbole der Symmetrieelemente vgl. Tabelle 2.4, S. 40, und Tabelle 2.5, S. 41. Die Pfeile befinden sich in der allgemeinen Punktlage jeder Ebenengruppe

- Auf halbem Wege zwischen zwei translatorisch äquivalenten zweizähligen Drehpunkten befindet sich ein zweizähliger Drehpunkt einer anderen Klasse. Die Ebenengruppe p2 besitzt daher vier Klassen zweizähliger Drehpunkte.
- Im Schwerpunkt eines Dreiecks aus translatorisch äquivalenten dreizähligen Drehpunkten gibt es einen dreizähligen Drehpunkt einer weiteren Klasse. Daher besteht die Gruppe p3 aus drei Klassen dreizähliger Drehpunkte.
- Im Zentrum eines Quadrats aus translatorisch äquivalenten vierzähligen Drehpunkten existiert ein vierzähliger Drehpunkt einer anderen Klasse. Also existieren in p4 zwei Klassen dieser Drehpunkte. Im halben Abstand zweier translatorisch äquivalenter vierzähliger Drehpunkte befindet sich ein zweizähliger Drehpunkt, da ein vierzähliger Drehpunkt ebenfalls einen zweizähligen enthält.
- Die Ebenengruppe p6 besitzt nur eine Klasse sechszähliger Drehpunkte, enthält aber gleichzeitig eine Klasse dreizähliger und eine Klasse zweizähliger Drehpunkte.
- Im halben Abstand zweier translatorisch äquivalenter Spiegelgeraden befindet sich in einem rechtwinkligen p-Gitter eine Spiegelgerade einer anderen Klasse. Die Gruppe pm besitzt daher zwei Klassen Spiegelgeraden.
- Auf halbem Wege zwischen zwei translatorisch äquivalenten Gleitspiegelgeraden eines rechtwinkligen p-Gitters existiert eine Gleitspiegelgerade einer weiteren Klasse. Daher enthält die Ebenengruppe pg zwei Klassen Gleitspiegelgeraden.
- Der Abstand zwischen zwei translatorisch äquivalenten Spiegelgeraden wird in einem c-zentrierten rechtwinkligen Gitter (Rautengitter) von einer Gleitspiegelgeraden halbiert. Die Gruppe cm besitzt daher je eine Klasse Spiegelgeraden und Gleitspiegelgeraden.

Die Ebenengruppen werden durch die Internationalen Symbole gekennzeichnet, deren Interpretation offenkundig ist:
- *Erste Position*
  Buchstabe p oder c zur Charakterisierung des Zelltyps;
- *Nachfolgende Positionen*
  Modifiziertes Internationales Symbol der Kristallklasse. Dabei ist der Buchstabe m durch g ersetzt, falls in gleicher Orientierung eine Folge von Gleitspiegelgeraden vorliegt.

Das Symbol der zweidimensionalen Kristallklasse kann aus dem der Ebenengruppe durch Weglassen aller Hinweise auf Translationen erhalten werden (vgl. Abschn. 2.4.3 zum Verhältnis von Raumgruppe und Kristallklasse):

Symbol der Ebenengruppe	$\rightarrow$	*Symbol der Kristallklasse*
Gittertyp (p oder c)	$\rightarrow$	ohne diese Angabe
1, 2, 3, 4, 6	$\rightarrow$	1, 2, 3, 4, 6
m	$\rightarrow$	m
g	$\rightarrow$	m

Es sei ausdrücklich betont, daß eine Ebenengruppe die Informationen über das Kristallsystem und das Bravais-Gitter enthält.

Durch systematischen Ersatz der Drehpunkte und der Spiegelgeraden der zehn ebenen Kristallklassen durch Abfolgen von Drehpunkten, Spiegelgeraden und Gleitspiegelgeraden unter Beachtung der Metrik des Bravais-Gitters können sämtliche Ebenengruppen erhalten werden. Für die Kristallklassen 1, 2, 3, 4, 6 folgen so die Ebenengruppen p1, p2, p3, p4, p6. Zur Klasse m gehören die Gruppen pm, pg und cm; cg ist ein alternatives (allerdings ungebräuchliches) Symbol für cm, da diese Ebenengruppe eine wechselnde Abfolge von Spiegelgeraden mit und ohne Gleitkomponente enthält. Die Ebenengruppen der Klasse 2mm werden durch Ersatz keiner, einer oder beider Spiegelgeraden m durch Serien von Gleitspiegelgeraden g erhalten. Das Symbol p2mg zeigt an, daß die **a**-Achse senkrecht auf der Abfolge der Spiegelgeraden m steht und **b** senkrecht auf der der Gleitspiegelgeraden g; p2gm kennzeichnet dieselbe Gruppe, mit **a** und **b** vertauscht. Alternative (und ebenfalls ungebräuchliche) Symbole für c2mm sind c2mg, c2gm und c2gg. Bei der Ableitung der zur Klasse 4mm gehörenden Ebenengruppen sollte beachtet werden, daß das *Quadrat* eine besondere Form der *Raute* ist: Parallel zu den Diagonalen des Quadrats finden sich Abfolgen von m- und g-Geraden wie im Falle der Gruppe c2mm. Daher sind p4mg und p4gg wahlweise Symbole für p4mm bzw. p4gm. Die Elementarmasche des hexagonalen Systems besitzt ebenfalls eine spezielle Form der Raute; daher alternieren Spiegel- mit Gleitspiegelgeraden. Es muß unbedingt zwischen p3m1 und p31m unterschieden werden: In p3m1 stehen die Spiegelgeraden senkrecht auf den kürzesten Translationen, in p31m senkrecht auf der langen Diagonalen der Masche und den zu ihr äquivalenten Translationen.

2.7.2 Äquivalente Positionen

Ein (kristallographischer) *Orbit* ist ein Ensemble symmetrisch äquivalenter Punkte einer Ebenen- oder Raumgruppe. Die Mehrheit der Gruppen besitzt verschiedene Orbittypen, genannt *allgemeine* und *spezielle Punktlagen*. So repräsentieren die Pfeile in Bild 2.29 (S. 74) die allgemeine Punktlage jeder Ebenengruppe. Dieses wichtige Konzept soll anhand der Ebenengruppe p2mg erläutert werden (Bild 2.30).

Allgemeine Punktlage
Wird ein Objekt in die rechtwinklige Elementarmasche gelegt, dann wird es durch die Symmetrieoperationen der Ebenengruppe p2mg unendlich oft in äquivalenten Objekten reproduziert. Die allgemeine Punktlage x, y besitzt vier dieser Objekte pro Masche mit den Koordinaten x, y; $-x$, $-y$; $1/2 - x$, y; $1/2 + x$, $-y$; man sagt, diese Punktlage besitzt die *Multiplizität* vier. *Jede dieser vier Koordinaten steht für die Position eines Objekts sowie aller seiner translatorisch äquivalenten.* Jedes der vier translationssymmetrischen Ensembles wird durch die Symmetrieoperationen einer Nebenklasse der Ebenengruppe nach der Gruppe ihrer Translationen generiert (vgl. Abschn. 2.4.3). *Die Objekte benötigen nur die Punktsymmetrie 1 (Identität).*

Spezielle Punktlagen
Für $x = 1/4$ sind die Koordinaten x, y und $1/2 - x$, y identisch; es handelt sich um einen Punkt auf der Spiegelgeraden. Der Orbit besteht nur noch aus zwei Objekten pro Elementarmasche, die nun allerdings invariant sind bezüglich der Spiegelung. Die Multiplizität ist daher zwei, die *Lagesymmetrie* oder *Punktsymmetrie* m. Die zwei Punkte

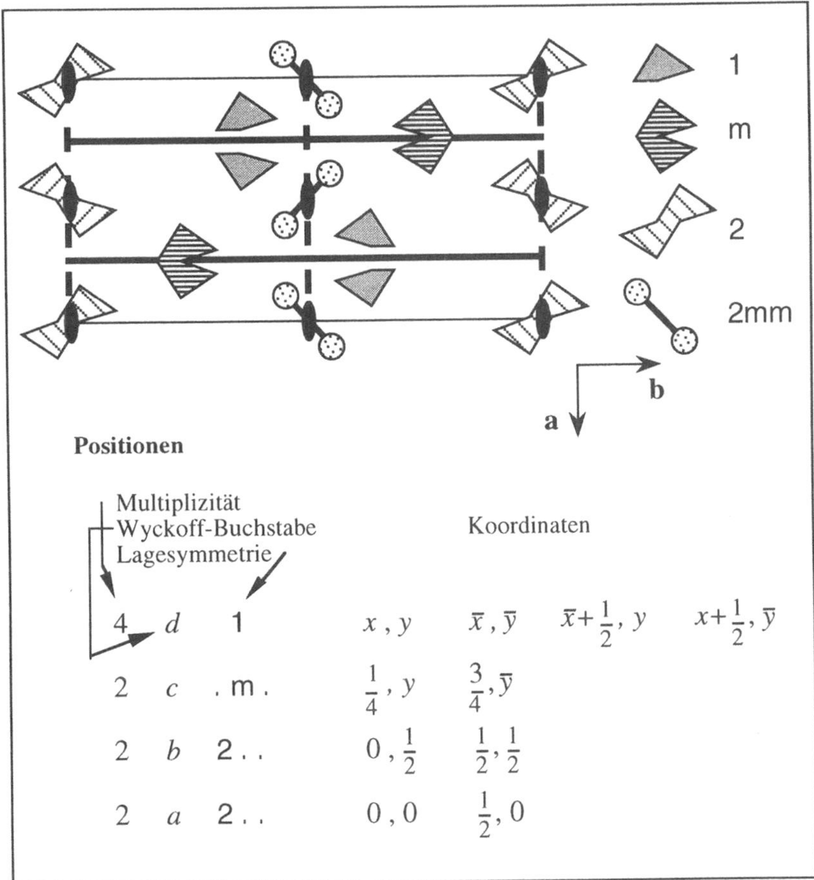

Multiplizität Wyckoff-Buchstabe Lagesymmetrie			Koordinaten			
4	d	1	x,y	$\bar{x},\bar{y}$	$\bar{x}+\frac{1}{2},y$	$x+\frac{1}{2},\bar{y}$
2	c	.m.	$\frac{1}{4},y$	$\frac{3}{4},\bar{y}$		
2	b	2..	$0,\frac{1}{2}$	$\frac{1}{2},\frac{1}{2}$		
2	a	2..	$0,0$	$\frac{1}{2},0$		

Bild 2.30 Orbits der Ebenengruppe p2mg; allgemeine Punktlage und spezielle Punktlagen

im Symbol „.m." (Bild 2.30) markieren Positionen im Internationalen Symbol (Abschn. 2.7.1), deren Reihenfolge im vorliegenden Fall des rechtwinkligen ebenen Kristallsystems der Rotationspunkt und dann die Richtungen von **a** und **b** sind; .m. sagt daher aus, daß die Spiegelgeraden senkrecht zu **a** orientiert sind.

Es gibt zwei weitere spezielle Positionen, und zwar auf den zweizähligen Drehpunkten, Lagesymmetrie 2.. und Multiplizität 2. Objekte auf diesen Positionen müssen invariant bezüglich einer zweizähligen Drehung sein. Bild 2.30 zeigt, daß die Punktgruppensymmetrie eines Objektes höher, jedoch niemals niedriger sein darf als die Lagesymmetrie: Das Objekt in 0, 0 besitzt die Symmetrie 2, während die Punktgruppensymmetrie 2mm desjenigen in 0, 1/2 höher ist als die Lagesymmetrie (es besitzt eine Spiegelgerade entlang der Hantelachse und eine senkrecht zu ihr).

Die Buchstaben a, b, c, d in Bild 2.30 werden *Wyckoff-Buchstaben* genannt; sie dienen ausschließlich dem schnellen Auffinden der verschiedenen Punktlagen. In Kapitel 6 der *International Tables for Crystallography Vol. A* ist jede Ebenengruppe mit ihrer allgemeinen und ihren speziellen Punktlagen wiedergegeben.

2.7.3 Die 230 Raumgruppen

Die Abhandlung der Ebenengruppen in den Abschnitten 2.7.1 und 2.7.2 enthält alle notwendigen Konzepte zum Verständnis auch der dreidimensionalen Raumgruppen. Der Übergang von der Euklidischen Ebene zum dreidimensionalen Raum verlangt keine weiteren Kenntnisse. Aufgrund der beträchtlichen Anzahl der Raumgruppen wird hier jedoch nur eine sehr beschränkte Auswahl von Beispielen behandelt. Die *International Tables for Crystallography Vol. A* vereinigen alle notwendigen Informationen über diese Gruppen. Daher ist es wichtig, einen effizienten und sicheren Umgang mit diesen Tabellen zu üben.

Im Abschnitt 2.4.3 wurde ausgeführt, daß die Drehachse einer Kristallklasse einer Serie von Dreh- oder Schraubenachsen in einer zugehörigen Raumgruppe entspricht. Ebenso entspricht die Spiegelebene einer Kristallklasse in einer Raumgruppe einer Abfolge von Spiegel- oder Gleitspiegelebenen:

Symmetrieelemente in Kristallklassen		Mögliche Symmetrielemente in Raumgruppen
2	→	$2, 2_1$
3	→	$3, 3_1, 3_2$
4	→	$4, 4_1, 4_2, 4_3$
6	→	$6, 6_1, 6_2, 6_3, 6_4, 6_5$
m	→	m, a, b, c, n, d

Eine Erläuterung dieser Symmetrieelemente und ihrer Internationalen Symbole geben die Bilder 2.6 (S. 37), 2.7 (S. 38) und 2.8 (S. 39), sowie die Tabellen 2.4 (S. 40) und 2.5 (S. 41). Die Internationalen Symbole der Raumgruppen sind analog zu denen der Ebenengruppen aufgebaut:

- Buchstabe P, A, B, C, F, I, oder R zur Angabe des Typs der Elementarzelle (Zentrierungstyp);
- modifiziertes Internationales Symbol der Kristalle.

Beispielhaft seien einige Raumgruppen der Kristallklasse mmm angeführt: Pmmm, Pmma, Pbcm, Pbca, Pnnm, Ccca, Fmmm, Ibca. Bei Erinnerung des Aufbaus der Internationalen Symbole der Kristallklassen (vgl. Abschn. 2.5.9) können auch die Symbole der Raumgruppen verstanden werden. Weil mmm zum orthorhombischen Kristallsystem gehört, bedeutet das erste m eine Spiegelebene senkrecht **a**, das zweite m eine senkrecht **b** und das dritte eine senkrecht **c**. Im Raumgruppenbeispiel Pbca steht P für eine primitive Zelle; senkrecht **a** steht eine Gleitspiegelebene mit Gleitkomponente $\frac{1}{2}$**b**; senkrecht zu **b** existiert eine Gleitspiegelebene mit Gleitung $\frac{1}{2}$**c**; eine dritte Gleitspiegelebene, a mit Gleitung $\frac{1}{2}$**a**, findet sich schließlich senkrecht **c**. Tatsächlich kann eine Herleitung sämtlicher Raumgruppen der Kristallklasse mmm durch systematischen Ersatz des ersten m durch m, b, c, oder n, des zweiten m durch m, a, c, oder n, und schließlich des dritten m durch m, a, b, oder n erfolgen. Offensichtlich kann es keine a-Gleitspiegelebenen senkrecht **a** geben, keine der Art b senkrecht **b** und keine Gleitspiegelebene c senkrecht **c**. (Gleitspiegelebenen d treten ausschließlich parallel zentrierter Ebenen allseits flächenzentrierter Elementarzellen auf, innerhalb der orthorhombischen Raumgruppen also nur bei F-zentrierten Zellen. Der gewöhnliche Gebrauch der *International Tables* verlangt keine vertiefte Kenntnis der Eigenschaften dieser Gleitspiegelebenen.) Die Raumgruppe Ibca kann aus Pbca durch Hinzufügen der Translation $(\frac{1}{2}, \frac{1}{2}, \frac{1}{2})$ erhalten werden. Noch einmal sei betont, daß nicht alle Symbole, die mit dem geschilderten Verfahren erhalten werden, wirklich verschiedene Raumgruppen bezeichnen. Beispielsweise sind Pmmb und Pmma dieselbe Raumgruppe bei unterschiedlicher Benennung der Koordinatenachsen: Von Pmma nach Pmmb gelangt man durch die Achsentransformation $\mathbf{a}' = \mathbf{b}$, $\mathbf{b}' = -\mathbf{a}$, $\mathbf{c}' = \mathbf{c}$. Die *International Tables* geben alle alternativen Symbole. Weitere Beispiele für Raumgruppensymbole sind $P2_1/c$, $P2_12_12_1$, $P2_12_12$, $I\bar{4}c2$, $I\bar{4}2d$, $P\bar{3}1c$, $P6_3/mcm$, $Pn\bar{3}n$

Aus diesen Symbolen kann auf die Kristallklasse, das Bravais-Gitter und auf das Kristallsystem geschlossen werden. Die Kristallklasse wird erhalten, indem alle Hinweise auf Translationssymmetrie getilgt werden:

Aus einer Raumgruppe ergibt sich die Kristallklasse bei Weglassen des Groß-buchstabens für den Zelltyp, des Ersatzes aller Symbole für Schraubenachsen durch die entsprechenden Drehachsen, sowie durch Austausch der Buchstaben a, b, c, n, d *durch* m.

Beispiel: Die Kristallklasse von $I\bar{4}c2$ ist $\bar{4}m2$, alternativ $\bar{4}2m$. Es handelt sich um das tetragonale Kristallsystem, und das Bravais-Gitter ist tetragonal innenzentriert, I.

In der Mehrheit aller Fälle liefert das Internationale Raumgruppensymbol alle notwendigen Informationen über die Gruppeneigenschaften, besonders die über alle Orbits (die allgemeine Punktlage und die speziellen Punktlagen). Als Beispiel diene die Raumgruppe Pnma, deren Eintrag in den *International Tables* in Bild 2.32, S. 82 – 83, wiedergegeben ist. Nach Ersatz von n und a durch m wird mmm als Kristallklasse erhalten. Das Kristallsystem ist daher orthorhombisch, und die Elementarzelle ist rechtwinklig und primitiv. Es liege die n-Gleitspiegelebene senkrecht $\mathbf{a}$ in $x = 0$ (der Leser ist aufgefordert, die Erläuterungen durch eine Skizze nachzuvollziehen). Sie transformiert einen Punkt in allgemeiner Lage x, y, z nach $\bar{x}$, $\frac{1}{2}+y$, $\frac{1}{2}+z$ (Spiegelung, gefolgt von der Translation $\frac{1}{2}\mathbf{b}+\frac{1}{2}\mathbf{c}$). Die Spiegelebene m senkrecht $\mathbf{b}$ liege bei $y = 0$. Sie transformiert die beiden Punkte nach x, $\bar{y}$, z und $\bar{x}$, $\frac{1}{2}-y$, $\frac{1}{2}+z$. Schließlich liege die Gleitspiegelebene a senkrecht $\mathbf{c}$ in $z = 0$. Sie überführt die vier Punkte nach $\frac{1}{2}+x$, y, $\bar{z}$; $\frac{1}{2}-x$, $\frac{1}{2}+y$, $\frac{1}{2}-z$; $\frac{1}{2}+x$, $\bar{y}$, $\bar{z}$ und $\frac{1}{2}-x$, $\frac{1}{2}-y$, $\frac{1}{2}-z$. Diese acht Punkte bilden zusammen mit ihren translatorisch äquivalenten einen allgemeinen Orbit der Multiplizität 8. Das vollständige Symbol der Kristallklasse mmm ist $2/m2/m2/m$: Die Raumgruppe enthält also noch zweizählige Drehachsen und Inversionszentren. Die Positionen dieser Symmetriezentren und Dreh- und/oder Schraubenachsen kann durch eine Skizze gefunden werden. Schließlich wird der Ursprung in eines der Symmetriezentren verlegt (es existieren acht Äquivalenzklassen). Danach werden die Koordinaten, so wie in den *International Tables Vol. A* aufgeführt, gefunden. Dasselbe Resultat kann auf direktem Wege durch Anwendung algebraischer Operationen auf die gefundenen Koordinaten erlangt werden. Ein Inversionszentrum im Fixpunkt $\frac{1}{4}$, $\frac{1}{4}$, $\frac{1}{4}$ überführt zum Beispiel ein Objekt in x, y, z nach $\frac{1}{2}-x$, $\frac{1}{2}-y$, $\frac{1}{2}-z$.

Für die Raumgruppe $P42_1c$ können Orbits generiert werden, indem in einer tetragonalen Elementarzelle eine 2_1-Schraubenachse parallel $\mathbf{a}$ und eine Gleitspiegelebene c senkrecht zu einer Diagonalen der quadratischen Ebene (und parallel $\mathbf{c}$) gelegt werden. Anwendung dieser Symmetrieelemente auf einen Punkt allgemeiner Lage führt zu den Koordinaten, wie sie in den *International Tables* angegeben sind (Bild 2.33, S. 84 – 85). Die Orbits von Raumgruppen der Kristallklasse $\bar{4}2m$ können nicht ohne weiteres mit Hilfe einer $\bar{4}$-Achse in

Kombination mit einer Spiegelebene oder einer zweizähligen Drehachse abgeleitet werden, da diese Symmetrieelemente sich nicht notwendigerweise schneiden.

2.7.4 Raumgruppen-Beispiele aus den *International Tables Vol. A*

Die *International Tables Vol. A* enthalten eine vollständige Beschreibung aller Raumgruppen. Der Leser sollte die erklärenden Teile dort für ergänzende Informationen konsultieren (vor allem Kap. 1 sowie die Unterkap. 2.1 – 2.4, 2.6 – 2.12 und 2.16). Für die meisten praktischen Fälle reicht die Kenntnis der Kristallsysteme und des Gebrauchs der Raumgruppen- und Kristallklassensymbole sowie ihrer Diagramme und der Umgang mit symmetrieäquivalenten Positionen. Zur Interpretation von Beugungsmustern sind Kenntnisse der Reflexionsbedingungen unerläßlich (vgl. Unterkap. 3.8 in diesem Band; Unterkap. 2.13 und Kap. 3 in den *International Tables Vol. A*). Mit den Bildern 2.31 – 2.34 folgen einige Beispiele für Raumgruppen, in Bild 2.31 mit kurzen Erklärungen der Angaben in den *Tables*.

Kommentare:

C_S^4: Schoenflies-Symbol

Patterson symmetry: Vgl. Abschn. 3.9.2

b unique: in Übereinstimmung mit dem Symbol C1c1

Vier Projektionen der Elementarzelle: entlang **b**, **a**, **c** (mit Symmetrieelementen), entlang **b** (allgemeiner Orbit)

a_p: Projektion von **a**
c_p: Projektion von **c**

○⊘ Allgemeine Position

⊘ entsteht aus ○ durch eine Symmetrieoperation zweiter Art

+, −: Koordinate entlang der Projektionsachse; hier $+y$, $-y$, $1/2+y$, $1/2-y$

Ursprung des Koordinatensystems

Numerierung ( ) der Symmetrieoperationen und Örter zugehöriger Symmetrieelemente, hier c und n:

Identität; Gleitspiegelebene c in $y = 0$, $1/2$

Translation; Gleitspiegelebene n in $y = 1/4$, $3/4$

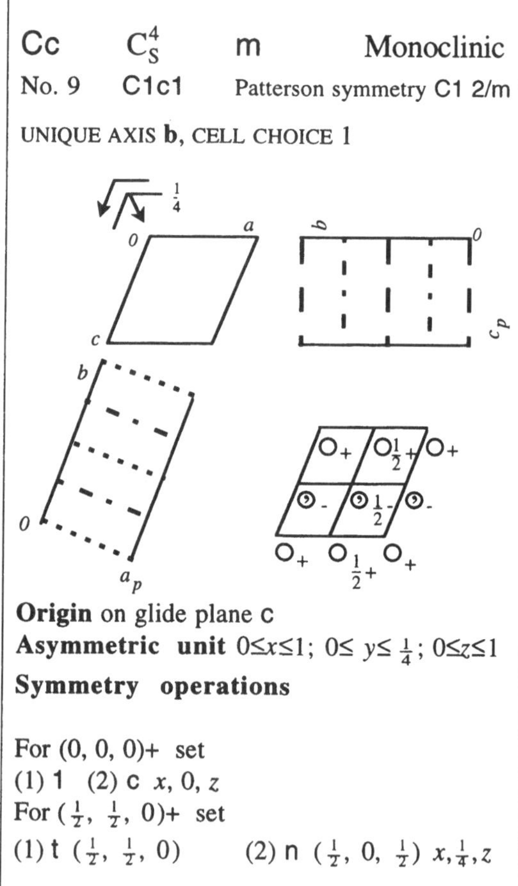

Bild 2.31 Raumgruppe Cc mit Kommentaren zu den Angaben in den *International Tables Vol. A*

Kommentare:

Identität, vier Translationen, Gleitspiegelung
Positions: vgl. Bild 2.30, S. 77; Reflection conditions: systematische Auslöschungen (vgl. Unterkap. 3.8)

$(0,0,0)+$, $(1/2,1/2,0)+$ Translationen (vgl. Abschn. 1.4.1)
Koordinaten der 4 symmetrisch äquivalenten Positionen allgemeiner Lage in der Elementarzelle: x,y,z;
$x,-y,z+1/2$;
$x+1/2,y+1/2,z$;
$x+1/2,1/2-y,z+1/2$
(vgl. Proj. der Elementarzelle)
(1), (2) identifizieren die Symmetrieoperationen
Ebenengruppen und Translationen
von Projektionen entlang **c**, **a** und **b**

Untergruppen maximaler Ordnung:
I translationengleich
II klassengleich; **a** gleiche Basis

b, c vergrößerte Zelle
[ ]...( )( ): [Index der Untergruppe] vollständiges Internationales Raumgruppenymbol (Basisvektoren)(konventionelles Internationales Symbol) Symmetrieoperationen
Obergruppen minimaler Ordnung; Angaben wie für Untergruppen

Vgl. *International Tables Vol. A* für weiterreichende Informationen, falls gewünscht

---

CONTINUED   No. 9   Cc
Generators selected
  (1); t(1,0,0); t(0,1,0); t(0,0,1); t($\frac{1}{2},\frac{1}{2}$,0); (2)

Positions	Coordinates	Reflection conditions

Multiplicity
Wyckoff letter
Site symmetry $(0,0,0)+$ $(\frac{1}{2},\frac{1}{2},0)+$ General:

4   a 1   (1) x,y,z (2) $x,\overline{y},z+\frac{1}{2}$ hkl: $h+k=2n$
                                                                          $h0l$: h, $l=2n$
                                                                          $0kl$: $k=2n$
                                                                          $hk0$: $h+k=2n$

                                                                          $0k0$: $k=2n$

                                                                          $h00$: $h=2n$
                                                                          $00l$: $l=2n$

Symmetry of special projections

Along [001] c11m   Along [100] p1g1   Along [010] p1
$\mathbf{a}' = \mathbf{a}_p$, $\mathbf{b}' = \mathbf{b}$ $\mathbf{a}' = \frac{1}{2}\mathbf{b}$, $\mathbf{b}' = \mathbf{c}_p$ $\mathbf{a}' = \frac{1}{2}\mathbf{c}$, $\mathbf{b}' = \frac{1}{2}\mathbf{a}$

Origin at $0,0,z$ Origin at $x,0,0$ Origin at $0,y,0$

Maximal non-isomorphic subgroups

I	[2]C1(P1)	1+
IIa	[2]P1c1(Pc)	1; 2
	[2]P1n1(Pc)	1; 2+($\frac{1}{2}$, $\frac{1}{2}$,0)
IIb	none	

Maximal isomorphic subgroups of lowest index

IIc   [3]C1c1(**b**'=3**b**)(Cc); [3]C1c1(**c**'=3**c**)(Cc);
          [3]C1c1(**a**'=3**a** or **a**'=3**a**,**c**'=-**a**+**c** or
                   a'=3**a**,**c**'=**a**+**c**)(Cc)

Minimal non-isomorphic supergroups

I   [2]C2/c; [2]Cmc2₁; [2]Ccc2; [2]Ama2;
          [2]Aba2; [2]Fdd2; [2]Iba2; [2]Ima2;
          [3]P3c1; [3]P31c; [3]R3c
II   [2]F1m1(Cm); [2]C1m1(2**c**'=**c**)(Cm);
          [2]P1c1(2**a**'=**a**,2**b**'=**b**)(Pc)

Bild 2.31 Fortsetzung und Ende

$Pnma$ D_{2h}^{16} mmm Orthorhombic

No. 62 $P\,2_1/n\,2_1/m\,2_1/a$

Patterson symmetry $Pmmm$

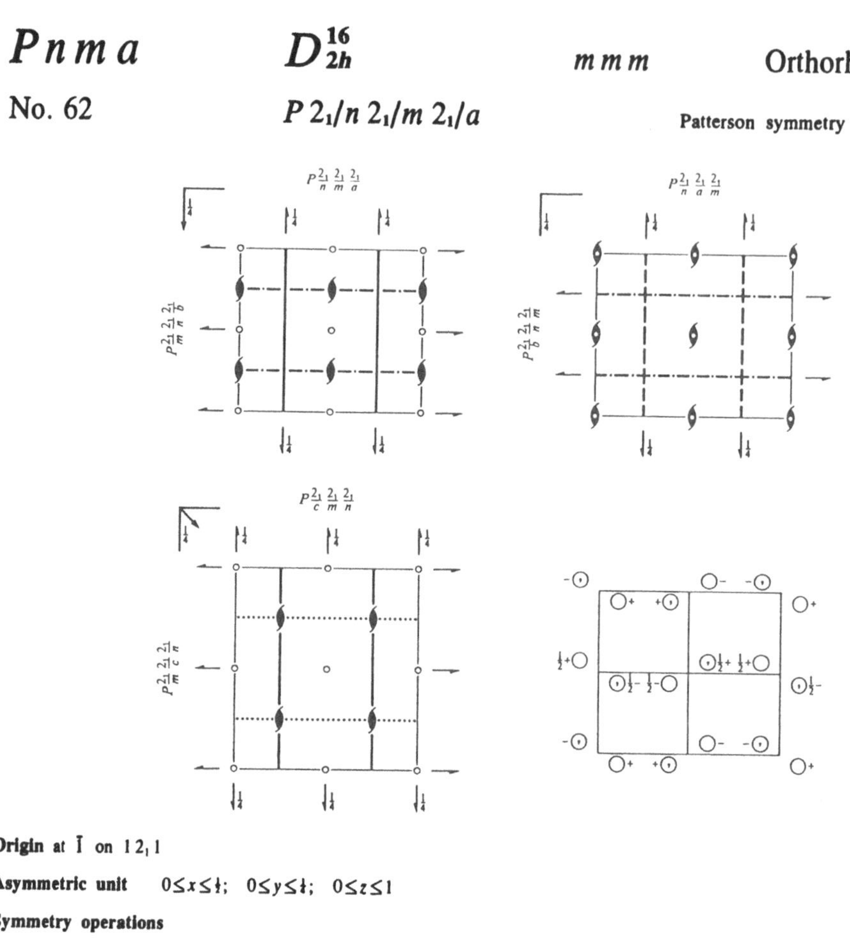

Origin at $\bar{1}$ on $1\,2_1\,1$

Asymmetric unit $0 \le x \le \tfrac{1}{4}$; $0 \le y \le \tfrac{1}{4}$; $0 \le z \le 1$

Symmetry operations

(1) 1
(5) $\bar{1}$ $0,0,0$
(2) $2(0,0,\tfrac{1}{2})$ $\tfrac{1}{4},0,z$
(6) a $x,y,\tfrac{1}{4}$
(3) $2(0,\tfrac{1}{2},0)$ $0,y,0$
(7) m $x,\tfrac{1}{4},z$
(4) $2(\tfrac{1}{4},0,0)$ $x,\tfrac{1}{4},\tfrac{1}{4}$
(8) $n(0,\tfrac{1}{2},\tfrac{1}{2})$ $\tfrac{1}{4},y,z$

Bild 2.32 Raumgruppe Pnma (Wiedergabe mit Erlaubnis der *International Tables*)

CONTINUED   No. 62   *Pnma*

Generators selected   (1); $t(1,0,0)$; $t(0,1,0)$; $t(0,0,1)$;   (2);   (3);   (5)

Positions

Multiplicity, Wyckoff letter, Site symmetry	Coordinates	Reflection conditions

Multiplicity, Wyckoff letter, Site symmetry — Coordinates — Reflection conditions

8 d 1
(1) x,y,z (2) $\bar{x}+\tfrac{1}{2},\bar{y},z+\tfrac{1}{2}$ (3) $\bar{x},y+\tfrac{1}{2},\bar{z}$ (4) $x+\tfrac{1}{2},\bar{y}+\tfrac{1}{2},\bar{z}+\tfrac{1}{2}$
(5) $\bar{x},\bar{y},\bar{z}$ (6) $x+\tfrac{1}{2},y,\bar{z}+\tfrac{1}{2}$ (7) $x,\bar{y}+\tfrac{1}{2},z$ (8) $\bar{x}+\tfrac{1}{2},y+\tfrac{1}{2},z+\tfrac{1}{2}$

General:

$0kl: k+l=2n$
$hk0: h=2n$
$h00: h=2n$
$0k0: k=2n$
$00l: l=2n$

Special: as above, plus

no extra conditions

4 c .m. $x,\tfrac{1}{4},z$ $\bar{x}+\tfrac{1}{2},\tfrac{3}{4},z+\tfrac{1}{2}$ $\bar{x},\tfrac{3}{4},\bar{z}$ $x+\tfrac{1}{2},\tfrac{1}{4},\bar{z}+\tfrac{1}{2}$

4 b $\bar{1}$ $0,0,\tfrac{1}{2}$ $\tfrac{1}{2},0,0$ $0,\tfrac{1}{2},\tfrac{1}{2}$ $\tfrac{1}{2},\tfrac{1}{2},0$ $hkl: h+l,k=2n$

4 a $\bar{1}$ $0,0,0$ $\tfrac{1}{2},0,\tfrac{1}{2}$ $0,\tfrac{1}{2},0$ $\tfrac{1}{2},\tfrac{1}{2},\tfrac{1}{2}$ $hkl: h+l,k=2n$

Symmetry of special projections

Along [001] $p\,2g\,m$
$a'=\tfrac{1}{2}a$ $b'=b$
Origin at $0,0,z$

Along [100] $c\,2mm$
$a'=b$ $b'=c$
Origin at $x,\tfrac{1}{4},\tfrac{1}{4}$

Along [010] $p\,2g\,g$
$a'=c$ $b'=a$
Origin at $0,y,0$

Maximal non-isomorphic subgroups

I $[2]P2_12_12_1$ 1; 2; 3; 4
   $[2]P112_1/a\,(P2_1/c)$ 1; 2; 5; 6
   $[2]P12_1/m\,1\,(P2_1/m)$ 1; 3; 5; 7
   $[2]P2_1/n\,1\,1\,(P2_1/c)$ 1; 4; 5; 8
   $[2]Pnm2_1\,(Pmn2_1)$ 1; 2; 7; 8
   $[2]Pn2_1a\,(Pna2_1)$ 1; 3; 6; 8
   $[2]P2_1ma\,(Pmc2_1)$ 1; 4; 6; 7

IIa   none

IIb   none

Maximal isomorphic subgroups of lowest index

IIc $[3]Pnma(a'=3a);[3]Pnma(b'=3b);[3]Pnma(c'=3c)$

Minimal non-isomorphic supergroups

I   none

II $[2]Amma(Cmcm);[2]Bbmm(Cmcm);[2]Ccmb(Cmca);[2]Imma;[2]Pnmm(2a'=a)(Pmmn);$
   $[2]Pcma(2b'=b)(Pbam);[2]Pbma(2c'=c)(Pbcm)$

Bild 2.32 Raumgruppe Pnma (Fortsetzung und Ende)

$P\bar{4}2_1c$ D_{2d}^4 $\bar{4}2m$ Tetragonal

No. 114 $P\bar{4}2_1c$

Patterson symmetry $P4/mmm$

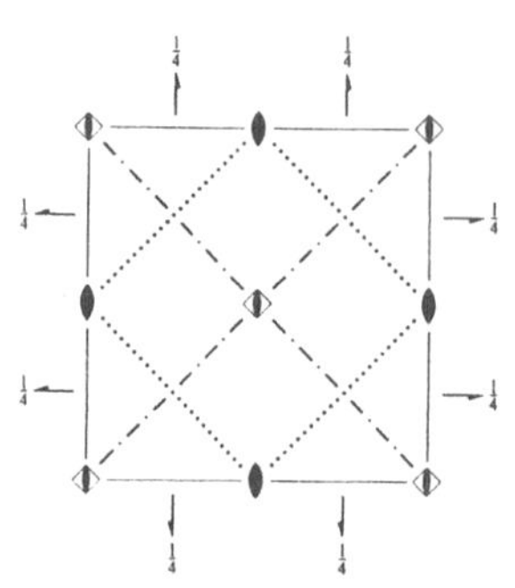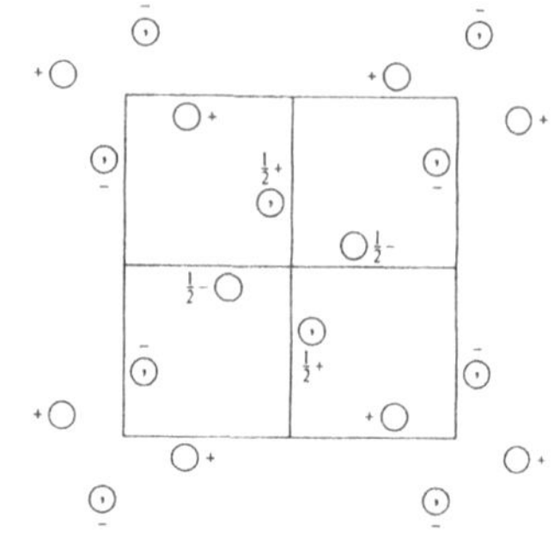

Origin at $\bar{4}1n$

Asymmetric unit $0\leq x\leq\frac{1}{2}$; $0\leq y\leq\frac{1}{2}$; $0\leq z\leq\frac{1}{2}$

Symmetry operations

(1) 1 (2) 2 $0,0,z$ (3) $\bar{4}^+$ $0,0,z$; $0,0,0$ (4) $\bar{4}^-$ $0,0,z$; $0,0,0$
(5) $2(0,\frac{1}{2},0)$ $\frac{1}{4},y,\frac{1}{4}$ (6) $2(\frac{1}{2},0,0)$ $x,\frac{1}{4},\frac{1}{4}$ (7) c $x+\frac{1}{4},\bar{x},z$ (8) $n(\frac{1}{2},\frac{1}{2},\frac{1}{2})$ x,x,z

Bild 2.33 Raumgruppe $P42_1c$ (Wiedergabe mit Erlaubnis der *International Tables*)

CONTINUED

No. 114

$P\bar{4}2_1c$

Generators selected (1); $t(1,0,0)$; $t(0,1,0)$; $t(0,0,1)$; (2); (3); (5)

Positions

Multiplicity, Wyckoff letter, Site symmetry	Coordinates				Reflection conditions

Coordinates

General:

8 e 1   (1) x,y,z (2) $\bar{x},\bar{y},z$ (3) $y,\bar{x},\bar{z}$ (4) $\bar{y},x,\bar{z}$

     (5) $\bar{x}+\frac{1}{2},y+\frac{1}{2},\bar{z}+\frac{1}{2}$ (6) $x+\frac{1}{2},\bar{y}+\frac{1}{2},\bar{z}+\frac{1}{2}$ (7) $\bar{y}+\frac{1}{2},\bar{x}+\frac{1}{2},z+\frac{1}{2}$ (8) $y+\frac{1}{2},x+\frac{1}{2},z+\frac{1}{2}$

General:
$hhl : l=2n$
$00l : l=2n$
$h00 : h=2n$

Special: as above, plus

4 d 2.. $0,\frac{1}{2},z$ $\frac{1}{2},0,\bar{z}$ $\frac{1}{2},0,\bar{z}+\frac{1}{2}$ $0,\frac{1}{2},z+\frac{1}{2}$

$hkl : l=2n$
$hk0 : h+k=2n$

4 c 2.. $0,0,z$ $0,0,\bar{z}$ $\frac{1}{2},\frac{1}{2},\bar{z}+\frac{1}{2}$ $\frac{1}{2},\frac{1}{2},z+\frac{1}{2}$

$hkl : h+k+l=2n$

2 b $\bar{4}$.. $0,0,\frac{1}{2}$ $\frac{1}{2},\frac{1}{2},0$

$hkl : h+k+l=2n$

2 a $\bar{4}$.. $0,0,0$ $\frac{1}{2},\frac{1}{2},\frac{1}{2}$

$hkl : h+k+l=2n$

Symmetry of special projections

Along [001] $p\,4g\,m$
$a'=a$ $b'=b$
Origin at $0,0,z$

Along [100] $p\,2m\,g$
$a'=b$ $b'=c$
Origin at $x,\frac{1}{4},\frac{1}{4}$

Along [110] $p\,1m\,1$
$a'=\frac{1}{2}(-a+b)$ $b'=\frac{1}{2}c$
Origin at $x,x,0$

Maximal non-isomorphic subgroups

I $[2]P\bar{4}1\,1(P\bar{4})$ $1;2;3;4$
   $[2]P22_11(P2_12_12)$ $1;2;5;6$
   $[2]P2\,1c(Ccc2)$ $1;2;7;8$

IIa   none

IIb   none

Maximal isomorphic subgroups of lowest index

IIc $[3]P\bar{4}2_1c\,(c'=3c);[9]P\bar{4}2_1c\,(a'=3a,b'=3b)$

Minimal non-isomorphic supergroups

I $[2]P4/m\,n\,c;[2]P4/n\,c\,c;[2]P4_2/m\,b\,c;[2]P4_2/n\,m\,c$
II $[2]I\bar{4}2m;[2]C\bar{4}2c(P\bar{4}c\,2);[2]P\bar{4}2_1m\,(2c'=c)$

Bild 2.33 Raumgruppe $P42_1c$ (Fortsetzung und Ende)

$R\,\bar{3}\,c$　　D_{3d}^{6}　　$\bar{3}\,m$　　Trigonal

No. 167　　$R\,\bar{3}\,2/c$　　Patterson symmetry $R\,\bar{3}\,m$

HEXAGONAL AXES

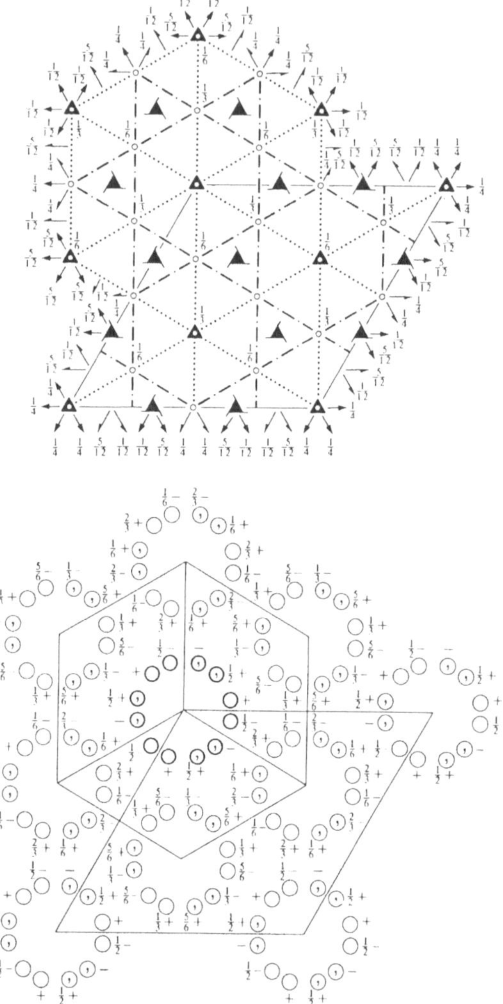

Origin at centre ($\bar{3}$) at $3c$

Asymmetric unit　　$0\le x\le\tfrac{2}{3}$;　$0\le y\le\tfrac{2}{3}$;　$0\le z\le\tfrac{1}{12}$;　$x\le(1+y)/2$;　$y\le\min(1-x,(1+x)/2)$

　　Vertices　　$0,0,0$　　$\tfrac{1}{2},0,0$　　$\tfrac{2}{3},\tfrac{1}{3},0$　　$\tfrac{1}{3},\tfrac{2}{3},0$　　$0,\tfrac{1}{2},0$

　　　　　　　　$0,0,\tfrac{1}{12}$　　$\tfrac{1}{2},0,\tfrac{1}{12}$　　$\tfrac{2}{3},\tfrac{1}{3},\tfrac{1}{12}$　　$\tfrac{1}{3},\tfrac{2}{3},\tfrac{1}{12}$　　$0,\tfrac{1}{2},\tfrac{1}{12}$

Bild 2.34 Raumgruppe $R\bar{3}c$ (Wiedergabe mit Erlaubnis der *International Tables*)

CONTINUED

No. 167

$R\bar{3}c$

Symmetry operations

For $(0,0,0)+$ set

(1) 1
(2) 3^{+} $0,0,z$
(3) 3^{-} $0,0,z$
(4) 2 $x,x,\tfrac{1}{4}$
(5) 2 $x,0,\tfrac{1}{4}$
(6) 2 $0,y,\tfrac{1}{4}$
(7) $\bar{1}$ $0,0,0$
(8) $\bar{3}^{+}$ $0,0,z;\ 0,0,0$
(9) $\bar{3}^{-}$ $0,0,z;\ 0,0,0$
(10) c $x,\bar{x},z$
(11) c $x,2x,z$
(12) c $2x,x,z$

For $(\tfrac{2}{3},\tfrac{1}{3},\tfrac{1}{3})+$ set

(1) $t(\tfrac{2}{3},\tfrac{1}{3},\tfrac{1}{3})$
(2) $3^{+}(0,0,\tfrac{1}{3})$ $\tfrac{1}{3},\tfrac{1}{3},z$
(3) $3^{-}(0,0,\tfrac{1}{3})$ $\tfrac{1}{3},0,z$
(4) $2(\tfrac{1}{2},\tfrac{1}{2},0)$ $x,x-\tfrac{1}{3},\tfrac{1}{12}$
(5) $2(\tfrac{1}{2},0,0)$ $x,\tfrac{1}{6},\tfrac{1}{12}$
(6) 2 $\tfrac{1}{3},y,\tfrac{1}{12}$
(7) $\bar{1}$ $\tfrac{1}{3},\tfrac{1}{6},\tfrac{1}{6}$
(8) $\bar{3}^{+}$ $\tfrac{1}{3},-\tfrac{1}{3},z;\ \tfrac{1}{3},-\tfrac{1}{3},\tfrac{1}{6}$
(9) $\bar{3}^{-}$ $\tfrac{1}{3},\tfrac{1}{3},z;\ \tfrac{1}{3},\tfrac{1}{3},\tfrac{1}{6}$
(10) $g(\tfrac{1}{2},-\tfrac{1}{2},\tfrac{1}{3})$ $x+\tfrac{1}{2},\bar{x},z$
(11) $g(\tfrac{1}{6},\tfrac{1}{3},\tfrac{1}{3})$ $x,2x-\tfrac{1}{3},z$
(12) $g(\tfrac{2}{3},\tfrac{1}{3},\tfrac{1}{3})$ $2x,x,z$

For $(\tfrac{1}{3},\tfrac{2}{3},\tfrac{2}{3})+$ set

(1) $t(\tfrac{1}{3},\tfrac{2}{3},\tfrac{2}{3})$
(2) $3^{+}(0,0,\tfrac{2}{3})$ $0,\tfrac{1}{3},z$
(3) $3^{-}(0,0,\tfrac{2}{3})$ $\tfrac{1}{3},\tfrac{1}{3},z$
(4) $2(\tfrac{1}{2},\tfrac{1}{2},0)$ $x,x+\tfrac{1}{6},\tfrac{1}{12}$
(5) 2 $x,\tfrac{1}{3},\tfrac{1}{12}$
(6) $2(0,\tfrac{1}{2},0)$ $\tfrac{1}{6},y,\tfrac{1}{12}$
(7) $\bar{1}$ $\tfrac{1}{6},\tfrac{1}{3},\tfrac{1}{3}$
(8) $\bar{3}^{+}$ $\tfrac{1}{3},\tfrac{1}{3},z;\ \tfrac{1}{3},\tfrac{1}{3},\tfrac{1}{3}$
(9) $\bar{3}^{-}$ $-\tfrac{1}{3},\tfrac{1}{3},z;\ -\tfrac{1}{3},\tfrac{1}{3},\tfrac{1}{3}$
(10) $g(-\tfrac{1}{6},\tfrac{1}{3},\tfrac{2}{3})$ $x+\tfrac{1}{2},\bar{x},z$
(11) $g(\tfrac{1}{3},\tfrac{2}{3},\tfrac{2}{3})$ $x,2x,z$
(12) $g(\tfrac{1}{2},\tfrac{1}{2},\tfrac{2}{3})$ $2x-\tfrac{1}{2},x,z$

Generators selected (1); $t(1,0,0)$; $t(0,1,0)$; $t(0,0,1)$; $t(\tfrac{2}{3},\tfrac{1}{3},\tfrac{1}{3})$; (2); (4); (7)

Positions

Multiplicity,
Wyckoff letter,
Site symmetry

Coordinates

$(0,0,0)+$ $\quad$ $(\tfrac{2}{3},\tfrac{1}{3},\tfrac{1}{3})+$ $\quad$ $(\tfrac{1}{3},\tfrac{2}{3},\tfrac{2}{3})+$

36 f 1

(1) x,y,z
(2) $\bar{y},x-y,z$
(3) $\bar{x}+y,\bar{x},z$
(4) $y,x,\bar{z}+\tfrac{1}{2}$
(5) $x-y,\bar{y},\bar{z}+\tfrac{1}{2}$
(6) $\bar{x},\bar{x}+y,\bar{z}+\tfrac{1}{2}$
(7) $\bar{x},\bar{y},\bar{z}$
(8) $y,\bar{x}+y,\bar{z}$
(9) $x-y,x,\bar{z}$
(10) $\bar{y},\bar{x},z+\tfrac{1}{2}$
(11) $\bar{x}+y,y,z+\tfrac{1}{2}$
(12) $x,x-y,z+\tfrac{1}{2}$

Reflection conditions

General:

$hkil$: $-h+k+l=3n$
$hki0$: $-h+k=3n$
$hh\overline{2h}l$: $l=3n$
$h\bar{h}0l$: $h+l=3n,\ l=2n$
$000l$: $l=6n$
$h\bar{h}00$: $h=3n$

Special: as above, plus

no extra conditions

18 e .2 $\quad x,0,\tfrac{1}{4}\quad 0,x,\tfrac{1}{4}\quad \bar{x},\bar{x},\tfrac{1}{4}\quad \bar{x},0,\tfrac{3}{4}\quad 0,\bar{x},\tfrac{3}{4}\quad x,x,\tfrac{3}{4}$

$hkil$: $l=2n$

18 d $\bar{1}$ $\quad \tfrac{1}{2},0,0\quad 0,\tfrac{1}{2},0\quad \tfrac{1}{2},\tfrac{1}{2},0\quad 0,\tfrac{1}{2},\tfrac{1}{2}\quad \tfrac{1}{2},0,\tfrac{1}{2}\quad \tfrac{1}{2},\tfrac{1}{2},\tfrac{1}{2}$

$hkil$: $l=2n$

12 c 3. $\quad 0,0,z\quad 0,0,\bar{z}+\tfrac{1}{2}\quad 0,0,\bar{z}\quad 0,0,z+\tfrac{1}{2}$

$hkil$: $l=2n$

6 b $\bar{3}$. $\quad 0,0,0\quad 0,0,\tfrac{1}{2}$

$hkil$: $l=2n$

6 a 32 $\quad 0,0,\tfrac{1}{4}\quad 0,0,\tfrac{3}{4}$

Symmetry of special projections

Along [001] $\quad p\,6mm$
$a'=\tfrac{1}{3}(2a+b)\quad b'=\tfrac{1}{3}(-a+b)$
Origin at $0,0,z$

Along [100] $\quad p\,2$
$a'=\tfrac{1}{2}(2a+4b+c)\quad b'=\tfrac{1}{2}(-a-2b+c)$
Origin at $x,0,0$

Along [210] $\quad p\,2gm$
$a'=\tfrac{1}{2}b\quad b'=\tfrac{1}{2}c$
Origin at $x,\tfrac{1}{2}x,0$

Bild 2.34 Raumgruppe $R\bar{3}c$ (Fortsetzung und Ende)

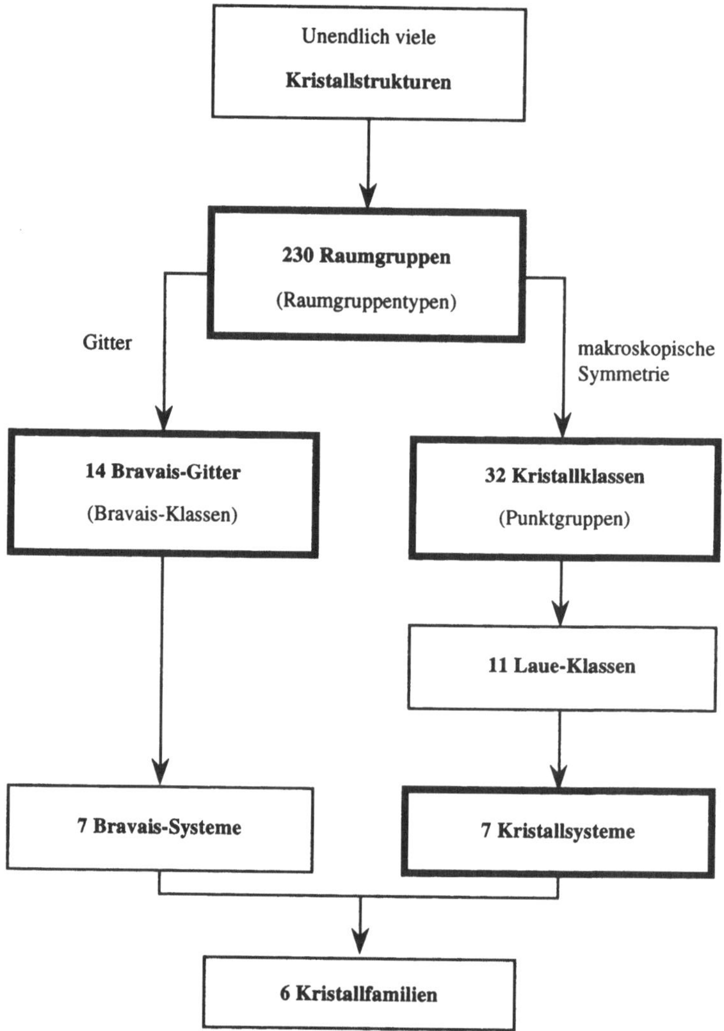

Bild 2.35 Einteilung der Kristalle nach Symmetriekonzepten

2.7.5 Klassifizierung der Kristalle nach ihrer Symmetrie

Die in diesem zweiten Kapitel entwickelten Konzepte der Raumgruppen, Kristallklassen, Laue-Klassen, Kristallsysteme, Bravais-Gitter, Bravais-Systeme und Kristallfamilien dienen der Einteilung der Kristalle nach einer charakteristischen Eigenschaft, die relativ einfach experimentell bestimmt werden kann: die Symmetrie. Bei gegebener Temperatur und bei gegebenem Druck besitzt jede Kristallstruktur ihr eigenes Translationengitter mit spezifischen metrischen Verhältnissen. Daher besitzt jeder Kristall seine eigene Symmetriegruppe. Wenn von den kristallspezifischen metrischen Verhältnissen abgesehen wird, gehört jeder Kristall zu einer der 230 Raumgruppen. Es ist daher besser, von *Raumgruppentypen* zu sprechen (*International Tables Vol. A*, Abschn. 8.2.1). Die weitere Unterteilung dieser Raumgruppentypen erfolgt einerseits nach makroskopischen Symmetrien in Kristallklassen und Kristallsysteme, andererseits nach Gittertypen in Bravais-Gitter (-Klassen) und Bravais-Systeme. Die Kristallfamilien repräsentieren die zusammenfassendste Klassifizierung (vgl. Bild 2.35). Eine vereinfachende und traditionelle (aber weniger befriedigende) Einteilung benutzt die Raumgruppen, die Bravais-Gitter, die Kristallklassen und die Kristallsysteme.

2.8 Kristallstrukturen

Die Methode der Röntgenbeugung (Kap. 3) gestattet die Bestimmung der Gitterkonstanten a, b, c, α, β, γ eines Kristalls. Weiterhin können mit ihrer Hilfe Informationen über die Raumgruppe erhalten werden (Laue-Klasse und systematische Auslöschungen; vgl. Unterkap. 3.8). Sind Stöchiometrie und Dichte einer Substanz bekannt, kann die Anzahl chemischer Formeleinheiten pro Elementarzelle leicht berechnet werden. Sei M die Molmasse („Formelgewicht") der Substanz, dann gilt

$$M = \sum_{\text{Formeleinheit}} M_A \; ; \; M_A = \text{Atommasse in g/mol}$$

Mit der Avogadro-Zahl $N_A = 6{,}022 \times 10^{23} \text{ mol}^{-1}$, dem Volumen V_{Zelle} der Elementarzelle in $\text{cm}^3 = 10^{24} \text{ Å}^3$, der Anzahl Z der Moleküle oder Formeleinheiten in der Elementarzelle kann die Dichte d in gcm^{-3} berechnet werden:

$$d = \frac{Z M}{N_A V_{\text{Zelle}}}, \quad Z = \frac{d N_A V_{\text{Zelle}}}{M} ; \quad Z \text{ ganzzahlig} \tag{2.16}$$

Im allgemeinen finden sich in der Literatur die folgenden Angaben über Kristallstrukturen:
- Symmetrie (Raumgruppe, vielleicht auch Kristallklasse und Kristallsystem),
- Gitterkonstanten; Anzahl der Moleküle oder Formeleinheiten pro Elementarzelle;
- Koordinaten symmetrisch unabhängiger Atome.

Als Beispiel seien derartige Angaben für Fe_3C, einem wichtigen Bestandteil von Stahl, genannt:
- Raumgruppe Pnma (Nr. 62);
- $a = 5{,}08$ Å, $b = 6{,}73$ Å, $c = 4{,}51$ Å; $Z = 4$;
- 4 Fe in c: $x = 0{,}040$ $z = 0{,}667$;
  8 Fe in d: $x = 0{,}183$ $y = 0{,}065$ $z = 0{,}167$;
  4 C in c: $x = 0{,}36$ $z = 0{,}47$.

Aus dem Raumgruppensymbol schließt man auf die Kristallklasse mmm und auf das orthorhombische Kristallsystem. Die Winkel in der Elementarzelle sind daher $\alpha = \beta = \gamma = 90°$. Da $Z = 4$, enthält die Elementarzelle 12 Eisen- und 4 Kohlenstoffatome. Aus den *International Tables* lernt man, daß die Multiplizität der allgemeinen Punktlage (Wyckoff-Buchstabe d) acht ist; es gibt außerdem drei spezielle Punktlagen, a, b und c, mit der Zähligkeit vier:

Multiplizität,
Wyckoff-Buchstabe,   Koordinaten
Lagesymmetrie

8 d 1 x, y, z; $\bar{x}+\frac{1}{2}, \bar{y}, z+\frac{1}{2}$; $\bar{x}, y+\frac{1}{2}, \bar{z}$; $x+\frac{1}{2}, \bar{y}+\frac{1}{2}, \bar{z}+\frac{1}{2}$;

              $\bar{x}, \bar{y}, \bar{z}$; $x+\frac{1}{2}, y, \bar{z}+\frac{1}{2}$; $x, \bar{y}+\frac{1}{2}, z$; $\bar{x}+\frac{1}{2}, y+\frac{1}{2}, z+\frac{1}{2}$;

4 c m $x, \frac{1}{4}, z$; $\bar{x}+\frac{1}{2}, \frac{3}{4}, z+\frac{1}{2}$; $\bar{x}, \frac{3}{4}, \bar{z}$; $x+\frac{1}{2}, \frac{1}{4}, \bar{z}+\frac{1}{2}$;

4 b $\bar{1}$ $0, 0, \frac{1}{2}$; $\frac{1}{2}, 0, 0$; $0, \frac{1}{2}, \frac{1}{2}$; $\frac{1}{2}, \frac{1}{2}, 0$;

4 a $\bar{1}$ $0, 0, 0$; $\frac{1}{2}, 0, \frac{1}{2}$; $0, \frac{1}{2}, 0$; $\frac{1}{2}, \frac{1}{2}, \frac{1}{2}$

Man weiß also *a priori*, daß die 12 Eisenatome die Punktlage d und eine der Lagen c, b, oder a besetzen, oder auch drei Lagen der Multiplizität vier; die vier Kohlenstoffatome müssen eine der Punktlagen a oder b oder c belegen. Die angeführten Daten stammen aus einer Strukturanalyse. Die Eisenatome besetzen danach d und c und die Kohlenstoffatome c mit von Eisen verschiedenen Koordinaten. Die Punktlagesymmetrie der Position c ist m. Alle symmetrisch äquivalenten Positionen werden durch die in den *International Tables* zuerst angeführten Koordinaten repräsentiert. Mit Hilfe der *Tables* werden sämtliche Koordinaten äquivalenter Positionen der Punktlage d und c gefunden, ebenso die Koordinate $y = 1/4$ für die Lage c. Man besitzt nun alle Informationen zur Anfertigung einer Skizze der Kristallstruktur von Fe_3C und zur Berechnung interatomarer Abstände und von Bindungswinkeln.

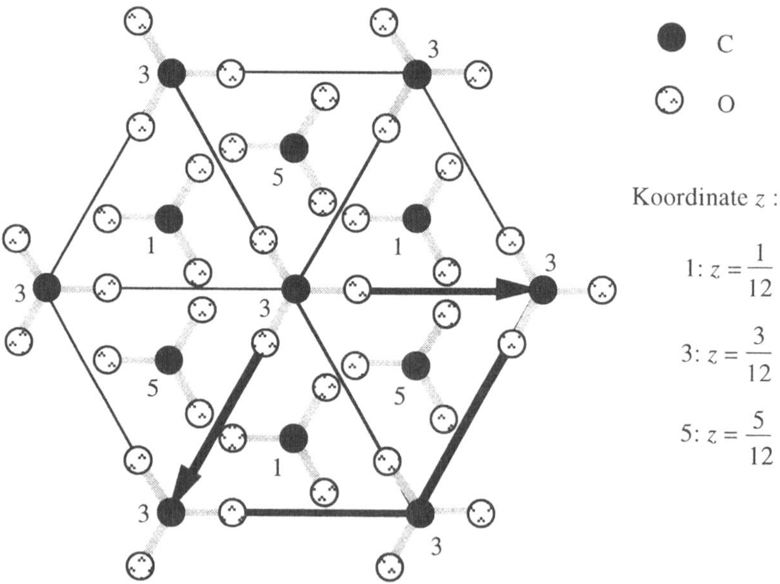

Bild 2.36 Projektion der Carbonationen CO_3^{2-} der Calcitstruktur zwischen $z = 0$ und $z = 1/2$ auf die (**a,b**)-Ebene

Als weiteres Beispiel seien die Strukturdaten von *Calcit*, $CaCO_3$, dem Hauptbestandteil von Kalkstein, angeführt:
- Raumgruppe $R\bar{3}c$;
- $a = 4{,}990$ Å, $c = 17{,}002$ Å; $Z = 6$;
- 6 C in b;
  6 C in a
  18 O in e: $x = 0{,}257$.

Eine Projektion der Kristallstruktur entlang **c** ist in Bild 2.36 gegeben.

2.9 Miller-Bravais-Indizes des hexagonalen Koordinatensystems

Die Miller-Indizes symmetrisch äquivalenter Flächen einer Kristallklasse erhält man durch Anwenden der Matrizen (1.21) (S. 9), d. h. durch die transponierten inversen Matrizen der Koordinatentransformationen. Oftmals können die Indizes durch bloßes Hinschauen abgeleitet werden. Die folgenden Beispiele können leicht mit Hilfe der Stereogramme in Bild 2.18 (S. 57 – 58) überprüft werden:

Kristallklasse **222**: (hkl), $(h\bar{k}\bar{l})$, $(\bar{h}k\bar{l})$, $(\bar{h}\bar{k}l)$;

Kristallklasse **4**: (hkl), $(\bar{k}hl)$, $(\bar{h}\bar{k}l)$, $(k\bar{h}l)$;

Kristallklasse **23**: (hkl), $(h\bar{k}\bar{l})$, $(\bar{h}k\bar{l})$, $(\bar{h}\bar{k}l)$, (klh), $(k\bar{l}\bar{h})$, $(\bar{k}l\bar{h})$, $(\bar{k}\bar{l}h)$,

                  (lhk), $(l\bar{h}\bar{k})$, $(\bar{l}h\bar{k})$, $(\bar{l}\bar{h}k)$; die dreizählige Drehachse entlang [111] permutiert die Indizes.

Einzig die dreizählige Drehachse im hexagonalen Koordinatensystem verursacht eine Komplikation, da die Indizes symmetrisch äquivalenter Flächen nun nicht mehr durch Permutieren und Umkehren der Vorzeichen der h, k, l erhalten werden können. Um dem abzuhelfen, werden vier Indizes $(hkil)$ benutzt, die sich auf Vektoren $\mathbf{a}_1$, $\mathbf{a}_2$, $\mathbf{a}_3$ senkrecht zur dreizähligen Achse und **c** in ihr beziehen (Bild 2.37, S. 92). Da für h, $k > 0$ der Achsenabschnitt einer Ebene auf $\mathbf{a}_3$ negativ ist, folgt

$$i = -(h + k); \quad h + k + i = 0 \tag{2.17}$$

Da die dreizählige Drehachse die Vektoren $\mathbf{a}_1$, $\mathbf{a}_2$, $\mathbf{a}_3$ permutiert, erhält man das folgende Rezept zum Generieren der Indizes aller aufgrund dieser Drehachse äquivalenter Flächen:
- Man fügt einen vierten Index $i = -(h + k)$ zu den gebräuchlichen h, k, l hinzu.
- Die Indizes symmetrieäquivalenter Flächen $h\,k\,i\,l$, $i\,h\,k\,l$, $k\,i\,h\,l$ werden durch zyklisches Vertauschen der h, k, i erhalten.
- Da der vierte Index offensichtlich redundant ist, wird er vor eventuell folgenden Rechnungen eliminiert.
- Die gebräuchlichen Indizes der drei Flächen sind daher $h\,k\,l$, $-(h + k)\,h\,l$, $k\,-(h + k)\,l$.

Das voranstehende Rezept darf nicht auf die Richtungsindizes $[uvw]$ für Zonen und Kanten angewandt werden! Eine Methode, die die Anwendung von vier Indizes $[uv\omega w]$ erlaubt,

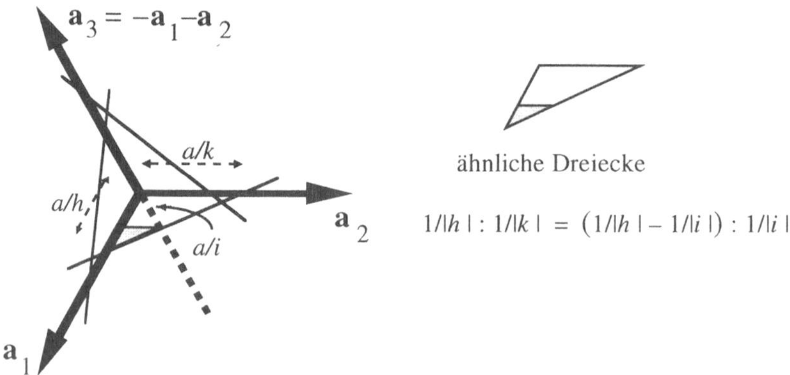

Bild 2.37 Miller-Bravais-Indizes (*hkil*) im hexagonalen Koordinatensystem: Spuren der Ebenen $(32\bar{5}l)$, $(\bar{5}32l)$, $(2\bar{5}3l)$

wurde publiziert [L. Weber, Z. *Kristallogr.* **57**, 200-203, 1922]; sie ist allerdings wenig bekannt und wird kaum benutzt. *Vom Gebrauch von vier Indizes für Richtungssymbole wird abgeraten.* Es sei daran erinnert (vgl. Abschn. 1.2.4), daß die (*hkl*) und die [*uvw*] nicht auf die gleiche Weise transformieren, sondern die ersteren kovariant, die letzteren kontravariant. So sind die Richtungen $[uvw]$, $[\bar{v}(u-v)w]$, $[(v-u)\bar{u}w]$ aufgrund einer dreizähligen Drehachse äquivalent.

Beugung von Röntgenstrahlen an Kristallen

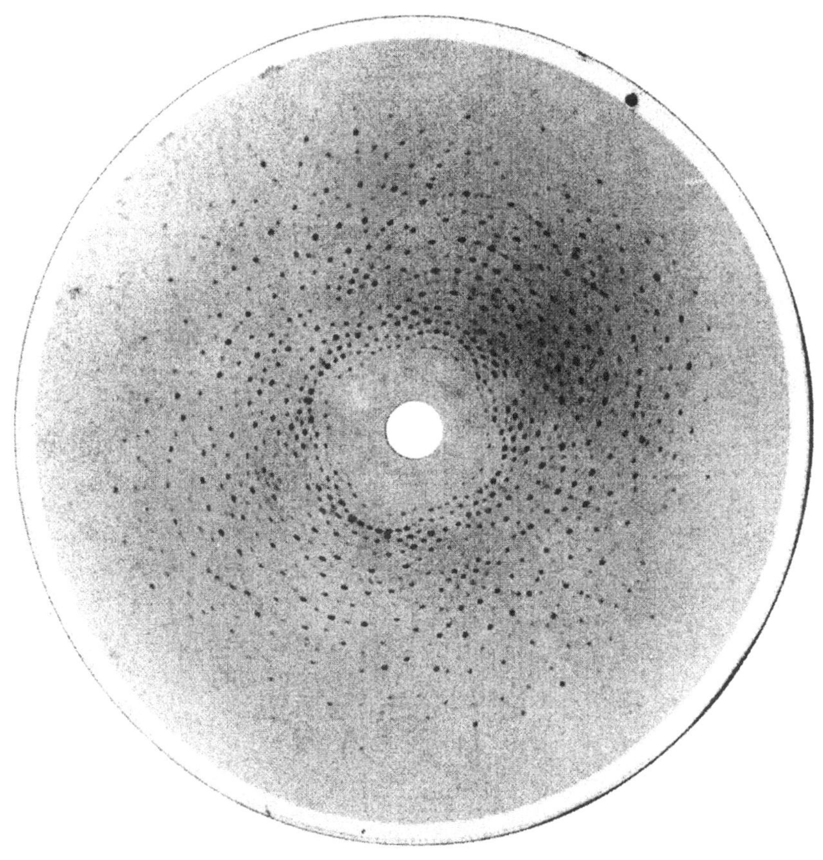

3.1 Einleitung

3.1.1 Röntgenstrahlenmikroskop

Die Beobachtung sehr kleiner Objekte und solcher in großer Entfernung, ermöglicht durch die Entwicklung von Mikroskop und Teleskop, war von entscheidender Bedeutung für den Fortschritt der exakten Wissenschaften. Die atomistischen Theorien des 19. Jahrhunderts warfen auf fast natürliche Weise das Problem der Konstruktion eines Mikroskops auf, das es ermöglichen würde, die die Materie aufbauenden Atome direkt zu beobachten. Es ist bekannt, daß das Auflösungsvermögen eines optischen Systems von der Wellenlänge λ der benutzten Strahlung bestimmt wird. Zwei Punkte in einem geringeren Abstand als etwa 0,36 λ verschmelzen in der Abbildung eines Mikroskops [A. J. C. Wilson, *Acta Crystallogr.* A35, 122-130, 1979]. In Analogie dazu ist es schwierig, eine Länge zu messen, die deutlich kleiner ist als die kleinste Einteilung auf einem Lineal.

Die interatomaren Abstände in einem Festkörper liegen in der Größenordnung Ångström ($1 \text{ Å} = 10^{-10}$ m $= 100$ pm). Beispielsweise beträgt der Abstand einer C–H-Bindung 1,08 Å, der einer C–C-Einfachbindung 1,54 Å; Metall-Sauerstoff-Abstände messen etwa 2,0 Å. Zur Unterscheidung zweier benachbarter Atome muß ein Mikroskop daher Strahlen der Wellenlänge von etwa 1 Å nutzen. Das mit einem solchen Mikroskop erhaltene Abbild ist offensichtlich von der Wechselwirkung der Strahlung mit der Materie bestimmt.

Röntgenstrahlen sind elektromagnetische Wellen wie sichtbares Licht. Sie wechselwirken mit den Elektronen der Materie. Folglich zeigt das Abbild eines „Röntgenstrahlenmikroskops" die Verteilung der Elektronen, mit Maxima an den Atompositionen. In der Kristallographie wird Röntgenstrahlung mit Wellenlängen von etwa 0,5 – 2,0 Å benutzt.

Entsprechend der Wellentheorie der Elementarteilchen besitzt ein Partikel der Masse m und Geschwindigkeit v die Wellenlänge $\lambda = h/mv$, mit h als Planckscher Konstante. „Thermische" (weder „heiße" noch „kalte") Neutronen besitzen Wellenlängen von etwa 1 Å. Zum einen wechselwirken sie mit den Atomkernen; das Abbild eines „Neutronenmikroskops" ist daher die Anordnung der Atomkerne. Zum andern gibt es Wechselwirkungen mit ungepaarten Elektronen, so daß die magnetische Struktur (Spinverteilung) bestimmt werden kann.

Elektronenstrahlen wechselwirken mit dem elektrostatischen Potential der Materie, also mit Kernen und Elektronen. Diese Strahlung wird im Elektronenmikroskop genutzt.

Nach E. Abbe (1840-1905) entsteht das Bild eines Objekts mit Hilfe einer oder mehrerer Linsen in zwei Schritten: Beugung der Strahlung am Objekt und anschließende Rekombination durch die Linse(n) (Bild 3.1, S. 96). Wird zum Beispiel ein Strichgitter mit Strichabstand d von einer ebenen Welle mit Wellenvektor senkrecht zur Ebene des Gitters getroffen, so geschieht Beugung in bestimmte Richtungen, die durch Gleichung (3.1) gegeben sind (vgl. Abschn. 3.1.3)

$$d\sin\theta_n = n\lambda \qquad (n \text{ ganzzahlig}) \tag{3.1}$$

Das Objektiv L_1 transformiert die am Gitter gebeugten ebenen Wellen in Kugelwellen, deren Zentren in der den beiden Linsen gemeinsamen Brennebene liegen. Das Okular transformiert

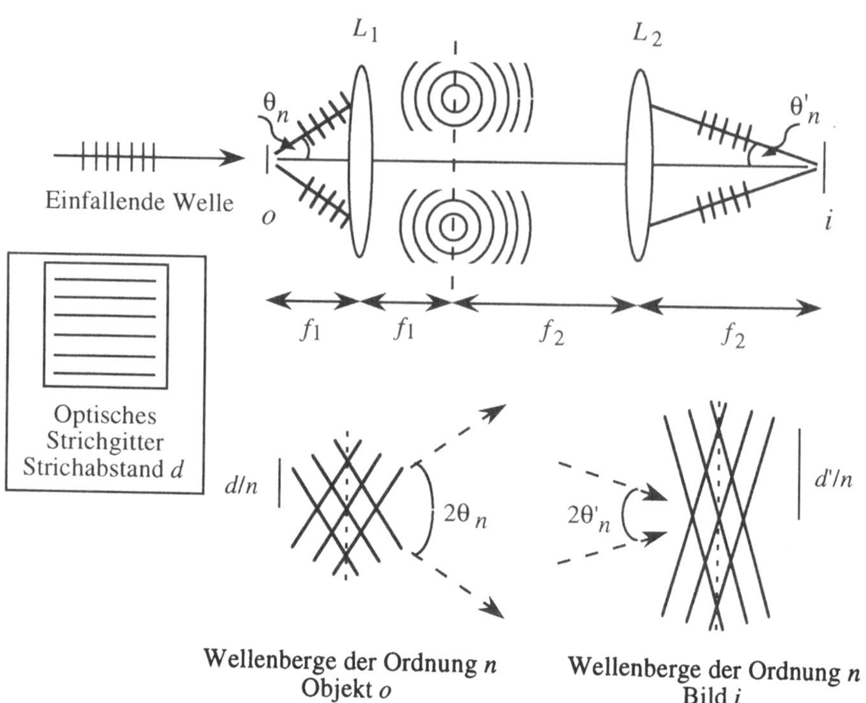

Bild 3.1 Mikroskop aus zwei Linsen. Objektiv L_1 und Okular L_2 besitzen eine gemeinsame Brennebene. Ihre Brennweiten sind f_1 und f_2. Das Objekt o und sein Abbild i befinden sich in den Brennebenen beider Linsen

diese Kugelwellen wieder in ebene Wellen, die mit einem Winkel $2\theta'_n$ interferieren. Die resultierenden Intensitätsmaxima in der Bildebene erscheinen in einem Abstand $d'/n = \lambda/\sin\theta'_n = a\,d/n$, mit $a = \sin\theta/\sin\theta' \approx \theta/\theta'$ als Vergrößerung. Für ein exaktes Abbild eines Objektes ist Interferenz einer unendlichen Zahl von Wellen notwendig: Für $n \to \infty$, also $\lambda \to 0$, wird ein perfektes Abbild erhalten. Andererseits ist die Periodizität des Gitters in einem Bild der ersten Beugungsordnung, $n = 1$, bereits erkennbar. Für ein rudimentäres Bild des Gitters ist also die Bedingung $\lambda < d$ hinreichend.

Für Neutronen- und Röntgenstrahlen existieren keine Linsen, da deren Brechungsindizes in fester Materie nur höchst gering verschieden von eins sind: etwa $1 - 10^{-5}$ für Röntgen- und $1 - 10^{-6}$ für Neutronenstrahlen. Ein Röntgen- oder Neutronenstrahlenmikroskop in Analogie zum optischen Mikroskop existiert daher nicht. Zur Konstruktion eines Abbildes muß in zwei Schritten vorgegangen werden. Im ersten wird die von der Probe gebeugte Strahlung gemessen. Dank ihrer *Symmetrieeigenschaften*, insbesondere der *Periodizitäten* ihrer Strukturen, erzeugen Kristalle besonders einfache Beugungsmuster. Tatsächlich *erlauben nur Kristalle die detaillierte Untersuchung ihrer Strukturen im atomaren Maßstab*. Im zweiten Schritt wird die Funktion von Linsen durch numerische Berechnungen mit Hilfe von Computern simuliert. Während Linsen die gebeugten Wellen rekombinieren, deren jede durch Amplitude und Phase ausgezeichnet ist, enthält das Beugungsmuster eines Kristalls nur die Intensitäten, die proportional zum Quadrat der Amplituden der gebeugten Wellen sind. Dieser Informationsverlust ist die Ursache für das *Phasenproblem*. Ein Abbild kann nur mit Hilfe von Modellen erstellt werden, die die fehlenden Informationen enthalten. Wir definieren also *a priori* die Art des Bildes, das wir zu erhalten wünschen. Insbesondere gehen wir davon aus, daß Materie aus Atomen besteht, deren Form aus quantenmechanischen Berechnungen bekannt ist. Zwar gibt es inzwischen eindrucksvolle Fortschritte bei der experimentellen Bestimmung von Phasen, jedoch ist diese Technik noch nicht allgemein zur Lösung des Phasenproblems anwendbar.

In diesem Buch beschränken wir uns vornehmlich auf *die Beugung von Röntgen-strahlung durch Kristalle* und die Bestimmung ihrer Symmetrieeigenschaften. Die Lösung des Phasenproblems und die Kristallstrukturbestimmung wird nur gestreift, um einige generelle Prinzipien aufzuzeigen (es existiert reichlich Literatur zu diesem Thema). Wir werden ausschließlich *elastische Beugung* behandeln. Dabei haben gebeugte und Primär-strahlen dieselbe Wellenlänge. Die Wechselwirkung der Strahlung mit thermischen Schwin-gungen im Kristall erzeugt inelastische Streuung. Bei der Kristallstrukturbestimmung ist diese unerwünscht und limitiert die Präzision der Messung. Andererseits ist sie bei der Neutronenstreuung überaus wichtig, und ihre Messung stellt die grundlegende Technik zum Studium thermischer Schwingungen (Phononen) dar. An Elektronenmikroskopie Inte-ressierte seien auf die Spezialliteratur verwiesen. Die grundlegende geometrische Theorie, vor allem das Bragg-Gesetz (Abschn 3.4.2) und die Ewald-Konstruktion (Abschn. 3.4.3), gilt allerdings für alle drei Strahlungsarten.

3.1.2 Interferenz ebener Wellen

Eine ebene Welle wird durch eine Anregung ψ am Ort $\mathbf{r}$ und zur Zeit t beschrieben (Bild 3.2):

$$\begin{aligned}
\psi(\mathbf{r},t) &= A\cos(\mathbf{k}_0\cdot\mathbf{r} - \omega t + \phi') \\
&= A\cos 2\pi(\mathbf{s}_0\cdot\mathbf{r} - \nu t + \phi)
\end{aligned} \tag{3.2}$$

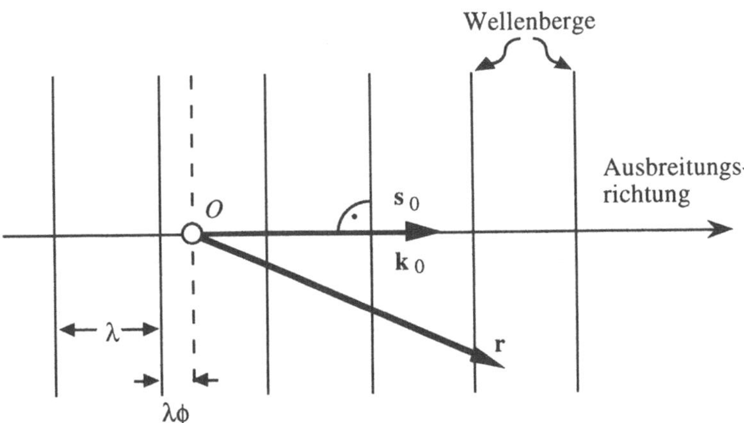

Bild 3.2 Zur Definition einer ebenen Welle

A ist dabei die Amplitude, $\mathbf{k}_0$ der Wellenvektor mit $\|\mathbf{k}_0\| = 2\pi/\lambda$, λ die Wellenlänge, $\|\mathbf{s}_0\| = 1/\lambda$, ν die Frequenz, $\omega = 2\pi\nu$, und ϕ die Phase am Ursprung O ($\mathbf{r} = 0$, $t = 0$). In der Fachliteratur zur Festkörperphysik werden generell die Größen $\mathbf{k}_0$ und ω benutzt; Kristallographen bevorzugen stattdessen $\mathbf{s}_0$ und ν. Diese Konvention macht Gleichung (3.2) komplizierter, andererseits eliminiert sie den Faktor 2π in den Laue-Gleichungen (vgl. Abschn. 3.4.1). Mit Hilfe der Beziehung $\cos(x + y) = \cos x \cos y - \sin x \sin y$ berechnet sich die Überlagerung zweier ebener Wellen gleicher Wellenlänge, Frequenz und Ausbreitungsrichtung zu

$$\psi = \psi_1 + \psi_2 = A_1\cos 2\pi(\mathbf{s}_0\cdot\mathbf{r} - \nu t + \phi_1) + A_2\cos 2\pi(\mathbf{s}_0\cdot\mathbf{r} - \nu t + \phi_2)$$
$$= A\cos 2\pi(\mathbf{s}_0\cdot\mathbf{r} - \nu t + \phi), \tag{3.3}$$

$$A^2 = A_1^2 + A_2^2 + 2A_1 A_2 \cos 2\pi(\phi_1 - \phi_2) \tag{3.4}$$

$$\operatorname{tg} 2\pi\phi = \frac{A_1 \sin 2\pi\phi_1 + A_2 \sin 2\pi\phi_2}{A_1 \cos 2\pi\phi_1 + A_2 \cos 2\pi\phi_2} \tag{3.5}$$

Diese Gleichungen beschreiben die Summe zweier Vektoren mit den Längen A_1 und A_2 sowie den Phasenwinkeln $2\pi\phi_1$ und $2\pi\phi_2$, $\mathbf{A} = \mathbf{A}_1 + \mathbf{A}_2$ (Bild 3.3).

Wenn $\mathbf{r}$ die reelle und $\mathbf{i}$ die imaginäre Koordinatenachse in der komplexen Zahlenebene darstellt, kann die ebene Welle eleganter als komplexe Funktion geschrieben werden

$$\psi(\mathbf{r},t) = A\,e^{2\pi i(\mathbf{s}_0\cdot\mathbf{r} - \nu t + \phi)} \tag{3.6}$$

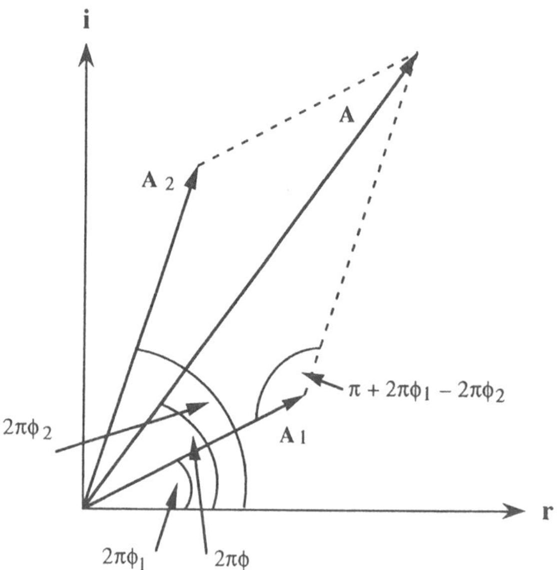

Bild 3.3 Summe zweier Vektoren in der komplexen Zahlenebene

Die Vektoren des Bildes 3.3 können daher auch wie folgt dargestellt werden:

$$\zeta = A e^{2\pi i \phi} = A_1 e^{2\pi i \phi_1} + A_2 e^{2\pi i \phi_2} \qquad (3.7)$$

3.1.3 Das optische Gitter

Eine ebene Welle treffe senkrecht auf eine Wand mit zwei Löchern (Bild 3.4). Nach dem Huygensschen Prinzip bilden die beiden Löcher nun die Ausgangspunkte zweier Kugelwellen, die ihrerseits interferieren. In einem Abstand, der groß sein muß im Vergleich zu λ und d, kann die Kugelwelle in Beobachtungsrichtung s als eine ebene Welle aufgefaßt werden (Fraunhofersche Näherung). Die Wegdifferenz Δ der zwei Wellenzüge ξ_1 und ξ_2 in Richtung s ist die Projektion von $\mathbf{d}$ auf $\mathbf{s}$:

$$\Delta = d\sin\theta = \lambda \mathbf{d}\cdot\mathbf{s}$$

Wird die Phase von ξ_1 zu null gesetzt, folgt für die resultierende Welle ξ mit Gleichung (3.7)

$$\xi = \xi_1 + \xi_2 = A(e^{2\pi i 0} + e^{2\pi i \Delta/\lambda}) = A(1 + e^{2\pi i \mathbf{d}\cdot\mathbf{s}}) \qquad (3.8)$$

Die Intensität I ist proportional zum Quadrat der Amplitude A

$$I \approx |\xi|^2 = 4A^2\cos^2(\pi \mathbf{d}\cdot\mathbf{s}) = 4A^2\cos^2(\pi \frac{d}{\lambda}\sin\theta) \qquad (3.9)$$

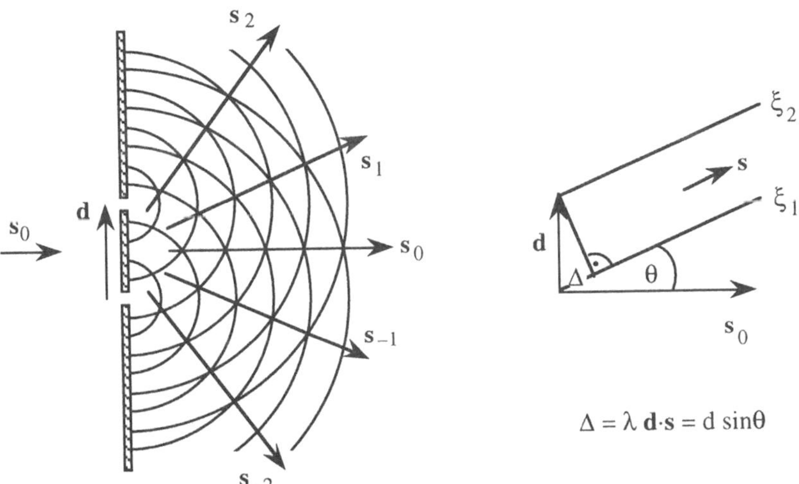

Bild 3.4 Interferenz zweier Wellen, die von zwei Löchern im Abstand $d = \|\mathbf{d}\|$ ausgehen. $\mathbf{s_0}$ und $\mathbf{s}$ sind die Wellenvektoren der einfallenden und der gebeugten Welle; $\|\mathbf{s_0}\| = \|\mathbf{s}\| = 1/\lambda$ mit λ als Wellenlänge; Δ ist der Gangunterschied benachbarter Wellen in Richtung $\mathbf{s}$; $\mathbf{s_i}$ sind die Richtungen von Beugungsmaxima. Die Konstruktion des Bildes erfolgte mit $\lambda = 0{,}4d$

Sie ist konstant für alle Richtungen $\mathbf{s}$ auf einem Kegelmantel mit $\mathbf{d}$ als Achse. Auf einem ebenen Schirm senkrecht $\mathbf{s}_0$ werden Bänder diffuser Intensitätsverteilung beobachtet.

Für eine Wand mit N äquidistanten Löchern an den Stellen 0, $\mathbf{d}$, $2\mathbf{d}$, $3\mathbf{d}$, ..., $(N{-}1)\mathbf{d}$ berechnet sich das Beugungsmuster auf analoge Weise als Summe der N ebenen Wellen ξ_n mit den Phasenverschiebungen $\mathbf{s}{\cdot}\mathbf{d}$, $2\mathbf{s}{\cdot}\mathbf{d}$, ..., $(N{-}1)\mathbf{s}{\cdot}\mathbf{d}$. Unter Anwendung der Formel für die Summe einer geometrischen Reihe folgt für ξ

$$\xi = \sum_{n=1}^{N} \xi_n = A \sum_{n=0}^{N-1} e^{2\pi i n s \cdot d} = A \frac{1 - e^{2\pi i N s \cdot d}}{1 - e^{2\pi i s \cdot d}} \tag{3.10}$$

$$I \approx |\xi|^2 = \xi\xi^* = A^2 \frac{1 - \cos 2\pi N s \cdot d}{1 - \cos 2\pi s \cdot d} = A^2 \frac{\sin^2 \pi N s \cdot d}{\sin^2 \pi s \cdot d} = A^2 J_N^2(s \cdot d) \tag{3.11}$$

$$J_N^2(s \cdot d) = \frac{\sin^2 \pi N s \cdot d}{\sin^2 \pi s \cdot d}, \quad s \cdot d = \frac{d}{\lambda} \sin\theta \tag{3.12}$$

J_N^2 ist die *Interferenzfunktion* eines eindimensionalen Kristalls mit N Gitterperioden $\mathbf{d}$. Sie ist periodisch:

$$J_N^2(s \cdot d) = J_N^2(s \cdot d + n) \qquad n \text{ ganzzahlig}$$

$$J_N^2(\sin\theta) = J_N^2(\sin\theta') \qquad \sin\theta' = \sin\theta + n\frac{\lambda}{d} \leq 1 \tag{3.13}$$

Mit Hilfe der Hospitalschen Regel, $\lim[\phi(x)/\psi(x)] = \lim[\phi'(x)/\psi'(x)]$, wenn $\lim[\phi(x)] = \lim[\psi(x)] = 0$ oder ∞, kann gezeigt werden, daß J_N^2 Hauptmaxima nach Gleichung (3.1) (S. 95) hat von der Größe

$$\lim_{x \to 0} \frac{\sin^2 Nx}{\sin^2 x} = N \lim_{x \to 0} \frac{\sin 2Nx}{\sin 2x} = N^2 \lim_{x \to 0} \frac{\cos 2Nx}{\cos 2x} = N^2$$

$$J_N^2 = N^2 \text{ für } s{\cdot}d = n, \ d\sin\theta = n\lambda, \ n \text{ ganzzahlig: Hauptmaxima.} \tag{3.14}$$

Die Minima findet man für $J_N^2 = 0$

$$J_N^2 = 0 \text{ für } s{\cdot}d = m/N, \ m \neq nN, \ m \text{ und } n \text{ ganzzahlig: Minima} \tag{3.15}$$

Es befinden sich also $N - 1$ Minima zwischen zwei Hauptmaxima, was $N - 2$ sekundäre Maxima impliziert. In Bild 3.5 ist die Interferenzfunktion J_N^2 für $N = 11$ wiedergegeben.

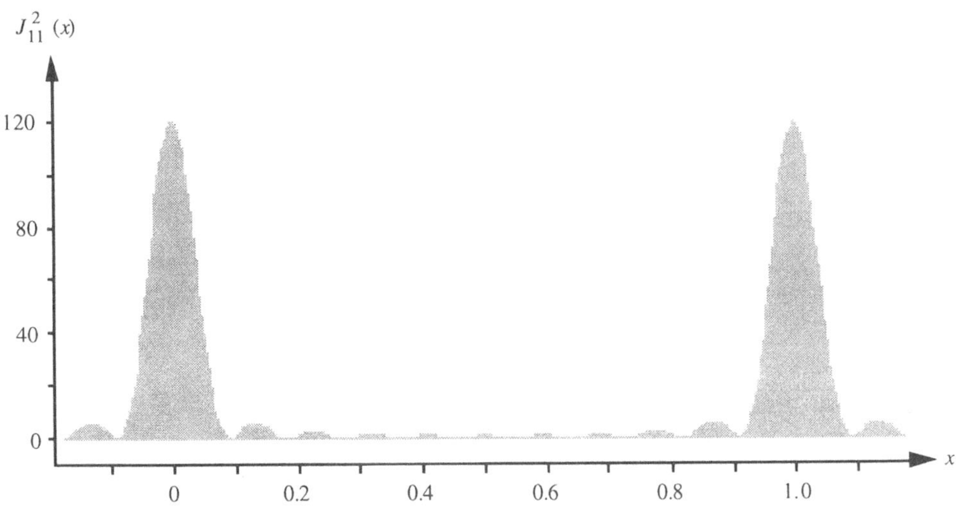

Bild 3.5 Die Interferenzfunktion $J_{11}^2(x)$, $x = \mathbf{s} \cdot \mathbf{d}$

J_N^2 ist konstant für alle Richtungen $\mathbf{s}$ auf einem Kegelmantel um die Achse $\mathbf{d}$. Bild 3.6 (S. 102) zeigt für $N = 6$ die Konstruktion der Minima und Maxima von J_N^2 in der komplexen Zahlenebene (vgl. Bild 3.3, S. 98) durch Addition von N Vektoren gleicher Länge für die an N Löchern gestreuten Wellen. Der Winkel bedeutet dabei die Phasendifferenz von $(360\ \mathbf{s} \cdot \mathbf{d})°$ zwischen zwei Wellen von benachbarten Löchern.

Die Streuung von Strahlung durch eine periodische Struktur heißt Beugung.

In der Realität variieren die Intensitäten der Maxima mit $\sin\theta$, weil die Löcher eine endliche Größe haben und nicht etwa Punktstreuer sind. In Abschnitt 3.4.1 (Gleichungen (3.36) und (3.37), S. 117) wird das folgende fundamentale Theorem demonstriert werden:

Das Beugungsmuster einer periodischen Struktur ist das Produkt des Beugungsmusters einer einzelnen Elementarzelle mit der Funktion J_N^2, die charakteristisch für die Periodizität ist.

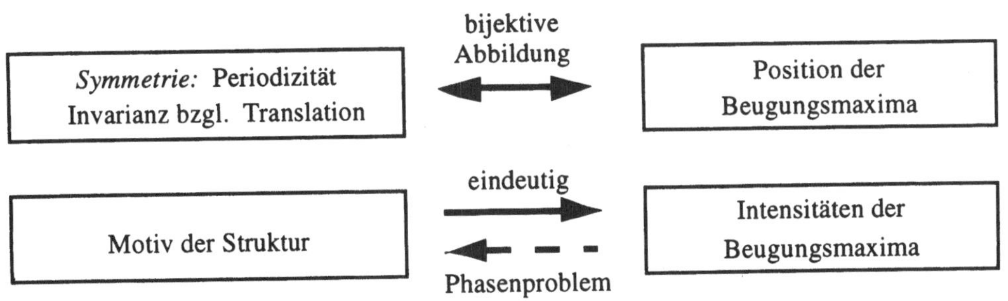

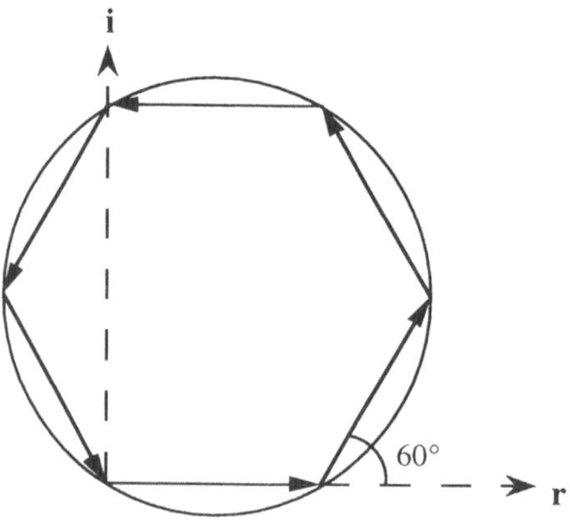

erstes Minimum, $x = 1/6$, ein Umlauf, $J = 0$

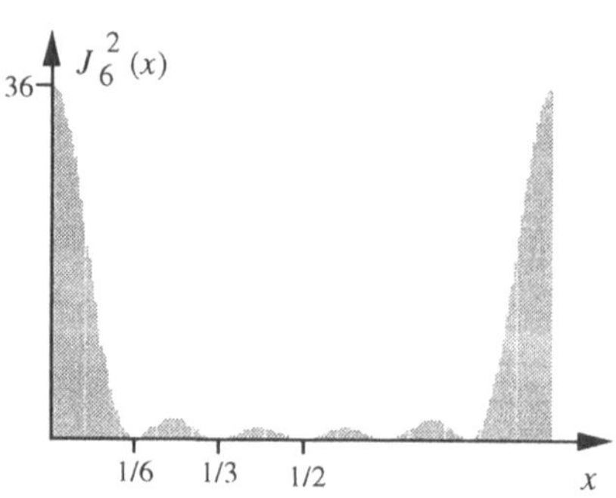

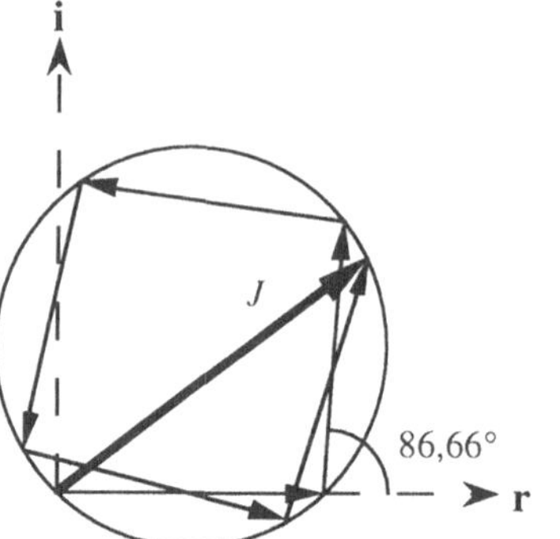

erstes sekundäres Maximum, $x \approx 1/4$,
1,5 Umläufe, $J = 1{,}43507$

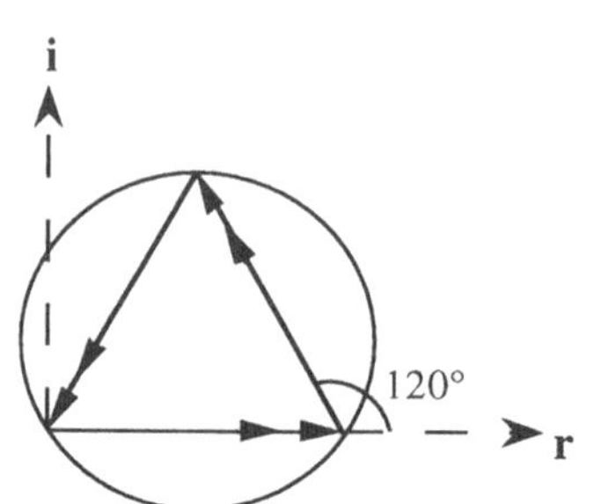

zweites Minimum, $x = 1/3$, zwei Umläufe, $J = 0$

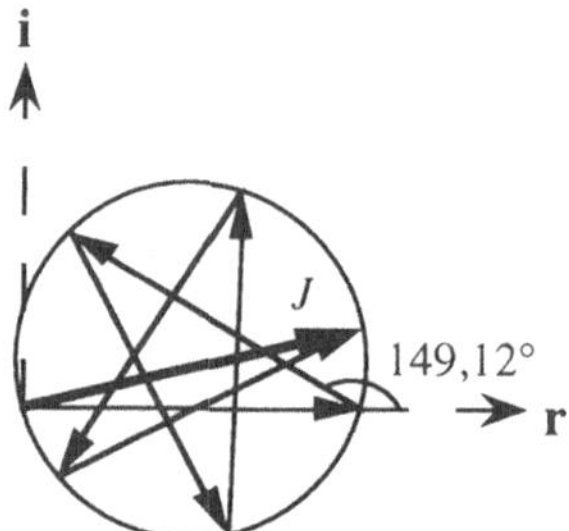

zweites sekundäres Maximum, $x \approx 5/12$,
2,5 Umläufe, $J = 1{,}03634$

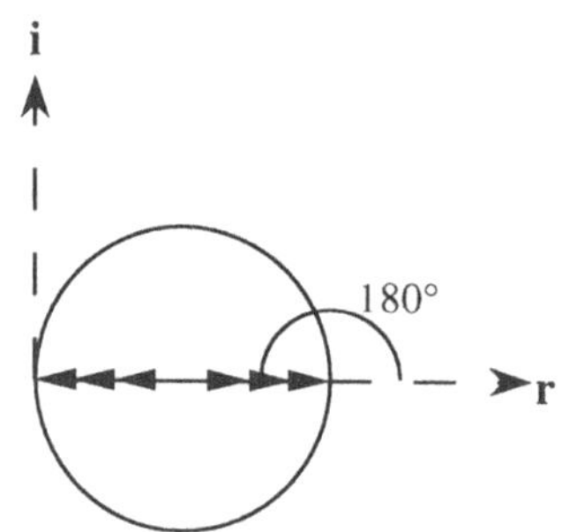

drittes Minimum, $x = 1/2$, drei Umläufe, $J = 0$

Bild 3.6 Vektordiagramm zur Illustration der Funktion $J = \sin\pi 6x / \sin\pi x$ als Summe von sechs Vektoren (vgl. auch Bild 3.3, S. 98). Die weiteren Minima und sekundären Maxima werden durch Spiegelung an der Achse **r** erhalten

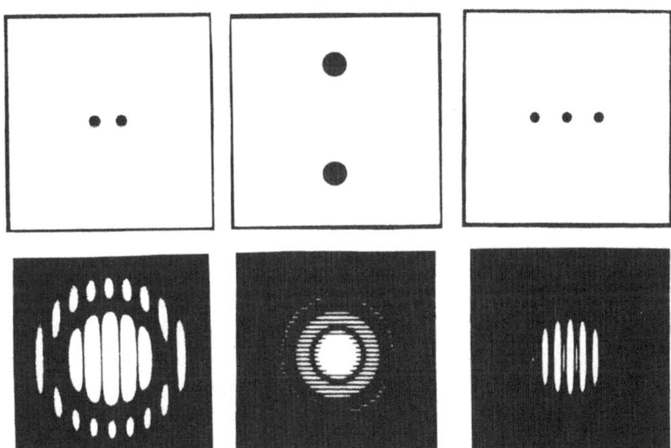

Bild 3.7 Beugungsfiguren konzentrischer Löcher [G. Harburn, C. A. Taylor u. T. R. Welbury, *An Atlas of Optical Transforms*. Bell, London, 1975]

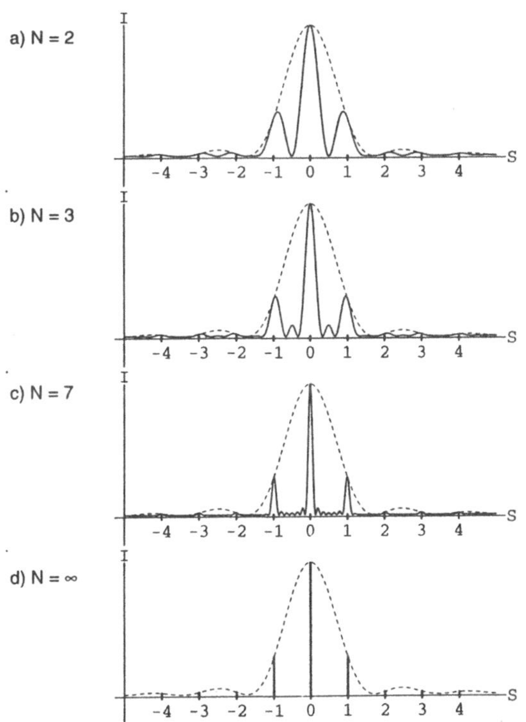

Bild 3.8 Intensitätsverteilung $I(S) = I(\sin\theta/\lambda)$ der Beugung von Licht an einem linearen optischen Gitter aus N äquidistanten, identischen, kreisförmigen Löchern: $I(S) = |F(S)|^2|J_N(S)|^2$. Die gestrichelte Kurve zeigt die Intensität $|F(S)|^2$ der Beugung an einem einzelnen Loch; die Abstände ihrer Maxima und Minima ist eine Funktion der Lochgröße. Die Positionen der Maxima von $|J_N(S)|^2$ sind durch die Translationsperiode des Gitters bestimmt

Bild 3.8 (S. 103) illustriert dieses Theorem. Bild 3.7 (S. 103) zeigt die Beugungsmuster von zwei bzw. drei kreisförmigen Löchern verschiedener Größen und verschiedener Abstände. Aus den Lagen der Maxima von J_N^2 kann leicht die Translationsperiode d des Gitters berechnet werden. Dagegen ist die zusätzliche Bestimmung von Größe und Form der Löcher, damit also der gesamten Struktur, wegen des Phasenproblems weitaus schwieriger.

3.2 Streuung von Röntgenstrahlen durch ein Elektron

3.2.1 Klassisches Elektron nach Thomson

Die Wechselwirkung elektromagnetischer Wellen, insbesondere von Röntgenstrahlung, mit den Elektronen der Materie hat zwei Effekte:

- Absorption der Strahlung: sie führt zu Änderungen in den Energieniveaus der Elektronen (vgl. Abschn. 3.6);
- Streuung von Strahlung, also ihre Verteilung in verschiedene Richtungen; sie besteht aus einem mit der einfallenden Welle kohärenten Anteil (Thomson-Streuung) und einem inkohärenten Anteil mit von der einfallenden Welle verschiedener Wellenlänge (Compton-Streuung). Der Terminus *kohärent* bedeutet eine definierte Phasenbeziehung zwischen einfallender und gestreuter Welle. Wir nennen *Beugung* die kohärente Streuung durch eine periodische Struktur, also einen Kristall. Sie kann elastisch oder inelastisch sein (vgl. Abschn. 3.1.1).

Die Theorie der kohärenten Streuung durch ein klassisches Elektron wurde 1898 von J. J. Thomson (1856-1940) erarbeitet. Das Elektron ist dabei ein klassisches freies Teilchen mit Ladung $-e$ und Masse m, das vom oszillierenden elektrischen Feld der Strahlung beschleunigt wird. Folglich emittiert es eine Sekundärstrahlung, ähnlich wie eine Antenne (Bild 3.9). Die Resultate der klassischen Theorie sind essentiell gleich denen der Quantenmechanik.

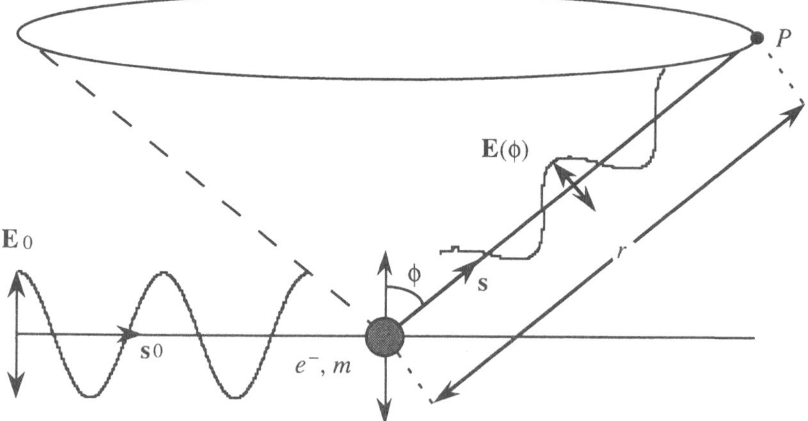

Bild 3.9 Streuung einer polarisierten elektromagnetischen Welle der Amplitutde $\mathbf{E}_0$ und Intensität I_0 durch ein freies Elektron mit Ladung $-e$ und Masse m. Das beschleunigte Elektron emittiert eine Sekundärwelle $\mathbf{E}(\phi)$ der Intensität $I(\phi)$

Am Punkt P ist die vom Elektron gestreute Strahlung in der Ebene $\mathbf{E}_0/\mathbf{s}$ polarisiert. Ihre Amplitude ist proportional zur Komponente der Beschleunigung des Elektrons senkrecht $\mathbf{s}$

$$\|\mathbf{E}(\phi)\| = \|\mathbf{E}_0\| \frac{1}{r} \frac{1}{4\pi\varepsilon_0} \frac{e^2}{mc^2} \sin\phi \qquad (3.16)$$

Dabei bedeuten c die Lichtgeschwindigkeit und ε_0 die Dieelektrizitätskonstante im Vakuum (in SI-Einheiten). $\|\mathbf{E}(\phi)\|$ ist unabhängig von der Wellenlänge. Wir nennen die *Streulänge* $e^2/4\pi\varepsilon_0 mc^2 = d_e = 2{,}818 \times 10^{-15}$ m den *klassischen Elektronendurchmesser*. Er wird unter der Annahme erhalten, daß das Elektron ein kugelförmiger Leiter vom Durchmesser d_e ist mit einer gleichmäßig auf der Oberfläche verteilten Ladung $-e$ und einer elektrostatischen Energie $e^2/4\pi\varepsilon_0 d_e$, die gleich mc^2 ist. Die Amplitude $\|\mathbf{E}(\phi)\|$ ist in jeder Beobachtungsrichtung $\mathbf{s}$ senkrecht zu $\mathbf{E}_0$ maximal und null in Richtung $\mathbf{E}_0$.

3.2.2 Polarisationsfaktor

In Bild 3.10 ist die Situation einer Primärwelle $\mathbf{s}_0$ mit einer zur Ebene $(\mathbf{s}_0,\mathbf{s})$ geneigten Polarisation $\mathbf{E}_0$ dargestellt. Die Amplitude $\mathbf{E}$ der in Richtung $\mathbf{s}$ gestreuten Welle ist mit dem Winkel ϕ durch Gleichung (3.16) gegeben. Im folgenden werden wir ϕ durch die Winkel μ und 2θ ausdrücken. Die Amplitude der Komponente von $\mathbf{E}_0$ senkrecht zur Ebene $(\mathbf{s}_0,\mathbf{s})$ ist $\|\mathbf{E}_{0,n}\| = \|\mathbf{E}_0\|\cos\mu$. Die Amplitude der gestreuten Welle ist daher

$$\|\mathbf{E}_n\| = \|E_{0,n}\| \frac{1}{r} \frac{1}{4\pi\varepsilon_0} \frac{e^2}{mc^2} = \|\mathbf{E}_0\| \frac{1}{r} \frac{1}{4\pi\varepsilon_0} \frac{e^2}{mc^2} \cos\mu$$

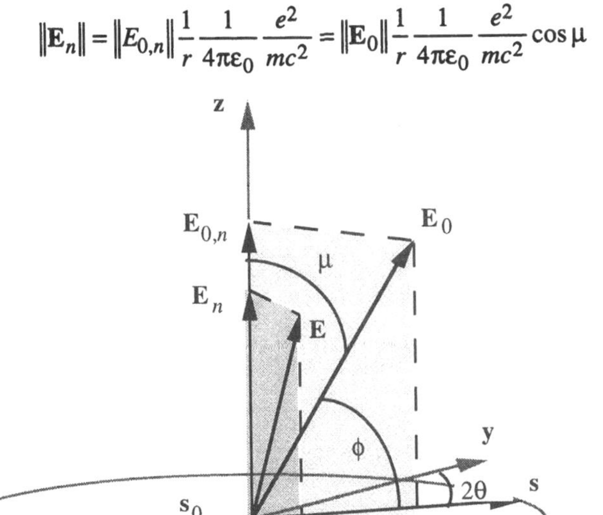

Bild 3.10 Ableitung des Polarisationsfaktors. Die Ebene $\mathbf{E}_{0,n}/\mathbf{E}_{0,p}$ steht senkrecht auf $\mathbf{s}_0$, die Ebene $\mathbf{E}_p/\mathbf{E}_n$ senkrecht auf $\mathbf{s}$; $\mathbf{E}$, $\mathbf{E}_0$, $\mathbf{s}$ sind koplanar; 2θ ist der Winkel zwischen $\mathbf{s}$ und $\mathbf{s}_0$, μ der Winkel der Polarisation

Die Komponente von $\mathbf{E}_0$ parallel zur Ebene $(\mathbf{s}_0,\mathbf{s})$, mit der Amplitude $\|\mathbf{E}_{0,p}\| = \|\mathbf{E}_0\|\sin\mu$, schließt mit $\mathbf{s}$ den Winkel $\pi/2 - 2\theta$ ein, wobei 2θ der Winkel zwischen $\mathbf{s}$ und $\mathbf{s}_0$ ist. Für die Amplitude $\|\mathbf{E}_p\|$ ergibt sich

$$\left\|\mathbf{E}_p\right\| = \left\|\mathbf{E}_{0,p}\right\|\frac{1}{r}\frac{1}{4\pi\varepsilon_0}\frac{e^2}{mc^2}\cos 2\theta = \left\|\mathbf{E}_0\right\|\frac{1}{r}\frac{1}{4\pi\varepsilon_0}\frac{e^2}{mc^2}\sin\mu\cos 2\theta$$

Die totale gestreute Amplitude ist

$$\left\|\mathbf{E}(\mu)\right\| = \left\|\mathbf{E}_n + \mathbf{E}_p\right\| = \left\|\mathbf{E}_0\right\|\frac{1}{r}\frac{1}{4\pi\varepsilon_0}\frac{e^2}{mc^2}(\cos^2\mu + \sin^2\mu\cos^2 2\theta)^{1/2} \qquad (3.17)$$

Gleichung (3.17) kann ebensogut mit Hilfe der sphärischen Trigonometrie erhalten werden: $\cos\phi = \sin\mu\,\sin 2\theta$, also $\sin^2\phi = 1 - \sin^2\mu\,\sin^2 2\theta = \cos^2\mu + \sin^2\mu\,\cos^2 2\theta$.

Die Intensität der Strahlung ist proportional zum Quadrat der Amplitude, also

$$I(\phi) = I_0\,\frac{1}{r}(\frac{1}{4\pi\varepsilon_0})^2(\frac{e^2}{mc^2})^2\sin^2\phi$$

und

$$I(\mu,\theta) = I_0\,\frac{1}{r}(\frac{1}{4\pi\varepsilon_0})^2(\frac{e^2}{mc^2})^2(\cos^2\mu + \sin^2\mu\cos^2 2\theta) \qquad (3.18)$$

Ein unpolarisierter Strahl besteht aus einer Fülle inkohärenter Wellen mit gleichmäßig verteilten Polarisationswinkeln μ. Die Summe einer großen Zahl inkohärenter Wellen wird durch Addition der Quadrate ihrer Amplituden, also ihrer Intensitäten, erhalten. Durch Einsetzen der Mittelwerte von $\cos^2\mu$ und $\sin^2\mu$, $<\cos^2\mu> = <\sin^2\mu> = 1/2$, in Gleichung (3.18) wird der Ausdruck für die Intensität einer gestreuten unpolarisierten Welle

$$I_e = I_0\,\frac{1}{r^2}(\frac{1}{4\pi\varepsilon_0})^2(\frac{e^2}{mc^2})^2\frac{1+\cos^2 2\theta}{2} = I_0(\frac{d_e}{r})^2 P \qquad (3.19)$$

Das Glied $P = (1 + \cos^2 2\theta)/2$ wird *Polarisationsfaktor* genannt. Für einen partiell polarisierten Primärstrahl sind die Mittelwerte $<\cos^2\mu>$ und $<\sin^2\mu>$ verschieden von $1/2$. 2θ ist der Winkel zwischen $\mathbf{s}_0$ und $\mathbf{s}$, also zwischen der Richtung des einfallenden Strahls und des gestreuten Strahls und damit der Beobachtungsrichtung. Es gilt zu beachten, daß gestreute Wellen partiell polarisiert sind. Für $2\theta = 90°$ ist die Polarisation total. Dies entspricht dem *Gesetz von Brewster*: Die Spiegelung an einer Grenzfläche ist total polarisiert, wenn gebrochene und reflektierte Strahlen senkrecht zueinander stehen. Nach dem Snelliusschen Brechungsgesetz ist der halbe Winkel zwischen einfallendem und reflektiertem Strahl durch $\mathrm{ctg}\,\theta = n$ gegeben, mit n als Brechungsindex. Für Röntgenstrahlung ist $n = 1$ und daher

$2\theta = 90°$. Jede Lichtreflexion von nichtmetallischen Oberflächen, z. B. von Schnee, einem See, einer Straße oder Teilen des Himmels weit entfernt von der Sonne, ist partiell polarisiert.

Es ist üblich, die Intensität der von einem Kristall gebeugten Röntgenstrahlung in Einheiten der von einem Elektron gestreuten Intensität, I_e, anzugeben.

Im folgenden wird davon ausgegangen, daß die gemessenen Intensitäten bereits bezüglich der Polarisation korrigiert wurden.

Natürlich sind die Elektronen der Materie keine wirklich freien Elektronen, sind sie doch an die Atome gebunden. Ihr Verhalten ist vergleichbar mit der erzwungenen Oszillation eines Pendels, die auf seiner natürlichen Frequenz und der ausgeübten Kraft beruht. Die Mehrheit der Elektronen, insbesondere diejenigen leichter Atome und äußerer Schalen schwerer Atome verhalten sich bei der Wechselwirkung mit Röntgenstrahlen jedoch wie freie Elektronen; ihre Wechselwirkungsenergien mit den Kernen und damit ihre natürlichen Frequenzen sind viel kleiner als die Frequenz der Strahlung.

Die Bindungsenergien von Elektronen innerer Schalen schwerer Elemente sind vergleichbar mit oder größer als die Energie der Strahlung. Die Amplitude als auch die Phase gestreuter Röntgenstrahlung wird dadurch modifiziert. Die Streukraft wird eine komplexe Größe. Dieser Effekt wird *Dispersion* genannt. Er ist besonders ausgeprägt, wenn die Frequenz der Strahlung nahe einer natürlichen Frequenz eines Elektrons und damit einer Absorptionskante ist (vgl. Abschn. 3.6.2). Dann werden Resonanzeffekte beobachtet. Wird Röntgenstrahlung mit einer Wellenlänge und damit auch Frequenz weit entfernt von Absorptionskanten der Atome eines Kristalls gewählt, kann die Dispersion in erster Näherung vernachlässigt werden.

Die Frequenzen sichtbaren Lichts sind kleiner oder nahe den natürlichen Frequenzen der Mehrheit der Elektronen. Das Streuvermögen von Elektronen ist also eine Funktion der Wellenlänge und damit der Farbe (Rayleigh-Streuung), während sie für quasifreie Elektronen konstant ist.

3.3 Streuung von Röntgenstrahlen durch Materie

3.3.1 Fourier-Transformation und Phasenproblem

Die Verteilung der Elektronen in Materie des kristallinen, amorphen, gasförmigen oder flüssigen Zustands wird durch die Elektronendichtefunktion $\rho(r)$ beschrieben und in Elektronen pro Volumen, $eÅ^{-3}$ oder enm^{-3}, angegeben. Die Anzahl Elektronen in einem Volumenelement d^3r ist $\rho(r)d^3r$. Diese Funktion besitzt ausgeprägte Maxima an den Atompositionen und weite Minima zwischen ihnen. Sie gibt außerdem das Streuvermögen für Röntgenstrahlen pro Volumeneinheit an, da die Amplitude der vom Volumenelement d^3r gestreuten Strahlung proportional zur Anzahl der in ihr enthaltenen Elektronen ist.

Wie in Bild 3.11 (S. 108) dargestellt, beträgt der Gangunterschied zwischen der im Volumenelement am Ursprung gestreuten Welle A und der im Volumenelement am Ende des Ortsvektors r gestreuten Welle B $\Delta = \lambda r \cdot (s - s_0)$. Die Welle B kann nach Gleichung (3.7) (S. 99) nun in der Form

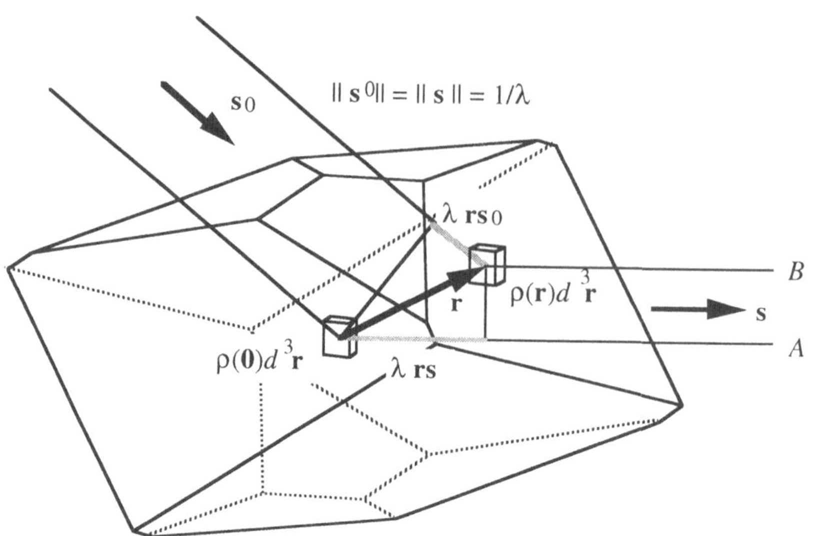

Bild 3.11 Elektronendichte $\rho(\mathbf{r})$ und Streuung von Röntgenstrahlen

$$\xi = \rho(\mathbf{r})e^{2\pi i \mathbf{r}\cdot(\mathbf{s}-\mathbf{s}_0)}d^3\mathbf{r}$$

geschrieben werden. Die gesamte in Richtung $\mathbf{s}$ gestreute Welle (vgl. Bild 3.12) ist dann gegeben durch

$$G(\mathbf{S}) = \int \rho(\mathbf{r})e^{2\pi i \mathbf{r}\cdot\mathbf{S}}d^3\mathbf{r} = \Phi[\rho(\mathbf{r})] \tag{3.20}$$

$$\mathbf{S} = \mathbf{s} - \mathbf{s}_0, \quad \|\mathbf{S}\| = 2\sin\theta/\lambda \tag{3.21}$$

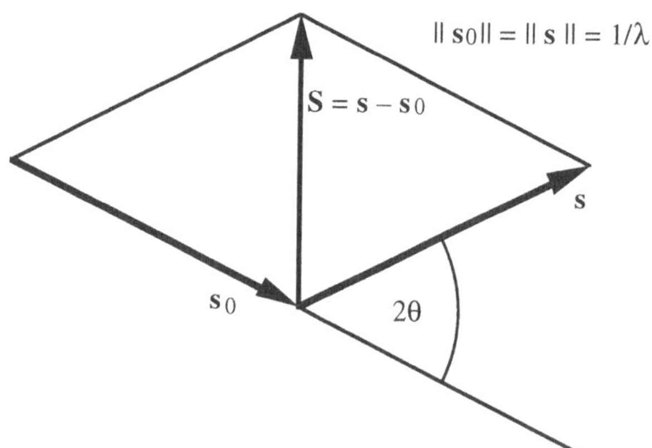

Bild 3.12 Definition des Vektors $\mathbf{S} = \mathbf{s} - \mathbf{s}_0$. $\|\mathbf{s}_0\| = \|\mathbf{s}\| = 1/\lambda$, $\|\mathbf{S}\| = 2\sin\theta/\lambda$. Vgl. dieses Bild mit Bild 3.17, S. 121

$G(\mathbf{S})$ ist die Fourier-Transformation Φ von $\rho(\mathbf{r})$. Die inverse Transformation Φ^{-1} erlaubt die Berechnung von $\rho(\mathbf{r})$ aus $G(\mathbf{S})$:

$$\rho(\mathbf{r}) = \int G(\mathbf{S})e^{-2\pi i \mathbf{r}\cdot\mathbf{S}}d^3\mathbf{S} = \Phi^{-1}[G(\mathbf{S})] \tag{3.22}$$

Die Gesamtheit aller durch $G(\mathbf{S})$ gegebenen Wellen beschreibt die exakte Elektronendichte $\rho(\mathbf{r})$. Die begrenzte Auflösung eines Mikroskops (vgl. Abschn. 3.1.1) ist darin begründet, daß bestimmte Vektoren $\mathbf{S}$ experimentell nicht zugänglich sind, weil $2/\lambda$ der maximale Wert von $\|\mathbf{S}\|$ ist (vgl. Gleichung (3.21) und Bild 3.12). $G(\mathbf{S})$ ist eine komplexe Größe,

$$G(\mathbf{S}) = |G(\mathbf{S})|e^{2\pi i \phi(\mathbf{S})} \tag{3.23}$$

mit $|G(\mathbf{S})|$ als Amplitude und $\phi(\mathbf{S})$ als Phase der Welle. Wenn $\rho(\mathbf{r})$ eine reelle Funktion ist, ist $G(-\mathbf{S})$ die konjugiert komplexe Funktion von $G(\mathbf{S})$, $G(-\mathbf{S}) = G^*(\mathbf{S})$.

Die Intensität der gebeugten Strahlung ist proportional zum Quadrat der Amplitude:

$$I(\mathbf{S}) = |G(\mathbf{S})|^2$$

Diese Beziehung verdeutlicht die Ursache des *Phasenproblems* (vgl. Abschn. 3.1.1), dessen Lösung eine der wichtigsten Aufgaben der Röntgenkristallographie ist: Unendlich viele Funktionen $\rho(\mathbf{r})$ führen zu derselben Funktion $I(\mathbf{S})$. Ist $\rho(\mathbf{r})$ bekannt, kann $|G(\mathbf{S})|$ immer berechnet werden. Der Weg von $|G(\mathbf{S})|$ nach $\rho(\mathbf{r})$ dagegen, damit also die Lösung des Phasenproblems, ist nur mit Hilfe von Modellen möglich; die wichtigsten werden in den Abschnitten 3.3.3 und 3.4.1 entwickelt.

3.3.2 Primäre und sekundäre Extinktion

Die Darstellung in Abschnitt 3.3.1 gründete auf den folgenden Näherungen:

- Wegen der Dispersion (vgl. Abschn. 3.2.2) ist das Streuvermögen nur näherungsweise durch die Elektronendichtefunktion $\rho(\mathbf{r})$ gegeben. Die Gleichung (3.20) (S. 108) bleibt weiterhin korrekt, wenn die Verteilung der Streukraft statt durch $\rho(\mathbf{r})$ durch eine komplexe Funktion beschrieben wird.
- Ein Teil des Primärstrahls wird nicht gebeugt, sondern vom Kristall absorbiert (vgl. Abschn. 3.6.2). Dieser Effekt kann berücksichtigt werden, wenn die äußere Gestalt der Probe hinreichend genau bekannt ist.
- Die im Abschnitt 3.3.1 formulierte Theorie wird die *kinematische (Streu-)Theorie* genannt. Die Beugung durch einen dreidimensionalen Körper ist jedoch vielschichtiger als in Bild 3.11 dargestellt. Zum einen wird der Primärstrahl durch die Beugung geschwächt, und die Sekundärstrahlen können ihrerseits gebeugt werden. Daher werden die streuenden Volumenelemente nicht von derselben Primärintensität erreicht; die kinematische Theorie verletzt so das Gesetz von der Erhaltung der Energie. Zum andern bleibt die Interferenz zwischen der Primärwelle und den diversen gebeugten Wellen unberücksichtigt. Alle diese Phänomene bewirken, daß die gebeugten Intensitäten im allgemeinen schwächer sind, als durch die kinematische Theorie beschrieben wird. Dieser Effekt wird als *Extinktion* bezeichnet. Man unterscheidet die *primäre Extinktion*, die

kohärente Interferenzen verschiedener Wellen umfaßt, von der *sekundären Extinktion*, inkohärente Effekte beinhaltend, die durch die Addition von Intensitäten beschrieben werden. Die gebeugten Intensitäten sind im allgemeinen klein im Vergleich zur Intensität des Primärstrahls, da der klassische Elektronendurchmesser, $e^2/4\pi\varepsilon_0 mc^2$, klein ist. Die kinematische Theorie ist um so besser erfüllt, je kleiner $|G(\mathbf{S})|^2$ und das Kristallvolumen sind; ihre bemerkenswerten Erfolge zeigen sich in der Mehrheit der praktischen Anwendungen der Röntgen-Kristallographie.

Für perfekte Kristalle ohne Defekte und mit einfachen äußeren Formen wurde eine exakte Theorie formuliert, die unter dem Begriff *dynamische (Streu-)Theorie* bekannt ist. Die Beugung von Röntgenstrahlung entspricht für die überwältigende Mehrheit der Kristalle weitaus besser der kinematischen als dieser dynamischen Theorie. Bei Routinekristallstrukturbestimmungen werden Extinktionseffekte oftmals ignoriert.

- Unter Berücksichtigung aller erwähnten Approximationen ist die gebeugte Intensität gegeben durch

$$I(\mathbf{S}) = K \, g(\theta) \, A \, y \, |G(\mathbf{S})|^2 \tag{3.24}$$

K ist dabei eine Konstante, die den Faktor $(e^2/4\pi\varepsilon_0 mc^2)^2$ und das Volumen des Kristalls enthält; $g(\theta)$ ist eine von der Kristallstruktur unabhängige Funktion, die unter anderem den Polarisationsfaktor einschließt (vgl. Abschn. 3.2.2 und Gleichung (3.19), S. 106); A ist der Absorptionsfaktor ($A \le 1$) und y der Extinktionsfaktor ($y \le 1$). Die Theorie zur Ableitung dieses letzten Faktors ist mühevoll und wenig präzise.

Für die Beugung von Neutronen enthält die Funktion zur Beschreibung des Streuvermögens zum einen die Anordnung der Atomkerne und zum andern die Verteilung ungepaarter Elektronen. Wie im Falle der Röntgenbeugung ist die kinematische Theorie eine brauchbare Näherung.

Für einen Elektronenstrahl ist das Streuvermögen von Materie sehr hoch. Aus diesem Grunde ist die kinematische Theorie bei der Elektronenbeugung nur eine schlechte Näherung.

3.3.3 Atomistisches Modell: Der Atomformfaktor

Dieses Modell wurde zur Lösung des Phasenproblems unter der Annahme entwickelt, daß Materie aus voneinander unabhängigen Atomen aufgebaut ist. Die Elektronenverteilung in einem ruhenden freien Atom wird mit den Methoden der Quantenmechanik berechnet. Für Atome mit partiell gefüllten Elektronenschalen, die daher nicht kugelsymmetrisch sind, wird ein sphärischer Durchschnitt berechnet. In diesem Modell besitzen daher sämtliche Atome Kugelsymmetrie.

Wir lassen zu, daß gilt (vgl. Bild 3.13)

$$\rho(\mathbf{r}) = \sum_{m}^{\text{Atome}} \rho_m(\mathbf{r} - \mathbf{r}_m) \tag{3.25}$$

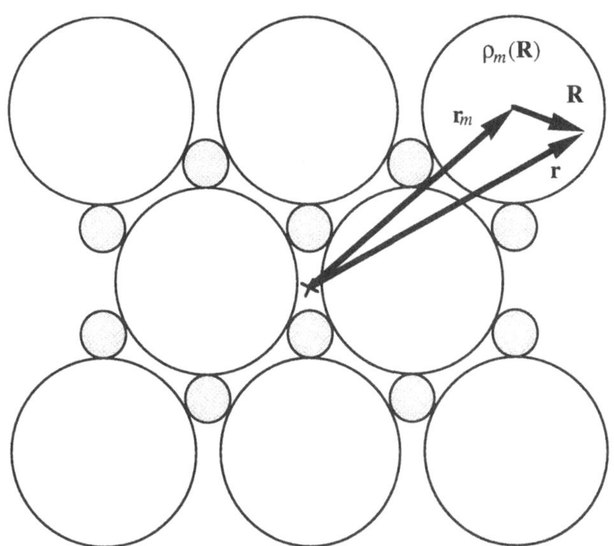

Bild 3.13 Eine Atomanordnung. Jeder Kreis symbolisiert eine atomare Elektronendichte $\rho_m(\mathbf{R})$. Der Vektor $\mathbf{r}_m$ ist der Ortsvektor des Atoms m bezogen auf den Ursprung

was bedeutet, daß die Verteilung der Elektronendichte $\rho(\mathbf{r})$ annähernd gleich ist der Überlagerung der atomaren Verteilungen $\rho_m(\mathbf{R})$, zentriert um die Punkte $\mathbf{r}_m$. Für ein sphärisches Atom gilt $\rho_m(\mathbf{R}) = \rho_m(R)$. Diese Funktion kann durch eine Summe von Gauß-Funktionen angenähert werden: $\rho_m(R) \approx \sum_g K_{m,g} \exp\left[-\alpha_{m,g} R^2\right]$; die atomaren Elektronendichten überlappen also.

Der Einfluß chemischer Bindungen auf die Elektronendichteverteilung wird in diesem Modell vernachlässigt. Die Erfahrung zeigt, daß dies eine exzellente Näherung ist, die die Berechnung von gestreuten oder gebeugten Intensitäten bis auf wenige Prozent ermöglicht. Die Fourier-Transformation eines Ensembles aus Atomen ist dann

$$G(\mathbf{S}) = \int \sum_m \rho_m(\mathbf{r} - \mathbf{r}_m) e^{2\pi i \mathbf{r} \cdot \mathbf{S}} d^3\mathbf{r} = \sum_m f_m e^{2\pi i \mathbf{r}_m \cdot \mathbf{S}} \tag{3.26}$$

$$f_m(\mathbf{S}) = \int_{Atom\ m} \rho_m(\mathbf{R}) e^{2\pi i \mathbf{R} \cdot \mathbf{S}} d^3\mathbf{R} = \Phi[\rho_m] \tag{3.27}$$

Da das Atom als kugelsymmetrisch angenommen wird, können sphärische Koordinaten benutzt werden. Nach Integration über die Winkelkoordinaten wird aus Gleichung (3.27)

$$f_m(\|\mathbf{S}\|) = f_m(S) = \int_0^\infty 4\pi R^2 \rho_m(R) \frac{\sin 2\pi RS}{2\pi RS} dR \tag{3.28}$$

mit $S = \|\mathbf{S}\| = 2\sin\theta/\lambda$ (Gleichung (3.21), S. 108).

$f_m(\sin\theta/\lambda)$ heißt der *atomare Streufaktor* oder der *Atomformfaktor*. Er ist die Fourier-Transformierte der atomaren Elektronendichteverteilung und beschreibt das Streuvermögen eines Atoms. Unter Berücksichtigung der Dispersion (vgl. Abschn. 3.2.2) wird er zu $f_{tot} = f + \Delta f + i\Delta f'$.

Die Formfaktoren neutraler als auch ionisierter Atome sind in den *International Tables for Crystallography Vol. C* (Tab. 6.1.1.4) aufgeführt. Die Korrekturen Δf und $\Delta f''$ für die wichtigsten Wellenlängen finden sich ebenfalls dort (Tab. 4.2.6.8).

Der Atomformfaktor besitzt die folgenden Eigenschaften (vgl. Bild 3.14):

- Er ist eine Funktion von $\sin\theta/\lambda$.
- Seine Einheit ist das klassische Elektron.
- $f_m(0)$ entspricht der Anzahl Elektronen des Atoms oder Ions, m bezeichnet die Atomsorte; F^{-1}, Ne und Na^{+1} besitzen alle drei zehn Elektronen.
- Die Abnahme von f_m mit $\sin\theta/\lambda$ erfolgt umso steiler, je raumgreifender die atomare Elektronenverteilung $\rho_m(R)$ ist. Die Kernladung von Na entspricht elf Elektronen, die von F neun Elektronen. Daher ist die Konzentration der Elektronen in Na^{+1} höher als für F^{-1}; die Abnahme von f ist somit für Na^{+1} weniger steil als für F^{-1}.
- Der Formfaktor eines neutralen Atoms unterscheidet sich von den Formfaktoren seiner Ionen nur bei kleinen $\sin\theta/\lambda$ -Werten. Dieser Unterschied beruht auf der An- oder Abwesenheit eines Valenzelektrons, das eine sehr 'verschmierte' räumliche Verteilung aufweist, womit seine Fourier-Transformierte schnell abnimmt. Chemische Bindungen

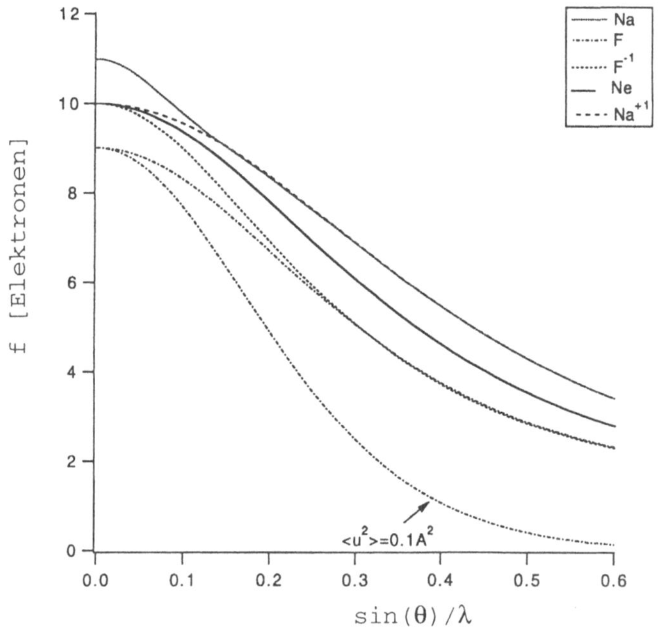

Bild 3.14 Atomformfaktoren für Na, Ne und F, sowie für die Ionen Na^{+1} und F^{-1} in Abhängigkeit von $\sin\theta/\lambda$. Für die Bedeutung von $\langle u^2 \rangle = U_{iso}$ vgl. Abschn. 3.3.4 und Gleichung (3.34) (S. 115)

werden im allgemeinen ebenfalls von Elektronen diffuser Verteilung bewerkstelligt; deren Beiträge zu den gestreuten Wellen sind daher äußerst gering (jedoch bei präzisen Messungen sehr wohl nachweisbar).

3.3.4 Atomistisches Modell: Thermische Schwingungen im Kristall

Der Atomformfaktor ist die Fourier-Transformierte der Elektronendichte eines freien und *ruhenden* Atoms. Aufgrund thermischer Effekte jedoch oszillieren die Atome eines Kristalls um ihre mittleren Positionen mit maximalen Frequenzen der Größenordnungen 10^{12} bis 10^{14} Hz. Eine Kristallstruktur, innerhalb von Zeitintervallen kleiner als 10^{-14} Sekunden beobachtet, besitzt keine Translationssymmetrie mehr. Nur die zeitlich gemittelte Struktur, ausgezeichnet durch eine mittlere Elektronendichte $<\rho>_t$, ist periodisch und ermöglicht die Beobachtung des für einen Kristall charakteristischen Beugungsmusters (vgl. Unterkap. 3.4). Im folgenden berechnen wir die Fourier-Transformierte der mittleren Elektronendichte eines Atoms, das thermische Schwingungen ausführt. Dabei bleiben Fluktuationen der Elektronendichte um ihre mittlere Verteilung unberücksichtigt.

Sei $P(\mathbf{\Delta})d^3\mathbf{\Delta}$ die Wahrscheinlichkeit, das Zentrum des Atoms m zu einem gegebenen Zeitpunkt im Volumenelement $d^3\mathbf{\Delta}$ am Endpunkt des Vektors $\mathbf{\Delta}$ zu finden (Bild 3.15). Der Beitrag dieses ausgelenkten Atoms zur gemittelten Elektronendichte ist

$$P(\mathbf{\Delta})\rho_m(\mathbf{R} - \mathbf{\Delta})d^3\mathbf{\Delta}$$

wobei $\rho_m(\mathbf{R})$ die Elektronendichte des ruhenden Atoms ist. Die gemittelte Elektronendichte des Atoms wird durch Integration über alle seine Auslenkungen $\mathbf{\Delta}$ erhalten:

$$< \rho_m(\mathbf{R})>_t = \int P(\mathbf{\Delta})\rho_m(\mathbf{R} - \mathbf{\Delta})d^3\mathbf{\Delta} = P * \rho_m(\mathbf{R}) \tag{3.29}$$

Das Integral (3.29) heißt die *Faltung* der Funktionen $P(\mathbf{\Delta})$ und $\rho_m(\mathbf{R})$, abgekürzt als $P*\rho_m = \rho_m*P$.

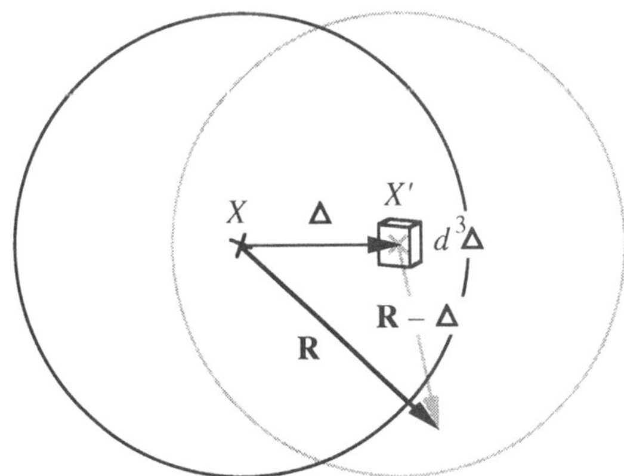

Bild 3.15 Auslenkung eines Atoms aus seiner mittleren Position X nach X'. Die Wahrscheinlichkeit der Auslenkung ist $P(\mathbf{\Delta})d^3\mathbf{\Delta}$

Der Atomformfaktor des gemittelten Atoms $[f_m]_t$ ist die Fourier-Transformierte von $<\rho_m>_t$. Nach dem Faltungstheorem entspricht die Fourier-Transformierte einer Faltung dem Produkt der Fourier-Transformationen der einzelnen Funktionen

$$[f_m]_t = \Phi[\rho_m * P] = \Phi[\rho_m]\Phi[P] = f_m(S)T(S)$$

$$T(S) = \int P(\Delta)\, e^{2\pi i \Delta \cdot S}\, d^3\Delta = \Phi[P] \tag{3.30}$$

Die Verteilungsfunktion $P(\Delta)$ kann neben thermisch angeregten dynamischen ebensogut statische Auslenkungen beschreiben. Im letzteren Fall besetzt ein fehlgeordnetes Atom zufallsbedingt verschiedene Positionen, die ihrerseits periodische Ordnung besitzen. Die mittlere Struktur ist dann das räumliche Mittel über eine große Zahl Elementarzellen.

Aufgrund der Eigenschaft, sowohl dynamische als auch statische atomare Fehlordnung zu beschreiben, wird $T(S)$ heute als *Auslenkungsfaktor* bezeichnet und damit die einseitige traditionelle Bezeichnung als *Temperaturfaktor* vermieden.

$P(\Delta)$ kann eine beliebige Funktion sein, die die Bedingungen für die Existenz des Fourier-Integrals erfüllt. Es kann gezeigt werden, daß $P(\Delta)$ einer Gauß-Verteilung genügt, wenn die Atome harmonisch schwingen (Rückstellkraft proportional zur Auslenkung des Atoms):

$$P(\Delta) = (2\pi)^{-3/2} |V|^{-1/2}\, e^{-(\Delta^T V^{-1} \Delta)/2} \tag{3.31}$$

Dabei ist V die Varianz-Kovarianz-Matrix mit den Erwartungswerten $V_{ij} = <\Delta_i \Delta_j>$ als Elemente. Mit der Wahl der zu den Eigenwerten V_i gehörenden Eigenvektoren von V als Koordinatensystem, wird aus Gleichung (3.31)

$$P(\Delta) = (2\pi)^{-3/2} (V_1 V_2 V_3)^{-1/2}\, e^{-(\Delta_1^2/V_1 + \Delta_2^2/V_2 + \Delta_3^2/V_3)/2}$$

Da die Fourier-Transformierte einer Gauß-Funktion ebenfalls eine Gauß-Funktion ist, folgt

$$T(S) = e^{-2\pi^2 S^T V S} = e^{-2\pi^2 \left(V_{11}S_1^2 + V_{22}S_2^2 + V_{33}S_3^2 + 2V_{12}S_1 S_2 + 2V_{13}S_1 S_3 + 2V_{23}S_2 S_3\right)} \tag{3.32}$$

Die Formulierung (3.32) für T wird *Debye-Waller-Faktor* genannt. Die mittlere quadratische Auslenkung U_s parallel S ist

$$U_s = \frac{<(S \cdot \Delta)^2>_t}{\|S\|^2} = \frac{S^T V S}{\|S\|^2}$$

Mit (3.21) (S. 108) wird der Ausdruck (3.32) zu

$$T(S) = e^{-8\pi^2 U_s (\sin\theta/\lambda)^2}$$

Im Koordinatensystem des Kristallgitters (vgl. Abschn. 1.4.1 und Unterkap. 3.4) gilt $\boldsymbol{\Delta} = \Delta_1\mathbf{a}_1 + \Delta_2\mathbf{a}_2 + \Delta_3\mathbf{a}_3$ und $\mathbf{S} = h_1\mathbf{a}_1^* + h_2\mathbf{a}_2^* + h_3\mathbf{a}_3^*$. Nun schreibt sich Gleichung (3.32)

$$T(h_1 h_2 h_3) = e^{-\sum\limits_{i}^{3}\sum\limits_{j}^{3}\beta_{ij} h_i h_j}, \text{ mit } \beta_{ij} = 2\pi^2 V_{ij}$$

Die β_{ij} sind einheitenlos (wie auch die Atomkoordinaten x_i). Die Interpretation dieser aus einer Kristallstrukturbestimmung erhaltenen Größen vereinfacht sich bei Wahl eines anderen Koordinatensystems, das auf dem reziproken Gitter basiert, $\mathbf{e}_i^* = \mathbf{a}_i^* / \|\mathbf{a}_i^*\|$. Die $\mathbf{e}_i^*$ sind Einheitsvektoren, die im allgemeinen nicht senkrecht aufeinander stehen. Gleichung (3.32) wird damit

$$T(h_1 h_2 h_3) = e^{-2\pi^2 \sum\limits_{i}^{3}\sum\limits_{j}^{3} U_{ij} a_i^* a_j^* h_i h_j} \tag{3.33}$$

Die U_{ij} besitzen die Einheit Å^2.

Schließlich wird eine Funktion P, deren Amplitude nicht von der Richtung von $\boldsymbol{\Delta}$ abhängt, *isotrop* genannt. In diesem Falle gilt $V_{11} = V_{22} = V_{33} = U_{\text{iso}}$, $V_{12} = V_{13} = V_{23} = 0$. Damit wird Gleichung (3.32) zu

$$T(\sin\theta / \lambda) = e^{-8\pi U_{\text{iso}}(\sin\theta / \lambda)^2} \tag{3.34}$$

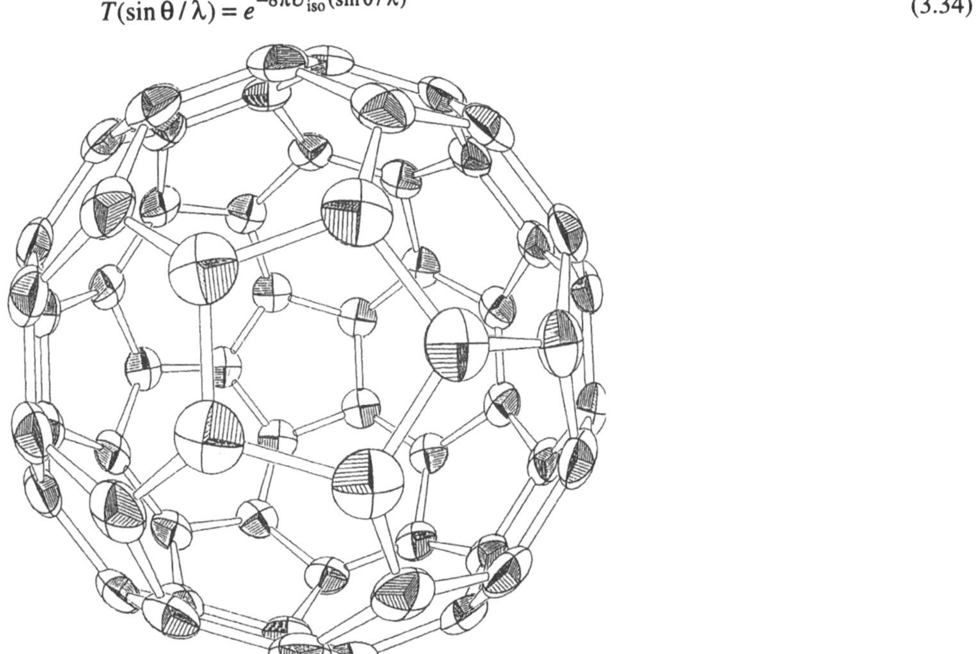

Bild 3.16 Ein C_{60}-Molekül bei der Temperatur 200 K. Das Integral der Gauß-Funktion $P(\boldsymbol{\Delta})$, Gl. (3.31) (S. 114), über das Volumen eines Ellipsoids beträgt 0,5

Bei Umgebungstemperatur liegen die Werte von U_{iso} typischerweise im Bereich $0{,}01 - 0{,}1$ Å^2. Für die Kohlenstoffatome in der Diamantstruktur ist U_{iso} mit ca. $0{,}002$ Å^2 besonders klein. Für die Na- und Cl-Atome in der NaCl-Struktur findet man $U_{\text{iso}} \approx 0{,}02$ Å^2. Bild 3.14 (S. 112) zeigt, wie die thermische Bewegung den Atomformfaktor und damit auch die gebeugten Intensitäten bei großen Winkeln θ reduziert. Es kann gezeigt werden, daß bei hinreichend hohen Temperaturen U_{iso} eine lineare Funktion der Temperatur ist, wenn die Atomschwingungen harmonisch sind.

Die aus einer Kristallstrukturbestimmung erhaltenen Tensoren $\mathbf{V}$ werden nach Gleichung

$$\mathbf{X}^T \mathbf{V}^{-1} \mathbf{X} = \text{konstant}$$

als Ellipsoide dargestellt (vgl. Kap. 4). Bild 3.16 (S. 115) gibt dazu ein Beispiel.

3.4 Beugung durch eine periodische Struktur

3.4.1 Die Laue-Gleichungen

In einem Kristall ist die zeitlich gemittelte Elektronendichte periodisch (vgl. Unterkap. 1.4)

$$\langle \rho(\mathbf{r}) \rangle_t = \langle \rho(\mathbf{r} + u\mathbf{a} + v\mathbf{b} + w\mathbf{c}) \rangle; \ u, v, w \ \text{ganzzahlig}$$
$$\mathbf{r} = x\mathbf{a} + y\mathbf{b} + z\mathbf{c}; \ 0 \le x, y, z < 1$$

mit den Vektoren $\mathbf{a}$, $\mathbf{b}$, $\mathbf{c}$ als Gitterbasis. Die Fourier-Transformation (3.20) (S. 108) wird damit

$$G(\mathbf{S}) = \sum_{\substack{Elementarzellen}} \left\{ \int_{1 Elementarzelle} \langle \rho(\mathbf{r}) \rangle_t \, e^{2\pi i \mathbf{r} \cdot \mathbf{S}} \, d^3\mathbf{r} \right\} e^{2\pi i (u\mathbf{a} + v\mathbf{b} + w\mathbf{c}) \cdot \mathbf{S}}$$

$$= F(\mathbf{S}) \sum_u e^{2\pi i \, u\mathbf{a} \cdot \mathbf{S}} \sum_v e^{2\pi i \, v\mathbf{b} \cdot \mathbf{S}} \sum_w e^{2\pi i \, w\mathbf{c} \cdot \mathbf{S}}$$

Der Kristall soll die Form eines Parallelepipeds haben mit M Elementarzellen entlang $\mathbf{a}$, N Zellen entlang $\mathbf{b}$ und P Zellen entlang $\mathbf{c}$. Die geometrischen Reihen können mit Gleichung (3.10) (S. 100) berechnet werden:

$$\sum_{u=0}^{M-1} e^{2\pi i \, u\mathbf{a} \cdot \mathbf{S}} = \frac{\sin \pi M \mathbf{a} \cdot \mathbf{S}}{\sin \pi \mathbf{a} \cdot \mathbf{S}} e^{\pi i (M-1)\mathbf{a} \cdot \mathbf{S}} = J_M \, e^{\pi i (M-1)\mathbf{a} \cdot \mathbf{S}}$$

Die Phase $\frac{1}{2}(M-1)\mathbf{a} \cdot \mathbf{S}$ ist abhängig von der Ursprungswahl. Liegt der Ursprung im Schwerpunkt des Kristalls, gilt für M ungerade

$$\sum_{-(M-1)/2}^{+(M-1)/2} e^{2\pi i\, ua\cdot S} = \sum_{-(M-1)/2}^{+(M-1)/2} \cos 2\pi ua\cdot S = \frac{\sin \pi Ma\cdot S}{\sin \pi a\cdot S} = J_M(a\cdot S) \qquad (3.35)$$

Die Intensität der gebeugten Welle ist proportional $|G(S)|^2$. Mit Hilfe der Gleichungen (3.26) (S. 111), (3.27) (S. 111) und (3.30) (S. 114) folgt

$$I \approx |G(S)|^2 = |F(S)|^2\, J_M^2(a\cdot S) J_N^2(b\cdot S) J_P^2(c\cdot S) \qquad (3.36)$$

$$F(S) = \int\limits_{1\ Elementarzelle} <\rho(r)>_t\, e^{2\pi i\, r\cdot S}\, d^3r \approx \sum_{Atome}^{1\ Elementarzelle} [f_m]_t\, e^{2\pi i\, r_m\cdot S} \qquad (3.37)$$

Der Atomformfaktor $[f_m]_t$ enthält den Einfluß thermischer Schwingungen. Die Fourier-Transformierte der Elektronendichteverteilung einer Elementarzelle heißt *Strukturfaktor*. Die Funktionen J^2 der Beziehungen (3.12) (S. 100) und (3.36) sind charakteristisch für die Gitterperiodizität. Die Beziehung (3.37) steht für das im Abschnitt 3.1.3 zitierte Theorem: *Das Beugungsmuster einer periodischen Struktur ist das Produkt des Beugungsmusters einer einzelnen Elementarzelle mit der Funktion J^2, welche die Periodizität enthält.* Bei großer Anzahl MNP der Elementarzellen des Kristalls ist die Intensität I fast überall null (vgl. Bild 3.5, S. 101), abgesehen von den Stellen, an denen die drei Funktionen J^2 gleichzeitig Maxima besitzen. Dies trifft für alle Vektoren S zu, welche die *Laue-Gleichungen* erfüllen:

$$\begin{aligned} a\cdot S &= h \\ b\cdot S &= k \qquad h,\ k,\ l\ \text{ganzzahlig} \\ c\cdot S &= l \end{aligned} \qquad (3.38)$$

Zum Auffinden der Vektoren S, welche die Beziehungen in (3.38) erfüllen, sei an das reziproke Gitter erinnert (vgl. Abschn. 1.4.3):

$$r^* = h a^* + k b^* + l c^*, \quad h, k, l\ \text{ganzzahlig}$$

$$a\cdot a^* = b\cdot b^* = c\cdot c^* = 1$$

$$a\cdot b^* = a\cdot c^* = b\cdot a^* = b\cdot c^* = c\cdot a^* = c\cdot b^* = 0$$

Daraus folgt

$$S = s - s_0 = r^* \qquad (3.39)$$

Die Fourier-Transformation einer periodischen Funktion ist überall null, außer an den Punkten des zugehörigen reziproken Gitters, wo sie proportional zum Streuvermögen einer Elementarzelle ist. Beugung ist die Streuung von Strahlung entsprechend den Beziehungen (3.38) und (3.39), d. h. Streuung durch einen Kristall.

In der Festkörperphysik wird meist der Wellenvektor $k = 2\pi s$ verwendet (vgl. Abschn. 3.1.2), mit $\|k\| = 2\pi/\lambda$. Gleichung (3.39) wird damit

$$\mathbf{K} = \mathbf{k} - \mathbf{k}_0 = \mathbf{R}^* = 2\pi(h\mathbf{a}^* + k\mathbf{b}^* + l\mathbf{c}^*)$$

Der Impuls eines Photons ist $\mathbf{p} = (h/2\pi)\mathbf{k}$, $\|\mathbf{p}\| = (h/\lambda)$, mit h als Plancksche Konstante. Die Impulsänderung beim Beugungsprozeß ist also proportional einem Vektor des reziproken Gitters:

$$\Delta\mathbf{p} = (h/2\pi)\mathbf{R}^* = h\mathbf{r}^*$$

Die Energie des Photons bleibt dabei unverändert; es handelt sich um *elastische* Beugung. Die Fourier-Transformierte eines Kristalls wird durch Einsetzen von (3.39) in (3.35) (S. 117) erhalten. Diese Operation verlangt ein vertiefendes Studium des Verhaltens von J_N^2 für große N, einer Funktion, die aus schmalen Maxima besteht (vgl. Bild 3.5, S. 101). Die δ-Funktion ist die mathematische Darstellung eines infinitesimal scharfen Maximums und kann als Grenzwert einer Gauß-Funktion angesehen werden:

$$\delta(x) = \lim_{\alpha \to 0} \frac{1}{\sqrt{2\pi}\alpha} e^{-x^2/2\alpha^2}; \quad \int_{-\infty}^{+\infty} \frac{1}{\sqrt{2\pi}\alpha} e^{-x^2/2\alpha^2} dx = 1;$$

$$\delta(x) = 0 \text{ für } x \neq 0; \quad \delta(0) = \infty; \quad \int_{-\infty}^{+\infty} \delta(x)dx = 1$$

In Analogie kann die dreidimensionale Verteilung δ_3 als Grenzwert einer Gauß-Funktion sphärischer Symmetrie aufgefaßt werden:

$$\delta_3(\mathbf{r}) = \delta_3(r) = \lim_{\alpha \to 0} \frac{1}{(\sqrt{2\pi}\alpha)^3} e^{-r^2/2\alpha^2} = \delta(x)\delta(y)\delta(z); \quad r^2 = \|\mathbf{r}\|^2 = x^2 + y^2 + z^2;$$

$$\delta_3(r) = 0 \text{ für } r \neq 0; \quad \delta_3(0) = \infty; \quad \int \delta_3(\mathbf{r})d^3\mathbf{r} = \int_{-\infty}^{+\infty} 4\pi r^2 \delta_3(r)dr = 1$$

Im folgenden wird gezeigt, daß jedes Hauptmaximum der periodischen Funktion J_N mit wachsendem N gegen eine δ-Verteilung konvergiert. Tatsächlich ist die Breite des Maximums proportional $1/N$, während sein Integral gegen eins strebt. Letzteres folgt bei Verwendung von Gleichung (3.35) (S. 117):

$$\int_{-1/2}^{+1/2} J_n(x)dx = \int_{-1/2}^{+1/2} \frac{\sin \pi N x}{\sin \pi x} dx = \int_{-1/2}^{+1/2} \sum_{-(N-1)/2}^{+(N-1)/2} \cos 2\pi nx\, dx = \int_{-1/2}^{+1/2} dx = 1$$

Oder alternativ, durch Näherung für N >> 1:

$$\lim_{N \to \infty} \int_{max} \frac{\sin \pi N x}{\sin \pi x} dx = \lim_{N \to \infty} \int_{max} \frac{\sin \pi N x}{\pi x} dx = \frac{1}{\pi} \int_{-\infty}^{+\infty} \frac{\sin \pi N x}{x} dx = 1$$

$J_N(x)$ strebt daher gegen eine Ansammlung äquidistanter δ-Verteilungen:

 119

$$\lim_{N \to \infty} \frac{\sin \pi Nx}{\sin \pi x} = \sum_{-\infty}^{+\infty} \delta(x - n), \quad n \text{ ganzzahlig}$$

Bei analogem Vorgehen können wir zeigen, daß die Funktion $J_M(\mathbf{a} \cdot \mathbf{S})J_N(\mathbf{b} \cdot \mathbf{S})J_p(\mathbf{c} \cdot \mathbf{S})$ eines Kristalls eine Summe dreidimensionaler δ_3-Verteilungen an den Punkten $\mathbf{r}^* = h\mathbf{a}^* + k\mathbf{b}^* + l\mathbf{c}^*$ des reziproken Gitters ist. In der Nachbarschaft eines Gitterpunktes, $\mathbf{S} = \mathbf{r}^* + \varepsilon_1\mathbf{a}^* + \varepsilon_2\mathbf{b}^* + \varepsilon_3\mathbf{c}^*$, gilt $\mathbf{a} \cdot \mathbf{S} = h + \varepsilon_1$, $\mathbf{b} \cdot \mathbf{S} = k + \varepsilon_2$, $\mathbf{c} \cdot \mathbf{S} = l + \varepsilon_3$. Das zugehörige Volumenelement des reziproken Raumes ist $d^3\mathbf{S} = [d\varepsilon_1\mathbf{a}^* \times d\varepsilon_2\mathbf{b}^*]\, d\varepsilon_3\mathbf{c}^* = (d\varepsilon_1\, d\varepsilon_2\, d\varepsilon_3)/V$, wobei $V = [\mathbf{a} \times \mathbf{b}]\mathbf{c}$ das Volumen der Elementarzelle ist. Da die Anzahl MNP der Elementarzellen groß ist, wird das Integral über ein Hauptmaximum

$$\lim_{M,N,P \to \infty} \int_{\max} J_M J_N J_P d^3\mathbf{S} = \frac{1}{V} \lim_{M,N,P \to \infty} \int_{\max} \frac{\sin \pi M\varepsilon_1}{\sin \pi\varepsilon_1} \frac{\sin \pi N\varepsilon_2}{\sin \pi\varepsilon_2} \frac{\sin \pi P\varepsilon_3}{\sin \pi\varepsilon_3} d\varepsilon_1 d\varepsilon_2 d\varepsilon_3 = \frac{1}{V}$$

Es folgt für die Fourier-Transformierte einer periodischen Struktur

$$\lim_{M,N,P \to \infty} G(\mathbf{S}) = \frac{1}{V} \sum_{h,k,l} F(\mathbf{S})\delta(\mathbf{a} \cdot \mathbf{S} - h)\delta(\mathbf{b} \cdot \mathbf{S} - k)\delta(\mathbf{c} \cdot \mathbf{S} - l)$$

$$G_{Kristall}(\mathbf{S}) = \frac{1}{V} \sum_{h,k,l} F(\mathbf{S})\delta_3(\mathbf{S} - \mathbf{r}^*) \tag{3.40}$$

Nun wird noch gezeigt, daß die Funktion J_N^2 ebenfalls gegen eine Summe von δ-Verteilungen strebt. Das Integral über ein Hauptmaximum wird durch Anwenden von (3.35) (S. 117) erhalten:

$$\int_{-1/2}^{+1/2} J_N^2(x)dx = \int_{-1/2}^{+1/2} \frac{\sin^2 \pi Nx}{\sin^2 \pi x}dx = \int_{-1/2}^{+1/2} \sum_{m=0}^{N-1} \sum_{n=0}^{N-1} e^{2\pi i(m-n)x}\, dx =$$

$$= \int_{-1/2}^{+1/2} \sum_{-(N-1)}^{+(N-1)} (N - |n|)\cos 2\pi nx\, dx = N$$

Oder wieder alternativ für $N \gg 1$ durch die Näherung

$$\int_{\max} \frac{\sin^2 \pi Nx}{\sin^2 \pi x} dx = \frac{2}{\pi^2} \int_0^\infty \frac{\sin^2 \pi Nx}{x^2} dx = N$$

Dieses Resultat erklärt sich aus der Tatsache, daß die Hauptmaxima von J_N^2 den Betrag N^2 und die Breite $1/N$ besitzen. Für große N konvergiert J_N^2 daher gegen

$$J_N^2(x) \to N \sum_{n=-\infty}^{+\infty} \delta(x-n), \quad n \text{ ganzzahlig}$$

Für die dreidimensionale Funktion $J_M^2(\mathbf{a}\cdot\mathbf{S})\ J_N^2(\mathbf{b}\cdot\mathbf{S})\ J_P^2(\mathbf{c}\cdot\mathbf{S})$ ist das Integral über ein Hauptmaximum

$$\int_{\max} J_M^2 J_N^2 J_P^2 d^3(\mathbf{S}) = \frac{1}{V}\int_{\max} J_M^2(\varepsilon_1)J_N^2(\varepsilon_2)J_P^2(\varepsilon_3)d\varepsilon_1 d\varepsilon_2 d\varepsilon_3 = \frac{MNP}{V} = \frac{\Delta}{V^2}$$

$\Delta = MNPV$ ist das Kristallvolumen. Die Intensität der von einem Kristall gebeugten Strahlung ist daher

$$I_{Kristall} \approx \left|G_{Kristall}(\mathbf{S})\right|^2 = \frac{\Delta}{V^2}\sum_{h,k,l}\left|F(\mathbf{S})\right|^2 \delta^3(\mathbf{S}-\mathbf{r}^*) \tag{3.41}$$

3.4.2 Das Bragg-Gesetz

Die Fundamentalgleichung (3.39) (S. 117) zur elastischen Beugung an Kristallen, $\mathbf{S} = \mathbf{s} - \mathbf{s}_0 = \mathbf{r}^*$, kann durch zwei äquivalente geometrische Konstruktionen veranschaulicht werden: Das *Bragg-Gesetz* ist eine Anwendung im physikalischen Raum, die *Ewald-Konstruktion* dagegen im reziproken Raum. Beide dienen einem leichteren Verständnis diverser Beugungsmethoden.

Zuerst sollen die Eigenschaften des reziproken Gitters rekapituliert werden, die in Tabelle 1.2 (S. 20) zusammengefaßt wurden: Der Vektor $\mathbf{r}^* = h\mathbf{a}^* + k\mathbf{b}^* + l\mathbf{c}^*$ des reziproken Gitters, mit $(h, k, l) = n(H, K, L)$ und H, K, L teilerfremd, steht senkrecht auf der Netzebenenschar (HKL) des Kristallgitters. Die Norm von $\mathbf{r}^*$ ist $\|\mathbf{r}^*\| = n/d_{HKL}$, mit d als dem Netzebenenabstand.

Sei $d_{hkl} = d_{HKL}/n$, mit n als größtem gemeinsamen Teiler von h, k, l. Bild 3.12 (S. 108) zeigt den Vektor $\mathbf{S} = \mathbf{r}_{hkl}^* = \mathbf{r}_{nH,nK,nL}^*$ als Winkelhalbierende zwischen $-\mathbf{s}_0$ und $\mathbf{s}$ und seine Norm als $\|\mathbf{S}\| = 2\sin\theta/\lambda$. Also gilt $2\sin\theta/\lambda = n/d_{HKL} = 1/d_{hkl}$. Dies führt zum *Bragg-Gesetz*:

Beugung der Ordnung $h, k, l = n(H, K, L)$ kann als Reflexion der einfallenden Strahlung an der Netzebenenschar (HKL) interpretiert werden.

$$2d_{HKL}\sin\theta = n\lambda \qquad H, K, L \text{ teilerfremd}$$
$$2d_{hkl}\sin\theta = \lambda \qquad h, k, l = nH, nK, nL \tag{3.42}$$

In Bild 3.17 ist die konventionelle Interpretation des Bragg-Gesetzes dargestellt. Die an aufeinander folgenden Ebenen der Netzebenenschar (HKL) reflektierten und mit den Netzebenen den Winkel θ einschließenden Strahlen verstärken sich, wenn sie in Phase sind, also wenn $\Delta_1 - \Delta_2 = n\lambda$ ist, mit n ganzzahlig. Mit Hilfe der Trigonometrie erhalten wir

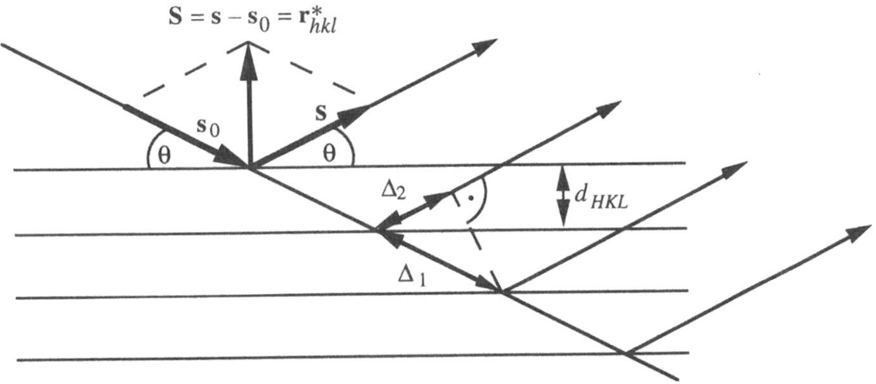

Bild 3.17 Das Bragg-Gesetz als Reflexion von Strahlung an einer Schar von Netzebenen

$$\Delta_1 \quad = d_{HKL}/\sin\theta; \; \Delta_2 = \Delta_1\cos2\theta$$
$$\Delta_1 - \Delta_2 = 2d_{HKL}\sin\theta = n\lambda$$
$$2(d_{HKL}/n)\sin\theta = 2d_{hkl}\sin\theta = \lambda$$

Wie in (3.42) sind die H, K, L teilerfremd, außerdem gilt $(h, k, l) = n(H, K, l)$. Die Reflexion der Ordnung n an der Ebenenschar (HKL) kann daher auch als Reflexion erster Ordnung an der Schar $(nH\ nK\ nL)$ mit den Abständen d_{HKL}/n interpretiert werden. Physikalisch existiert die Schar $(nH\ nK\ nL)$ mit $n \neq 1$ gar nicht, da einige ihrer Ebenen keine Gitterpunkte enthalten. Stattdessen besteht sie aus der Netzebenenschar (HKL) mit dazwischenliegenden leeren Ebenen. In der Praxis ist es jedoch weitaus annehmlicher, den Reflex (222) zu betrachten anstatt den Reflex zweiter Ordnung von (111).

Es ist sehr wichtig zu verstehen, daß das Bragg-Gesetz sich auf die Netzebenen des Translationengitters bezieht, nicht jedoch auf Ebenen, die mit Atomen belegt sind. Das Gesetz folgt aus den Laue-Gleichungen und damit ausschließlich aus der Periodizität der Kristallstruktur.

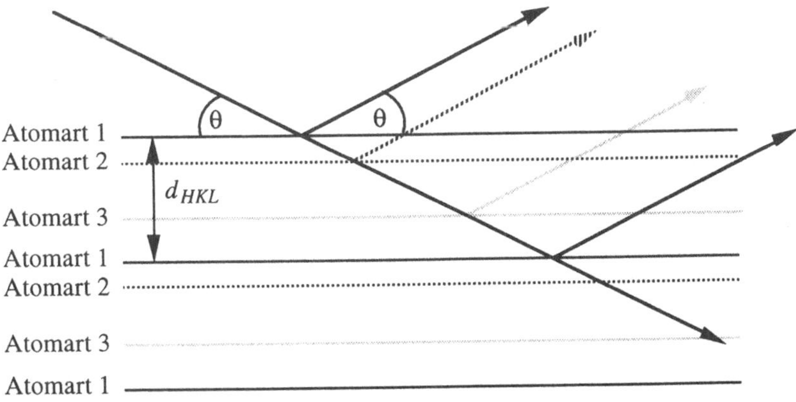

Bild 3.18 Das Bragg-Gesetz als Reflexion an Ebenen aus Atomen

Die Reflexion von Strahlung an Ebenen aus Atomen liefert ein weniger abstraktes Bild, als die Reflexion an Netzebenen. In der Anordnung der Atome findet sich ja gerade beides, das Strukturmotiv und die Periodizität der Struktur. Parallel zu Netzebenen (*HKL*) existieren im allgemeinen Ebenen unterschiedlicher Atomspezies. Reflexion an derartigen Ebenen ist in Bild 3.18 (S. 121) dargestellt. Die Amplitude wird von der Atomart bestimmt. Strahlen von translationsäquivalenten Ebenen müssen in Phase sein, daher das Bragg-Gesetz. Die Interferenz der an verschiedenen Ebenentypen reflektierten Strahlen ist für den *Strukturfaktor* (vgl. Beziehung (3.37), S. 117) verantwortlich. Die Atomformfaktoren $[f_m(S)]$, sind dabei die Amplituden der reflektierten Wellen und die Produkte $\mathbf{r}_m \cdot \mathbf{S} = \mathbf{r}_m \cdot \mathbf{r}_{hkl}^*$ ihre Phasen.

3.4.3 Ewald-Konstruktion

In der *Ewald-Konstruktion* wird die Richtung einer gebeugten Welle als Schnittpunkt zweier geometrischer Örter dargestellt. Der erste ist die Oberfläche der *Ewald-Kugel*: Die Gleichungen (3.21) (S. 108) und Bild 3.12 (S. 108) zeigen, daß $\mathbf{S}$ eine Sekante ist, die zwei Punkte auf der Oberfläche einer Kugel mit Radius $1/\lambda$ miteinander verbindet. Der zweite geometrische Ort wird durch Gleichung 3.39 (S. 117) festgelegt: Der Vektor $\mathbf{S}$ fällt mit einem Vektor $\mathbf{r}^*$ des reziproken Gitters zusammen. Die Ewald-Konstruktion erfolgt in nachstehender Reihenfolge (vgl. Bild 3.19):

- Zeichnen des reziproken Gitters;
- Einzeichnen des Vektors $\mathbf{s}_0$ als Primärstrahl mit seiner Spitze im Gitterpunkt 000;

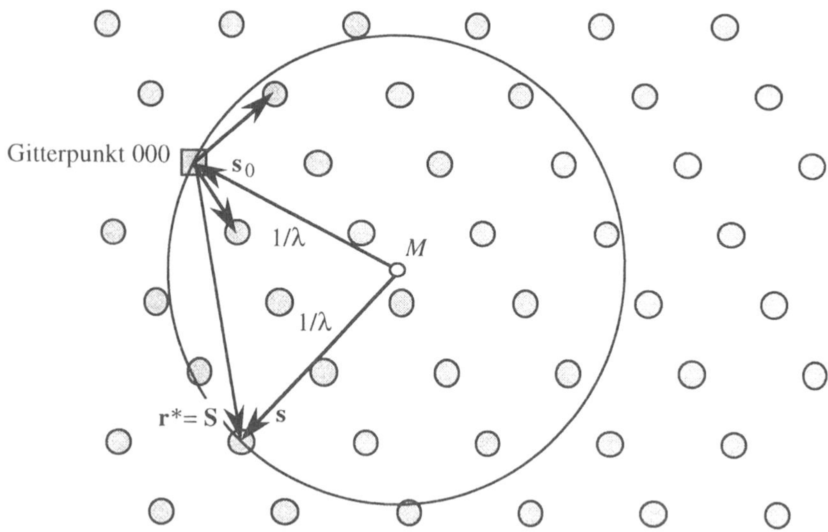

Bild. 3.19 Ewald-Konstruktion. Der Kreis ist ein Schnitt durch die Ewald-Kugel und enthält deren Mittelpunkt und den Ursprung des reziproken Gitters. Er ist gleichzeitig ein Ausschnitt einer Ebene des reziproken Gitters mit den Gitterpunkten *hkl*, mit $hU + kV + lW = 0$ (*U, V, W* ganzzahlig und teilerfremd). Die primitive Translation [*UVW*] des direkten Gitters ist Normale auf diese Ebene (vgl. Abschn. 1.4.3). Weitere Ebenen dieser Schar mit der Bedingung $hU + kV + lW = n$, $n \neq 0$, befinden sich oberhalb und unterhalb der Zeichenebene

- Konstruktion einer Kugel mit Radius $1/\lambda$, der Ewald-Kugel, um den Punkt M als Fußpunkt von $\mathbf{s}_0$; die Kugel enthält den Gitterpunkt 000;
- jeder Punkt des reziproken Gitters auf der Oberfläche der Kugel erfüllt die Laue-Gleichungen; der den reflektierten Strahl darstellende Vektor $\mathbf{s}$ verbindet M mit dem Gitterpunkt auf der Kugel; es ist offensichtlich, daß die Laue-Gleichungen für $h = k = l = 0$, $\mathbf{S} = 0$, stets erfüllt sind.

Nach dem Bragg-Gesetz reflektiert eine Schar Netzebenen (HKL) einen monochromatischen Röntgenstrahl (das ist ein Strahl einer einzigen Wellenlänge λ) nur für bestimmte Winkel $\theta_n = \arcsin(n\lambda/2d_{HKL})$: Die Reflexion ist selektiv! Hieraus folgt, daß ein Kristall geschickt im Primärstrahl orientiert werden muß, um eine gewünschte Reflexion zu liefern. Dies folgt ebensogut aus der Ewald-Konstruktion: Man sieht, daß der Gitterpunkt hkl im allgemeinen keineswegs auf der Oberfläche der Ewald-Kugel liegt. Um dieser Bedingung zu genügen, muß entweder der Kristall eine entsprechende Orientierung besitzen, oder es muß die Wellenlänge, und damit der Radius der Ewald-Kugel, verändert werden.

Ein Kristall beliebiger Orientierung erzeugt in einem monochromatischen Röntgenstrahl nicht notwendigerweise eine Reflexion.

3.4.4 Ein- und zweidimensionale periodische Strukturen

In diesem Abschnitt werden die Laue-Gleichungen in etwas anderer Weise als bisher interpretiert. Dies erlaubt den Vergleich der Beugung an (dreidimensionalen) Kristallen mit ein- und zweidimensionalen Modellen.

Nach der Laue-Gleichung $\mathbf{a}\cdot\mathbf{S} = h$ ist die Projektion von $\mathbf{S}$ auf $\mathbf{a}$ gleich h/a. Der geometrische Ort sämtlicher Vektoren $\mathbf{S}$, die diese Gleichung erfüllen, ist eine Schar Ebenen senkrecht $\mathbf{a}$ mit Abständen $1/a$. Diese Ebenenschaft bildet den reziproken Raum eines eindimensionalen Kristalls. Ihre Schnitte mit der *Ewald-Kugel* vom Radius $1/\lambda$ (Bild 3.20, S. 124) bestimmen die Richtungen der gebeugten Strahlen $\mathbf{s}$. Es resultiert eine Serie zu $\mathbf{a}$ koaxialer Kegel. Der Winkel zwischen einfallender Welle $\mathbf{s}_0$ und $\mathbf{a}$ ist α_0. Die halben Öffnungswinkel α_n der Kegel werden aus der Laue-Gleichung erhalten:

$$\mathbf{as} = h + \mathbf{as}_0$$
$$\cos\alpha_h = h\lambda/a + \cos\alpha_0 \tag{3.43}$$

Die Beugung an einem zweidimensionalen Kristall wird durch zwei Laue-Gleichungen beschrieben, die gleichzeitig erfüllt sein müssen. Der geometrische Ort aller Vektoren $\mathbf{S}$ ist durch die Schnittgeraden zweier Scharen Ebenen gegeben. Die eine Schar steht senkrecht $\mathbf{a}$ mit Abständen $1/a$, die andere senkrecht $\mathbf{b}$ mit Abständen $1/b$ (Bild 3.21, S. 125). Die Richtungen gebeugter Strahlen $\mathbf{s}$ sind die Schnitte zweier Kegelscharen koaxial zu $\mathbf{a}$ und $\mathbf{b}$. Die Kosinus der halben Öffnungswinkel dieser Kegel sind $\cos\alpha_h = h\lambda/a + \cos\alpha_0$ und $\cos\beta_k = k\lambda/b + \cos\beta_0$. Auf einem ebenen Schirm parallel $\mathbf{a}$ und $\mathbf{b}$ wird ein Punktgitter beobachtet, bestehend aus den Schnittpunkten zweier Scharen von Hyperbeln (Bild 3.22, S. 125).

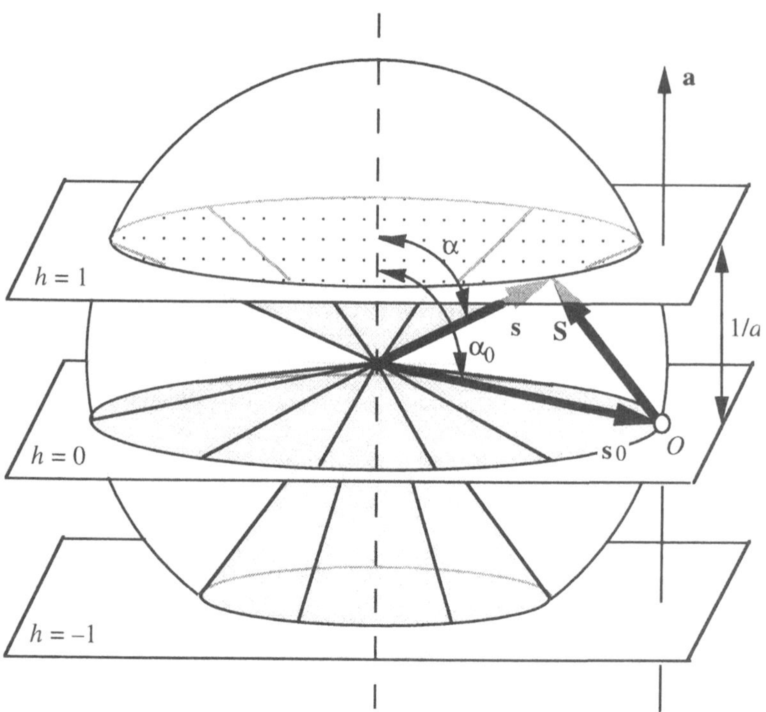

Bild 3.20 Die Beugung an einem eindimensionalen Kristall erfüllt eine Laue-Gleichung. Auf einem ebenen Schirm parallel **a** bilden die gebeugten Strahlen eine Serie hyperbolischer Linien

Der geometrische Ort sämtlicher Vektoren **S**, die gleichzeitig die drei Laue-Gleichungen erfüllen (der Fall eines dreidimensionalen Kristalls), ist ein Ensemble von Punkten, die durch Schnitte dreier Scharen von Ebenen entstehen. Eine Schar ist senkrecht **a** mit Abständen $1/a$, eine senkrecht **b** mit Abständen $1/b$ und eine senkrecht **c** mit Abständen $1/c$. Man sieht leicht (vgl. Bild 3.21), daß diese Punkte *das reziproke Gitter* bilden, in Übereinstimmung mit Gleichung (3.39) (S. 117). Die Richtungen der Vektoren **s** sind die Schnitte dreier Serien von Kegeln. Allerdings schneiden sich drei Kegel im allgemeinen nicht in einer Geraden, woraus folgt, daß die drei Laue-Gleichungen im allgemeinen nicht gleichzeitig erfüllt sind, außer für $h = k = l = 0$ und damit für $\mathbf{s} = \mathbf{s}_0$. Tatsächlich ist die Richtung eines gebeugten Strahls durch *zwei* Winkel gegeben, beispielsweise durch α zwischen **a** und **s** und β zwischen **b** und **s**. Um diese Winkel für ein gegebenes Tripel h, k, l ganzer Zahlung zu berechnen, sind die drei Laue-Gleichungen vorhanden, die im allgemeinen keine Lösung haben. *Ein dreidimensionaler Kristall beliebiger Orientierung beugt einen monochromatischen Röntgenstrahl nur zufällig.*

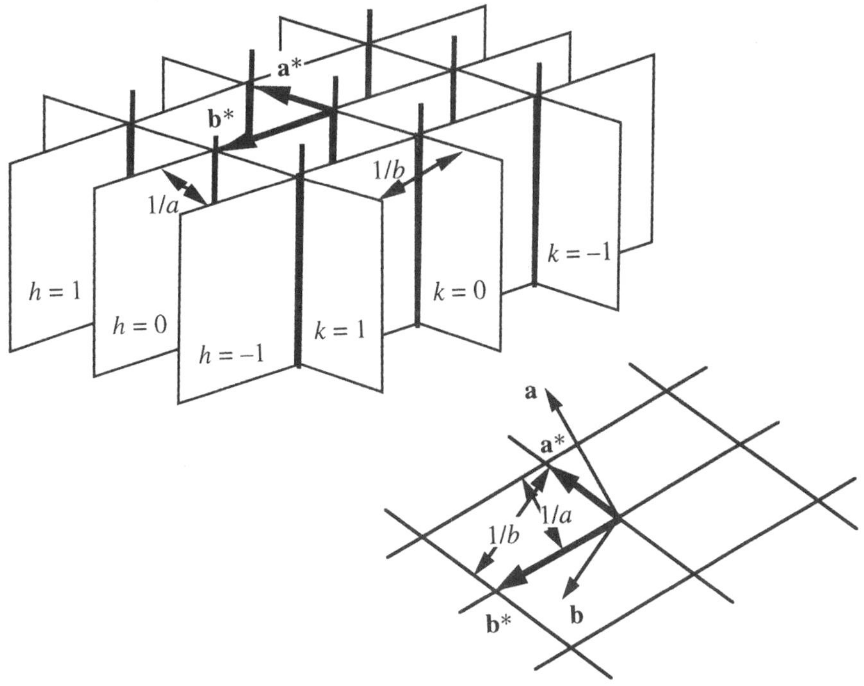

Bild 3.21 Geometrischer Ort des Vektors **S**, der zwei Laue-Gleichungen erfüllt

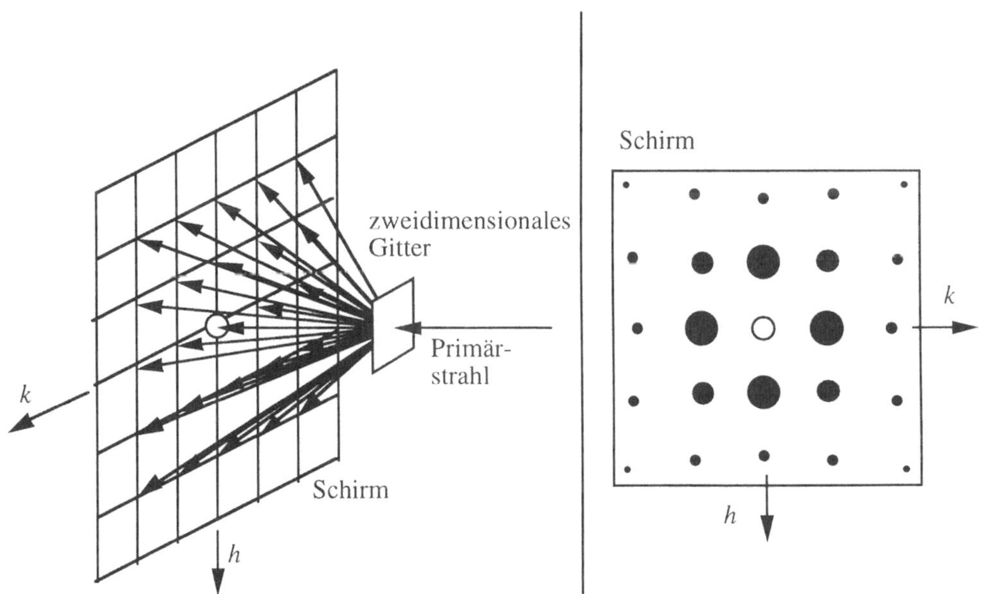

Bild 3.22 Beugung an einem zweidimensionalen Kristall

3.5 Beugungsmethoden

Dieses Unterkapitel beschäftigt sich mit drei experimentellen Methoden, die auf systematische Weise dem Bragg-Gesetz gehorchen. Weitere Methoden findet der interessierte Leser in der Spezialliteratur.

3.5.1 Laue-Methode

Der Name dieser Methode erinnert an das erste Röntgenbeugungsexperiment an einem Kristall. Es wurde auf Anregung von M. von Laue durch W. Friedrich und P. Knipping an $CuSO_4 \cdot 5H_2O$ durchgeführt (München, 1912).

Für diese Methode wird die polychromatische Strahlung einer Röntgenröhre genutzt (vgl. Unterkap. 3.6). Die Richtung des einfallenden Strahles bezüglich des Kristalls bleibt während des Experiments *unverändert*. Der Glanzwinkel θ des Primärstrahls mit einer Netzebenenschar (*HKL*) ist daher durch die Orientierung des Kristalls bestimmt. Die Netzebenenschar wählt die Wellenlängen aus, die das Bragg-Gesetz (Gleichung (3.42), S. 120)

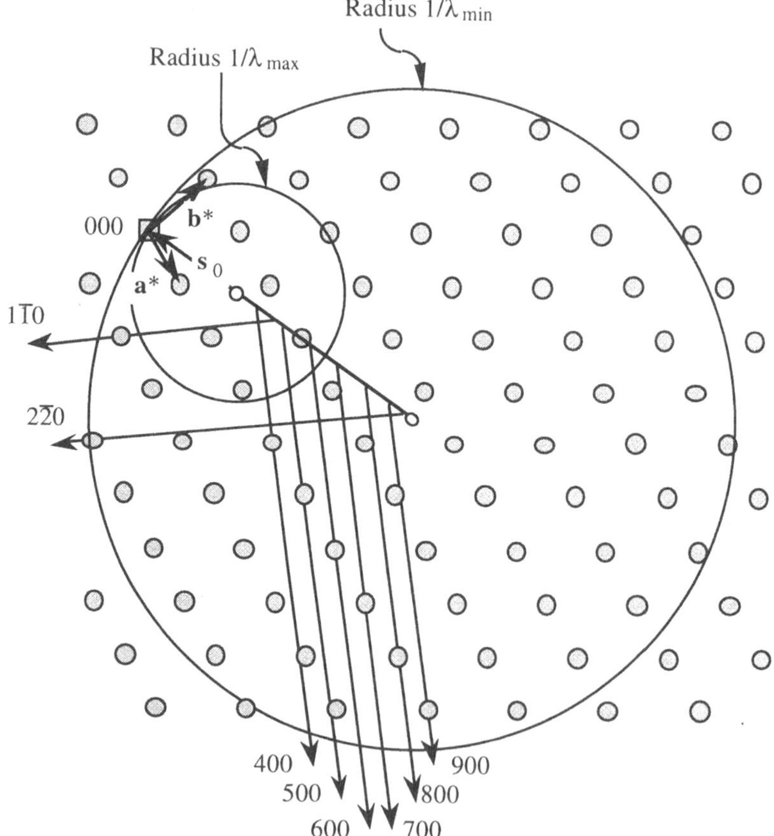

Bild 3.23 Darstellung der Laue-Methode als Ewald-Konstruktion. Für jede Wellenlänge zwischen λ_{min} und λ_{max} existiert eine Ewald-Kugel

erfüllen, $2d_{HKL}\sin\theta = n\lambda$ (H, K, L ganzzahlig und teilerfremd). Der reflektierte Strahl kann neben der Wellenlänge λ aufgrund der Reflexion erster Ordnung, $n = 1$, ebensogut die Wellenlängen $\lambda/2$, $\lambda/3$, ... enthalten, die von Reflexionen der Ordnungen $n = 2$, 3, ... herrühren. Die Intensitäten der gebeugten Strahlen werden von den Strukturfaktoren (vgl. Unterkap. 3.7) der Ebenen $(hkl) = (nH\,nK\,nL)$ und von der spektralen Zusammensetzung der einfallenden Strahlung bestimmt.

Bild 3.23 illustriert die Laue-Methode mit Hilfe der Ewald-Konstruktion. Sämtliche Punkte des reziproken Gitters zwischen den Kugeln mit Radien $1/\lambda_{max}$ und $1/\lambda_{min}$ erfüllen die Reflexionsbedingung für Wellenlängen zwischen λ_{max} und λ_{min}. Die Reflexion 100 besteht aus den Ordnungen $n = 4$, 5, 6, 7, 8, 9; die Reflexion $1\bar{1}0$ dagegen enthält nur zwei Wellenlängen. Wird der Kristall ein wenig verdreht, verläßt der Gitterpunkt $2\bar{2}0$ die Ewald-Kugel, und die Reflexion $1\bar{1}0$ wird monochromatisch.

Eine geringfügige Modifizierung der Ewald-Konstruktion führt zu einer weiteren instruktiven Darstellung der Laue-Methode. Durch Multiplizieren aller reziproken Längen der

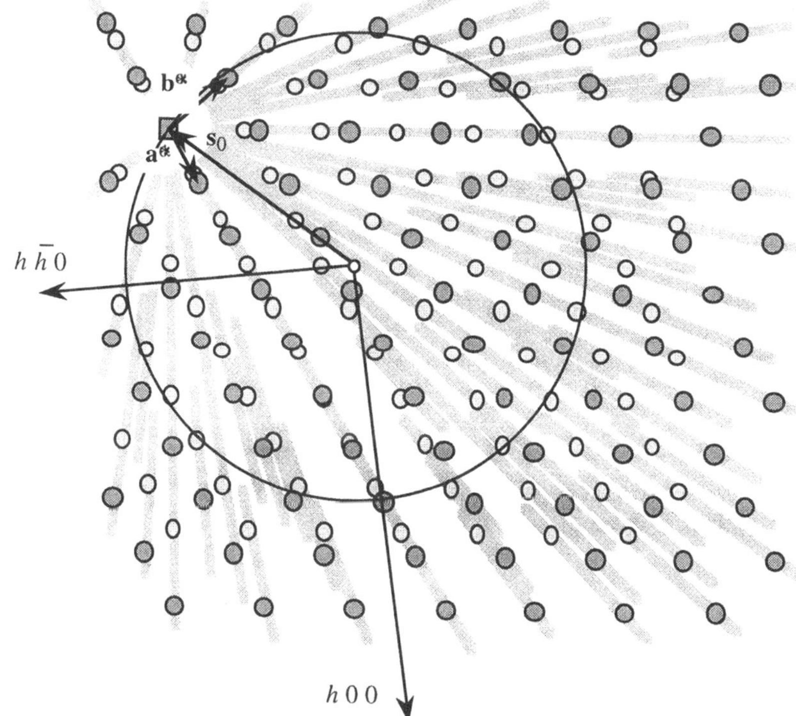

Bild 3.24 Die Laue-Methode dargestellt durch den Schnitt einer Kugel vom Radius 1 mit einem Gitterensemble $\lambda(h\mathbf{a}^* + k\mathbf{b}^* + l\mathbf{c}^*)$. Orientierung und Dimension des reziproken Gitter ist wie in Bild 3.23. Die kleinen Kreise stellen Gitterpunkte für die Strahlungen Kα und Kβ dar (vgl. Unterkap. 3.6). Wird die Röntgenstrahlung mit einer Wolframröhre produziert, bei der die Kα- und Kβ-Strahlung aufgrund ihrer hohen Energien nicht angeregt werden, wird ausschließlich die Beugung des kontinuierlichen Spektrums beobachtet, was durch Streifen dargestellt ist

Konstruktion in Bild 3.23 (S. 126) mit der Wellenlänge λ wird ein Gitter $\lambda(h\mathbf{a}^* + k\mathbf{b}^* + l\mathbf{c}^*)$ und eine Kugel vom Radius 1 erhalten. Für polychromatische Strahlung ergibt sich eine Überlagerung von Gittern variabler Ausdehnung, die von einer einzigen Kugel mit Radius 1 geschnitten wird. Der Punkt 000 ist allen Gittern gemeinsam. Sämtliche Gittergeraden durch den Ursprung werden zu kontinuierlichen Geraden. Jede Gerade, die die Kugeloberfläche schneidet, gibt Anlaß zu einer Reflexion (Bild 3.24, S. 127). Diese Konstruktion verdeutlicht die Überlagerung von Reflexen, die von Punkten des reziproken Gitters herrühren, die auf Geraden durch den Ursprung liegen (*zentrale* Gittergeraden).

Reflektierte Strahlen, die von Gitterpunkten einer Ebene des reziproken Gitters durch den Ursprung 000 verursacht werden, liegen auf einem Kegel, dessen Achse senkrecht auf dieser reziproken Gitterebene steht (Bild 3.25). Diese Normale ist eine Translation $[UVW]$ des Kristallgitters (U, V, W teilerfremd). Die Indizes hkl der Punkte der reziproken Ebene erfüllen die Gleichung $hU + kV + lW = 0$. Die Netzebenen (hkl) des Kristallgitters gehören daher zur Zone $[UVW]$ (vgl. Abschn. 1.3.3). Der Kegelmantel enthält den Primärstrahl. Die Entstehung des Kegels ist in Bild 3.26 als Konstruktion im Direktraum dargestellt. Einfallender und reflektierter Strahl schließen einen gleichgroßen Winkel μ mit einer beliebigen Geraden in der reflektierenden Ebene ein. Daraus folgt, daß die von einem rotierenden Spiegel reflektierten Strahlen auf einem Kegelmantel liegen; die Drehachse liegt dabei in der Spiegelfläche.

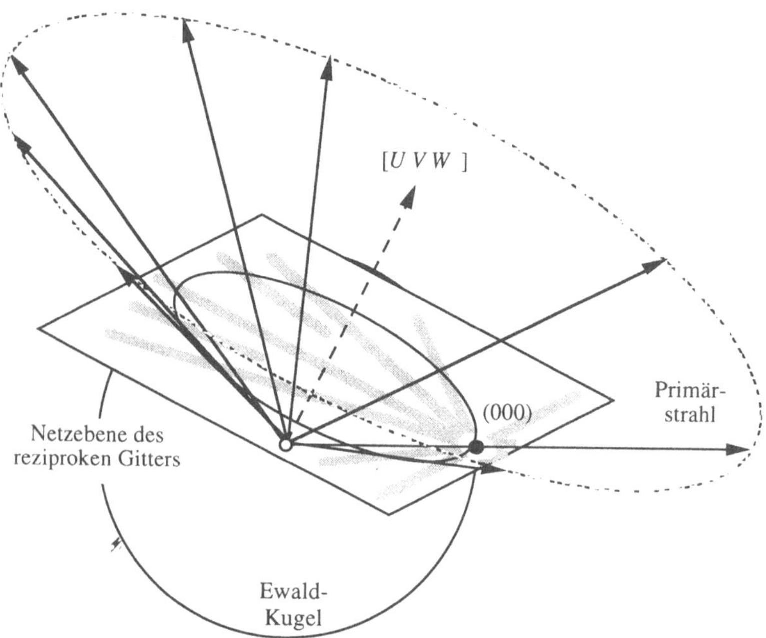

Bild 3.25 Die Reflexe einer reziproken Gitterebene durch den Ursprung bilden einen Kegelmantel. Die Kegelachse $[UVW]$ steht senkrecht auf der reziproken Ebene. Die reflektierenden Netzebenen des Kristallgitters sind alle parallel zu $[UVW]$

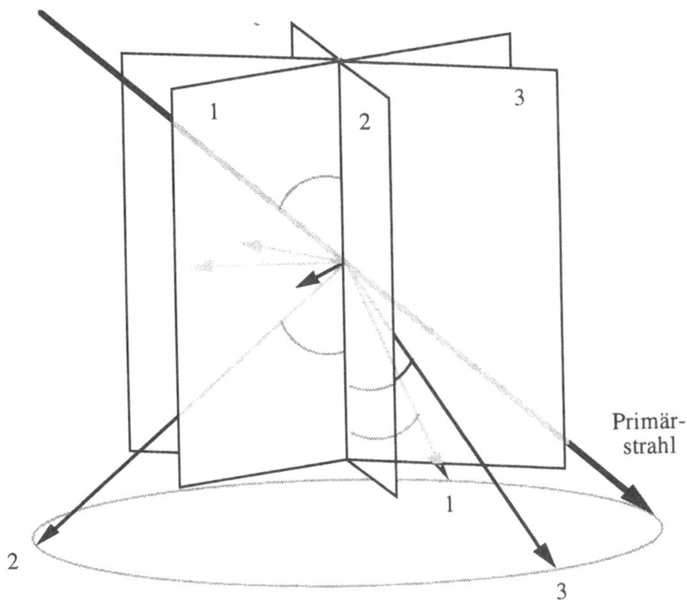

Bild 3.26 Darstellung des Kegels in Bild 3.25 im physikalischen Raum. Die von drei Ebenen reflektierten Strahlen befinden sich auf einem Kegel, dessen Achse die Schnittgerade der drei Ebenen ist. Die Winkel von Primarstrahl und reflektierten Strahlen mit dieser Achse sind alle gleich. Dagegen sind die Winkel $90° - \theta$ zwischen den Strahlen und den Normalen der Ebenen ungleich

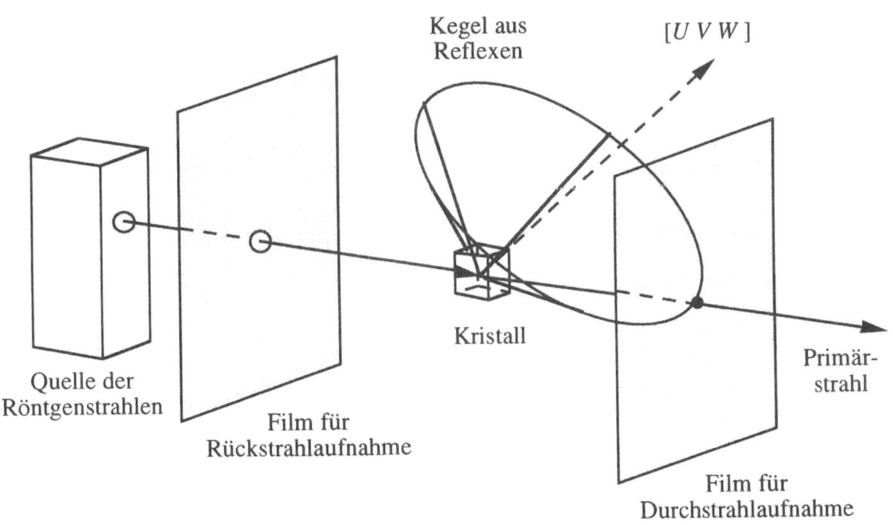

Bild 3.27 Experimentelle Anordnung mit ebenen Filmen für Laue-Durchstrahl- und -Rückstrahlaufnahmen

Die Laue-Methode wird hauptsächlich zur Ausrichtung von Kristallen entlang einer charakteristischen Richtung verwendet. In einem typischen Experiment steht ein ebener Film senkrecht zum Primärstrahl (Bild 3.27, S. 129). Der Kegelschnitt der reflektierten Strahlen einer Zone mit dem Film bildet eine Ellipse, Hyperbel oder Parabel. Befindet sich der Kristall zwischen Röntgenstrahlenquelle und Film, wird ein Laue-Durchstrahldiagramm erhalten. Die Hyperbeln und Ellipsen der Zonen enthalten den Primärstrahlfleck. Befindet sich der Film stattdessen zwischen Röntgenstrahlenquelle und Kristall, entsteht ein Laue-Rückstrahldiagramm. Nun liegen die Reflexe einer Zone auf Hyperbeln. Letztere Methode wird vornehmlich zur Orientierung großer Einkristalle angewandt. Laue-Aufnahmen ermöglichen die Bestimmung der Orientierung von Zonenachsen $[UVW]$ sowie das Indizieren von Reflexen.

Die Laue-Methode erlaubt weiterhin die Bestimmung der Punktgruppe eines Kristalls, abgesehen von der Anwesenheit oder Abwesenheit eines Symmetriezentrums. Nach dem Friedel-Gesetz sind die Intensitäten der Reflexe hkl und $\overline{hkl}$ nahezu gleich (vgl. Abschn. 3.7.3). Die Symmetrie der Beugungsmuster erlaubt daher nur die Unterteilung in die 11 Laue-Klassen, also die 11 zentrosymmetrischen kristallographischen Punktgruppen (vgl. Abschn. 2.5.7). Die folgende Aufstellung faßt in jeder Klammer alle zu einer Laue-Klasse gehörenden Punktgruppen zusammen; dabei ist die Laue-Klasse als letzte in der Klammer genannt: $(1, \overline{1})$, $(2, m, 2/m)$, $(mm2, 222, mmm)$, $(4, \overline{4}, 4/m)$, $(4mm, 422, \overline{4}2m,$ $4/mmm)$, $(3, \overline{3})$, $(3m, 32, \overline{3}m)$, $(6, \overline{6}, 6/m)$, $(6mm, 622, \overline{6}m2, 6/mmm)$, $(23,$ $m\overline{3})$, $(\overline{4}3m, 432, m\overline{3}m)$.

Eine wichtige neue Anwendung der Laue-Methode hat sich mit der Verfügbarkeit hochintensiver Röntgensynchrotronstrahlung entwickelt (vgl. Abschn. 3.6.3). Mit dieser Strahlung werden sehr schnell Beugungsdiagramme von Strukturen makromolekularer Substanzen erhalten.

3.5.2 Drehkristallmethode

Wird monochromatische Röntgenstrahlung benutzt (vgl. Unterkap. 3.6), ist das Bragg-Gesetz nur für bestimmte Orientierungen eines Kristalls erfüllt. Es existiert eine Reihe Filmmethoden zur Abbildung des reziproken Raumes eines Kristalls, die mehr oder weniger komplizierte Bewegungen des Kristalls verlangen. Allgemein gilt, daß die Auswertung der Diagramme umso komplizierter ist, je einfacher die Methode zu ihrer Aufnahme ist.

Für die Drehkristalltechnik wird ein Einkristall mit Ausdehnung zwischen 0,1 und 0,5 mm benutzt, der damit kleiner ist als der Durchmesser des einfallenden Primärstrahls. Mit wachsender Kristallgröße nehmen zudem unerwünschte Effekte wie Absorption und Extinktion zu (vgl. Abschn. 3.3.2 und 3.6.2). Der Kristall dreht sich bei dieser Methode um eine ausgesuchte Gerade $[UVW]$ seines Translationengitters. Er muß daher sorgfältig justiert werden. Die Ebenen des reziproken Gitters, deren Gitterpunkte die Bedingung

$$hU + kV + lW = n \quad (n \text{ ganzzahlig}; U, V, W \text{ teilerfremd})$$

erfüllen, stehen senkrecht auf der Richtung $[UVW]$. Für $[UVW] = [001]$ sind dies die Ebenen $hk0$, $hk1$, $hk2$ etc., $hk\overline{1}$, $hk\overline{2}$ etc., mit Abständen $1/c$. Während der Drehung um

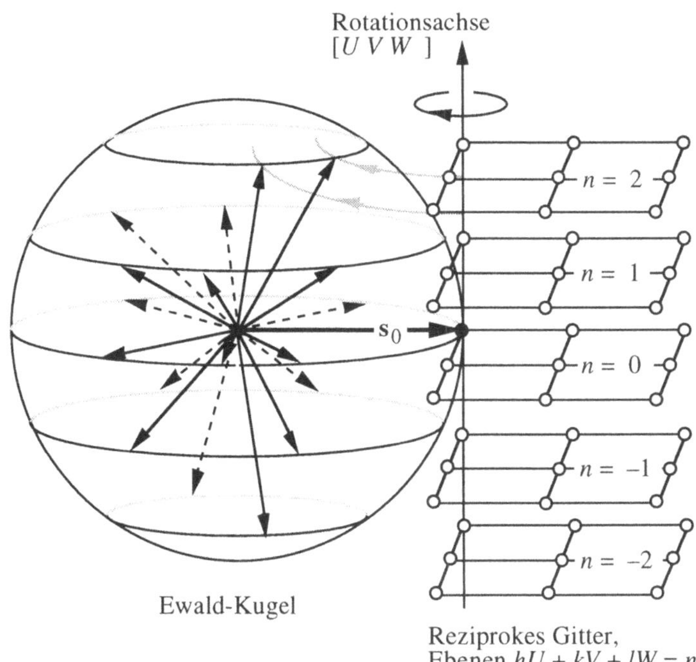

Bild 3.28 Drehkristallmethode: Reziproker Raum

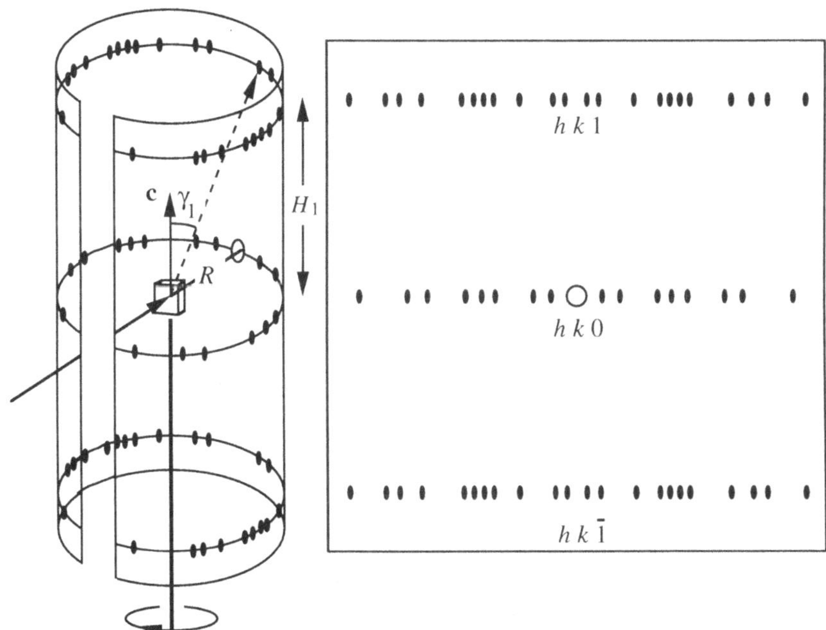

Bild 3.29 Drehkristallmethode: Experimentelle Anordnung

[*UVW*] wandern die Punkte des reziproken Gitters in ihren Ebenen (vgl. Bild 3.28, S.131). Die Richtungen reflektierter Strahlen, die zu den Gitterpunkten einer Ebene des reziproken Gitters gehören, bilden einen Kegelmantel (vgl. auch Bild 3.20, S.124).

Im allgemeinen steht der Primärstrahl s_0 senkrecht zur Drehachse des Kristalls. Sei dies die **c**-Achse, das Richtungssymbol also [001]. Mit Hilfe einer Laue-Gleichung (vgl. die Beziehungen 3.38, S. 117) kann nun der halbe Öffnungswinkel γ_l der Kegel berechnet werden, wobei l der Miller-Index ist, der die Ebene charakterisiert (Bild 3.29, S. 131):

$$\mathbf{c} \cdot \mathbf{s}_0 = 0, \quad \mathbf{c} \cdot \mathbf{S} = \mathbf{c} \cdot (\mathbf{s} - \mathbf{s}_0) = c \frac{1}{\lambda} \cos \gamma_l = l$$

$$\cos \gamma_l = \lambda \frac{l}{c} \tag{3.44}$$

Die Reflexe werden auf einem zylindrischen, zur Rotationsachse des Kristalls koaxialen photographischen Film auf sogenannten Schichtlinien registriert.

Der Abstand H_1 zwischen den Schichtlinien $l = 0$ und $l = 1$, den Schnitten der „Reflexkegel" mit dem Filmzylinder vom Radius R, ist

$$H_1 = R \tan(90° - \gamma_1) = R \cot \gamma_1 \tag{3.45}$$

Mit den Gleichungen (3.44) und (3.45) wird die Translationsperiode c berechnet. Die weiteren Gitterkonstanten und die Indizes h und k der Gitterpunkte in den Schichtlinien werden mit Methoden erhalten, die denen zur Interpretation von Pulverdaten analog sind (Abschn. 3.5.3).

3.5.3 Pulvermethode

Diese Technik (Bild 3.30) wurde von P. Debye und P. Scherrer (1916) und unabhängig von ihnen von A. W. Hull (1917) entwickelt. Ihr Erfolg gründet auf ihrer apparativen Einfachheit und den damit verbundenen moderaten Kosten sowie auf der oftmals auftretenden Schwierigkeit, Einkristalle herstellen zu können.

Die benutzte Strahlung ist monochromatisch. Die Probe besteht aus einer großen Anzahl Mikrokristalle der Größenordnung 0,01 – 0,001 mm. Für jede Netzebenenschar (*hkl*) befinden sich viele Kristallite in Reflexionsstellung. Der Winkel zwischen dem reziproken Gittervektor $\mathbf{r}^*_{hkl}$ und $\mathbf{s}_0$ ist dann 90° – θ (vgl. Bild 3.17, S. 121). Die Normalen der Ebenen (*hkl*) aller Kristallite, die gleichzeitig in Reflexionsstellung sind, bilden einen Kegelmantel um $\mathbf{s}_0$. Die gebeugten Strahlen liegen ebenfalls auf einem Kegelmantel, dessen halber Öffnungswinkel 2θ beträgt, da der Winkel zwischen $\mathbf{s}_0$ und $\mathbf{s}$ vom Betrag 2θ ist. Eine Pulverprobe emittiert daher Strahlung in Form koaxialer Kegel. Dieses Resultat wird auch mit der Ewald-Konstruktion erhalten. Die Gesamtheit der reziproken Gitterpunkte aller Mikrokristalle bildet ein System konzentrischer Kugelschalen um den Ursprung 000, dessen Kreisschnitte mit der Ewald-Kugel zu den genannten Beugungskegeln Anlaß geben.

Eine Debye-Scherrer-Kamera ist ein metallener Kreiszylinder mit einem photographischen Film an seiner Innenseite. Der Primärstrahl steht senkrecht auf der Zylinderachse.

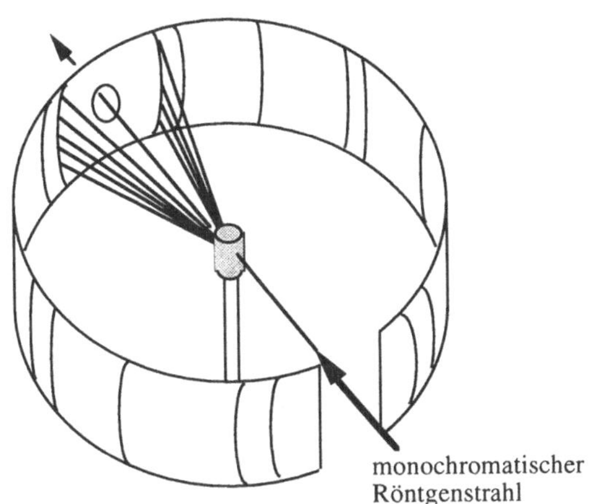

Bild 3.30 Pulvermethode (oben) und Pulverdiagramm (unten)

Der Abstand zwischen zwei vom selben Beugungskegel stammenden Linien auf dem Umfang des zylindrischen Films ist $4\theta R$, mit dem Bragg-Winkel θ (in Radian) und dem Radius R der Kamera. Das Bragg-Gesetz ermöglicht nun die Berechnung der Netzebenenabstände d_{hkl}. Die Pulvermethode liefert also nur die *Beträge* der reziproken Gittervektoren. Die Gesamtheit dieser Beträge entspricht der Projektion des reziproken Gitters auf eine Gerade.

Die Suche nach einer Basis **a**, **b**, **c** des Translationengitters und nach den Indizes hkl jeder Reflexlinie ist gleichbedeutend mit der Rekonstruktion des dreidimensionalen Gitters aus seiner eindimensionalen Projektion. Nach dem Bragg-Gesetz gilt für jede Linie die Beziehung

$$\|\mathbf{r}*\|^2 = \left(\frac{2\sin\theta}{\lambda}\right)^2 = h^2 a*^2 + k^2 b*^2 + l^2 c*^2 + 2hk\mathbf{a}* \cdot \mathbf{b}* + 2hl\mathbf{a}* \cdot \mathbf{c}* + 2kl\mathbf{b}* \cdot \mathbf{c}* \qquad (3.46)$$

Die Komponenten des reziproken metrischen Tensors sind für alle Gleichungen dieselben, wohingegen die ganzzahligen Indizes hkl für jede Linie charakteristisch sind. Theoretisch ist ein derartiges System *diophantischer Gleichungen* (Gleichungen mit ganzzahligen Lösungen) lösbar. Bei der praktischen Lösung können jedoch Schwierigkeiten auftreten, die in der begrenzten Präzision der experimentellen Werte des Winkels θ begründet sind. Heute stehen einige Computerprogramme zur Verfügung, die auch für niedrigsymmetrische Substanzen Lösungen für Gleichung (3.46) finden.

Jedem Kristallsystem entspricht ein charakteristischer Metriktyp (vgl. Abschn. 2.5.8) und folglich eine bestimmte Form der Gleichung (3.46) (S. 133). Die Lösung der diophantischen Gleichungen erlaubt daher die Bestimmung der Gittermetrik. Dies ist allerdings nicht hinreichend zur Festlegung des Kristallsystems, da keine Symmetrieelemente beobachtet werden.

Für einen kubischen Kristall reduziert sich Gleichung (3.46) (S. 133) zu

$$\sin^2 \theta = \frac{\lambda^2}{4a^2}(h^2 + k^2 + l^2) \tag{3.47}$$

Die Zahl $s = h^2 + k^2 + l^2$ kann alle positiven ganzzahligen Werte außer $s = (7 + 8n)4^m$ annehmen. Sämtliche aufgrund der Symmetrie $m\bar{3}m$ äquivalenten Netzebenenscharen reflektieren mit demselben Winkel θ. Die 48 Symmetrieoperationen dieser Punktgruppe werden durch alle Vorzeichenkombinationen und alle Permutationen der Indizes hkl dargestellt. Beispielsweise enthält die Linie $s = 1$ die sechs Reflexe 100, 010, 001, $\bar{1}00$, $0\bar{1}0$, $00\bar{1}$; die Linie $s = 2$ besteht aus den zwölf Reflexen 110, 101, 011, $\bar{1}10$, $10\bar{1}$, $0\bar{1}1$, $1\bar{1}0$, $\bar{1}01$, $01\bar{1}$, $\bar{1}\bar{1}0$, $\bar{1}0\bar{1}$, $0\bar{1}\bar{1}$. Die Zahl der Reflexe, die aus Symmetriegründen zusammenfallen, heißt *Multiplizität*.

Die diophantischen Gleichungen des kubischen Systems (Gl. 3.47) sind leicht mit einem Taschenrechner lösbar. Die Gleichungen für das tetragonale, das hexagonale und das rhomboedrische Gitter sind mit nicht allzu großem Aufwand lösbar. Je niedriger die Symmetrie, umso mehr Linien besitzt das Pulverdiagramm. Im triklinen System z. B. sind die Netzebenen (100), (010), (001) nicht symmetrieäquivalent und produzieren daher drei Linien verschiedener Lagen.

Die Pulvermethode dient weiterhin der *Identifizierung von Substanzen*. Die Datenbank des ICDD (International Centre for Diffraction Data) vereint alle publizierten Diffraktogramme und ist zusammen mit bibliographischen Daten und einer Computersoftware erhältlich, die den Vergleich mit dem selbst angefertigten Beugungsmuster einer Substanz ermöglicht.

3.6 Physik der Röntgenstrahlung

3.6.1 Erzeugung von Röntgenstrahlung

Die klassische Apparatur zur Erzeugung von Röntgenstrahlung besteht aus einem Hochspannungsgenerator und einer Röntgenröhre (Bild. 3.31). Die Röntgenröhre enthält in einem evakuierten Glaskolben eine Glühkathode und einen Anodenblock. Die Glühkathode ist ein Wolframfilament, das, durch einen steuerbaren elektrischen Heizstrom zum Glühen gebracht, Elektronen emittiert. Eine Hochspannung zwischen 40 und 60 kV zwischen Kathode und metallenem Anodenblock beschleunigt die Elektronen. Das Metall der Anode ermöglicht eine effiziente Kühlung. Die durch das Bombardement der Anode entstehende Röntgenstrahlung verläßt die Röhre durch Fenster aus Beryllium. Das emittierte Spektrum besteht neben einer gewissen Anzahl für das Anodenmaterial charakteristischer Linien hoher Intensität aus einem kontinuierlichen Untergrund.

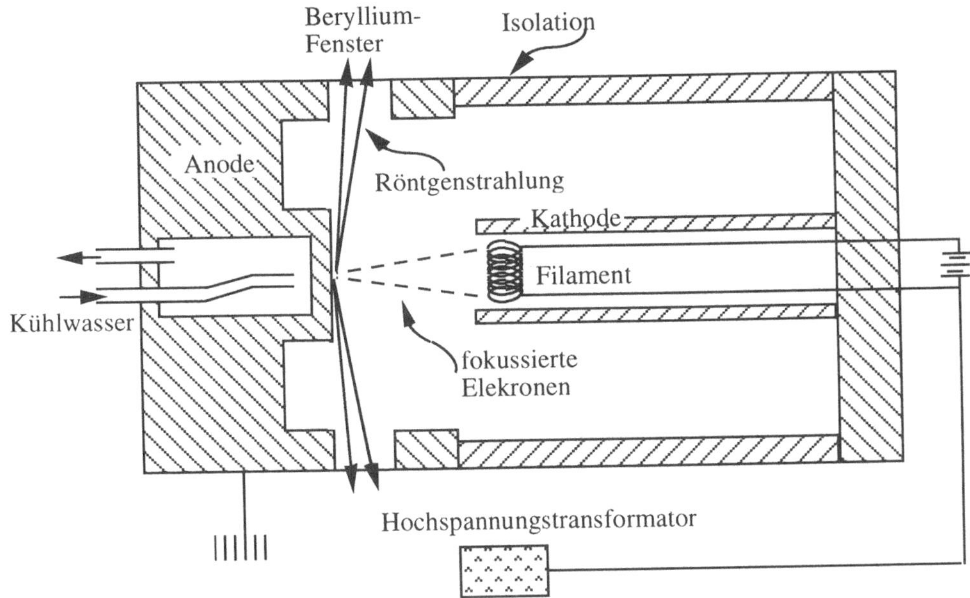

Bild 3.31 Schematischer Aufbau einer Röntgenröhre

Die Zusammensetzung des kontinuierlichen Spektrums, „weiße" Strahlung, ist unabhängig vom Anodenmaterial. Diese Strahlung entsteht durch Abbremsen der Elektronen (daher auch Bremsstrahlung genannt). In Bild 3.32 ist ihre Intensität I als Funktion der Wellenlänge λ für verschiedene Hochspannungen V dargestellt. Die untere Grenze der Wellenlänge, λ_{min}, bzw. die Obergrenze der Frequenz, ν_{max}, entspricht der Umwandlung der kinetischen Energie eines Elektrons der Ladung $-e$ in ein einziges Photon:

$$eV = h\nu_{max} = \frac{hc}{\lambda_{min}}$$

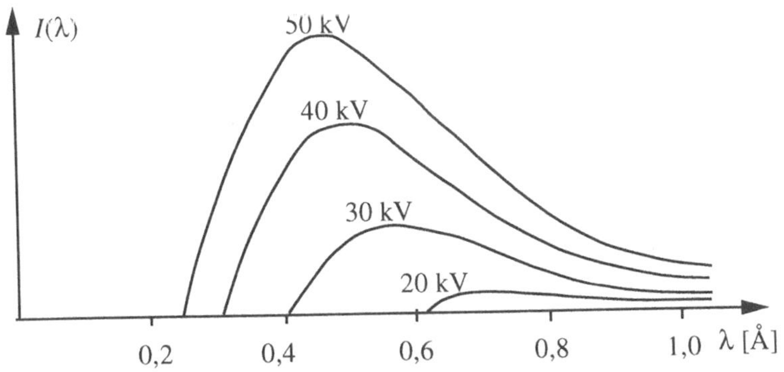

Bild 3.32 Spektren weißer Röntgenstrahlung (nach G. H. Stout und L. H. Jensen, *X-Ray Structure Determination*)

$$\lambda_{min}(\text{Å}) = 12398 \, \frac{1}{V(\text{Volt})} \qquad\qquad (3.48)$$

Hier ist e die Ladung des Elektrons, h die Plancksche Konstante und c die Lichtgeschwindigkeit (Gesetz von Duane-Hunt). Die bereits behandelte Laue-Methode (vgl. Abschn. 3.5.1) nutzt das kontinuierliche Spektrum.

Das *charakteristische Spektrum* ist typisch für das Metall der Anode (vgl. Bild 3.33). Es entsteht durch elektronische Übergänge und ist damit analog zu den Atomspektren der Alkalimetalle (Na, K). Einige Atome der Anode werden durch Photonen des kontinuierlichen Spektrums ionisiert, die hinreichende Energie besitzen, ein Elektron aus den inneren Schalen herauszuschlagen. Zum Verständnis dieses Phänomens rekapitulieren wir die Quantenzahlen und die spektroskopischen Symbole für Atomorbitale:

- Die Hauptquantenzahl $n = 1, 2, 3, \ldots$ bezeichnet die Elektronenschale K, L, M, ...
- Die Bahndrehimpuls-Quantenzahl oder Nebenquantenzahl, l, nimmt die Werte 0, 1, 2, ... an und entspricht den Orbitalen vom Typ s, p, d; es gilt $0 \le l \le n - 1$.
- Für die magnetische Quantenzahl m gilt der Wertebereich $-l \le m \le l$; also gibt es ein s-, drei p-, fünf d-, ... Orbitale.
- Die Spinquantenzahl s kann die Werte $+1/2$ und $-1/2$ annehmen.
- Der Gesamtdrehimpuls j ist die Summe aus Drehimpuls und Elektronenspin: $j = l \pm s$, also $j = l \pm 1/2$; $j = 1/2$ für ein s-Orbital, 1/2 oder 3/2 für ein p-Orbital, 3/2 oder 5/2 für ein d-Orbital etc.

Die inneren Schalen von Cu und Mo sind mit gepaarten Elektronen vollständig aufgefüllt. Ein durch Verlust eines s-Elektrons einer inneren Schale ionisiertes Atom befindet sich im Zustand $S_{1/2}$, da es nur ein ungepaartes s-Elektron mit $j = 1/2$ besitzt ($1S_{1/2}$ oder $2S_{1/2}$ für die

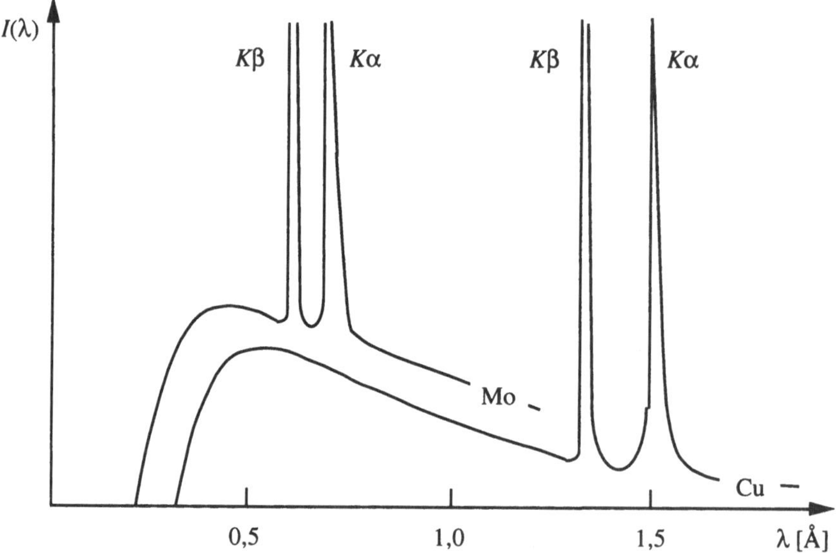

Bild 3.33 Charakteristische Röntgenspektren für Molybdän- und Kupferröhren (nach G. H. Stout und L. H. Jensen, *X-Ray Structure Determination*)

K- oder L-Schale). Wird ein p-Elektron herausgeschlagen, ist der Zustand $P_{1/2}$ oder $P_{3/2}$: die Bahndrehimpuls-Quantenzahl des ungepaarten Elektrons ist $l = 1$, der Gesamtdrehimpuls $j = 1/2$ oder $3/2$. Natürlich wird ein fehlendes Elektron in der K-Schale durch ein Elektron aus einer höheren Schale ersetzt. Die Übergänge $L \rightarrow K$ und $M \rightarrow K$ werden mit $K\alpha$ bzw. $K\beta$ bezeichnet. Nach der Auswahlregel der Atomphysik sind optische Übergänge (Absorption oder Emission eines Photons) nur erlaubt mit

$$\Delta l = \pm 1; \; \Delta j = 0 \text{ oder } \pm 1 \tag{3.49}$$

Der elektronische Übergang beim Auffüllen eines Loches in der K-Schale ($l = 0$) führt zu einem Loch in einem p-Orbital und damit zu einem Zustand $P_{1/2}$ oder $P_{3/2}$. Die charakteristischen K-Linien sind daher sämtlich Dubletts $S_{1/2} \rightarrow P_{1/2}$ und $S_{1/2} \rightarrow P_{3/2}$. Die neu entstandenen Löcher in den M- oder L-Schalen werden ebenfalls wieder aufgefüllt und zwar durch die Übergänge $P_{1/2} \rightarrow S_{1/2}$, $P_{1/2} \rightarrow D_{3/2}$, $P_{3/2} \rightarrow S_{1/2}$, $P_{3/2} \rightarrow D_{3/2}$ oder $P_{3/2} \rightarrow D_{5/2}$. Diese Kaskade von Übergängen produziert jedoch niemals einen $2S_{1/2}$-Zustand in der L-Schale; dieser wird stattdessen als direkte Ionisation durch Photonen des weißen Spektrums bewirkt. Die $K\alpha$- und $K\beta$-Linien im Bild 3.33 sind in Wirklichkeit Dubletts $K\alpha_1/K\alpha_2$ und $K\beta_1/K\beta_2$; bei hohen θ-Winkeln wird daher häufig eine Aufspaltung der Bragg-Reflexe aufgrund des $K\alpha_1/K\alpha_2$-Dubletts beobachtet. Dagegen sind die Energien der $K\beta_1$- und $K\beta_2$-Linien sehr ähnlich. Die L-Serie enthält eine Anzahl Linien bei weitaus größeren Wellenlängen. Das Verhältnis der Intensitäten $I(K\alpha_1)/I(K\alpha_2)$ ist etwa 2:1. Bild 3.34 gibt ein voll-

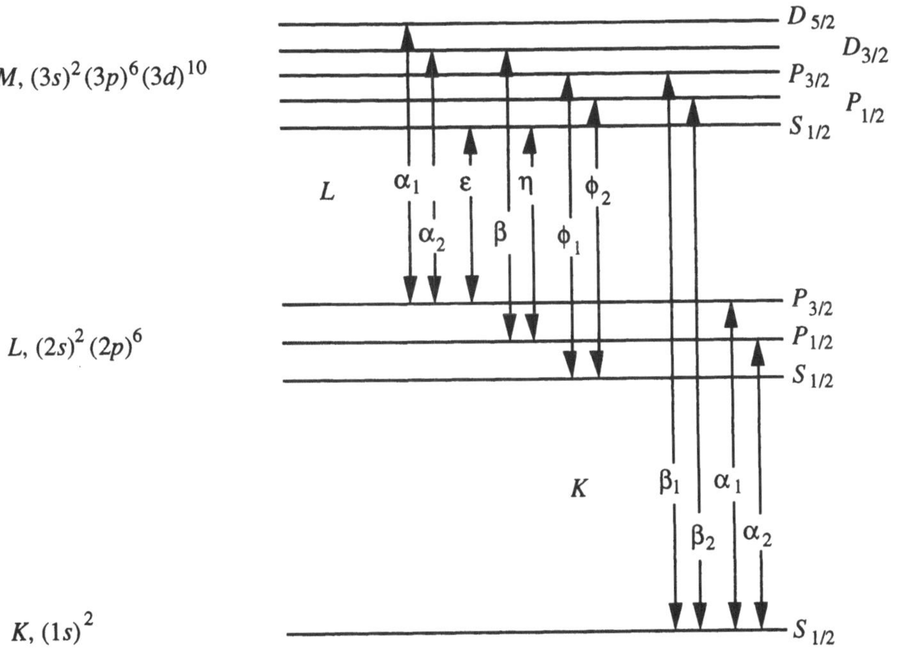

Bild 3.34 Energieniveauschema der elektronischen Übergänge, die zur Emission von Röntgenstrahlung führen

ständiges Energieschema der Übergänge, die zum charakteristischen Spektrum führen. Die Intensität des $K\alpha$-Dubletts berechnet sich nach Gleichung (3.50):

$$I(K\alpha) = k(V - V_0)^n, \; V/V_0 < 4 \tag{3.50}$$

V ist die Hochspannung an der Röntgenröhre, V_0 die notwendige Spannung zur Anregung von $K\alpha$, k eine Konstante und n ein Wert zwischen 1,5 und 2,0. V_0 kann mit der Beziehung (3.48) (S. 136) berechnet werden, wobei λ_{min} der K-Absorptionskante des Atoms entspricht, also der Energie zur Ionisation der K-Schale (vgl. Abschn. 3.6.2 und Tabelle 3.1, S. 140).

3.6.2 Monochromatisierung von Röntgenstrahlung, Absorption

Ein annähernd monochromatischer Strahl wird durch Isolierung des $K\alpha_1/K\alpha_2$-Dubletts erhalten. Die Isolierung der Einzellinie $K\alpha_1$ wird von einem Verlust an Intensität begleitet, der meist nicht akzeptiert werden kann.

Eine monochromatische Strahlung kann nach zwei Methoden erzeugt werden. Die einfachere nutzt die Absorptionsgesetze für Röntgenstrahlung durch Materie mit Hilfe von Filtern. Die Absorption von Strahlung durch einen Festkörper folgt der Gleichung

$$I = I_0 e^{-\mu t} \tag{3.51}$$

wobei t die Weglänge der Strahlung durch den Festkörper ist und μ dessen linearer Absorptionskoeffizient. Dieser ist charakteristisch für das absorbierende chemische Element und eine Funktion der Wellenlänge λ. Diese Funktion besteht aus kontinuierlichen Abschnitten mit $\mu \approx k\lambda^3$, die wiederum durch abrupte Diskontinuitäten unterbrochen werden, den *Absorptionskanten*. Bild 3.35 gibt für ein Element die Absorptionskurve $\mu(\lambda)$ als auch

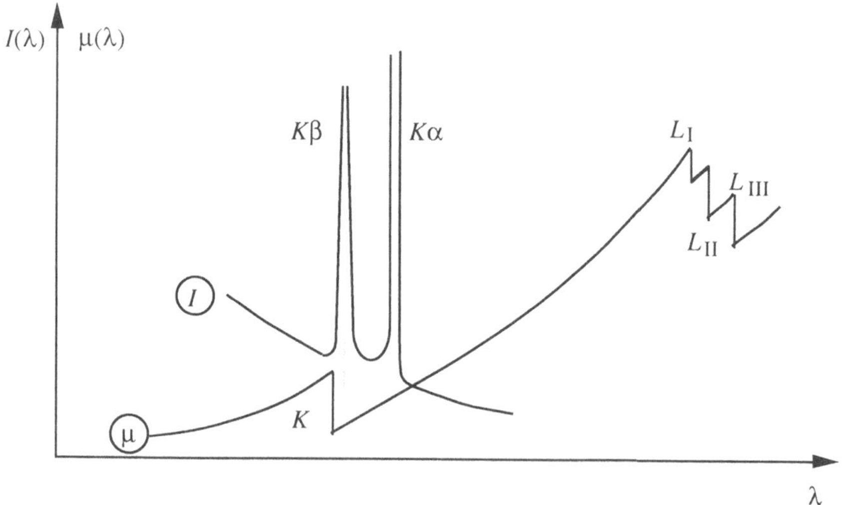

Bild 3.35 Absorption μ und Emission I von Röntgenstrahlen (nach G. H. Stout und L. H. Jensen, *X-Ray Structure Determination*)

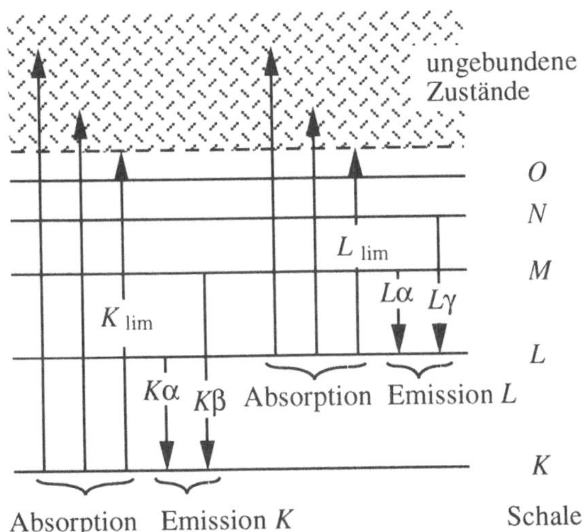

Bild 3.36 Energieniveauschema für Emission und Absorption. $K_{\lim}$ und $L_{\lim}$ bezeichnen die kleinsten Ionisierungsenergien für die K- und L-Schalen. Für die Multipletts von Emissionslinien vgl. Bild 3.34, S. 137

die Emissionskurve $I(\lambda)$ wieder. Die erste Diskontinuität in $\mu(\lambda)$ ist die K-Kante. Sie entspricht der Energie zum Herausschlagen eines $1s$-Elektrons in das Kontinuum außerhalb der charakteristischen Energieniveaus eines Atoms (das ionisierte Atom ist im Zustand $1S_{1/2}$). Die $K\alpha$- und $K\beta$-Linien befinden sich rechts von der K-Kante, bei größeren Wellenlängen, da die Energiedifferenzen zwischen den Schalen L und K sowie M und K entsprechen. Diese Niveaus sind bei nicht angeregten Atomen besetzt. Daraus folgt, daß

das charakteristische Emissionsspektrum eines Elements nur wenig von Atomen desselben Elements absorbiert wird.

Die L-Absorption besteht aus drei Kanten, entsprechend den Zuständen $2S_{1/2}$, $2P_{1/2}$ und $2P_{3/2}$. In Bild 3.36 ist das Energieniveauschema dargestellt, das der Absorptionskurve des Bildes 3.35 entspricht.

Die Monochromatisierung durch einen β-Filter beruht also auf der hauptsächlichen Absorption der $K\beta$-Linie. Als Filter wird ein Element gewählt, dessen K-Absorptionskante zwischen den $K\alpha$- und $K\beta$-Linien des Anodenmaterials liegt. Das Element links von diesem im Periodensystem der Elemente erfüllt diese Bedingung. Bild 3.37 (S. 140) zeigt den Einfluß eines Nb-Filters auf die Mo-Strahlung. In Tabelle 3.1 (S. 140) sind die wichtigsten Anoden- und Filterelemente mit charakteristischen Wellenlängen aufgeführt. Elemente zwei oder drei Positionen links vom emittierenden Element absorbieren auch dessen $K\alpha$-Linie außerordentlich stark. Die K-Absorptionskante von Co befindet sich bei einer Wellenlänge von 1,60815 Å, die von Fe bei 1,74334 Å. Es wäre daher nicht günstig, mit $CuK\alpha$-Strahlung eine Legierung von Co und Fe untersuchen zu wollen: Die Strahlung würde hauptsächlich absorbiert statt gebeugt. Die für die Absorption verantwortlichen Atome der Probe emittieren ihre eigene charakteristische Strahlung, die die Bragg-Reflexe mit einem störenden Untergrund überlagert.

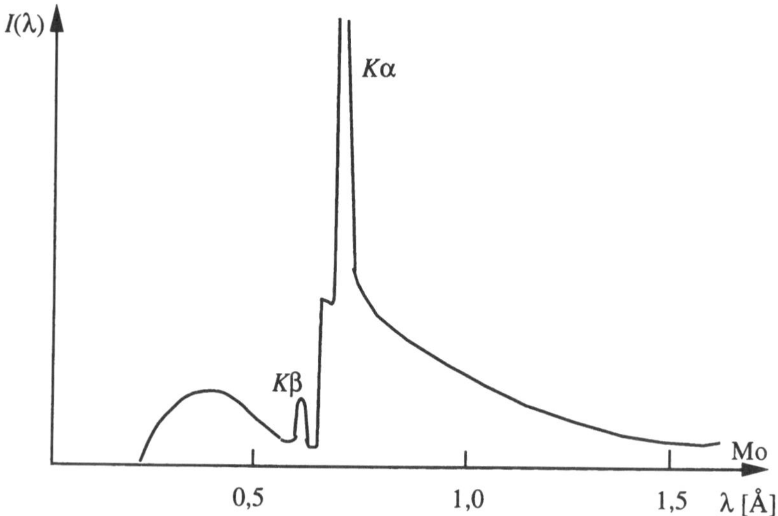

Bild 3.37 Emissionsspektrum bei Verwendung eines β-Filters (nach G. H. Stout und L. H. Jensen, *X-Ray Structure Determination*)

Tabelle 3.1 Charakteristische Wellenlängen in Å und β-Filter

Anoden-material	$\lambda(K\alpha_2)$	$\lambda(K\alpha_1)$	$\lambda(K\bar{\alpha})$	$\lambda(K\beta_1)$	λ K-Kante	Filter	λ K-Kante des Filters
Fe	1.93991	1.93597	1.93728	1.75653	1.74334	Mn	1.89636
Cu	1.54433	1.54051	1.54178	1.39217	1.38043	Ni	1.48802
Mo	0.713543	0.70926	0.71069	0.63225	0.61977	{ Nb	0.65291
						Zr	0.68877
Ag	0.563775	0.559363	0.56083	0.497069	0.48582	{ Pd	0.50915
						Rh	0.53378

Quelle: *International Tables for Crystallography*, Vol. C, Table 4.2.2.1
Intensitäten: $I(\alpha_2):I(\alpha_1) \approx 0.5$; $I(\beta):I(\alpha_1) \approx$ zwischen 0.167 (Fe) und 0.290 (Ag)

Eine effizientere Monochromatisierung als mit einem Filter wird mit einem *Kristallmonochromator* erreicht. Dieser Kristall wird so im Strahl justiert, daß er nach dem Bragg-Gesetz das $K\alpha_1/K\alpha_2$-Dublett mit hoher Intensität reflektiert. Dazu muß der Strukturfaktor des Reflexes groß sein (vgl. Unterkap. 3.7). In Einkristalldiffraktometern wird meist der 002-Reflex von Graphit genutzt, während bei Pulverdiffraktometern häufiger Quarz mit dem Reflex 101 oder Germanium mit dem Reflex 111 zum Einsatz kommt. Mit einem guten Quarzmonochromator können sogar die $K\alpha_1$- und $K\alpha_2$-Linien getrennt werden, allerdings zum Preis einer merklichen Intensitätseinbuße. Die Methode hat zwei Hauptnachteile:

- Das Justieren eines Kristallmonochromators ist umständlicher als der Einsatz eines β-Filters.
- Ein Kristall, der die Wellenlänge λ reflektiert, reflektiert ebensogut die Harmonischen $\lambda/2$, $\lambda/3$ etc. (vgl. Abschn. 3.5.1). Wird eine Hochspannung von 50 kV an die Röntgenröhre gelegt, gilt (Gl. 3.48, S. 136) $\lambda_{min} = 0{,}248$ Å. Daher enthält das weiße

Spektrum einige Harmonische (für Cu$K\alpha$ $\lambda/2$, ..., $\lambda/6$). Jedoch sind deren Intensitäten weitaus schwächer als die der $K\alpha$-Linien. Sie können elektronisch diskriminiert werden, wenn die Messung der Intensitäten mit einem Zählrohr erfolgt. Der Reflex 111 von Si und Ge wird ebenfalls genutzt. Für diese Materialien ist der Strukturfaktor (vgl. Abschn. 3.7.1) $F(222)$ fast null, $F(111)$ dagegen groß. Daher enthält der Reflex 111 nicht die Harmonische $\lambda/2$.

Kristallmonochromatoren werden auch zur Monochromatisierung von Neutronen benutzt. Auch zur Spektralanalyse elektromagnetischer sowie von Neutronenstrahlung werden sie eingesetzt.

3.6.3 Synchrotronstrahlung

Die Röntgenröhre ist eine überaus weit verbreitete Strahlenquelle in den Forschungslaboratorien von Universitäten und Industrie. Die Intensität ihrer Strahlung ist jedoch grundsätzlich durch das Vermögen des Abführens von Wärme an der Anode begrenzt. Für die meisten Anwendungen stehen hinreichende Intensitäten nur für die charakteristische Strahlung $K\alpha$ und $K\beta$ einiger metallischer Elemente mit guter thermischer Leitfähigkeit zur Verfügung. Die Auswahl an Wellenlängen ist daher deutlich beschränkt. Weitaus intensivere Strahlung kann mit Drehanoden erzeugt werden. Preis und Unterhalt solcher Maschinen sind jedoch erheblich kostspieliger als für klassische Röntgenröhren mit feststehender Anode.

Für die Röntgenstrahlung eines Synchrotrons gelten die genannten Einschränkungen nicht. Die Elektronen oder Positronen, die mit relativistischer Geschwindigkeit in einem Speicherring umlaufen, emittieren eine Strahlung überaus hoher Intensität, die in der Ringebene stark polarisiert ist. Mit einem Kristallmonochromator kann eine gewünschte Wellenlänge aus einem breiten Energiebereich isoliert werden. Insbesondere verhält sich ein perfekter Siliciumeinkristall wie ein sehr enger Bandpaßfilter. Die ersten Synchrotrone dienten der Hochenergiephysik, und die erzeugte Röntgenstrahlung wurde als etwas Lästiges und als Energieverlust betrachtet. Heute werden Synchrotrone gebaut mit dem Zweck der Erzeugung von Strahlung. Im Bereich der Röntgenstrahlung (nutzbare Wellenlängen zwischen 0,4 und 5,0 Å) sind bereits einige Anlagen in Betrieb. Die modernste Einrichtung auf diesem Gebiet, die *European Synchrotron Radiation Facility (ESRF)* in Grenoble (Frankreich), stellt den Forschern Röntgenstrahlung bisher unerreichter Intensität zur Verfügung. Viele Strahlrohre dort sind für Beugungsexperimente eingerichtet. Diese Röntgenstrahlung hat hohe Intensität, besitzt eine sehr kleine Divergenz und ist äußerst monochromatisch. Sie ermöglicht neue, bahnbrechende Forschung.

Die Synchrotrone haben eine Revolution in der Forschung an Festkörpern und Flüssigkeiten, an Oberflächen und Grenzflächen eingeleitet. Trotzdem werden sie nicht die herkömmliche Röntgenröhre ersetzen, die unentbehrlich für alle bereits bestehenden Anwendungen bleiben wird.

3.7 Intensität gebeugter Strahlung

3.7.1 Der Strukturfaktor

Es sei an einige fundamentale Zusammenhänge erinnert: Eine Kristallstruktur ist charakterisiert durch

- ein Translationengitter (Periodizität),
- ein Motiv (Inhalt der Elementarzelle).

Diese Eigenschaften werden ins Beugungsmuster übertragen als (vgl. Abschn. 3.1.3 und 3.4.1)

- konstruktive und diskrete Interferenzen nach dem Bragg-Gesetz,
- Intensitäten der gebeugten Strahlen.

Nach den Gleichungen (3.36), (3.37) (beide S. 117) und (3.41) (S. 120) ist die Intensität eines Bragg-Reflexes proportional zum Quadrat des Betrages des Strukturfaktors $|F(\mathbf{S})|^2$. Die Laue-Gleichungen (3.38) und (3.39) (S. 117) erlauben den Ersatz von $\mathbf{S}$ durch hkl: $\mathbf{S} = \mathbf{r}^* = h\mathbf{a}^* + k\mathbf{b}^* + l\mathbf{c}^*$, also $F(\mathbf{S}) = F(hkl)$. Die *integrale Intensität* eines Reflexes wird erhalten, indem der Kristall durch die Reflexionsstellung nach dem Bragg-Gesetz gedreht wird, z. B. von $\theta_{hkl} - \delta\theta$ bis $\theta_{hkl} + \delta\theta$, und über das Intensitätsprofil der reflektierten Strahlung integriert wird. In einem Pulverdiagramm wird über das Intensitätsprofil der Linie hkl integriert. Nach der im folgenden Abschnitt 3.7.2 dargelegten Theorie ist die integrale Intensität des Reflexes hkl

$$I(hkl) = K \, g(\theta) \, A \, y \, |F(hkl)|^2 \tag{3.52}$$

Dabei ist K eine Konstante, die unter anderem das Streuvermögen eines klassischen Elektrons enthält, $(e^2/4\pi\varepsilon_0 mc^2)^2$ (vgl. Abschn. 3.2.1), sowie die Intensität des Primärstrahls. A ist der Absorptionsfaktor, y der Extinktionskoeffizient (vgl. Abschn. 3.3.2). $g(\theta) = L(\theta) \, P(\theta)$, mit $P(\theta)$ als Polarisationsfaktor nach Gleichung (3.19) (S. 106); für einen unpolarisierten Primärstrahl gilt $P(\theta) = (1 + \cos^2 2\theta)/2$. Der Lorentz-Faktor $L(\theta)$ steht für die Geschwindigkeit, mit der ein Punkt hkl des reziproken Gitters durch die Oberfläche der Ewald-Kugel wandert (vgl. Abschn. 3.7.2). Die *Strukturamplitude* $|F(hkl)|$ ist gleich dem Absolutwert des Strukturfaktors.

Die Messungen liefern *relative Intensitäten*, also integrale Intensitäten einer beliebigen Skalierung K, da der Anteil der Primärintensität, dem der Kristall ausgesetzt ist, unbekannt ist. Daher ist die Konstante K eine Unbekannte. Die Werte der analytischen Funktion $g(\theta)$ können problemlos berechnet werden. Die Berechnung des Absorptionsfaktors A macht heute mit Hilfe eines Computers ebenfalls keine Schwierigkeiten mehr. Das Phänomen der Extinktion ist immer noch theoretisch schlecht beschrieben (vgl. Abschn. 3.3.2); der Faktor y liegt meist bei 1,0. Die Messung von Intensitäten erlaubt also die Berechnung der Strukturamplituden $|F(hkl)|$ auf relativer Basis, mit einer typischen Präzision von 1 bis 5 %. Die Werte $|F(hkl)|$ entsprechen der experimentellen Information über die Verteilung der Atome in der Elementarzelle. Dieser Abschnitt beschäftigt sich mit eben dieser Information.

Das Skalarprodukt aus $\mathbf{S} = \mathbf{r}^* = h\mathbf{a}^* + k\mathbf{b}^* + l\mathbf{c}^*$ und $\mathbf{r} = x\mathbf{a} + y\mathbf{b} + z\mathbf{c}$ der Beziehung (3.37) (S. 115) ist gleich $\mathbf{r} \cdot \mathbf{S} = hx + ky + lz$; das Volumenelement d^3r entspricht dem Produkt $[dx\mathbf{a} \times dy\mathbf{b}]dz\mathbf{c} = V_{\text{Zelle}}\, dxdydz$, wobei *Zelle* die Elementarzelle des Translationengitters bezeichnet. Damit wird aus (3.37)

$$F(\mathbf{S}) = F(hkl) = V_{\text{Zelle}} \int_0^1 dx \int_0^1 dy \int_0^1 dz < \rho(xyz) >_t\, e^{2\pi\mathrm{i}(hx+ky+lz)} \tag{3.53}$$

$$F(hkl) = \sum_{\text{Atome}}^{1\,\text{Zelle}} \left[f_m\right]_t e^{2\pi\mathrm{i}(hx_m+ky_m+lz_m)};\quad \left[f_m\right]_t = f_m(\sin\theta/\lambda)\, T(hkl) \tag{3.54}$$

Während Gleichung (3.53) Gültigkeit für beliebige periodische Elektronendichteverteilungen $<\rho(xyz)>_t$ besitzt, ist Gleichung (3.54) auf das atomistische Modell (vgl. Unterkap. 3.3) beschränkt. Letztere erlaubt das Berechnen des Strukturfaktors, wenn die Koordinaten der Atome und ihre thermischen Auslenkungen bekannt sind. Es sei daran erinnert, daß der Strukturfaktor eine Welle beschreibt. Daher wird er im allgemeinen als eine komplexe Zahl dargestellt:

$$F(hkl) = \sum_{\text{Atome}}^{1\,\text{Zelle}} \left[f_m\right]_t \cos 2\pi(hx_m + ky_m + lz_m) +$$

$$+ \mathrm{i} \sum_{\text{Atome}}^{1\,\text{Zelle}} \left[f_m\right]_t \sin 2\pi(hx_m + ky_m + lz_m) = A + \mathrm{i}\,B \tag{3.55}$$

Die Strukturamplitude ist dann gegeben durch

$$|F(hkl)|^2 = A^2 + B^2 = \left[\sum_{\text{Atome}}^{1\,\text{Zelle}} \left[f_m\right]_t \cos 2\pi(hx_m + ky_m + lz_m)\right]^2 +$$

$$+ \left[\sum_{\text{Atome}}^{1\,\text{Zelle}} \left[f_m\right]_t \sin 2\pi(hx_m + ky_m + lz_m)\right]^2 \tag{3.56}$$

In Gleichung (3.56) sind die Beobachtungen $|F(hkl)|^2$ als Funktion der Atomkoordinaten x_m, y_m, z_m dargestellt. Zur Bestimmung einer unbekannten Kristallstruktur wird eine Anzahl Intensitäten, N_I, gemessen, die viel größer ist als die Anzahl N_A symmetrisch unabhängiger Atome in der Elementarzelle, $N_I \approx 100\, N_A$. Für jedes Atom müssen die drei Koordinaten x_m, y_m, z_m und ein oder mehrere Parameter der thermischen Auslenkung nach Gleichung (3.33) oder (3.34) (S. 115) bestimmt werden. Die Lösung des Phasenproblems für das atomistische Modell bedeutet daher die Lösung der N_I Gleichungen (3.56). Eine klassische Methode zum Erreichen dieses Ziels, die *Patterson-Funktion*, wird im Abschnitt 3.9.2 beschrieben. Des weiteren existieren heute wirkungsvolle Algorithmen, die *Direkten Methoden*, zur algebraischen Lösung des Problems. In erster Näherung werden die thermischen Auslenkungen aller Atome (vgl. Abschn. 3.3.4) mit einem einzigen globalen Faktor U_{iso} nach Gleichung (3.34)

(S. 115) beschrieben. Sind einmal die Atomkoordinaten annähernd bestimmt, werden sämtliche Parameter, einschließlich der U_{ij} nach Gleichung (3.33) (S. 115), angepaßt. Dies geschieht mittels der Kleinste-Quadrate-Methode, welche die Summe $\sum\limits_{hkl} w\left[\left|F_{\text{beobachtet}}\right|^2 -\right.$ $\left.- \left|F_{\text{berechnet}}\right|^2\right]^2$ minimiert. Hierbei ist w das Gewicht der Beobachtung hkl.

3.7.2 Integrale Intensität und Lorentz-Faktor

Dieser Abschnitt gibt eine kurzgefaßte Übersicht zur Berechnung der integralen Intensität eines Bragg-Reflexes nach der kinematischen Theorie. Ein Kristall vom Volumen Δ drehe sich mit der Winkelgeschwindigkeit ω durch die Reflexionsstellung. Die Drehachse liege in der reflektierenden Ebene (hkl) (Bild 3.38). Diese Bedingungen entsprechen denen für die Reflexe der nullten Schicht, $n = 0$, der Drehkristallmethode (vgl. Abschn. 3.5.2). Auf den Kristall trifft der Anteil I_0 der Intensität des Primärstrahls in Photonen pro Zeit- und Flächeneinheit. Auf ein Zählrohr oder einen Film im Abstand r vom Kristall treffen während der Kristalldrehung alle reflektierten Photonen E. Ist die einfallende Welle polarisiert, gilt mit den Gleichungen (3.16) (S. 105) und (3.20) (S. 108) für die Amplitude der gestreuten Welle

$$\xi(\mathbf{S}) = \xi_0 \, \frac{1}{4\pi\varepsilon_0} \, \frac{e^2}{mc^2} \, \frac{1}{r} \, G(\mathbf{S}) \sin\phi, \quad \mathbf{S} = \mathbf{s} - \mathbf{s}_0$$

mit ϕ als Winkel zwischen der Polarisationsrichtung des Primärstrahls und dem Vektor $\mathbf{s}$ in

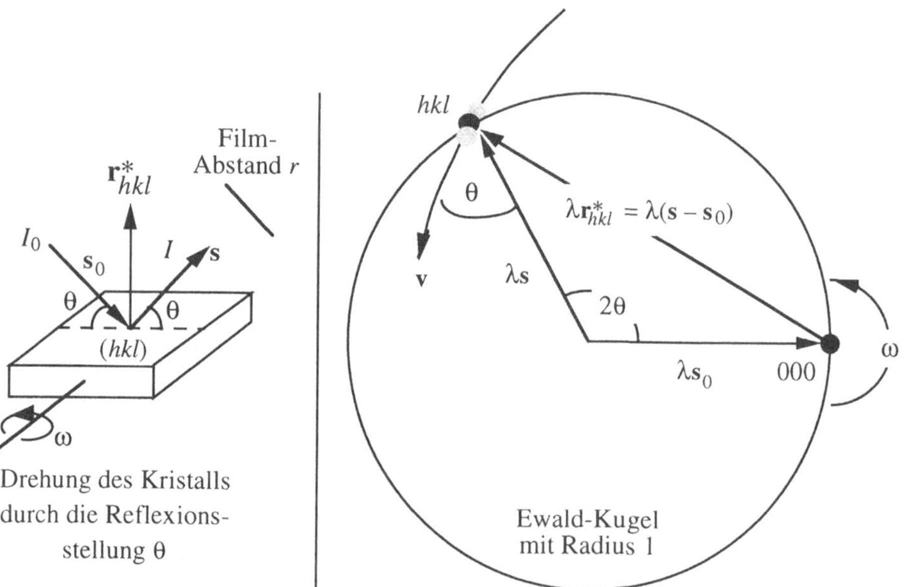

Bild 3.38 Zur Ableitung des Lorentz-Faktors für eine Drehung des Kristalls um eine Achse ω in der reflektierenden Ebene (hkl) im Bereich des Bragg-Winkels θ für den Reflex hkl

Richtung der gestreuten Strahlung. Für unpolarisierte einfallende Strahlung ist die gestreute Intensität in Richtung $\mathbf{s}$ daher $I(\mathbf{s}) = I_e|G(\mathbf{S})|^2$. Dabei ist I_e die Anzahl der von einem klassischen Elektron gestreuten Photonen und enthält den Polarisationsfaktor P nach Gleichung (3.19) (S. 106). Die Berechnung von E erfolgt durch Integration über die Winkelkoordinaten Ω der Streufunktion $J^2(\mathbf{a}\cdot\mathbf{S})J^2(\mathbf{b}\cdot\mathbf{S})J^2(\mathbf{c}\cdot\mathbf{S})$ mit Hilfe von Gleichung (3.36) (S. 117):

$$E = \int_{\theta-\delta\theta}^{\theta+\delta\theta} d\theta \int_{1\,\text{Reflex}} I d(\textit{Oberfläche}) = r^2|F(hkl)|^2 \frac{I_e}{v_n} \int_{\text{Winkel}} J_M^2 J_N^2 J_P^2 \, d\Omega \tag{3.57}$$

Der Nenner v_n ist eine Funktion von ω und θ und beschreibt die Geschwindigkeit des Durchgangs eines Punktes des reziproken Gitters durch die Oberfläche der Ewald-Kugel (Bild 3.38). Da die Integration über die Winkelkoordinaten erfolgt, kann die Berechnung von v_n mit Hilfe der modifizierten Ewald-Konstruktion geschehen: der Radius der Kugel ist 1, und die Abstände des reziproken Gitters werden mit λ multipliziert (vgl. Abschn. 3.5.1)

Indem der Kristall mit der Winkelgeschwindigkeit ω gedreht wird, bewegt sich der Gitterpunkt hkl mit der Geschwindigkeit $v = \lambda r^*\omega$. Seine Schnelligkeit durch die Oberfläche der Ewald-Kugel entspricht der Projektion von $\mathbf{v}$ auf die Richtung $\mathbf{s}$ der gebeugten Strahlen, $v_n = v\cos\theta$. Die Norm von $\lambda\mathbf{r}^*$ ist $2\sin\theta$, daher gilt $v_n = 2\sin\theta\cdot\omega\cos\theta = \omega\sin 2\theta$. Die integrale Intensität ist umso kleiner, je größer v_n ist. Der Quotient $L(\theta) = \omega/v_n$ wird *Lorentz-Faktor* genannt. Für die experimentelle Anordnung in Bild 3.38 besitzt er die Form

$$L(\theta) = \frac{1}{\sin 2\theta} \tag{3.58}$$

Der Lorentz-Faktor $L(\theta)$ ist im Term $g(\theta)$ der Gleichung (3.52) (S. 142) enthalten. Die integrale Intensität ist umso größer, je langsamer der Gitterpunkt hkl durch die Oberfläche der Ewald-Kugel taucht. Der Ursprung des reziproken Gitters liegt immer auf der Kugel, unabhängig von der Orientierung des Kristalls; daher gilt $L(0) = \infty$. Die Geschwindigkeit v ist kleiner als in Gleichung (3.58), wenn die Drehachse des Kristalls nicht in der reflektierenden Ebene liegt. Offensichtlich ist die Form des Lorentz-Faktors $L(\theta)$ also abhängig von der Geometrie des Experiments. So gilt für die Drehkristallmethode (vgl. Abschn. 3.5.2) mit Drehachse parallel $\mathbf{c}$ und Primärstrahl senkrecht $\mathbf{c}$ für Reflexe der n-ten Schicht:

$$L(\theta) = (\sin^2 2\theta - \zeta^2)^{-1/2}, \quad \zeta = \frac{n\lambda}{c} \tag{3.59}$$

Für die Pulver-Methode des Abschnitts 3.5.3 hat der Lorentz-Faktor die Form

$$L(\theta) = \frac{1}{\sin^2\theta\cos\theta} \tag{3.60}$$

Mit Gleichung (3.41) (S. 120) wird das Integral über einen Punkt des reziproken Gitters

$$\int_{\text{Winkel}} J_M^2 J_N^2 J_P^2 d\Omega = \int_{\text{max}} J_M^2 J_N^2 J_P^2 d^3(\lambda \mathbf{S}) =$$

$$= \lambda^3 \int_{\text{max}} J_M^2 J_N^2 J_P^2 d^3(\mathbf{S}) = \frac{\lambda^3 \Delta}{V_{\text{Zelle}}^2} \tag{3.61}$$

Nach Einsetzen der Gleichungen (3.18) (S. 106), (3.58) (S. 145) und (3.61) in (3.57) (S. 145) bekommt die kinematische integrale Intensität die Form

$$\frac{E\omega}{I_0} = \left(\frac{1}{4\pi\varepsilon_0}\right)^2 \left(\frac{e^2}{mc^2}\right)^2 \lambda^3 \Delta \frac{1+\cos^2 2\theta}{2\sin 2\theta} \left|\frac{F(hkl)}{V_{\text{Zelle}}}\right|^2 = K\,L(\theta)\,P(\theta)\,|F(hkl)|^2 \tag{3.62}$$

Wie aus Gleichung (3.52) (S. 142) erkennbar, wird eine noch bessere Übereinstimmung mit den Meßdaten erreicht, wenn eine Absorptionskorrektur für den Primärstrahl und für die reflektierten Strahlen sowie eine Extinktionskorrektur durchgeführt werden.

3.7.3 Das Friedel-Gesetz

Der Strukturfaktor des Reflexes $\overline{h}\overline{k}\overline{l}$ entspricht dem konjugiert komplexen Ausdruck $F^*(hkl)$ von $F(hkl)$. Die Strukturamplituden der Reflexe hkl und $\overline{h}\overline{k}\overline{l}$ sind daher gleich:

$$\left|F(\overline{h}\overline{k}\overline{l})\right|^2 = |F(hkl)|^2 \tag{3.63}$$

Gleichung (3.63) steht für das *Friedel-Gesetz* (1913):

> *Die Intensitäten der Reflexe hkl und $\overline{h}\overline{k}\overline{l}$ sind gleich, auch wenn der Kristall nicht zentrosymmetrisch ist. Diese beiden Reflexe stammen von den beiden Seiten („Vorder-" und „Rückseite") derselben Netzebenenschar.*

Aus diesem Gesetz folgt, daß mit Beugungsmethoden, also auch mit der Laue-Methode (vgl. Abschn. 3.5.1), ein Einkristall nur in die 11 Laue-Klassen (Abschn. 2.5.7), nicht jedoch in die 32 Kristallklassen eingeordnet werden kann.

Das Friedel-Gesetz gründet allerdings auf einer vereinfachenden Annahme; es ist daher nicht strikt gültig. Bei der Ableitung der Gleichung (3.63) wurde von reellen Atomformfaktoren $[f_m]$, ausgegangen. Dies ist jedoch nur annähernd korrekt: Die Dispersion (vgl. Abschn. 3.2.2 und 3.3.3) wird mit einer imaginären Komponente im Formfaktor beschrieben. Sie ist umso gewichtiger, je näher die Wellenlänge der benutzten Röntgenstrahlung einer Absorptionskante von Atomen der Kristallstruktur kommt. In diesem Falle erfüllen die Strukturfaktoren das Friedel-Gesetz nicht. Dieser Effekt wird bei der Kristallstrukturbestimmung von Makromolekülen bewußt genutzt. Auch erlaubt er die Bestimmung der absoluten Konfiguration, beispielsweise die Unterscheidung zwischen einer rechts- und einer linksspiraligen Struktur. Im allgemeinen bleibt das Friedel-Gesetz jedoch eine exzellente Näherung für die in Unterkap. 3.5 aufgeführten experimentellen Methoden.

Ist eine Kristallstruktur *zentrosymmetrisch*, und wird der Ursprung des Koordinatensystems in ein Symmetriezentrum gelegt, ist der Strukturfaktor eine reelle Größe. In diesem Falle ist die Elektronendichte eine gerade Funktion, $<\rho(\mathbf{r})>_t = <\rho(-\mathbf{r})>_t$: Zu einem Atom in x, y, z gehört ein symmetrisch äquivalentes in $\bar{x}$, $\bar{y}$, $\bar{z}$, und der Imaginärteil in Gleichung (3.55) (S. 143) verschwindet.

$$F_{\text{centro}}(hkl) = \sum_{\substack{\text{Atome}}}^{\substack{1\,\text{Zelle}}} [f_m]_t \cos 2\pi(hx_m + ky_m + lz_m) = \pm|F_{\text{centro}}(hkl)| \tag{3.64}$$

Bei der Kristallstrukturbestimmung ist die Anwesenheit eines Symmetriezentrums von besonderer Bedeutung. Die Lösung des Phasenproblems besteht in diesem Fall ausschließlich in der Bestimmung der Vorzeichen der Strukturfaktoren. Dagegen können die Phasen der Strukturfaktoren einer nichtzentrosymmetrischen Kristallstruktur alle Werte zwischen 0 und 2π besitzen. Es ist allerdings oftmals schwierig, die Anwesenheit eines Symmetriezentrums zweifelsfrei festzustellen.

3.8 Raumgruppenbestimmung

3.8.1 Kristallsystem und Laue-Klasse

Die Symmetrie des Beugungsmusters eines Einkristalls erlaubt es prinzipiell, diesen Kristall in eine der 11 Laue-Klassen einzuordnen (vgl. Abschnitte 2.5.7 und 3.7.3). Gehört ein Kristall zur Laue-Klasse 4/m, sind die Reflexe hkl, $\bar{k}hl$, $\bar{h}\bar{k}l$, $k\bar{h}l$, $\bar{h}\bar{k}\bar{l}$, $k\bar{h}\bar{l}$, $hk\bar{l}$, $\bar{k}h\bar{l}$ symmetrieäquivalent und besitzen damit dieselbe Intensität. Zur Laue-Klasse 4/m gehören die Kristallklassen 4, $\bar{4}$ und 4/m. Die Symmetrie einer Laue-Aufnahme mit der vierzähligen Symmetriehauptachse parallel zum einfallenden Röntgenstrahl ist tetragonal mit der zweidimensionalen Punktgruppe 4.

Für einen Kristall der Laue-Klasse 4/mmm (zugehörige Kristallklassen 4mm, 422, $\bar{4}$2m und 4/mmm) gelten über die Laue-Klasse 4/m hinaus außerdem die Symmetrieäquivalenzen der Reflexe hkl und khl. Daher existieren zu jedem Reflex allgemeinen Typs (hier: $h \neq k$, $h \neq 0$, $k \neq 0$, $l \neq 0$) 16 symmetrisch äquivalente. Eine Laue-Aufnahme eines wie im letzten Beispiel orientierten Kristalls zeigt die ebene Punktgruppe 4mm.

Im Falle der Pulvermethoden überlagern alle bezüglich der Holoedrie (vgl. Tabelle 2.14, S. 72) symmetrieäquivalenten Reflexe exakt, da sie alle dieselben Netzebenenabstände d_{hkl} besitzen. Mit diesen Methoden kann daher nicht die Laue-Klasse, sondern nur die Metrik der Elementarzelle bestimmt werden. Aus ähnlichem Grunde ist die Drehkristallmethode nicht geeignet, in jedem Falle die Laue-Klasse anzuzeigen. Andere, hier nicht behandelte Beugungsmethoden an Einkristallen jedoch sorgen für überlagerungsfreie Detektion aller Reflexe. Daher kann mit ihrer Hilfe die Laue-Klasse und somit auch das Kristallsystem bestimmt werden.

Ist es möglich, weitergehende Symmetrieinformationen, insbesondere über die Bravais-Klasse und die Raumgruppe, zu erhalten?

In der Mehrheit aller Diffraktogramme fehlen Reflexe, weil ihre Strukturamplituden zu klein oder gar identisch null sind (Auslöschungen).

Eine Auslöschung heißt systematisch, wenn die Miller-Indizes betroffener Reflexe bestimmten Paritätsklassen angehören. Systematische Auslöschungen geben Aufschluß über die Anwesenheit von Gitterzentrierungen, Gleitspiegelebenen und Schraubenachsen; sie informieren damit über Symmetrieelemente ohne Fixpunkte (vgl. Unterkap. 2.3).

Komplementär zu den systematischen Auslöschungen beschreiben die *Reflexionsbedingungen* die im allgemeinen nicht ausgelöschten, beobachtbaren Reflexe. Tabellenwerke geben Reflexionsbedingungen. Es werden drei Typen von Reflexionsbedingungen unterschieden: integrale, zonale und seriale. Von *integralen* Reflexionsbedingungen sind *sämtliche* Reflexe hkl betroffen; *zonale* betreffen Reflexe, die einer *Ebene des reziproken Gitters* entsprechen, welche den Nullpunkt enthält, z. B. die Reflexe $hk0$. *Seriale* Reflexionsbedingungen stammen von *Geraden* des reziproken Gitters durch den Nullpunkt (zentrale Gittergeraden), beispielsweise $h00$.

3.8.2 Integrale Reflexionsbedingungen: Gitterzentrierungen

Sämtliche Reflexionsbedingungen können über die Formel (3.54) für den Strukturfaktor (vgl. S. 143) abgeleitet werden. Es sei das Beispiel eines C-zentrierten Gitters behandelt, für das außer **a**, **b** und **c** auch der Vektor (**a** + **b**)/2 eine Gittertranslation ist (vgl. Abschn. 1.4.1): Zu einem Atom m in beliebiger Position x, y, z existiert ein translationssymmetrisches Atom in $1/2 + x$, $1/2 + y$, z. Der Beitrag dieses Atompaares zum Strukturfaktor eines beliebigen Reflexes hkl ist

$$\left[f_m\right]_t \, e^{2\pi i(hx+ky+lz)}\left\{1 + e^{\pi i(h+k)}\right\}; \quad 1 + e^{\pi i(h+k)} = \begin{cases} 2 \ \text{für } h + k \ \text{gerade} \\ 0 \ \text{für } h + k \ \text{ungerade} \end{cases}$$

Die Intensitäten *sämtlicher* Reflexe mit $h + k$ ungerade sind also gleich null. In analoger Weise können die charakteristischen integralen Reflexionsbedingungen für jeden Zentrierungstyp – I, A, B, C, F, R (vgl. Tabelle 3.2) – hergeleitet werden. Ein P-Gitter besitzt dagegen keine systematischen integralen Auslöschungen, also keine speziellen Reflexionsbedingungen.

Es ist aufschlußreich, sich zu verdeutlichen, daß der Ursprung dieser Regeln in der Wahl des Koordinatensystems begründet ist und daß sie anders als durch Interpretation der Strukturfaktoren abgeleitet werden können. Jede zentrierte Zelle kann in eine primitive transformiert werden, die allerdings im allgemeinen nicht mehr der Symmetrie des Motivs gerecht wird und daher unbefriedigend ist (vgl. Abschn. 1.4.1 und 2.6.1). So wird mit **a'** = (**a** − **b**)/2, **b'** = (**a** + **b**)/2 eine C-zentrierte Zelle in eine primitive transformiert (vgl. Bild 3.39). Die Miller-Indizes transformieren auf kovariante Weise (vgl. Abschn. 1.2.4), also $h' = (h − k)/2$, $k' = (h + k)/2$. Da nach den Laue-Gleichungen h' und k' ganzzahlig sind, muß $h + k$ gerade sein. Indizes mit $h + k$ ungerade entsprechen keinem reziproken Gittervektor.

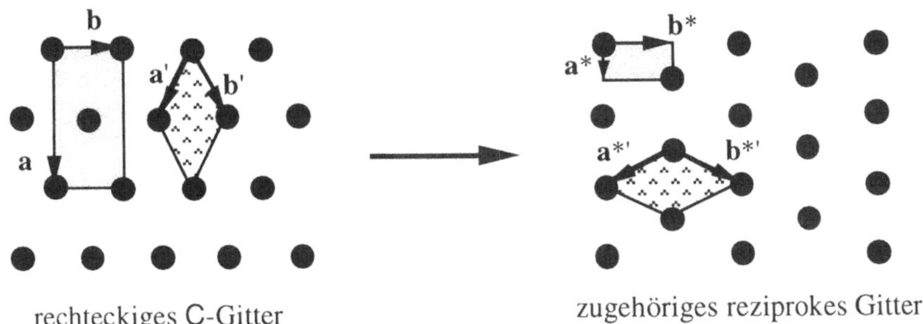

rechteckiges C-Gitter
zugehöriges reziprokes Gitter

Bild 3.39 Transformation eines orthorhombischen C-zentrierten Gitters in ein P-Gitter

Tabelle 3.2 Integrale und zonale Reflexionsbedingungen. Reflexe mit diesen Bedingungen nicht genügenden Indizes sind ausgelöscht

Reflex-typ	Reflexions-bedingung	Gittertyp oder Symmetrieelement	Translationen
hkl	$h+k+l = 2n$	I-Gitter	$\frac{1}{2}(a+b+c)$
	$h+k = 2n$	C-Gitter	$\frac{1}{2}(a+b)$
	$h+l = 2n$	B-Gitter	$\frac{1}{2}(a+c)$
	$k+l = 2n$	A-Gitter	$\frac{1}{2}(b+c)$
	h, k, l alle gerade oder alle ungerade	} F-Gitter	$\frac{1}{2}(a+b)$, $\frac{1}{2}(a+c)$, $\frac{1}{2}(b+c)$
	$-h+k+l = 3n$	R-Gitter (*obvers*)	$\frac{1}{3}(2a+b+c)$, $\frac{1}{3}(a+2b+2c)$
	$h-k+l = 3n$	R-Gitter (*revers*)	$\frac{1}{3}(a+2b+c)$, $\frac{1}{3}(2a+2b+2c)$
$0kl$	$k = 2n$	b-Gleitspiegelebene, (100)	$\frac{1}{2}b$
	$l = 2n$	c-Gleitspiegelebene, (100)	$\frac{1}{2}c$
	$k+l = 2n$	n-Gleitspiegelebene, (100)	$\frac{1}{2}(b+c)$
	$k+l = 4n$	d-Gleitspiegelebene, (100)	$\frac{1}{4}(b+c)$
$h0l$	$h = 2n$	a-Gleitspiegelebene, (010)	$\frac{1}{2}a$
	$l = 2n$	c-Gleitspiegelebene, (010)	$\frac{1}{2}c$
	$h+l = 2n$	n-Gleitspiegelebene, (010)	$\frac{1}{2}(a+c)$
	$h+l = 4n$	d-Gleitspiegelebene, (010)	$\frac{1}{4}(a+c)$
$hk0$	$h = 2n$	a-Gleitspiegelebene, (001)	$\frac{1}{2}a$
	$k = 2n$	b-Gleitspiegelebene, (001)	$\frac{1}{2}b$
	$h+k = 2n$	n-Gleitspiegelebene, (001)	$\frac{1}{2}(a+b)$
	$h+k = 4n$	d-Gleitspiegelebene, (001)	$\frac{1}{4}(a+b)$
hhl	$l = 2n$	c-Gleitspiegelebene, $(1\bar{1}0)$	$\frac{1}{2}c$
	$2h+l = 2n$	n-Gleitspiegelebene, $(1\bar{1}0)$	$\frac{1}{2}(a+b+c)$
	$2h+l = 4n$	d-Gleitspiegelebene, $(1\bar{1}0)$	$\frac{1}{4}(a+b+c)$

3.8.3 Zonale Reflexionsbedingungen: Gleitspiegelebenen

Es liege eine Gleitspiegelebene **a** senkrecht **c** und enthalte den Ursprung (vgl. Abschn. 2.3.3, Tabelle 2.5). Zum Atom m in x, y, z existiert dann ein symmetrisch äquivalentes in $1/2 + x, y, -z$ (oder $1/2 + x, y, 1/2 - z$ für eine Gleitspiegelebene **a** in $c/4$). Der Beitrag dieser beiden Atome zum Strukturfaktor ist

$$\left[f_m\right]_t\left[e^{2\pi i(hx+ky+lz)} + e^{2\pi i(hx+ky-lz)}e^{\pi i h}\right]$$

Für $l = 0$ folgt

$$\left[f_m\right]_t e^{2\pi i(hx+ky)}\left\{1 + e^{\pi i h}\right\}; \quad 1 + e^{\pi i h} = \left\{\begin{array}{l} 2 \text{ für } h \text{ gerade} \\ 0 \text{ für } h \text{ ungerade} \end{array}\right.$$

Die Intensitäten sämtlicher Reflexe $hk0$ mit h ungerade sind daher null. Für alle Typen und Orientierungen von Gleitspiegelebenen existieren zonale charakteristische Auslöschungen (Tabelle 3.2, S. 149).

Der Ursprung der zonalen Reflexionsbedingungen liegt in der Periodizität der Projektion der Kristallstruktur auf die Gleitspiegelebene. Die Fourier-Transformierte der Projektion der Elektronendichte $\rho(xyz)$ entlang **c** auf die Ebene (001) ist die Gesamtheit der Strukturfaktoren $F(hk0)$ nach Gleichung (3.53) (S. 143).

$$F(hk0) = V_{\text{Zelle}} \int_0^1 dx \int_0^1 dy \int_0^1 dz <\rho(xyz)>_t e^{2\pi i(hx+ky+0z)} \qquad \text{nach (3.53)}$$

$$= \frac{V_{\text{Zelle}}}{c} \int_0^1 dx \int_0^1 dy \left[\int_0^1 d(cz) <\rho(xyz)>_t\right] e^{2\pi i(hx+ky)}$$

$$F(hk0) = S_{\text{ab}} \int_0^1 dx \int_0^1 dy <\rho'(xy)>_t e^{2\pi i(hx+ky)} \tag{3.65}$$

S_{ab} ist der Flächeninhalt $[\mathbf{a}\times\mathbf{b}]$ und $<\rho'(xy)>_t$ die Projektion von $<\rho(xyz)>_t$ auf die Gleitspiegelebene **a**. Diese Projektion ist invariant bezüglich einer Translation $\mathbf{a'} = \mathbf{a}/2$: $<\rho'(xy)>_t = <\rho'(1/2 + x, y)>_t$. Es folgt, daß $h' = h/2$ ganzzahlig ist für alle Reflexe $hk0$.

Eine zonale Reflexionsbedingung zeigt an, daß eine Projektion der Kristallstruktur auf eine Ebene eine im Vergleich zu der dreidimensionalen Struktur kleinere Periodizität besitzt. Dies beruht im allgemeinen auf der Anwesenheit einer Gleitspiegelebene.

3.8.4 Seriale Reflexionsbedingungen: Schraubenachsen

Es verlaufe eine Schraubenachse 2_1 parallel $\mathbf{c}$ durch den Ursprung. Zu einem Atom m in x, y, z existiert dann ein symmetrisch äquivalentes in $-x$, $-y$, $1/2 + z$. (Enthält die Achse den Ursprung nicht, erscheint das äquivalente Atom in $p - x$, $q - y$, $1/2 + z$, mit $(p, q) = (0, 1/2)$ oder $(1/2, 0)$ oder $(1/2, 1/2)$, entsprechend der Position der Schraubenachse in $(0, 1/4)$, $(1/4, 0)$ oder $(1/4, 1/4)$.) Der Beitrag beider Atome zum Strukturfaktor ist

$$\left[f_m\right]_t \left[e^{2\pi i(hx+ky+lz)} + e^{2\pi i(-hx-ky+lz)}\, e^{\pi i l} \right]$$

Für $h = k = 0$ gilt

$$\left[f_m\right]_t e^{2\pi i lz}\left\{1 + e^{\pi i l}\right\}; \quad 1 + e^{\pi i l} = \begin{cases} 2 & \text{für } l \text{ gerade} \\ 0 & \text{für } l \text{ ungerade} \end{cases}$$

Die Intensitäten sämtlicher Reflexe $00l$ mit l ungerade sind daher null. Für jede Schraubenachse in jeder möglichen Orientierung folgt eine seriale charakteristische Reflexionsbedingung (Tabelle 3.3).

Der Ursprung der serialen Auslöschungen liegt in der Periodizität der Projektion der Kristallstruktur auf die Schraubenachse. In Analogie zu Gleichung (3.65) gilt

$$F(00l) = c\int_0^1 dz < \rho''(z) >_t\, e^{2\pi i lz} \tag{3.66}$$

$<\rho''(z)>_t$ ist die Projektion von $<\rho(xyz)>_t$ auf die Achse $\mathbf{c}$. Liegt in $\mathbf{c}$ eine Schraubenachse

Tabelle 3.3 Seriale systematische Reflexionsbedingungen. Reflexe mit diesen Bedingungen nicht genügenden Indizes sind systematisch ausgelöscht

Reflex-typ	Reflexions-bedingung	Symmetrieelement; Orientierung	Translationen
$h00$	$h = 2n$	Schraubenachsen 2_1, 4_2; [100]	$\frac{1}{2}\mathbf{a}$
	$h = 4n$	Schraubenachsen 4_1, 4_3; [100]	$\frac{1}{2}\mathbf{a}$
$0k0$	$k = 2n$	Schraubenachsen 2_1, 4_2; [010]	$\frac{1}{2}\mathbf{b}$
	$k = 4n$	Schraubenachsen 4_1, 4_3; [010]	$\frac{1}{4}\mathbf{b}$
$00l$	$l = 2n$	Schraubenachsen 2_1, 4_2, 6_3; [001]	$\frac{1}{2}\mathbf{c}$
	$l = 3n$	Schraubenachsen 3_1, 3_2, 6_2, 6_4; [001]	$\frac{1}{3}\mathbf{c}$
	$l = 4n$	Schraubenachsen 4_1, 4_3; [001]	$\frac{1}{4}\mathbf{c}$
	$l = 6n$	Schraubenachsen 6_1, 6_5; [001]	$\frac{1}{6}\mathbf{c}$
$hh0$	$h = 2n$	Schraubenachse 2_1; [110]	$\frac{1}{2}\mathbf{c}$

2_1 oder 4_2 oder 6_3, ist sie invariant gegen eine Translation $\mathbf{c'} = \mathbf{c}/2$. Folglich ist $l' = l/2$ ganzzahlig für alle Reflexe $00l$.

Eine seriale Reflexionsbedingung zeigt an, daß die Periodizität der Projektion der Kristallstruktur auf eine Gerade ein Bruchteil (1/2, 1/3, 1/4 oder 1/6) der Periodizität der dreidimensionalen Struktur ist. Dies beruht im allgemeinen auf der Anwesenheit einer Schraubenachse.

3.8.5 Drehungen und Drehinversionen

Die Anwesenheit von Symmetrieelementen ohne Gleitkomponenten, also von Drehachsen X und Drehinversionsachsen $\overline{\mathsf{X}}$, kann nicht durch systematische Auslöschungen aufgespürt werden. Dies ist besonders bedauerlich für das Inversionszentrum. Die Laue-Klasse und das Kristallsystem werden aus der Intensitätsverteilung im reziproken Raum bestimmt. In besonderen Fällen generieren Symmetrieelemente mit Gleitkomponenten Symmetriezentren, und die Raumgruppe ist durch Reflexionsbedingungen eindeutig festgelegt. In den meisten Fällen jedoch kann durch Beugungsmethoden allein die Raumgruppe eines Kristalls nicht eindeutig bestimmt werden (vgl. Abschn. 3.8.7).

3.8.6 Formale Ableitung der Reflexionsbedingungen

Eine Raumgruppe enthalte die Symmetrieoperationen $(\mathsf{A}_s, \mathbf{t}_s)$, mit A_s eine Drehung oder Drehinversion und $\mathbf{t}_s$ eine Translation (vgl. Abschn. 2.2.1). Es genügt, die Koordinaten in den *International Tables Vol. A* (dort Kap. 7) zu betrachten, folglich Vektoren $\mathbf{t}_s$ mit Komponenten $0 \le t_{s1}, t_{s2}, t_{s3} < 1$. Die Gesamtheit der Matrizen A_s $(1 \le s \le S)$ repräsentiert die Punktgruppe der Ordnung S. Die Atome der Sorte m besetzen die äquivalenten Positionen $\mathbf{r}_{ms} = \mathsf{A}_s \mathbf{r}_m + \mathbf{t}_s$, und der Strukturfaktor des Reflexes $\mathbf{h} = (h_1\ h_2\ h_3)^T$ ist

$$F(\mathbf{h}) = \overset{\text{unabhängige Atome}}{\underset{m}{\sum}} [f_m]_t \left[\overset{\text{Symmetrien}}{\underset{s}{\sum}} \exp(2\pi\, i\, \mathbf{h}^T \mathbf{r}_{ms}) \right] = \overset{\text{unabhängige Atome}}{\underset{m}{\sum}} [f_m]_t\, C_m(\mathbf{h})$$

$$C_m(\mathbf{h}) = \sum_{s=1}^{S} \exp\left[2\pi\, i\, \mathbf{h}^T (\mathsf{A}_s \mathbf{r}_m + \mathbf{t}_s) \right]$$

Die Vektoren $\mathbf{t}$, $\mathbf{h}$ und $\mathbf{r}$ sind Spaltenvektoren, ihre Transponierten $\mathbf{t}^T$, $\mathbf{h}^T$, $\mathbf{r}^T$ dagegen Zeilenvektoren. Der Strukturfaktor einer symmetrisch äquivalenten Netzebenenschar $\mathbf{h}_j = \mathsf{A}_j^T \mathbf{h}$ (vgl. Abschn. 1.2.4) berechnet sich dann wie folgt:

$$C_m(\mathbf{h}_j) = \sum_{s=1}^{S} \exp\left[2\pi\, i\, \mathbf{h}_j^T \mathbf{r}_{ms} \right] = \sum_{s=1}^{S} \exp\left[2\pi\, i\, \mathbf{h}^T \mathsf{A}_j \mathbf{r}_{ms} \right]$$

$$= \exp\left[-2\pi\, i\, \mathbf{h}^T \mathbf{t}_j \right] \sum_{s=1}^{S} \exp\left[2\pi\, i\, \mathbf{h}^T (\mathsf{A}_j \mathbf{r}_{ms} + \mathbf{t}_j) \right]$$

$$= \exp\!\left[-2\pi i\, \mathbf{h}^T \mathbf{t}_j\right] \sum_{s=1}^{S} \exp\!\left[2\pi i\, \mathbf{h}^T \left\{\mathbf{A}_j(\mathbf{A}_s \mathbf{r}_m + \mathbf{t}_s) + \mathbf{t}_j\right\}\right]$$

$$= \exp\!\left[-2\pi i\, \mathbf{h}^T \mathbf{t}_j\right] \sum_{s'=1}^{S} \exp\!\left[2\pi i\, \mathbf{h}^T (\mathbf{A}_{s'} \mathbf{r}_m + \mathbf{t}_{s'})\right] = \exp\!\left[-2\pi i\, \mathbf{h}^T \mathbf{t}_j\right] C_m(\mathbf{h})$$

$$F(\mathbf{A}_j^T \mathbf{h}) = \exp\!\left[-2\pi i\, \mathbf{h}^T \mathbf{t}_j\right] F(\mathbf{h}) \tag{3.67}$$

Die Strukturfaktoren symmetrisch äquivalenter Netzebenenscharen können daher verschiedene Phasen besitzen.

Für $\mathbf{h}_j = \mathbf{A}_j^T \mathbf{h} =$ gilt *entweder* $\exp[-2\pi i \mathbf{h}^T \mathbf{t}_j] = 1$ *oder* $F(\mathbf{h}) = 0$.
$F(\mathbf{h}) \neq 0$: $\mathbf{h}^T \mathbf{t}_j = N$ ganzzahlig;
$\mathbf{h}^T \mathbf{t}_j = N$ ganzzahlig: $F(\mathbf{h}) = 0$. $\hspace{2cm}$ (3.68)

Ein einfaches Rechenprogramm auf der Grundlage von (3.68) ermöglicht die Identifizierung systematisch ausgelöschter Reflexe.

3.8.7 Beispiele

Die Reflexionsbedingungen jeder Raumgruppe sind in den *International Tables Volume A: Space-Group Symmetry* gegeben (vgl. Bild 2.31–2.34, S. 80–87). Im folgenden werden die Beispiele des Abschnitts 2.7.4 behandelt.

Pnma (Nr. 62; Bild 2.32, S. 82/83): Ohne integrale Auslöschungen; das Gitter ist daher vom Typ P. Aus den zonalen Reflexionsbedingungen $0kl$: $k + l = 2n$ folgt die Anwesenheit der Gleitspiegelebene n senkrecht **a**, aus der Bedingung $hk0$: $h = 2n$ die der a-Gleitspiegelebene senkrecht **c**. Die Spiegelebene m senkrecht **b** produziert keinerlei systematische Auslöschung. Die serialen Reflexionsbedingungen für $h00$, $0k0$ und $00l$ würden 2_1-Schraubenachsen anzeigen, kämen sie allein vor. Im vorliegenden Beispiel sind sie Spezialfälle der zonalen Reflexionsbedingungen für die Reflexsorten $0kl$ und $hk0$. Für die Raumgruppe Pn2$_1$a (Nr. 33) gelten dieselben Auslöschungen. Aus ihr folgt die Raumgruppe Pnma durch Hinzufügen des Symmetriezentrums. Die Raumgruppe Pn2$_1$a ist in den *International Tables* unter dem Symbol Pna2$_1$ zu finden. Dieses ergibt sich nach der Transformation $\mathbf{c}' = \mathbf{b}$, $\mathbf{b}' = -\mathbf{c}$.

P42$_1$c (Nr. 114; Bild 2.33, S. 84/85): Die systematischen Auslöschungen aufgrund der Symmetrieelemente 2_1 und c bestimmen diese Raumgruppe eindeutig. Im tetragonalen Kristallsystem impliziert die Reflexionsbedingung hhl: $l = 2n$ die Bedingung $h\bar{h}l$: $l = 2n$; beide werden verursacht von den c-Gleitspiegelebenen. Die Bedingung $h00 = 2n$ impliziert $0k0$: $k = 2n$, und beide haben ihre Ursache in 2_1-Schraubenachsen. Die seriale Bedingung $00l$: $l = 2n$ ist ein Sonderfall der übergeordneten zonalen Bedingung für hhl, weshalb nicht auf eine 4_2-Schraubenachse geschlossen werden darf.

R$\bar{3}$c (Nr. 167; Bild 2.34, S. 86/87): Das R-Gitter wird durch die integrale Reflexions-bedingung $-h + k + l = 3n$ angezeigt. Die zonale Auslöschung $h\bar{h}0l: l = 2n$ wird durch eine der drei symmetrisch äquivalenten c-Gleitspiegelebenen parallel zur $\bar{3}$-Achse bewirkt. Die Bedingungen aufgrund der weiteren beiden symmetrieäquivalenten c-Gleitspiegelebenen folgen nach Drehung der ersten um 120°: $h0\bar{h}l: l = 2n$ und $0k\bar{k}l: l = 2n$. Alle weiteren in den *International Tables* aufgelisteten Reflexionsbedingungen resultieren aus der Existenz der c-Gleitspiegelebenen. Für die Raumgruppe R3c (Nr. 161) gelten dieselben Reflexions-bedingungen. Aus ihr kann R$\bar{3}$c durch Hinzufügen eines Symmetriezentrums erhalten werden. Die vierstelligen Miller-Bravais-Indizes $hkil$ sind in Unterkap. 2.9 erläutert. Die dreistelligen Indizes der genannten vierstelligen Indextypen $h\bar{h}0l$, $h0\bar{h}l$ und $0k\bar{k}l$ sind $h\bar{h}l$, $h0l$ und $0kl$.

Cc (Nr. 9; Bild 2.31, S. 80/81): Die integralen Reflexionsbedingungen für diese Raumgruppe sind $hkl: h + k = 2n$ aufgrund des C-Gitters; die zonale Bedingung $h0l: l = 2n$ folgt aus der c-Gleitung. Weitere Bedingungen sind Spezialfälle der beiden aufgeführten. Für die Raumgruppe C2/c (Nr. 15), die aus Cc durch Hinzufügen eines Symmetriezentrums erhalten werden kann, gelten dieselben Reflexionsbedingungen.

3.9 Bemerkungen zur Lösung des Phasenproblems

3.9.1 Fourier-Serien

Mit den Gleichungen (3.55) und (3.56) (S. 143) können die Strukturfaktoren und Struktur-amplituden berechnet werden, wenn die Atomkoordinaten bekannt sind. Die inverse Fourier-Transformation gestattet die Berechnung der Elektronendichte $<\rho(xyz)>_t$ aus diesen Strukturfaktoren. Mit Hilfe der Gleichungen (3.22) (S. 109) und (3.40) (S. 119) erhält man die *Fourier-Serie*

$$< \rho(xyz) >_t = \frac{1}{V_{\text{Zelle}}} \sum_{h=-\infty}^{\infty} \sum_{k=-\infty}^{\infty} \sum_{l=-\infty}^{\infty} F(hkl)\, e^{-2\pi i(hx+ky+lz)} \tag{3.69}$$

Nach Gleichung (3.55) (S. 143) gilt $F(hkl) = A(hkl) + iB(hkl)$ und $F(\bar{h}\bar{k}\bar{l}) = A(hkl) - iB(hkl)$; daher folgt

$$< \rho(xyz) >_t = \frac{1}{V_{\text{Zelle}}} \left[F(000) + 2 \overset{\text{halber reziproker Raum}}{\sum_{h} \sum_{k} \sum_{l}} A(hkl)\cos 2\pi(hx + ky + lz) + \right.$$
$$\left. + 2 \overset{\text{halber reziproker Raum}}{\sum_{h} \sum_{k} \sum_{l}} B(hkl)\sin 2\pi(hx + ky + lz) \right] \tag{3.70}$$

Für einen zentrosymmetrischen Kristall ist $B(hkl) = 0$ (vgl. Abschn. 3.7.3). Prinzipiell erfolgt eine der drei Summierungen in (3.70) von 0 bis $+\infty$, die beiden anderen erfolgen von $-\infty$ bis $+\infty$. In der Praxis sind die Summierungen durch die endliche Anzahl gemessener Intensitäten beschränkt. Diese Begrenzung der Fourier-Serien entspricht der Einschränkung des Auflösungsvermögens eines optischen Mikroskops (vgl. Abschn. 3.1.1). Der Strukturfaktor $F(000) = A(000)$ entspricht der Anzahl der Elektronen in der Elementarzelle; $B(000) = 0$. Alternativ kann Gleichung (3.69) mit Hilfe der Periodizität der Elektronendichte abgeleitet werden, $\langle\rho(xyz)\rangle_t = \langle\rho(x+u, y+v, z+w)\rangle_t$, mit u, v, w ganzzahlig. Die Funktion $\langle\rho(xyz)\rangle_t$ ist kontinuierlich. Sie besitzt stetige Ableitungen, da sie die thermisch gemittelte und nicht die statische Elektronendichte beschreibt (vgl. Abschn. 3.3.4). Eine stetige und periodische Funktion kann durch eine Fourier-Serie dargestellt werden:

$$\langle\rho(xyz)\rangle_t = \sum_{h=-\infty}^{\infty}\sum_{k=-\infty}^{\infty}\sum_{l=-\infty}^{\infty} K(hkl)\,e^{-2\pi i(hx+ky+lz)}$$

Einsetzen dieses Ausdrucks in Gleichung (3.53) (S. 143) führt zu (3.69)

$$V_{\text{Zelle}}\sum_{h'=-\infty}^{\infty}\sum_{k'=-\infty}^{\infty}\sum_{l'=-\infty}^{\infty} K(h'k'l')\int_0^1 dx\int_0^1 dy\int_0^1 dz\,e^{-2\pi i[(h-h')x+(k-k')y+(l-l')z]}$$

$$= V_{\text{Zelle}}\,K(hkl) = F(hkl)$$

Die Summen in (3.70) können mit effizienten Computerprogrammen berechnet werden, wenn die Struktur*faktoren* $F(hkl)$ zur Verfügung stehen. Im Experiment werden jedoch ausschließlich die Struktur*amplituden* $|F(hkl)|$ gemessen! Wieviel Strukturinformation enthalten die Strukturamplituden allein?

3.9.2 Die Patterson-Funktion

Nach dem Standardmodell zur Lösung des Phasenproblems wird eine Kristallstruktur aus voneinander unabhängigen Atomen aufgebaut. Im folgenden wird gezeigt, daß die Struktur*amplituden* Informationen über die *interatomaren Vektoren* enthalten. Das Quadrat einer Strukturamplitude ist gegeben durch $|F(hkl)|^2 = F(hkl)\cdot F(\bar{h}\bar{k}\bar{l})$,

$$|F(hkl)|^2 = \left[\sum_{\text{Atome}}^{1\,\text{Zelle}} [f_m]_t\,e^{2\pi i(hx_m+ky_m+lz_m)}\right]\left[\sum_{\text{Atome}}^{1\,\text{Zelle}} [f_n]_t\,e^{-2\pi i(hx_n+ky_n+lz_n)}\right]$$

$$= \sum_m\sum_n [f_m]_t\,[f_n]_t\,e^{2\pi i[h(x_m-x_n)+k(y_m-y_n)+l(z_m-z_n)]}$$

$$= \sum_m [f_m]_t^2 + \sum_m\sum_{n\neq m} [f_m]_t[f_n]_t\,\cos 2\pi[h(x_m-x_n)+k(y_m-y_n)+l(z_m-z_n)] \qquad (3.71)$$

Die Beziehung (3.71) ähnelt Formel (3.64) (S. 147), die den Strukturfaktor eines zentrosymmetrischen Kristalls wiedergibt. Der Ausdruck (3.71) kann als Strukturfaktor einer fiktiven quadrierten Kristallstruktur interpretiert werden. Die *quadrierte Struktur* ist zentrosymmetrisch und besteht aus Atomen mit dem Streuvermögen $[f_m]_t[f_n]_t$ an den Stellen $\mathbf{r}_m - \mathbf{r}_n = (x_m - x_n)\mathbf{a} + (y_m - y_n)\mathbf{b} - (z_m - z_n)\mathbf{c}$. Diese Koordinaten stehen für *interatomare Vektoren* der wirklichen Struktur. Im Ursprung befindet sich ein Atom mit der Streukraft

$\sum [f_m]_t^2$ aufgrund aller Nullvektoren. Wenn die reale Kristallstruktur N Atome in der Elementarzelle enthält, besteht die quadrierte Struktur aus $N(N-1)$ Atomen, und dazu das im Ursprung.

In Analogie zur Gleichung (3.70) (S. 154) wird die Elektronendichteverteilung der quadrierten Struktur mittels einer Fourier-Serie berechnet, deren Koeffizienten nun allerdings die quadrierten Strukturamplituden sind

$$P(uvw) = \frac{1}{V_{\text{Zelle}}} \sum_{h=-\infty}^{\infty} \sum_{k=-\infty}^{\infty} \sum_{l=-\infty}^{\infty} |F(hkl)|^2 \, e^{-2\pi i(hu+kv+lw)}$$

$$= \frac{1}{V_{\text{Zelle}}} \left[|F(000)|^2 + 2 \overset{\text{halber reziproker Raum}}{\sum_h \sum_k \sum_l} |F(hkl)|^2 \cos 2\pi(hu+kv+lw) \right] \qquad (3.72)$$

$P(uvw)$ heißt die *Patterson-Funktion* (A. L. Patterson, *Phys. Rev.* **46**, 1934, 372-376). Ihre Werte besitzen die Einheit $e^2\text{Å}^{-3}$. Nach kristallographischem Brauch werden die Koordinaten der quadrierten Struktur mit u, v, w bezeichnet und nicht mit x, y, z (natürlich sind sie wie diese rationale, keine ganzen Zahlen). Alternativ kann Gleichung (3.72) abgeleitet werden, indem (3.69) (S. 154) in ein Integral analog zu (3.29) (S. 113) eingesetzt wird, das *Selbstfaltungsprodukt* von $<\rho(x\,y\,z)>_t$ genannt:

$$P(uvw) = V_{\text{Zelle}} \int_0^1 dx \int_0^1 dy \int_0^1 dz < \rho(x,y,z) >_t < \rho(x+u, y+v, z+w) >_t \qquad (3.73)$$

Nach dem Faltungstheorem (vgl. Abschn. 3.3.4) ist die Fourier-Transformierte von $P(uvw)$ die Gesamtheit der $|F(hkl)|^2$, da die Fourier-Transformierte von $<\rho(xyz)>$ die der $F(hkl)$ ist. Formel (3.73) stellt die interatomaren Vektoren auf ähnliche Weise im Direktraum dar, wie sie (3.71) (S. 155) im reziproken Raum angibt. Wenn die u, v, w keinen zwischenatomaren Vektor bezeichnen, ist mindestens einer der beiden Terme $<\rho(x,y,z)>_t$ oder $<\rho(x+u, y+v, z+w)>_t$ und also auch ihr Produkt klein, welche Werte die x, y, z auch immer haben. $P(uvw)$ ist dann also ebenfalls klein. Im Gegensatz dazu sind beide Terme groß, wenn x, y, z und auch $x+u$, $y+v$, $z+w$ Atomkoordinaten entsprechen. Dann besitzt $P(uvw)$ ein Maximum, und die u, v, w sind die Koeffizienten eines interatomaren Vektors. Die Patterson-Funktion stellt also wirklich die quadrierte Kristallstruktur dar. In anderen Bereichen der Physik heißt sie *Korrelations-* oder *Autokorrelationsfunktion*.

In Bild 3.40 sind zwei Elementarzellen einer eindimensionalen Kristallstruktur aus drei gut getrennten Atomen in der Zelle sowie die zugehörige Patterson-Funktion oder quadrierte Struktur dargestellt. In diesem Beispiel ist es recht einfach, aus $P(u)$ die Positionen der Maxima zu bestimmen und damit das Phasenproblem zu lösen. Man kann zeigen, daß dies immer möglich ist, wenn sämtliche zwischenatomare Vektoren in $<\rho(r)>_t$ zu beobachtbaren Maxima in $P(u)$ führen. Die größten Maxima von $P(u)$ stammen von Vektoren zwischen schweren Atomen. Die Maxima sind breiter als die Atome in $<\rho(r)>_t$ und zahlreicher. Häufig überlagern sie und können nicht separiert werden. Tatsächlich ist es nicht möglich,

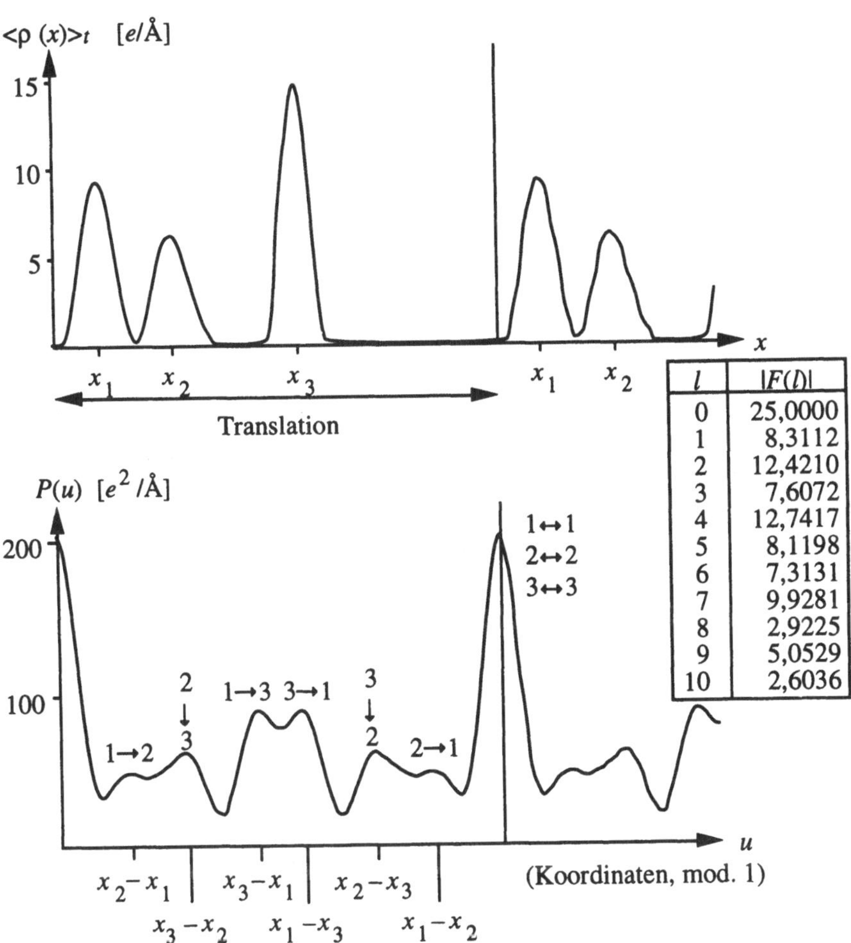

l	|F(l)|
0	25,0000
1	8,3112
2	12,4210
3	7,6072
4	12,7417
5	8,1198
6	7,3131
7	9,9281
8	2,9225
9	5,0529
10	2,6036

Bild 3.40 Eindimensionaler Kristall in der Darstellung als Elektronendichtefunktion $\langle\rho(r)\rangle_t$ (oben) und zugehöriger Patterson-Funktion $P(u)$ (unten). (Strukturparameter: Translation 10 Å; Atome: O in $x_1 = 0,10$; C in $x_2 = 0,27$; Na in $x_3 = 0,55$; interatomare Vektoren: O $\leftrightarrow$ C in $u_{12} = \pm0,17$; Na $\leftrightarrow$ C in $u_{23} = \pm0,28$; Na $\leftrightarrow$ O in $u_{13} = \pm0,45$)

alle 90 interatomaren Vektoren einer dreidimensionalen Kristallstruktur aus zehn Atomen in der Elementarzelle zu identifizieren. Die Funktion $P(uvw)$ kann nur für Spezialfälle (vollständig) interpretiert werden. Trotzdem ist die Patterson-Funktion ein überaus nützliches Werkzeug bei der Strukturbestimmung, besonders dann, wenn Raumgruppeninformationen verwendet werden können. Die folgenden Beispiele sollen einige wichtige Eigenschaften der Patterson-Funktion verdeutlichen.

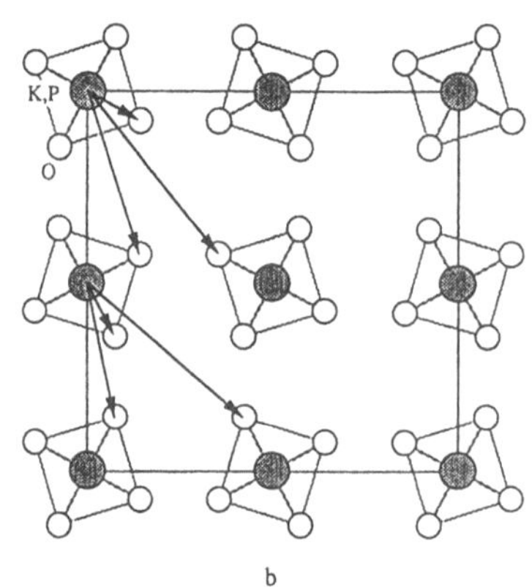

a   b

Bild 3.41 Projektionen der Kristallstruktur (b) und der Patterson-Funktion (a) von KH_2PO_4 auf
(001). Die Atome K und P überlagern in (b). Die H-Atome wurden wegen ihrer geringen Streukraft
weggelassen. Die tetragonale zweidimensionale Elementarmasche ist c-zentriert

a) KH_2PO_4 (A. L. Patterson, *Z. Kristallogr.* **90** (1935) 517)
In Bild 3.41 ist die Kristallstruktur von KH_2PO_4 als Projektion (b) und die zugehörige
Patterson-Funktion (a) wiedergegeben. Die Hauptmaxima der Patterson-Funktion ent-
sprechen den (K,P) – (K,P)-Vektoren. Ihre Anordnung ist identisch mit derjenigen der (K,P)-
Atome in (b). Letztere wären translationsäquivalent, gäbe es die O-Atome nicht. Die (K,P)
– O-Vektoren können in der Patterson-Funktion (a) leicht identifiziert werden, während die
den Vektoren O – O entsprechenden Maxima sehr schwach sind und keine Bedeutung für die
Lösung der Struktur besitzen. Dieses Beispiel läßt eine wichtige Eigenschaft der Patterson-
funktion erkennen: Die Überlagerung der Struktur von den Atomen (K,P) in 0, 0 und 1/2,
1/2 aus gesehen mit der von den gleichen Atomen in 0, 1/2 und 1/2, 0 aus gesehenen.

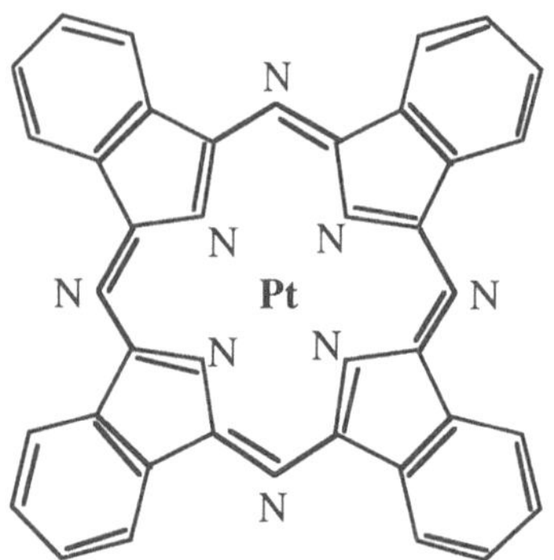

Bild 3.42 Das Platinphtalocyaninmolekül. An allen nicht beschrifteten Ecken des Moleküls
befindet sich ein C-Atom oder eine C–H-Gruppe

b) Platinphtalocyanin, $C_{32}N_8H_{16}Pt$ (J. M. Robertson u. I. Woodward, *J. Chem. Soc.* (1940) 36)

Im Zentrum des Phtalocyaninmoleküls ist genügend freier Raum für ein Nickel- oder Platinatom (Bild 3.42). Die Kristallstruktur des Pt-Phtalocyanin ist die erste, die mit der sogenannten *Schweratommethode* gelöst wurde. Der Kristall ist monoklin und besitzt die zentrosymmetrische Raumgruppe P 2₁/a; es befinden sich zwei zentrosymmetrische Moleküle in der Elementarzelle. Die Platinatome besetzen die Positionen 0, 0, 0 und 1/2, 1/2, 0 (spezielle Position mit Lagesymmetrie $\overline{1}$). Die Patterson-Funktion zeigt dementsprechend zwei sehr starke Maxima in $u, v, w = 0, 0, 0$ und 1/2, 1/2, 0. Nun können mit Gleichung (3.64) (S. 147) Strukturfaktoren berechnet werden unter ausschließlicher Benutzung der Positionen der Pt-Atome. Da die schweren Atome die Beugung dominieren, werden auf diese Weise gute Abschätzungen für die Phasen erhalten. Im nächsten Schritt werden diese Phasen zusammen mit den gemessenen Strukturamplituden zur Berechnung einer Elektronendichte verwendet (vgl. Gl. (3.70), S. 154). In der Pt-Phtalocyanin-Struktur liegen die Molekülebenen fast parallel (010). Die Elementarmasche der Projektion der Struktur entlang **b** auf (010) ist **a**' = 1/2**a**, **c**' = **c** (vgl. Abschn. 3.8.3). Sie enthält ein Platinatom im Symmetriezentrum 0, 0.

Da f_{Pt} sehr groß ist im Vergleich zu den Atomformfaktoren aller anderen Atome des Moleküls, folgt mit Gleichung (3.64) (S. 147), daß fast sämtliche Strukturfaktoren für $h0l$-Reflexe positiv sind. Die Projektion des Moleküls (Bild 3.43) zeigt sich nach Berechnen einer zweidimensionalen Fourier-Serie unter Verwendung der Strukturfaktoren $F(h0l) = +|F_{beobachtet}(h0l)|$.

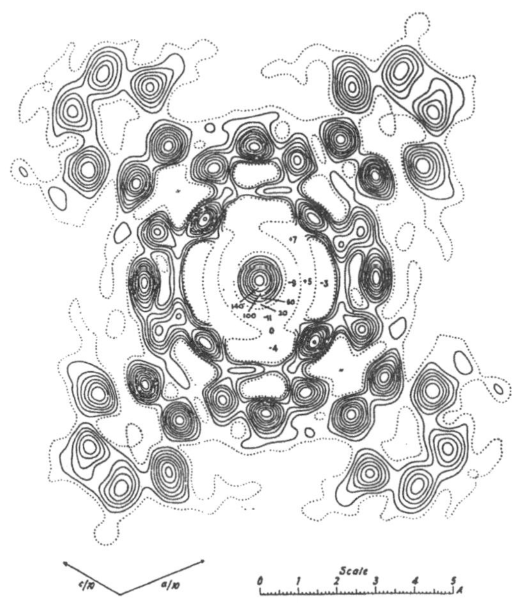

Bild 3.43 Projektion der Elektronendichte von Pt-Phtalocyanin. Die Konturintervalle betragen 1,0 eÅ⁻³, ausgenommen für das Pt-Atom im Zentrum

Im allgemeinen reicht die Kenntnis der Positionen schwerer Atome nicht aus, sämtliche Phasen genügend genau zu bestimmen. Eine Fourier-Serie mit Hilfe der mit den schweren Atomen berechneten Phasen wird dann nur wenige leichte Atome wiedergeben, die in der Regel in der Nähe der schweren liegen. Das Verfahren wird nun wiederholt: Die bereits bekannten Atompositionen führen zu einer verbesserten Abschätzung der Phasen, und in nachfolgenden Fourier-Serien werden weitere Atompositionen auffindbar sein.

c) Biguanidinsulfat-Monohydrat, $[H_2bg][SO_4]\cdot H_2O$ (A. A. Pinkerton u. D. Schwarzenbach, J. Chem. Soc., Dalton (1978) 989)

Dieses Beispiel illustriert den Gebrauch der Raumgruppensymmetrie. $[H_2bg]$ ist die Abkürzung für das Dikation von Biguanidin:

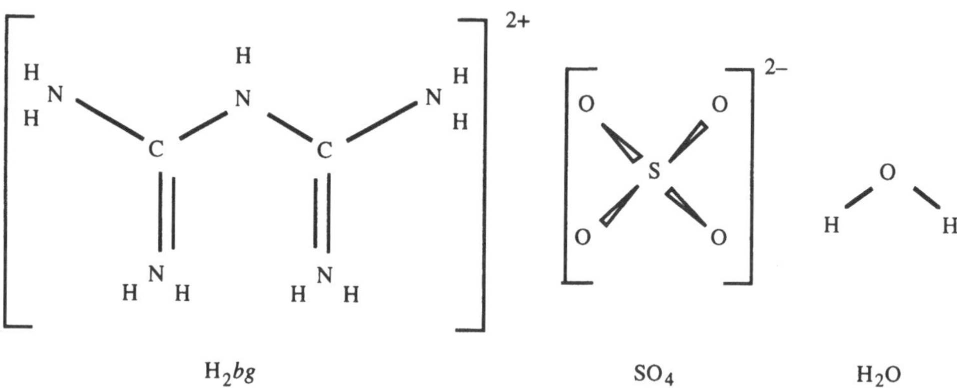

Die Kristallstruktur ist orthorhombisch, $a = 7{,}208$, $b = 11{,}805$, $c = 20{,}507$ Å. Die beobachteten Reflexionsbedingungen sind $0kl$: $k = 2n$, $h0l$: $l = 2n$, $hk0$: $h = 2n$, womit eindeutig die Raumgruppe Pbca (Nr. 61) bestimmt ist. Die Dichte beträgt 1,65 gcm^{-3}, womit für den Inhalt der Elementarzelle acht Formeleinheiten $C_2H_{11}N_5O_5S$ berechnet werden (vgl. Unterkap. 2.8). Zuerst sollen mit Hilfe der Raumgruppe die Positionen der Schwefelatome gefunden werden; die S–S-Vektoren sind die wichtigsten in der Patterson-Funktion.

Nach den *International Tables for Crystallography Vol. A* (vgl. Abschn. 2.7.4) hat die allgemeine Position der Raumgruppe Pbca die Multiplizität acht in der Elementarzelle; die acht Schwefelatome können daher acht symmetrisch äquivalente Positionen besetzen. Diese sind

$$x, y, z; \quad 1/2+x, 1/2-y, \bar{z}; \quad \bar{x}, 1/2+y, 1/2-z; \quad 1/2-x, \bar{y}, 1/2+z;$$

$$\bar{x}, \bar{y}, \bar{z}; \quad 1/2-x, 1/2+y, z; \quad x, 1/2-y, 1/2+z; \quad 1/2+x, y, 1/2-z.$$

Nun werden die 56 Vektoren zwischen diesen acht Koordinatentripeln der allgemeinen Position der Raumgruppe Pbca berechnet, da sie den größten Maxima der Patterson-Funktion entsprechen sollten. Es sei angemerkt, daß die Raumgruppe der Patterson-Funktion Pmmm ist, mit der achtzähligen allgemeinen Position

$$u, v, w; \quad u, \bar{v}, \bar{w}; \quad \bar{u}, v, \bar{w}; \quad \bar{u}, \bar{v}, w;$$
$$\bar{u}, \bar{v}, \bar{w}; \quad \bar{u}, v, w; \quad u, \bar{v}, w; \quad u, v, \bar{w}.$$

Es folgt die Liste der 56 Vektoren:

	[	±2x,	±2y,	±2z	]	8 Vektoren
2fach	[	1/2,	1/2±2y,	±2z	]	8 Vektoren
2fach	[	±2x,	1/2,	1/2±2z	]	8 Vektoren
2fach	[	1/2±2x,	±2y,	1/2	]	8 Vektoren
4fach	[	1/2±2x,	1/2,	0	]	8 Vektoren
4fach	[	0,	1/2±2y,	1/2	]	8 Vektoren
4fach	[	1/2,	0,	1/2±2z	]	8 Vektoren

In der asymmetrischen Einheit der Elementarzelle der Patterson-Funktion, $0 \leq u, v, w \leq 1/2$, sollte sich daher ein Maximum in allgemeiner Lage befinden; auf jeder der drei Spiegelebenen m, senkrecht **a** ($u = 1/2$), **b** ($v = 1/2$) und **c** ($w = 1/2$), sollte je ein Maximum doppelter Höhe liegen; schließlich wird auf jeder der drei zweizähligen Drehachsen, in $[u, 1/2, 0]$, $[0, v, 1/2]$ und $[1/2, 0, w]$, ein vierfaches Maximum erwartet. Tatsächlich enthält die Patterson-Funktion von $[H_2bg][SO_4]\cdot H_2O$ all diese Maxima. Aus ihnen werden die Koordinaten des Schwefelatoms berechnet: $x = 0{,}064$; $y = 0{,}236$; $z = 0{,}134$. Mehrere Zyklen der Strukturfaktorberechnung mit anschließenden Fourier-Summierungen ergeben die Lagen sämtlicher Atome. Anschließend wird die Übereinstimmung zwischen $|F_{\text{gemessen}}|^2$ und $|F_{\text{berechnet}}|^2$ durch Verfeinern der Atompositionen und der Verschiebungsfaktoren U_{ij} (vgl. Gl. (3.33), S. 115) mit Hilfe der Methode der Kleinsten Quadrate optimiert. Für Biguanidinsulfat beträgt die mittlere Abweichung zwischen den 1547 gemessenen und den aus den endgültigen verfeinerten Parametern berechneten Strukturamplituden

$$R = \frac{\sum \left| \left\{ \left| F_{\text{gemessen}} \right| - \left| F_{\text{berechnet}} \right| \right\} \right|}{\sum \left| F_{\text{gemessen}} \right|} = 0{,}046$$

Die Darstellung der Elektronendichte in der Molekülebene liefert Bild 3.44 (S. 162). Durch Abzählen der Konturlinien für jedes Atom können Kohlenstoff- und Stickstoffatome unterschieden werden. Die Elektronendichte am Zentrum des N-Atoms beträgt 14,5 eÅ^{-3}, am Zentrum des C-Atoms 12,5 eÅ^{-3}. Die Elektronendichte von Wasserstoffatomen ist zu klein, als daß sie in diesem Bild sichtbar werden könnte. Eine weitaus feinere Einteilung der Konturintervalle lassen jedoch auch diese leichten Atome erkennbar werden.

Die Schweratommethode kann zur Lösung von Kristallstrukturen mit mehr als 100 symmetrieunabhängigen Atomen in der Elementarzelle dienen. Sie kann jedoch nicht zur Strukturbestimmung von Kristallen aus Atomen mit ähnlichen Elektronenzahlen beitragen, was aber gerade für die meisten organischen Moleküle und viele Legierungen gilt. Diese Strukturen werden mit Hilfe algebraischer (*direkter*) Methoden gelöst, die jedoch nicht Thema dieses Buches sind. An den Methoden der Kristallstrukturbestimmung Interessierte seien auf die große Zahl von Spezialwerken verwiesen.

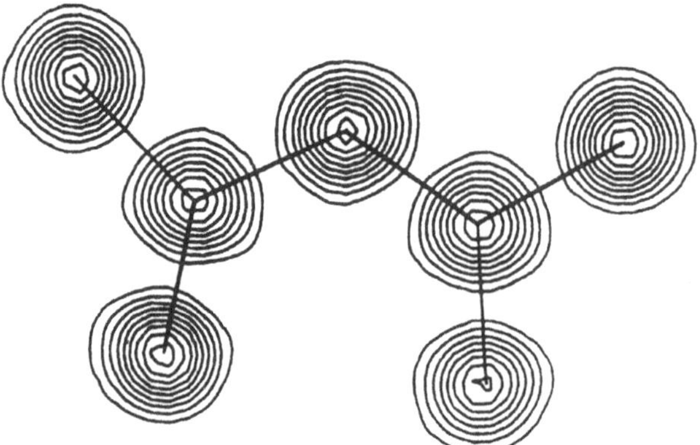

Bild 3.44 Elektronendichte von $[H_2bg]^{2+}$. Das Intervall zwischen benachbarten Konturlinien beträgt 1,5 e$Å^{-3}$. Die Wasserstoffatome sind wegen dieses groben Maßstabes nicht sichtbar

Kapitel 4

Tensoreigenschaften der Kristalle

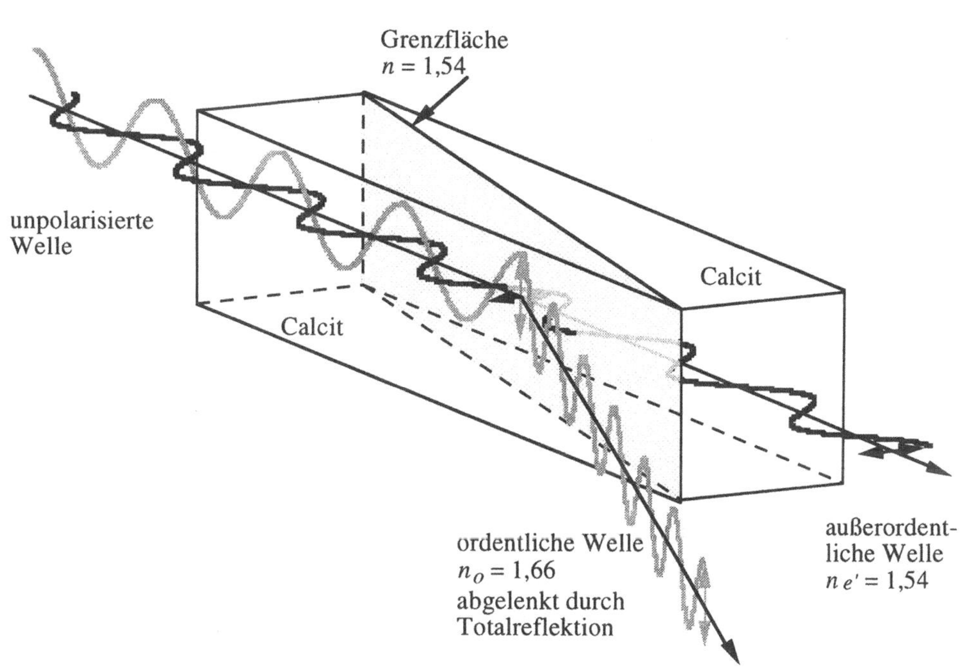

4.1 Anisotropie und Symmetrie

Die kristalline Materie ist *anisotrop* (vgl. Unterkap. 1.1). Viele ihrer Eigenschaften sind daher richtungsabhängig. Zum Beispiel kann die elektrische Leitfähigkeit von der Richtung der an einen Kristall angelegten Spannung abhängen; der Youngsche Modul (Elastizitätsmodul), der die elastische Deformation einer Probe unter Zugspannung beschreibt, ist ebenfalls eine Funktion der Richtung. Im Gegensatz dazu sind sämtliche Eigenschaften eines isotropen Mediums richtungsunabhängig. Die Anisotropie ist außerdem die Ursache von Eigenschaften, die isotropen Materialien gänzlich fehlen. Als Beispiel mögen die Piezoelektrizität (Verbindung von mechanischer Spannung und elektrischer Polarisation) und die Doppelbrechung dienen. Zu den longitudinalen Effekten können transversale hinzukommen. In einem Kristall fließt der elektrische Strom nicht unbedingt parallel zum angelegten elektrischen Feld. Im allgemeinen wird ein Kristall unter einer longitudinalen mechanischen Beanspruchung nicht nur eine Längenänderung, sondern auch eine Scherung erfahren.

Die Beschreibung der Anisotropie kristalliner Eigenschaften basiert auf dem Symmetriekonzept. Die makroskopische Symmetrie eines Kristalls ist durch eine der 32 kristallographischen Punktgruppen (Kristallklassen, Abschn. 2.5.4 und 2.5.5) charakterisiert. Es sei daran erinnert, daß Gruppen erzeugende Symmetrieelemente, Drehachsen X und Drehinversionsachsen $\overline{X}$, äquivalente Richtungen bezüglich aller Eigenschaften ineinander überführen. Daher müssen die Deformationen eines tetragonalen Kristalls, der eine mechanische Beanspruchung entlang [uvw] oder [$\overline{v}uw$] oder [$\overline{u}\overline{v}w$] oder auch [$v\overline{u}w$] erfährt, gleich sein. Tatsächlich wird die Symmetrie eines Kristalls durch das Studium der Symmetrie seiner Eigenschaften erhalten. Die äußere Kristallform beispielsweise entsteht aufgrund der Anisotropie der Wachstumsraten; das Beugungsphänomen gibt ebenfalls Aufschluß über äquivalente Richungen (vgl. die Laue-Methode im Abschn. 3.5.1); Messungen der Leitfähigkeit, der Elastizität oder der Piezoelektrizität können zur Bestimmung der Kristallsymmetrie beitragen. Isotropie, also die Äquivalenz aller Richtungen im Raum, verlangt mindestens die Symmetrie der Kugelgruppe 2∞ (vgl. Abschn. 2.5.6).

Eine Kristalleigenschaft kann indessen eine intrinsische Symmetrie besitzen. So sind nach dem Friedel-Gesetz der Beugung (Abschn. 3.7.3) die Intensitäten der Reflexe hkl und $\overline{h}\,\overline{k}\overline{l}$ annähernd gleich, auch wenn der Kristall nicht zentrosymmetrisch ist. Die intrinsische Symmetrie der Beugung ist daher (fast) $\overline{1}$. Die Beobachtung einer einzelnen Eigenschaft genügt im allgemeinen nicht für die Bestimmung der Symmetrie. Die wahre Symmetrie eines Kristalls kann eine Untergruppe derjenigen sein, die aus experimentellen Beobachtungen folgt.

Die Ursache der anisotropen makroskopischen Eigenschaften ist die geordnete atomare Struktur, also die Gittereigenschaft, die durch die Röntgenbeugung erkennbar wird. Den Einfluß dieser atomaren Ordnung auf die vielen besonderen Eigenschaften der Kristalle hat W. Voigt wie folgt umschrieben (*Lehrbuch der Kristallphysik*, 1910, S. 4):

„Denken wir uns in einem großen Saal ein paar hundert ausgezeichnete Violinspieler, die mit tadellos gestimmten Instrumenten alle dasselbe Stück spielen, aber gleichzeitig an lauter verschiedenen Stellen beginnen, auch etwa nach

Vollendung immer wieder von vorn anfangen. Der Effekt wird (wenigstens für den Europäer) nicht eben erfreulich sein, ein gleichmäßig trübes Tongemisch, aus dem auch das feinste Ohr das wirklich gespielte Stück nicht herauszuerkennen vermag, einzig charakterisiert durch den Umfang der überhaupt erreichten und durch die relative Häufigkeit aller berührten Töne.

Eine solche Musik nun machen uns die Moleküle in den gasförmigen, den flüssigen und den gewöhnlichen festen Körpern vor. Es mögen sehr begabte Moleküle sein, von kunstvoll reichem Aufbau, – aber bei ihrer Wirksamkeit stört immer eines das andere; von ihren Qualitäten kommt in den beobachteten Erscheinungen keine voll und rein, manche überhaupt nicht zur Geltung.

Ein Kristall hingegen entspricht dem oben geschilderten Orchester, wenn dasselbe von einem tüchtigen Dirigenten einheitlich geleitet wird, wenn alle Augen an seinen Winken hängen, und alle Hände den gleichen Strich führen. Hier kommt Melodie und Rhythmus des vorgetragenenen Stückes zu ganzer Wirkung, die durch die Vielheit der Ausführenden nicht gestört, sondern gestärkt wird.

Das Bild macht verständlich, wie Kristalle ganze Erscheinungsgebiete zeigen können, die bei den andern Körpern absolut fehlen, und daß andere Gebiete sich bei ihnen in wundervoller Mannigfaltigkeit und Eleganz entwickeln, die bei den übrigen Körpern nur in trübseligen monotonen Mittelwerten auftreten. Nach meinem Gefühl tönt die Musik der physikalischen Gesetzmäßigkeiten in keinem anderen Gebiete in so vollen und reichen Akkorden wie in der Kristallphysik. "

Anwendungen der Kristallphysik in der modernen Technologie sind bemerkenswert zahlreich. Die Entwicklungen der Hochfrequenztechnik, der Halbleiter und Laser gründen in Kristalleigenschaften. In diesem Kapitel werden nur wenige fundamentale Erkenntnisse entwickelt. Nichttensorielle Eigenschaften (Kristallwachstum, Härte, Spaltbarkeit, Phasenumwandlungen) werden nicht behandelt.

4.2 Tensoren

4.2.1 Ursache und Effekt

Zur Vermeidung mathematischer Komplikationen, die in der Metrik eines Kristalls begründet sind (vgl. Unterkap. 1.2), wird in der Kristallphysik ausschließlich das orthonormierte Koordinatensystem verwendet: drei paarweise senkrecht aufeinander stehende Vektoren e_1, e_2, e_3 mit der Länge $\|e_i\| = 1$. In diesem Koordinatensystem wird ein Vektor A durch einen *Spaltenvektor* (3x1-Matrix), seine Transponierte A^T durch einen *Zeilenvektor* dargestellt.

Eine physikalische Eigenschaft ist die Beziehung zwischen zwei meßbaren Größen, die selbst keine Eigenschaften des betrachteten Materials sind: Die Dichte ist die durch das Volumen dividierte Masse; die elektrische Leitfähigkeit ist die Stromdichte, geteilt durch die elektrische Feldstärke. Im letzten Beispiel erscheint die Leitfähigkeit als Beziehung zweier Vektoren, die nur für den Fall ein Skalar (eine Zahl) ist, daß beide Vektoren zueinander parallel sind.

Sei die elektrische Stromdichte durch den Vektor $\mathbf{J}$ mit den Komponenten (J_1, J_2, J_3) dargestellt und die Feldstärke durch $\mathbf{E}$ mit den Komponenten (E_1, E_2, E_3). Die allgemeine Beziehung zwischen diesen beiden Vektoren gibt (4.1):

$$\left. \begin{array}{l} J_m = J_m(E_1, E_2, E_3); \quad m = 1 \text{ bis } 3 \\ J_m(0,0,0) = 0 \end{array} \right\} \tag{4.1}$$

J_m wird als Taylor-Reihe um den Punkt $(0,0,0)$ entwickelt:

$$J_m(E_1, E_2, E_3) = \sum_n^3 \frac{\partial J_m}{\partial E_n} E_n + \frac{1}{2!} \sum_n^3 \sum_p^3 \frac{\partial^2 J_m}{\partial E_n \partial E_p} E_n E_p + \dots$$

$$J_m(\mathbf{E}) = \sum_n^3 \sigma_{mn} E_n + \sum_n^3 \sum_p^3 \sigma'_{mnp} E_n E_p + \dots \tag{4.2}$$

Die σ_{mn} und σ'_{mnp} heißen *Tensoren*. Die Anzahl Indizes bestimmt die Stufe eines Tensors:

- Stufe 0; 1 Koeffizient, Skalar (Dichte, Temperatur);
- Stufe 1; 3 Koeffizienten, Vektor (elektrisches Feld);
- Stufe 2; 9 Koeffizienten (lineare Leitfähigkeit);
- Stufe 3; 27 Koeffizienten (nichtlineare Leitfähigkeit, Piezoelektrizität);
- Stufe 4; 81 Koeffizienten (lineare Elastizität);
- etc.

Die physikalischen Eigenschaften der Materialien werden also durch Tensorverknüpfungen beschrieben:

$$\begin{array}{ccc} \text{Effekt} = & \text{Eigenschaft} & * \quad \text{Ursache} \\ \mathbf{B} & \boldsymbol{\sigma} & \mathbf{A} \end{array} \tag{4.3}$$

Ist die Ursache (unabhängige oder induzierende Größe) $\mathbf{A}$ ein Tensor der Stufe M und der Effekt (abhängige oder induzierte Größe) $\mathbf{B}$ ein Tensor Nter Stufe, so ist die lineare Eigenschaft $\boldsymbol{\sigma}$ ein Tensor der Stufe $M + N$:

$$\begin{array}{c} B_{mnop\dots} = \sum_{rstu\dots}^3 \sigma_{mnop\dots rstu\dots} A_{rstu\dots} \\ N \qquad\qquad M+N \qquad M \end{array} \tag{4.4}$$

Nichtlineare Eigenschaften besitzen die Stufen $M + N + 1$, $M + N + 2$ etc.

Eine Konsequenz der Tensorverknüpfung (4.2) für die Leitfähigkeit ist, daß $\mathbf{E}$ und $\mathbf{J}$ nicht notwendigerweise parallel sind und der Betrag $\|\mathbf{J}\|$ eine Funktion der Richtung von $\mathbf{E}$ ist. Diese Eigenschaft ist also anisotrop. Isotropie ist durch die Beziehung $\sigma_{ij} = \delta_{ij}\sigma$ charakterisiert. Bild 4.1 (S. 168) stellt das Beispiel einer Tensorverknüpfung dar.

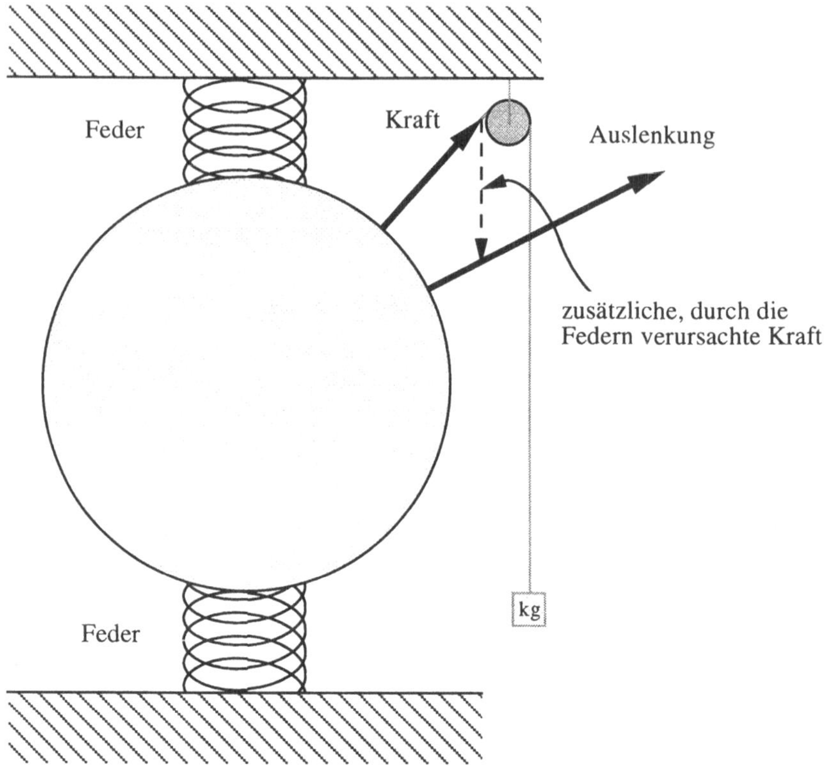

Bild 4.1 Die Auslenkung einer Kugel zwischen zwei Federn ist im allgemeinen nicht parallel zur ausgeübten Kraft

4.2.2 Tensorinvarianten bezüglich des Koordinatensystems

Ein Tensor 2. Stufe kann durch eine 3x3-Matrix dargestellt werden (dreidimensionaler Raum $\mathbb{R}^3$). Diese darf nicht mit einer Matrix verwechselt werden, die eine Änderung des Koordinatensystems beschreibt. Eine physikalische Größe ist invariant gegen eine Koordinatentransformation. Insbesondere müssen die Norm eines Vektors ($\|\mathbf{E}\|^2$, $\|\mathbf{J}\|^2$) und das Skalarprodukt zweier Vektoren $(\mathbf{E}\cdot\mathbf{J}) = \mathbf{E}^T\mathbf{J} = \mathbf{J}^T\mathbf{E}$ unabhängig vom gewählten Koordinatensystem sein.

Ein Wechsel des Koordinatensystems wird durch eine orthogonale Transformationsmatrix $\mathbf{U}$ (orthonormiertes Koordinatensystem) beschrieben:

$$\begin{pmatrix} \mathbf{e'}_1 \\ \mathbf{e'}_2 \\ \mathbf{e'}_3 \end{pmatrix} = \begin{pmatrix} u_{11} & u_{12} & u_{13} \\ u_{21} & u_{22} & u_{23} \\ u_{31} & u_{32} & u_{33} \end{pmatrix} \begin{pmatrix} \mathbf{e}_1 \\ \mathbf{e}_2 \\ \mathbf{e}_3 \end{pmatrix} = \mathbf{U} \begin{pmatrix} \mathbf{e}_1 \\ \mathbf{e}_2 \\ \mathbf{e}_3 \end{pmatrix}$$

$|\mathbf{U}| = \pm 1$, $\mathbf{U}^{-1} = \mathbf{U}^T$ ($\mathbf{U}^T$ ist die transponierte Matrix von $\mathbf{U}$, vgl. Abschn. 2.2.3).

Die Vektoren **E** und **J** transformieren nach

$$\mathbf{E'} = \mathbf{UE}, \; \mathbf{J'} = \mathbf{UJ}, \; \mathbf{E'}^{T}\mathbf{J'} = \mathbf{E}^{T}\mathbf{U}^{T}\mathbf{UJ} = \mathbf{E}^{T}\mathbf{J}$$

$$E'_m = \sum_{n}^{3} u_{mn}E_n; \; J'_m = \sum_{n}^{3} u_{mn}J_n \qquad (4.5)$$

Die Leitfähigkeit, beschrieben durch σ_{mn} bzw. σ'_{mn}, verknüpft **J** und **E** als auch **J'** und **E'**:

$$\mathbf{J} = \sigma\mathbf{E}, \; \mathbf{J'} = \sigma'\mathbf{E'}$$

Die Invarianz des Produktes $\mathbf{J}\cdot\mathbf{E} = \mathbf{J'}\cdot\mathbf{E'}$ zeigt, daß $\mathbf{E}^{T}\sigma\mathbf{E}$ invariant sein muß. Mit (4.5) gilt

$$\mathbf{U}^{-1}\mathbf{J'} = \sigma\mathbf{U}^{-1}\mathbf{E'}, \; \text{daher } \mathbf{J'} = \mathbf{U}\sigma\mathbf{U}^{T}\mathbf{E'}$$

$$\sigma' = \mathbf{U}\sigma\mathbf{U}^{T} \qquad (4.6)$$

$$\sigma'_{mn} = \sum_{p}^{3}\sum_{q}^{3} u_{mp}u_{nq}\sigma_{pq}$$

Mit Tensoren höherer Stufe als zwei (die nicht länger als Matrizen darstellbar sind) wird in analoger Weise verfahren. Indem Beziehung (4.4) (S. 167) in zwei verschiedenen Koordinatensystemen ausgedrückt wird,

$$\mathbf{B}(\text{Stufe } N) = \sigma(\text{Stufe } M{+}N) \, \mathbf{A}(\text{Stufe } M)$$

und

$$\mathbf{B'}(\text{Stufe } N) = \sigma'(\text{Stufe } M{+}N) \, \mathbf{A'}(\text{Stufe } M)$$

und mit Kenntnis der Transformation der Tensoren der Stufen M und N, kann die Transformation des Tensors der Stufe $M{+}N$ abgeleitet werden. Für einen Tensor τter Stufe wird erhalten

$$\sigma'_{mnop...} = \sum_{rstu...}^{3} u_{mr}u_{ns}u_{ot}u_{pu}\cdots\sigma_{rstu...}$$

$$\underbrace{\qquad\qquad\qquad}_{\tau \quad\quad \tau \text{ Faktoren} \quad\quad \tau} \qquad (4.7)$$

Beziehung (4.7) dient der Klärung des Tensorbegriffs. Ein Tensor ist durch seine Transformationseigenschaften definiert. Oder: Tensoren sind mathematische Objekte, die von der Wahl des Bezugssystems unabhängige Größen beschreiben.

Sei $\mathbf{x} = (x_1, x_2, x_3)$ ein Koordinatenvektor, der entsprechend (4.5) transformiert. Das Produkt aus τ Koordinaten transformiert dann entsprechend Ausdruck (4.7):

$$x'_m = \sum_p^3 u_{mp} x_p; \quad daher \ x'_m x'_n = \sum_p^3 \sum_q^3 u_{mp} u_{nq} x_p x_q \qquad (\tau = 2) \qquad\qquad (4.8)$$

$$x'_m x'_n x'_o = \sum_{pqr}^3 u_{mp} u_{nq} u_{or} x_p x_q x_r \qquad (\tau = 3) \qquad\qquad (4.9)$$

Die Produkte $x_m x_n$ besitzen die Eigenschaften eines Tensors 2. Stufe, die Produkte $x_m x_n x_o$ die eines 3. Stufe usw. Indessen handelt es sich hierbei um vollsymmetrische Tensoren: Da $x_m x_n = x_n x_m$ ist, ist die Komponente (12) gleich der Komponente (21); im Falle $\tau = 3$ sind die Komponenten (123), (231), (312), (213), (132), (321) sämtlich gleich. Diese Eigenschaft berücksichtigend, ermöglichen die Koordinatenprodukte die schnelle Transformation eines Tensors.

BEISPIEL $(x'_1, x'_2, x'_3) = (x_1, x_2, -x_3)$

$$x_i'^2 = x_i^2 \quad (i = 1,\ 2,\ 3)$$
$$x'_1 x'_2 = x_1 x_2$$
$$x'_1 x'_3 = -x_1 x_3$$
$$x'_2 x'_3 = -x_2 x_3$$

Eine Inversion der Koordinate $\mathbf{e}_3$ nach $-\mathbf{e}_3$ transformiert daher den Tensor $\boldsymbol{\sigma}$ nach

$$\boldsymbol{\sigma} = \begin{pmatrix} \sigma_{11} & \sigma_{12} & -\sigma_{13} \\ \sigma_{21} & \sigma_{22} & -\sigma_{23} \\ -\sigma_{31} & -\sigma_{32} & \sigma_{33} \end{pmatrix}$$

Falls die Transformationsmatrix U die Koordinaten x_i permutiert, muß allgemein die Beziehung (4.7) benutzt werden, die leicht für Computeranwendungen zu programmieren ist.

4.2.3 Neumannsches Prinzip

Bereits vorher in diesem Kapitel wurde ein Zusammenhang zwischen den physikalischen Eigenschaften eines Kristalls und seiner Symmetrie erwähnt. Tatsächlich repräsentiert eine Symmetrieoperation eine Invarianz aller Kristalleigenschaften. Die Symmetrie einer Eigenschaft (beispielsweise der Leitfähigkeit) kann freilich höher als die des Kristalls sein. Dies ist der Ausgangspunkt des *Neumannschen Prinzips*:

> *Die Symmetriegruppe einer beliebigen Kristalleigenschaft ist triviale oder echte (nichttriviale) Obergruppe der Kristallklasse.*

Aus diesem Prinzip folgt, daß die Kristallklasse eines Kristalls eine gemeinsame Untergruppe der Punktgruppen aller seiner Eigenschaften ist.

Dies sei am Beispiel des Tensors 2. Stufe, σ_{mn}, diskutiert:

- Symmetriezentrum, $\bar{1}$. Das Inversionszentrum transformiert einen Vektor $\mathbf{x}$ nach $\mathbf{x}' = -\mathbf{x} = (-x_1,-x_2,-x_3)$. Die Produkte je zweier Koordinaten sind daher invariant, $x_m' x_n' = x_m x_n$, und die Transformation $\bar{1}$ ändert die Darstellung des Tensors nicht: $\sigma_{mn}' = \sigma_{mn}$. Jeder Tensor 2. Stufe besitzt daher die Punktgruppe $\bar{1}$ als intrinsische Symmetrie. Eine durch ihn beschriebene Eigenschaft ist also zentrosymmetrisch, auch wenn es der Kristall selbst nicht ist. Wird die Richtung des elektrischen Feldes umgekehrt, geschieht gleiches mit dem elektrischen Stromfluß. Dies gilt nicht für die nichtlineare Leitfähigkeit.

- Spiegelebene m senkrecht $\mathbf{e}_3$. Ein Vektor $\mathbf{x}$ transformiert nach $\mathbf{x}' = (x_1,x_2,-x_3)$. Die Transformation von σ_{mn} wurde in Abschnitt 4.2.2 behandelt:

$$\sigma_{mn}' = \begin{cases} -\sigma_{mn} & \text{für } m \neq n,\ m \text{ oder } n = 3 \\ \sigma_{mn} & \text{sonst} \end{cases}$$

Besitzt der Kristall die Kristallklasse m ($\mathbf{e}_3$ senkrecht zur Spiegelebene), muß der Tensor ebenfalls diese Symmetrie besitzen, $\sigma_{mn}' = \sigma_{mn}$, $\sigma_{13} = \sigma_{23} = \sigma_{31} = \sigma_{32} = 0$. Aus der Eigensymmetrie $\bar{1}$ des Tensors folgt, daß diese Bedingungen ebenso für die Gruppen 2 und 2/m gelten:

$$\boldsymbol{\sigma} = \begin{pmatrix} \sigma_{11} & \sigma_{12} & 0 \\ \sigma_{21} & \sigma_{22} & 0 \\ 0 & 0 & \sigma_{33} \end{pmatrix} \qquad \begin{array}{c} \text{Gruppen } 2,\ \text{m},\ 2/\text{m} \\ \text{(monoklin, Symmetrieachse } \mathbf{e}_3) \end{array} \qquad (4.10)$$

- Die drei orthorhombischen Gruppen 222, mm2, und mmm besitzen zweizählige Drehachsen oder Normalen von Spiegelebenen in den drei Richtungen $\mathbf{e}_1$, $\mathbf{e}_2$, $\mathbf{e}_3$:

$$\boldsymbol{\sigma} = \begin{pmatrix} \sigma_{11} & 0 & 0 \\ 0 & \sigma_{22} & 0 \\ 0 & 0 & \sigma_{33} \end{pmatrix} \qquad \begin{array}{c} \text{Gruppen } 222,\ \text{mm2},\ \text{mmm} \\ \text{(orthorhombisch)} \end{array} \qquad (4.11)$$

- Vierzählige Drehachse entlang $\mathbf{e}_3$. Ein Vektor $\mathbf{x}$ transformiert nach $\mathbf{x}' = (-x_2,x_1,x_3)$. Mit Gleichung (4.6) (S. 169) folgt:

$$\boldsymbol{\sigma}' = \begin{pmatrix} \sigma_{22} & -\sigma_{21} & -\sigma_{23} \\ -\sigma_{12} & \sigma_{11} & \sigma_{13} \\ -\sigma_{32} & \sigma_{31} & \sigma_{33} \end{pmatrix} \qquad \boldsymbol{\sigma}' = \boldsymbol{\sigma} \text{ nach Neumann.}$$

Dasselbe Resultat folgt bei Anwesenheit einer drei- oder sechszähligen Achse. Für die Laue-Klassen (Abschn. 2.5.7) $\bar{3}$, 4/m, 6/m ergibt sich daher

$$\boldsymbol{\sigma} = \begin{pmatrix} \sigma_{11} & \sigma_{12} & 0 \\ -\sigma_{12} & \sigma_{11} & 0 \\ 0 & 0 & \sigma_{33} \end{pmatrix} \quad \begin{array}{l} \text{Gruppen } 3,\ \bar{3} \\ 4,\ \bar{4},\ 4/m \\ 6,\ \bar{6},\ 6/m \end{array} \tag{4.12}$$

- Für die Klassen 4/mmm, $\bar{3}$m und 6/mmm ergibt (4.12), kombiniert mit einer Spiegelung senkrecht $\mathbf{e}_1$:

$$\boldsymbol{\sigma} = \begin{pmatrix} \sigma_{11} & 0 & 0 \\ 0 & \sigma_{11} & 0 \\ 0 & 0 & \sigma_{33} \end{pmatrix} \quad \begin{array}{l} \text{Laue– Klassen} \\ \bar{3}m,\ 4/mmm,\ 6/mmm \end{array} \tag{4.13}$$

- Eine dreizählige Achse entlang $[111] = \mathbf{e}_1 + \mathbf{e}_2 + \mathbf{e}_3$ transformiert $\mathbf{x}$ nach $\mathbf{x}' = (x_2, x_3, x_1)$, woraus sich die Bedingungen ableiten: $\sigma_{11} = \sigma_{22} = \sigma_{33}$; $\sigma_{12} = \sigma_{23} = \sigma_{31}$; $\sigma_{21} = \sigma_{32} = \sigma_{13}$. Für die kubische Gruppe 23 kommen diese Bedingungen zu denen für mmm (4.11) (S. 171) hinzu. Der Tensor 2. Stufe ist daher für 23 und sämtliche weiteren kubischen Punktgruppen *isotrop*:

$$\boldsymbol{\sigma} = \begin{pmatrix} \sigma & 0 & 0 \\ 0 & \sigma & 0 \\ 0 & 0 & \sigma \end{pmatrix} \quad \begin{array}{l} \text{kubische Punktgruppen; isotrop bezüglich} \\ \text{eines Tensors 2. Stufe} \end{array} \tag{4.14}$$

Bei einem *symmetrischen Tensor* 2. Stufe ist $\sigma_{mn} = \sigma_{nm}$. Daher gilt es, fünf Fälle zu unterscheiden:

triklin	6 Tensorkomponenten;	*uniaxial* 3, 4, 6	2 Tensorkomponenten;
monoklin	4 Tensorkomponenten;	*kubisch*	1 Tensorkomponente;
orthorhombisch	3 Tensorkomponenten;		isotrop.

4.2.4 Polare und axiale Vektoren

Vektoren, die entsprechend (4.5) (S. 169) transformieren, werden *polar* genannt. Das Vektorprodukt zweier polarer Vektoren $\mathbf{p}$ und $\mathbf{q}$, $\mathbf{r} = \mathbf{p} \times \mathbf{q}$, wird ebenfalls als ein Vektor angesehen. Die Transformationseigenschaften von $\mathbf{r}$ sind allerdings verschieden denen von $\mathbf{p}$ und $\mathbf{q}$: $\mathbf{r}$ ist invariant bezüglich einer Spiegelebene senkrecht zu $\mathbf{r}$, wird aber invertiert durch eine parallel zu $\mathbf{r}$ liegende Spiegelebene. Die Symmetrie von $\mathbf{p}$ und $\mathbf{q}$ ist ∞m, die von $\mathbf{r}$ ist ∞/m. $\mathbf{r}$ ist ein *axialer* Vektor. Als Beispiel sei der Vektor der magnetischen Feldstärke, $\mathbf{H}$, genannt. Sind p_i und q_i die Komponenten von $\mathbf{p}$ und $\mathbf{q}$, so besitzt $\mathbf{r}$ die Komponenten

$$\mathbf{r} = (r_1, r_2, r_3) = [(p_2 q_3 - p_3 q_2),\ (p_3 q_1 - p_1 q_3),\ (p_1 q_2 - p_2 q_1)] \tag{4.15}$$

Da (4.15) auf Produkte von Koordinaten wirkt, gilt die Transformation für Tensoren 2. Stufe, (4.6) (S. 169) und (4.8) (S. 170); (4.15) wirkt daher wie ein antisymmetrischer Tensor:

$$\mathbf{p} \times \mathbf{q} = \begin{pmatrix} 0 & r_3 & -r_2 \\ -r_3 & 0 & r_1 \\ r_2 & -r_1 & 0 \end{pmatrix}; \quad (\mathbf{p} \times \mathbf{q})_{mn} = p_m q_n - p_n q_m \tag{4.16}$$

Die Transformation $\mathbf{r} \rightarrow \mathbf{r}'$ durch die Matrix $\mathbf{U}$ kann mit Gleichung (4.15) oder mit (4.16) und (4.6) (S. 169) ausgeführt werden,

$$r'_1 = (u_{22}u_{33} - u_{23}u_{32})r_1 + (u_{23}u_{31} - u_{21}u_{33})r_2 + (u_{21}u_{32} - u_{22}u_{31})r_3 \tag{4.17}$$

und analoge Ausdrücke für r'_2 und r'_3. Die Unterdeterminanten $u_{mp}u_{nq} - u_{mq}u_{np}$ sind proportional zu den Koeffizienten υ der inversen Matrix $\mathbf{U}^{-1}$, beispielsweise

$$(u_{23}u_{31} - u_{21}u_{33}) = |\mathbf{U}|\upsilon_{21}$$

Für eine orthogonale Matrix gilt $|\mathbf{U}| = \pm 1$, $\upsilon_{21} = u_{12}$, so daß aus (4.17) wird

$$\mathbf{r}' = \pm \mathbf{U}\,\mathbf{r}, \quad r'_m = \pm \sum_{n}^{3} u_{mn}r_n \tag{4.18}$$

$+$ für eine Drehung
$-$ für eine Drehinversion

Ein Tensor, der zwei axiale Vektoren verknüpft, transformiert genauso wie ein Tensor, der zwei polare Vektoren verknüpft. Daher ist die magnetische Suszeptibilität, die die magnetische Feldstärke mit der Magnetisierung verknüpft, ein polarer Tensor 2. Stufe. Dagegen ist die elektromagnetische Suszeptibilität, die die Magnetisierung eines Kristalls durch ein angelegtes elektrisches Feld beschreibt, ein axialer Tensor 2. Stufe (auch Pseudotensor genannt), der wie folgt transformiert:

$$\sigma'_{mn} = \pm \sum_{p}^{3} \sum_{q}^{3} u_{mp}u_{nq}\sigma_{pq}, \quad + \text{ bei Drehung}, - \text{ bei Drehinversion} \tag{4.19}$$

Ein axialer Tensor 2. Stufe verschwindet bei Anwesenheit eines Symmetriezentrums $\overline{1}$. Eine Spiegelebene m senkrecht $\mathbf{e}_3$ läßt nur die Komponenten σ_{13}, σ_{23}, σ_{31}, σ_{32} als verschieden von null zu, während für eine zweizählige Drehachse der Tensor (4.10) (S. 171) erhalten wird. Zusätzlich sei erwähnt, daß auch der Pseudoskalar (axialer Tensor 0. Stufe) existiert, zum Beispiel als Drehvermögen einer optisch aktiven Lösung.

4.2.5 Tensoren 2. Stufe: Bezugsfläche

Ein Tensor 2. Stufe kann als Summe eines symmetrischen (s) und eines antisymmetrischen (a) Tensors aufgefaßt werden:

$$\boldsymbol{\sigma} = \boldsymbol{\sigma}(s) + \boldsymbol{\sigma}(a)$$

$$\sigma(s)_{ij} = \tfrac{1}{2}(\sigma_{ij} + \sigma_{ji}); \quad \sigma(a)_{ij} = \tfrac{1}{2}(\sigma_{ij} - \sigma_{ji}) \tag{4.20}$$

$$\sigma(s)_{ji} = \sigma(s)_{ij}; \qquad \sigma(a)_{ji} = -\sigma(a)_{ij}$$

Der antisymmetrische Tensor beschreibt einen reinen transversalen Anteil $\mathbf{B}_a$ des Effektes $\mathbf{B}$: $\mathbf{B}_a = \boldsymbol{\sigma}(a)\mathbf{A}$, $\mathbf{B}_a \cdot \mathbf{A} = \mathbf{A}^T \boldsymbol{\sigma}(a)^T \mathbf{A} = 0$ für jeden Vektor $\mathbf{A}$. Der Vektor $\mathbf{B}_a$ steht außerdem senkrecht auf der Achse von $\boldsymbol{\sigma}(a)$, d. h. auf der Richtung des axialen Vektors $[\sigma(a)_{23}, \sigma(a)_{31}, \sigma(a)_{12}]$. Dieser Vektor ist der reelle Eigenvektor von $\boldsymbol{\sigma}(a)$ mit dem Eigenwert null. Der Vektor $\mathbf{B}_a$ darf nicht mit dem transversalen Anteil $\mathbf{B}_T$ verwechselt werden, der weiter unten auf dieser Seite beschrieben wird.

Leider ist $\mathbf{B}_a$ experimentell nur schwer zugänglich. Die Mehrheit der Tensoren 2. Stufe von physikalischem Interesse ist indessen symmetrisch mit $\boldsymbol{\sigma}(a) = \mathbf{0}$. Wir werden dieses Charakteristikum anhand von Gleichgewichtseigenschaften zeigen (vgl. Abschn. 4.4.1, 4.4.2 und 4.4.6).

Entsprechend der Tensorbeziehung $\mathbf{B} = \boldsymbol{\sigma}\mathbf{A}$ sind $\mathbf{B}$ und $\mathbf{A}$ nicht notwendig parallel, auch wenn $\boldsymbol{\sigma}$ symmetrisch ist. Der *Longitudinaleffekt* ist die Projektion von $\mathbf{B}$ auf $\mathbf{A}$, $B_L = \mathbf{B} \cdot \mathbf{A}/\|\mathbf{A}\|$. Die longitudinale Eigenschaft ist daher $\sigma_L = \mathbf{B} \cdot \mathbf{A}/\|\mathbf{A}\|^2$, da $\mathbf{B}_L = \sigma_L \mathbf{A}$ ist. Der *Transversaleffekt* ist senkrecht $\mathbf{A}$: $\mathbf{B}_T \cdot \mathbf{A} = 0$; $\mathbf{B} = \mathbf{B}_L + \mathbf{B}_T = \sigma_L \mathbf{A} + \mathbf{B}_T$. Wird der Vektor $\mathbf{A}$ durch seine Richtungskosinus ausgedrückt, $\mathbf{A} = (A_1, A_2, A_3) = \|\mathbf{A}\|(l_1, l_2, l_3)$, $l_1^2 + l_2^2 + l_3^2 = 1$, erhält man

$$B_m = \|\mathbf{A}\| \sum_n^3 \sigma_{mn} l_n$$

$$\mathbf{B} \cdot \mathbf{A} = \sum_m^3 A_m B_m = \|\mathbf{A}\|^2 \sum_m^3 \sum_n^3 \sigma_{mn} l_m l_n \tag{4.21}$$

$$\sigma_L = \sum_m^3 \sum_n^3 \sigma_{mn} l_m l_n$$

Für den transversalen Vektor erhält man $(\sigma_T)_{mn} = \sigma_{mn} - \delta_{mn}\sigma_L$, $\mathbf{B}_T = \boldsymbol{\sigma}_T \mathbf{A}$. Er darf nicht mit dem Effekt eines antisymmetrischen Tensors weiter oben auf dieser Seite verwechselt werden.

Für Tensoren höherer als 2. Stufe können ebenfalls ein longitudinaler Effekt für jede Richtung $\mathbf{l} = (l_1, l_2, l_3)$ als auch transversale Effekte definiert werden (vgl. Abschn. 4.4.2).

In bestimmten Richtungen fehlt der transversale Effekt $\mathbf{B}_T$. Für Tensoren 2. Stufe genügt die Berechnung des Eigenvektors der Matrix $\boldsymbol{\sigma}$. So ist $\mathbf{B}_T = 0$, wenn für $\mathbf{A}_0$ gilt

$$\mathbf{B} = \boldsymbol{\sigma}\mathbf{A}_0 = \lambda\mathbf{A}_0, \qquad (\boldsymbol{\sigma} - \lambda\mathsf{E})\mathbf{A}_0 = \mathbf{0},$$

mit E als Einheitsmatrix, $E_{mn} = \delta_{mn}$. Ist $\boldsymbol{\sigma}$ symmetrisch, sind die drei Vektoren $\mathbf{A}_0$ und die Eigenwerte λ reell.

Der Tensor $\boldsymbol{\sigma}$ kann durch eine Fläche 2. Ordnung dargestellt werden:

$$\sum_{m=1}^{3}\sum_{n=1}^{3}\sigma_{mn}x_m x_n = 1$$

Dieser Ausdruck enthält nur den symmetrischen Teil, da für $m \neq n$ der Term $(\sigma_{mn}+\sigma_{nm})x_m x_n$ erhalten wird. Seien die *Eigenwerte* von $\boldsymbol{\sigma}$ *sämtlich positiv*; dann ist die Tensorfläche ein Ellipsoid:

$$\left.\begin{array}{c}\sigma_{11}x_1^2 + \sigma_{22}x_2^2 + \sigma_{33}x_3^2 + 2\sigma_{12}x_1 x_2 + 2\sigma_{13}x_1 x_3 + 2\sigma_{23}x_2 x_3 = 1 \\ \text{Ellipsoid als Bezugsfläche}\end{array}\right\} \qquad (4.22)$$

Sei $\mathbf{r}$ der Vektor vom Ursprung des Koordinatensystems zum Punkt $P(x_1,x_2,x_3)$ auf dem Ellipsoid.

$$(x_1,x_2,x_3) = r(l_1,l_2,l_3), \qquad l_i = \text{Richtungskosinus von } \mathbf{r} \text{ und } r = \|\mathbf{r}\|$$

$$\sum_{m}^{3}\sum_{n}^{3}\sigma_{mn}x_m x_n = r^2 \sum_{m}^{3}\sum_{n}^{3}\sigma_{mn}l_m l_n = r^2\sigma_L = 1$$

$$r = \frac{1}{\sqrt{\sigma_L}} \qquad \text{(vgl. Bild 4.2)} \qquad\qquad (4.23)$$

Die Tangentialebene des Ellipsoids im Punkt $P(x_1,x_2,x_3)$ ist

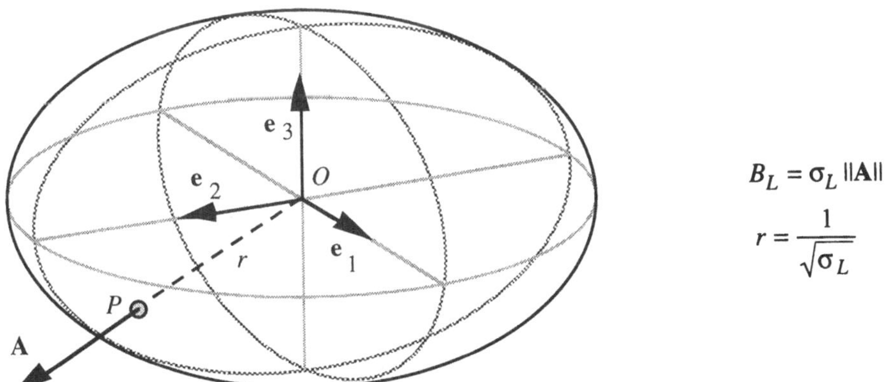

Bild 4.2 Der Abstand vom Ursprung 0 zum Punkt $P(x_1,x_2,x_3)$ entlang dem Vektor $\mathbf{A}$ (z. B. des elektrischen Feldes) ist $r = 1/\sqrt{\sigma_L}$, mit σ_L als longitudinaler Eigenschaft (beispielsweise longitudinale Leitfähigkeit parallel zum elektrischen Feld)

$$r \sum_{m}^{3} \left\{ \sum_{n}^{3} \sigma_{mn} l_n \right\} x'_m = p_1 x'_1 + p_2 x'_2 + p_3 x'_3 = \mathbf{p}^T \mathbf{r}' = 1$$

$$\tag{4.24}$$

$$\mathbf{p} = \sigma \mathbf{r}, \qquad p_m = r \sum_{n}^{3} \sigma_{mn} l_n; \quad \text{Tangentialfläche}$$

Die Fläche $\mathbf{p}^T \mathbf{r}' = \mathbf{r}^T \sigma \, \mathbf{r}' = 1$ und das Ellipsoid $\mathbf{r}^T \sigma \mathbf{r} = \sum_{m}^{3} \sum_{n}^{3} \sigma_{mn} l_m l_n = 1$ haben nur

einen gemeinsamen Punkt: $\mathbf{r}^T \sigma (\mathbf{r} - \mathbf{r}') = 0$ hat $\mathbf{r} = \mathbf{r}'$ zur Folge, falls die Eigenwerte von σ alle verschieden von Null sind. Der Vektor $\mathbf{p}$ ist die Normale auf der Tangentialfläche, mit derselben Richtung wie $\mathbf{B}$ (Bild 4.3).

$$\mathbf{B} = \sigma \mathbf{A} = (\sigma \mathbf{r}) \frac{\|\mathbf{A}\|}{r} = \frac{\|\mathbf{A}\|}{r} \mathbf{p} \tag{4.25}$$

Werden die Eigenvektoren von σ als Koordinatensystem gewählt, reduziert sich der Tensor zu einer Diagonalmatrix mit den Eigenwerten σ_I, σ_{II}, σ_{III} als Elemente. Das Bezugsellipsoid wird $\sigma_I x_1^2 + \sigma_{II} x_2^2 + \sigma_{III} x_3^2 = 1$ mit den Halbachsen $1/\sqrt{\sigma_I}$, $1/\sqrt{\sigma_{II}}$, $1/\sqrt{\sigma_{III}}$. Ist ein Eigenwert oder sind zwei Eigenwerte negativ, ist die Bezugsfläche ein Hyperboloid. Ist $\sigma_{III} < 0$, σ_I und $\sigma_{II} > 0$, müssen zwei Flächen betrachtet werden:

$$\sigma_I x_1^2 + \sigma_{II} x_2^2 - |\sigma_{III}| x_3^2 = 1 \qquad \text{positiver longitudinaler Effekt}$$

$$\sigma_I x_1^2 + \sigma_{II} x_2^2 - |\sigma_{III}| x_3^2 = -1 \qquad \text{negativer longitudinaler Effekt}$$

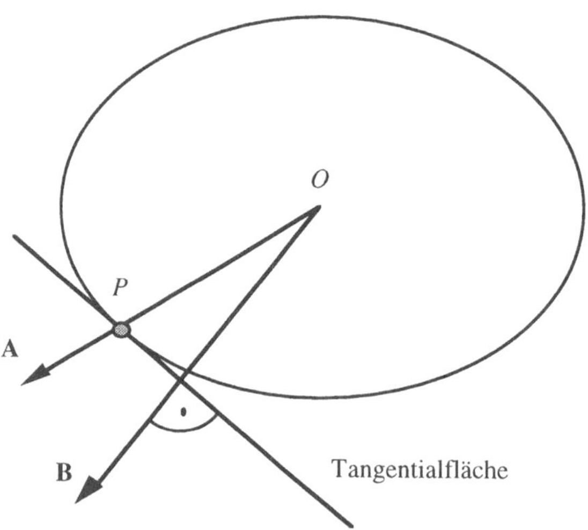

Bild 4.3 Die Normale auf die Tangentialfläche im Punkt P des Bildes 4.2 (S. 175) zeigt die Richtung von $\mathbf{B}$ an (z. B.: $\mathbf{A}$ elektrisches Feld, $\mathbf{B}$ Strom)

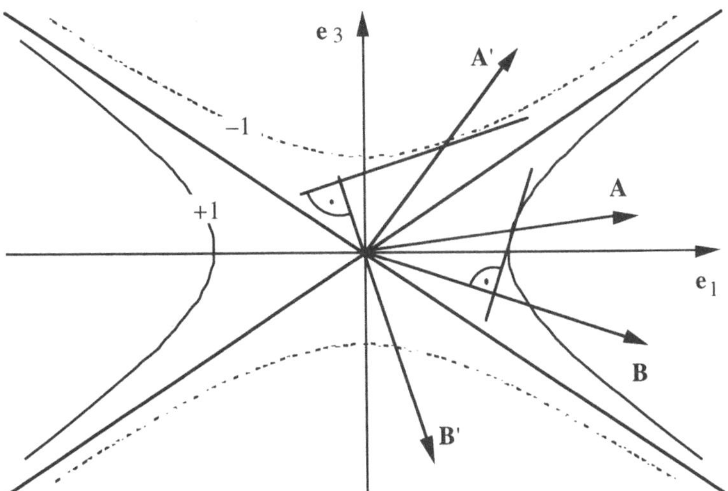

Bild 4.4 Hyperboloide in der Ebene $x_2 = 0$. **A**, **B**: positiver longitudinaler Effekt; **A'**, **B'**: negativer longitudinaler Effekt

Bild 4.4 ist eine zu Bild 4.3 analoge Konstruktion.

Die Punktsymmetrie eines Ellipsoids oder eines Hyperboloids ist mmm. Die *Eigensymmetrie eines symmetrischen Tensors 2. Stufe ist daher ebenfalls* mmm. Mit Hilfe des Neumannschen Prinzips (Abschn. 4.2.3) wird die Symmetrie von Ellipsoiden für die verschiedenen Kristallsysteme erhalten:

- Triklin: Die sechs Tensorkomponenten entsprechen drei Eigenwerten und drei Winkeln der Orientierung des Ellipsoids; unterschiedliche Eigenschaften werden durch Ellipsoide verschiedener Orientierung dargestellt.
- Monoklin: Ein Eigenvektor ist notwendigerweise parallel zur zweizähligen Achse bzw. zur Normalen auf die Spiegelebene; die vier Tensorkomponenten (4.10) (S. 171) entsprechen drei Eigenwerten und einem Winkel zur Orientierung.
- Orthorhombisch: Die Orientierung des Ellipsoids ist durch die Symmetrie festgelegt, die drei Komponenten des Tensors (4.11) (S. 171) entsprechen den drei Eigenwerten.
- Trigonal, tetragonal, hexagonal: Der Tensor wird durch ein Rotationsellipsoid dargestellt, dessen Hauptachse zur Hauptsymmetrierichtung parallel ist; die beiden Komponenten des Tensors (4.13) (S. 172) entsprechen den beiden Eigenwerten parallel und senkrecht zur Hauptsymmetrierichtung.
- Kubisch: Der Tensor (4.14) (S. 172) wird durch eine Kugel repräsentiert; alle Eigenwerte sind identisch; der Kristall ist isotrop bezüglich eines Tensors 2. Stufe.

Eine inverse Eigenschaft wird durch die inverse Matrix σ^{-1} beschrieben: $\mathbf{B} = \sigma\mathbf{A}$, also $\mathbf{A} = \sigma^{-1}\mathbf{B}$. Ist σ die Leitfähigkeit, bedeutet σ^{-1} den Widerstand. Der Tensor σ^{-1} wird durch das Ellipsoid mit den Hauptachsen, $\sqrt{\sigma_1}, \sqrt{\sigma_2}, \sqrt{\sigma_3}$ beschrieben. Für inverse Tensoren höherer Stufe existiert keine Analogie zu Matrizen.

Die Norm von $\mathbf{B}$ ist gegeben durch $\|\mathbf{B}\|^2 = \mathbf{B}^T\mathbf{B} = \mathbf{A}^T\boldsymbol{\sigma}\boldsymbol{\sigma}\mathbf{A}$ ($\boldsymbol{\sigma}$ symmetrisch). Für den inversen Effekt gilt $\|\mathbf{A}\|^2 = \mathbf{B}^T[\boldsymbol{\sigma}\boldsymbol{\sigma}]^{-1}\mathbf{B}$. Sei $\mathbf{B} = \|\mathbf{B}\|(b_1, b_2, b_3)$, mit b_i als den Winkelkosinus von $\mathbf{B}$, und $[\boldsymbol{\sigma}\boldsymbol{\sigma}]^{-1} = \mathbf{S}$, dann ist

$$\|\mathbf{A}\|^2 = \|\mathbf{B}\|^2 \sum_{m}^{3} \sum_{n}^{3} S_{mn} b_m b_n$$

und für $\|\mathbf{A}\| = 1$

$$\|\mathbf{B}\| = \left(\sum_{m}^{3} \sum_{n}^{3} S_{mn} b_m b_n \right)^{-1/2} \tag{4.26}$$

Das Ellipsoid $\Sigma\Sigma S_{mn} x_m x_n = 1$ (Bild 4.5) stellt den Betrag $\|\mathbf{B}\|$ für $\|\mathbf{A}\| = 1$ dar. Bezogen auf die Eigenvektoren von $\boldsymbol{\sigma}$ ist seine Gleichung

$$\frac{x_1^2}{\sigma_I^2} + \frac{x_2^2}{\sigma_{II}^2} + \frac{x_3^2}{\sigma_{III}^2} = 1 \tag{4.27}$$

BEMERKUNGEN

- Man kann eine Fläche konstruieren, deren Radius parallel $\mathbf{A}$ die longitudinale Eigenschaft wiedergibt. Eine derartige Fläche wäre jedoch nicht von zweiter Ordnung. Die Fläche

$$r^{-3} \sum_{m}^{3} \sum_{n}^{3} \sigma_{mn} x_m x_n = 1; \quad r = \sqrt{x_1^2 + x_2^2 + x_3^2}$$

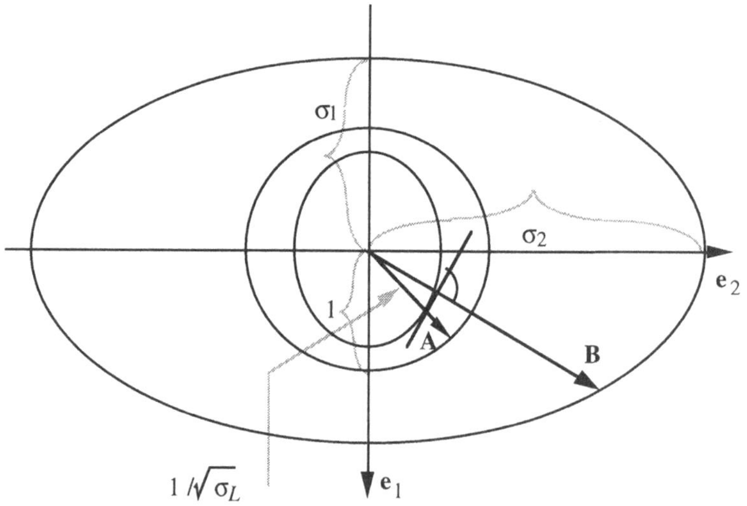

Bild 4.5 Ellipsoid als Darstellung des Betrages von $\|\mathbf{B}\|$ für $\|\mathbf{A}\| = 1$; Kugel mit Radius 1; Referenzellipsoid (z. B. $\mathbf{A}$ elektrisches Feld, $\mathbf{B}$ Strom)

besitzt die Eigenschaft, daß der Abstand vom Ursprung zur Fläche in Richtung des Vektors **A** gleich σ_L ist.

- Zur Bestimmung des Tensors **σ** werden die longitudinalen Effekte in verschiedenen Richtungen gemessen (6 für den Fall eines Tensors 2. Stufe). Eine mögliche antisymmetrische Komponente bleibt unbeachtet, da sie nur transversale Effekte hervorbringen würde.

4.3 Mechanische Spannung und Deformation

4.3.1 Mechanischer Spannungstensor

Wir betrachten die auf ein Volumenelement eines Körpers von der Form eines Parallelepipeds wirkenden äußeren Kräfte (Bild 4.6).

Eine mechanische Spannung ist die Kraft pro Flächeneinheit. Sie wirkt auf zwei gegenüberliegende parallele Grenzflächen (Flächenpaar). Insbesondere ist σ_{mn} die Spannung parallel $\mathbf{e}_m$, die auf die Fläche senkrecht $\mathbf{e}_n$ angreift. Spannungen σ_{mn} senkrecht zu den Flächen sind *positiv* im Falle von *Zugkräften*.

Die Komponente des Drehmoments in Richtung $\mathbf{e}_1$ ist gegeben durch

$$M_1 = \Delta_2\mathbf{e}_2 \times (\sigma_{32}\Delta_1\Delta_3)\mathbf{e}_3 + \Delta_3\mathbf{e}_3 \times (\sigma_{23}\Delta_1\Delta_2)\mathbf{e}_2 = \delta V(\sigma_{32} - \sigma_{23})\mathbf{e}_1 \qquad (4.28)$$

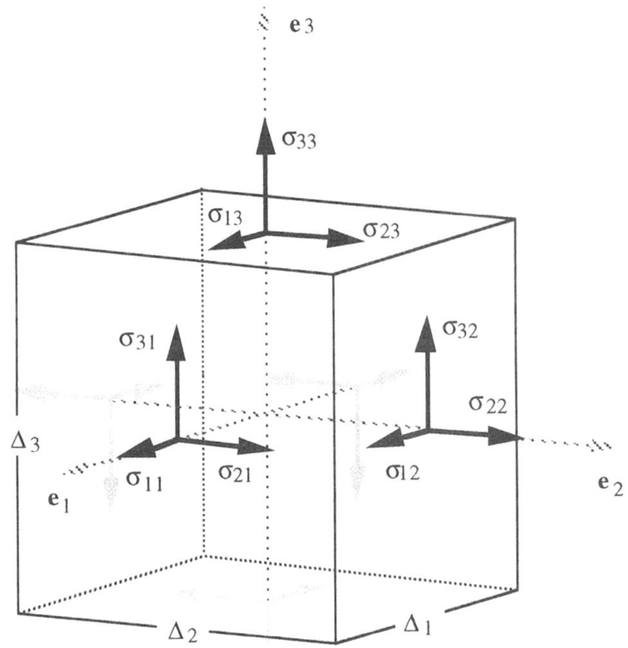

Bild 4.6 Mechanische Spannungen an einem Parallelepiped im statischen Gleichgewicht; Abmessungen Δ_1, Δ_2, Δ_3; Volumen δV

Das resultierende Moment aufgrund aller σ_{mn} ist daher

$$\mathbf{M} = -\delta\,\mathrm{V}\left[(\sigma_{23} - \sigma_{32})\mathbf{e}_1 + (\sigma_{31} - \sigma_{13})\mathbf{e}_2 + (\sigma_{12} - \sigma_{21})\mathbf{e}_3\right] \tag{4.29}$$

Es handelt sich um einen axialen Vektor. Befindet sich das Volumenelement im Gleichgewicht, ist $\mathbf{M} = 0$. Es folgt daher

$$\sigma_{mn} = \sigma_{nm} \tag{4.30}$$

Der Spannungstensor ist symmetrisch. Für inhomogene Spannungen, bei denen σ_{mn} eine Funktion der Position ist, sei auf J. F. Nye, *Physical Properties of Crystals*, verwiesen.

Wir wollen die Kräfte auf eine Fläche der Orientierung $\mathbf{l} = (l_1, l_2, l_3)$, $\|\mathbf{l}\| = 1$, berechnen. Das Tetraeder im Bild 4.7 befinde sich im Gleichgewicht. Die Resultierende sämtlicher Kräfte auf seine Flächen ist daher Null. Sei der Flächeninhalt des Dreiecks OP_iP_j gleich S_{ij}. Die Komponente f_1 der Kraft $\mathbf{f}$ ist

$$f_1 = \sigma_{11}S_{23} + \sigma_{12}S_{13} + \sigma_{13}S_{12}$$

Die Spannung $\mathbf{p}$ ist

$$\mathbf{p} = \mathbf{f} / S_{123}, \quad S_{123} \text{ ist der Flächeninhalt des Dreiecks } P_1P_2P_3.$$

Mit dem Verhältnis der Flächen, $S_{ij}/S_{123} = l_k\ (i \neq j \neq k \neq i)$, folgt

$$p_m = \sum_{n}^{3} \sigma_{mn}l_n; \quad \mathbf{p} = \boldsymbol{\sigma}\mathbf{l} \tag{4.31}$$

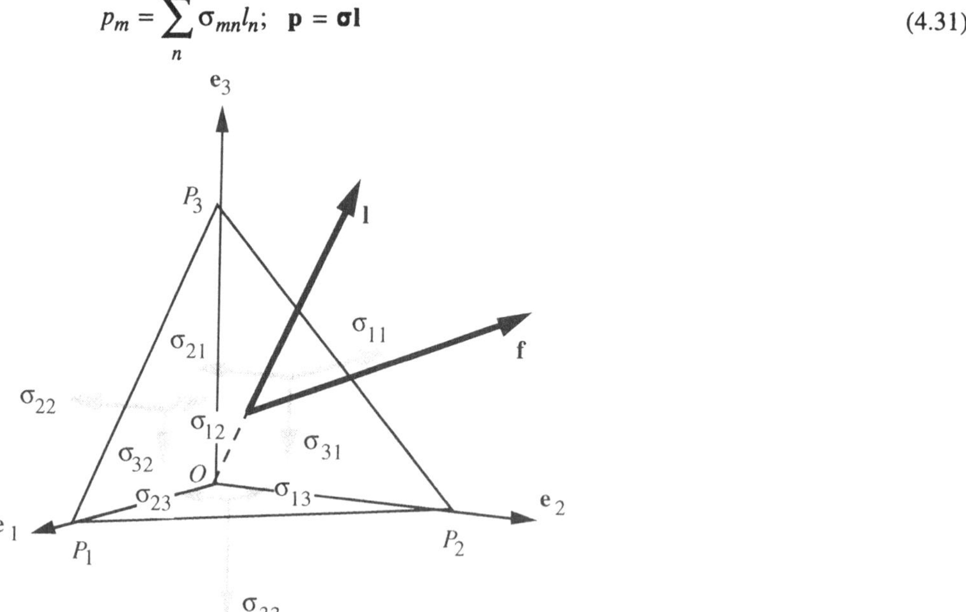

Bild 4.7 Mechanische Spannungen an den Flächen eines Tetraeders

Die longitudinale Komponente senkrecht zur Fläche ist

$$p_L = \sum_{m}^{3} \sum_{n}^{3} \sigma_{mn} l_m l_n \tag{4.32}$$

Das Referenzellipsoid $\sum \sum \sigma_{mn} x_m x_n = 1$ veranschaulicht

* die Spannung parallel **l** (Entfernung Ursprung – Fläche = $1/\sqrt{p_L}$);
* die Richtung der Gesamtspannung **p** an der Fläche (Normale auf die Tangentialfläche).

Eine uniaxiale Spannung σ parallel zur Richtung $\mathbf{l} = (l_1, l_2, l_3)$ ist durch den Tensor $\sigma_{mn} = l_m l_n$ gegeben:

$$\sigma \begin{pmatrix} l_1^2 & l_1 l_2 & l_1 l_3 \\ l_1 l_2 & l_2^2 & l_2 l_3 \\ l_1 l_3 & l_2 l_3 & l_3^2 \end{pmatrix} \qquad \text{uniaxiale Spannung} \tag{4.33}$$

Tatsächlich wird Gleichung (4.31) zu $p_m = \sigma \sum_n l_m l_n^2 = \sigma l_m$. Jede Spannung kann in drei senkrecht zueinander stehende uniaxiale Spannungen zerlegt werden (in die drei Eigenvektoren und die drei Eigenwerte von $\boldsymbol{\sigma}$). Ein hydrostatischer Druck beispielsweise ist durch

$$-\sigma \begin{pmatrix} 1 & 0 & 0 \\ 0 & 1 & 0 \\ 0 & 0 & 1 \end{pmatrix}$$

gegeben.

4.3.2 Deformationstensor

Die longitudinale Verformung eines Körpers, zum Beispiel eines Metallbarrens (Bild 4.8) (S. 182), ist definiert als Längenänderung pro Längeneinheit des unverformten Körpers:

$$\varepsilon = \frac{L' - L}{L} = \frac{u}{L} \tag{4.34}$$

In Analogie ist die homogene Scherung eines Parallelepipeds (Bild 4.8) (S. 182) das Verhältnis der Verschiebung aufgrund der Deformation zur Ausdehnung senkrecht zur Verformung:

$$\gamma = \frac{u}{H} \approx \text{Scherwinkel} \tag{4.35}$$

Eine alternative Beschreibung ist die Rotation des verformten Körpers um den Winkel $\varepsilon = \gamma/2$.

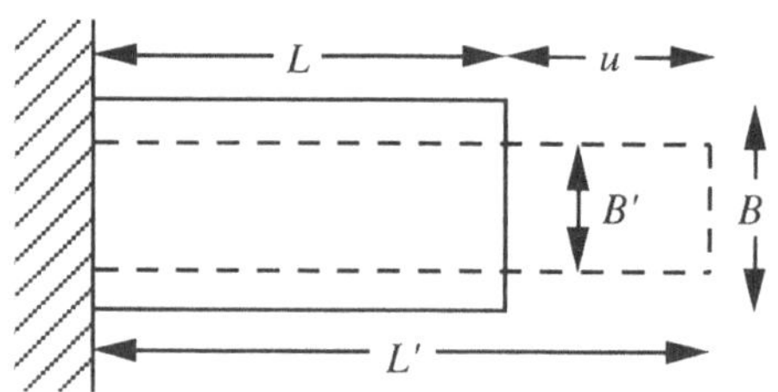

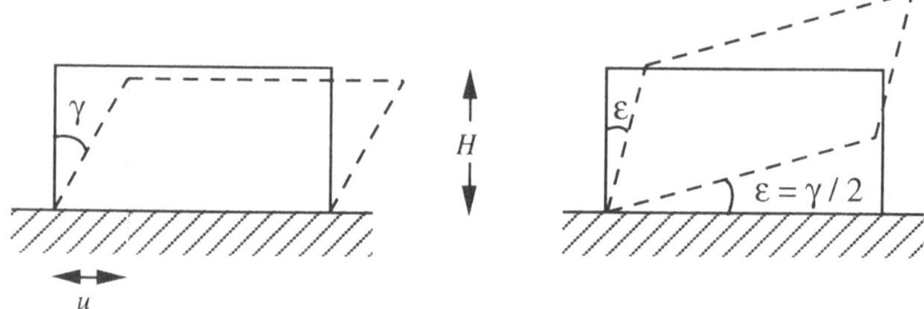

Bild 4.8 Longitudinale Verformung (oben) und Scherung (unten)

Im allgemeinen wird die homogene Verformung eines Körpers durch die relative Verschiebung zweier Punkte P_1 und P_2, getrennt durch den Vektor **r**, bei festem Koordinatensystem beschrieben (Bild 4.9). Die Verformung verschiebt den Punkt $P_1(x_i)$ zum Punkt $P'_1(x_i+\xi_i)$, den Punkt $P_2(x_i+r_i)$ nach $P'_2(x_i+r_i+\xi_i+u_i)$. Der Vektor **r+u** gibt die relative Position beider Punkte nach der Verformung an. In Analogie zu (4.34) und (4.35) (S. 181) beschreibt der Deformationstensor $\boldsymbol{e}$ die Verschiebung **u** pro Längeneinheit von **r**. Die Komponenten von **u(r)** werden als Taylor-Reihe entwickelt:

$$u_m = \sum_n^3 \frac{\partial u_m}{\partial r_n} r_n + \frac{1}{2!} \sum_n \sum_p \frac{\partial^2 u_m}{\partial r_n \partial r_p} r_n r_p + \cdots$$

Bei ausschließlicher Verwendung der linearen Terme folgt der Deformationstensor

$$\mathbf{u} = \boldsymbol{e}\ \mathbf{r}; \qquad e_{mn} = \frac{\partial u_m}{\partial r_n} \tag{4.36}$$

Die e_{mn} sind einheitenlose Zahlen.

Im Fall inhomogener Deformationen wird das Verhalten zweier dicht benachbarter Punkte P_1 und P_2 untersucht; **u** und $\boldsymbol{e}$ sind dann Funktionen der Position (x_1,x_2,x_3).

Mit Hilfe von (4.20) (S. 174) wird $\boldsymbol{e}$ in einen symmetrischen und einen antisymmetrischen Tensor zerlegt:

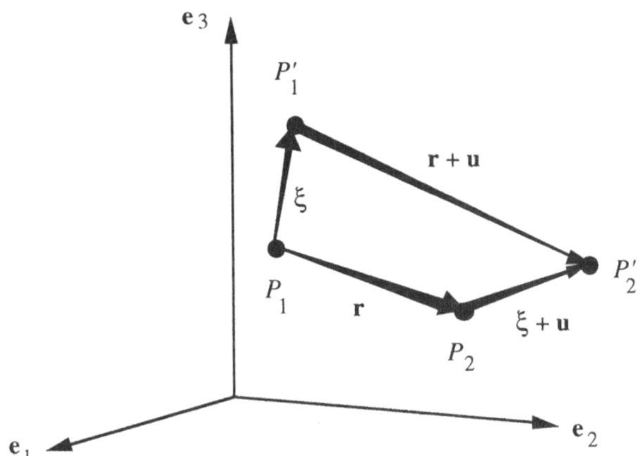

Bild 4.9 Homogene Deformation eines Körpers

$$\varepsilon_{mn} = \frac{1}{2}\,(e_{mn} + e_{nm}); \qquad \rho_{mn} = \frac{1}{2}\,(e_{mn} - e_{nm}) \tag{4.37}$$

Der antisymmetrische Teil $\boldsymbol{\rho}$ beschreibt eine starre Drehung des Körpers um den Eigenvektor $\mathbf{v}_0$ von $\boldsymbol{\rho}$ mit dem Eigenwert 0, $\boldsymbol{\rho}\mathbf{v}_0 = 0$,

$$\mathbf{v}_0 = (\rho_{23}, \rho_{31}, \rho_{12})^T = (e_{23} - e_{32},\, e_{31} - e_{13},\, e_{12} - e_{21})^T \tag{4.38}$$

Der antisymmetrische Teil des Vektors $\mathbf{u}$, $\mathbf{u}_a = \boldsymbol{\rho}\mathbf{r}$ ist senkrecht zu $\mathbf{r}$ und $\mathbf{v}_0$: $\mathbf{r}^T\mathbf{u}_a = \mathbf{r}^T\boldsymbol{\rho}\mathbf{r} = 0$, $\mathbf{v}_0^T\mathbf{u}_a = \mathbf{v}_0^T\boldsymbol{\rho}\mathbf{r} = 0$. Daher trägt $\mathbf{u}_a$ nicht zur Deformation des Körpers bei. Die eigentlichen Deformationen, also nach Abzug der starren Bewegungen des Körpers, werden durch den *symmetrischen Tensor* $\boldsymbol{\varepsilon}$ beschrieben

$$\mathbf{u} = \boldsymbol{\varepsilon}\mathbf{r} \tag{4.39}$$

Im Falle inhomogener Verformungen mögen lokale Drehungen existieren, doch tragen sie nicht zur Deformationsenergie bei. Bild 4.10 illustriert die Bedeutung der Tensoren $\boldsymbol{e}$, $\boldsymbol{\varepsilon}$

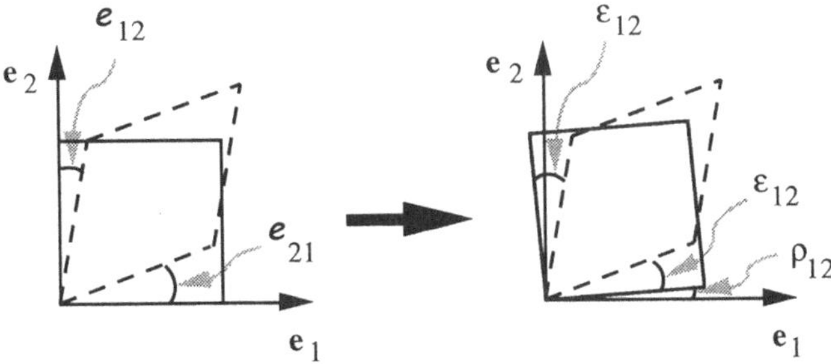

Bild 4.10 Die Tensoren $\boldsymbol{e}$, $\boldsymbol{\varepsilon}$ und $\boldsymbol{\rho}$

und $\boldsymbol{\rho}$. Die Terme ε_{ii} beschreiben longitudinale Effekte (Dehnung, Stauchung), die ε_{ij} ($i{\neq}j$) dagegen Scherungen.

Das Referenzellipsoid $\Sigma\varepsilon_{ij}x_ix_j = 1$ veranschaulicht

- die longitudinale Verformung parallel $\mathbf{l}$ (Abstand Ursprung–Oberfläche $1/\sqrt{\varepsilon_L}$);
- die Richtung der Relativverschiebung $\mathbf{u}$ zweier Punkte, die durch den Vektor $\mathbf{l}$ getrennt sind (Normale auf die Tangentialfläche).

BEISPIEL. Als Effekt einer homogenen Deformation $\boldsymbol{\varepsilon}$ transformiert ein Würfel linearer Dimension D, beschrieben durch die Kanten $\mathbf{a}_i = D\,\mathbf{e}_i$ ($i = 1,\ 2,\ 3$), in ein allgemeines Parallelepiped. Nach (4.39) ist die Verschiebung $\mathbf{u}_1$ entlang der Kante $\mathbf{a}_1$ gegeben durch

$$\mathbf{u}_1 = D\{\varepsilon_{11}\mathbf{e}_1 + \varepsilon_{12}\mathbf{e}_2 + \varepsilon_{13}\mathbf{e}_3\} = D\{\varepsilon_{11}, \varepsilon_{12}, \varepsilon_{13}\}$$

Nach der Deformation ist die Gleichung der Kante

$$\mathbf{a}'_1 = \mathbf{a}_1 + \mathbf{u}_1 = D\{(1 + \varepsilon_{11}), \varepsilon_{12}, \varepsilon_{13}\}$$

In analoger Weise folgt für die anderen Kanten

$$\mathbf{a}'_2 = D\{\varepsilon_{12}, (1 + \varepsilon_{22}), \varepsilon_{23}\}$$
$$\mathbf{a}'_3 = D\{\varepsilon_{13}, \varepsilon_{23}, (1 + \varepsilon_{33})\}$$

Bei Berücksichtigung ausschließlich linearer Terme gilt für das Parallelepiped:

$$\left\|\mathbf{a}'_1\right\| \approx D\{(1 + \varepsilon_{11})\}; \quad \left\|\mathbf{a}'_2\right\| \approx D\{(1 + \varepsilon_{22})\}; \quad \left\|\mathbf{a}'_3\right\| \approx D\{(1 + \varepsilon_{33})\}$$

$$\cos\alpha_1 \approx \frac{2\varepsilon_{23}}{1+\varepsilon_{22}+\varepsilon_{33}}; \quad \cos\alpha_2 \approx \frac{2\varepsilon_{13}}{1+\varepsilon_{11}+\varepsilon_{33}}; \quad \cos\alpha_3 \approx \frac{2\varepsilon_{12}}{1+\varepsilon_{11}+\varepsilon_{22}};$$

$$\alpha_1 \approx \frac{\pi}{2} - 2\varepsilon_{23}; \quad \alpha_2 \approx \frac{\pi}{2} - 2\varepsilon_{13}; \quad \alpha_3 \approx \frac{\pi}{2} - 2\varepsilon_{12}$$

Das Volumen nach der Verformung ist

$$V' \approx D^3\left(1+\varepsilon_{11}+\varepsilon_{22}+\varepsilon_{33}\right) = V\left(1+\varepsilon_{11}+\varepsilon_{22}+\varepsilon_{33}\right)$$

$$\frac{V'-V}{V} \approx \varepsilon_{11}+\varepsilon_{22}+\varepsilon_{33} \tag{4.40}$$

Die Beziehungen (4.40) stellen eine gute Näherung dar, unabhängig von der Form des Körpers.

4.3.3 Voigt-Notation

Für Anwendungen ist es mitunter nützlich, den Spannungs- und den Deformationstensor als Vektoren der Dimension 6 zu schreiben. Die Indizes werden wie folgt zugeordnet:

Tensor:	11	22	33	23	13	12
„Vektor":	1	2	3	4	5	6

So wird der Spannungstensor

$$\begin{pmatrix} \sigma_{11} & \sigma_{12} & \sigma_{13} \\ \sigma_{12} & \sigma_{22} & \sigma_{23} \\ \sigma_{13} & \sigma_{23} & \sigma_{33} \end{pmatrix} \rightarrow \begin{pmatrix} \sigma_1 & \sigma_6 & \sigma_5 \\ \sigma_6 & \sigma_2 & \sigma_4 \\ \sigma_5 & \sigma_4 & \sigma_3 \end{pmatrix} \rightarrow \begin{pmatrix} \sigma_1 & \sigma_2 & \sigma_3 & \sigma_4 & \sigma_5 & \sigma_6 \end{pmatrix}^T \qquad (4.41)$$

Beim Deformationstensor wird die Schreibweise der Ingenieure gewählt, die die Winkel $2\varepsilon_{ij}$ ($i{\neq}j$) bevorzugen (vgl. Bild 4.8, S. 182).

$$\begin{pmatrix} \varepsilon_{11} & \varepsilon_{12} & \varepsilon_{13} \\ \varepsilon_{12} & \varepsilon_{22} & \varepsilon_{23} \\ \varepsilon_{13} & \varepsilon_{23} & \varepsilon_{33} \end{pmatrix} \rightarrow \begin{pmatrix} \varepsilon_1 & \tfrac{1}{2}\varepsilon_6 & \tfrac{1}{2}\varepsilon_5 \\ \tfrac{1}{2}\varepsilon_6 & \varepsilon_2 & \tfrac{1}{2}\varepsilon_4 \\ \tfrac{1}{2}\varepsilon_5 & \tfrac{1}{2}\varepsilon_4 & \varepsilon_3 \end{pmatrix} \rightarrow \begin{pmatrix} \varepsilon_1 & \varepsilon_2 & \varepsilon_3 & \varepsilon_4 & \varepsilon_5 & \varepsilon_6 \end{pmatrix}^T \qquad (4.42)$$

$$\varepsilon_k = 2\varepsilon_{ij} \ (i \neq j, \ k = 9 - i - j)$$

BEMERKUNG. Die „Vektoren" stehen nur für eine Notation! Bei einer Änderung des Koordinatensystems sind ausschließlich die tensoriellen Transformationsregeln anzuwenden.

4.4 Beispiele für Tensoreigenschaften

In den folgenden Abschnitten werden einige Gleichgewichtseigenschaften von Kristallen behandelt wie die elektrische Polarisation, die Elastizität und die Piezoelektrizität. Transporteigenschaften werden dagegen in diesem Buch nicht berücksichtigt.

4.4.1 Elektrische Polarisation: Tensor 2. Stufe

Im Vakuum ist die dielektrische Verschiebung $\mathbf{D}$ proportional zum elektrischen Feld $\mathbf{E}$

$$\mathbf{D} = \varepsilon_0 \mathbf{E} \qquad (4.43)$$

$\varepsilon_0 = 8{,}854188 \times 10^{-12}$ C/Vm   absolute Dielektrizitätskonstante

$[D] = $ Coulomb/m^2

$[E] = $ Volt/m

$D = \|\mathbf{D}\|$ ist die in einer Metallplatte induzierte Ladungsdichte bzw. die in einem Kondensator zum Aufbau des Feldes $E = \|\mathbf{E}\|$ notwendige Ladungsdichte.

In einem isotropen Dielektrikum besteht zwischen $\mathbf{D}$ und $\mathbf{E}$ die Beziehung

$$\mathbf{D} = \varepsilon \varepsilon_0 \mathbf{E} \qquad (4.44)$$

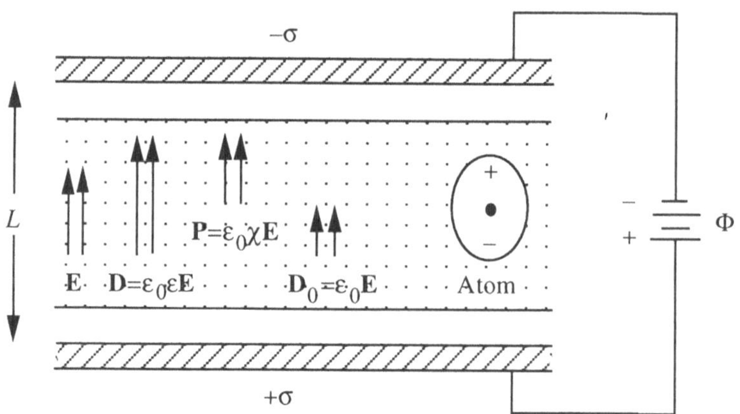

Bild 4.11 Kondensator mit isotropem Dielektrikum. Der Betrag des Feldes $\mathbf{E}$ ist $E = \Phi/L$, die Ladungsdichte ist $\sigma = D = \varepsilon\varepsilon_0 E$. In den Vakuumschlitzen beträgt das Feld $E_0 = \sigma/\varepsilon_0 = \varepsilon E > E$. Das Feld $\mathbf{E}$ polarisiert die Atome und induziert die Gesamtpolarisation $\mathbf{P}$

wobei $\varepsilon \geq 1$ die Dielektrizitätskonstante des Materials ist und $\mathbf{E}$ das elektrische Feld *in seinem Inneren*. Die elektrische Polarisation ist definiert durch

$$\mathbf{D} = \varepsilon_0\mathbf{E} + \mathbf{P} = \mathbf{D}_0 + \mathbf{P}$$
$$\mathbf{P} = \varepsilon_0(\varepsilon - 1)\mathbf{E} = \varepsilon_0\chi\mathbf{E} \tag{4.45}$$

mit $\chi \geq 0$ als elektrische Suszeptibilität des Mediums.

$\mathbf{P}$ ist das elektrische Dipolmoment pro Volumeneinheit, $P = \|\mathbf{P}\|$ die durch die Polarisation bedingte Ladung pro Flächeneinheit senkrecht zum Vektor $\mathbf{P}$. $D = \|\mathbf{D}\|$ bedeutet ebenso die Ladungsdichte eines Kondensators, die zur Aufrechterhaltung des Feldes $\mathbf{E}$ innerhalb des Dielektrikums notwendig ist (Bild 4.11).

BEMERKUNG. Das in einem Dielektrikum durch ein homogenes externes Feld $\mathbf{E}_v$ aufgebaute Feld $\mathbf{E}$ ist im allgemeinen abhängig von der Gestalt des Dielektrikums. Das Dielektrikum erzeugt ein Depolarisationsfeld $\mathbf{E}_d$ derart, daß $\mathbf{E} = \mathbf{E}_v - \mathbf{E}_d$ gilt. Für eine Platte wie in Bild 4.11 sind diese Größen durch $\mathbf{E} = \mathbf{E}_v/\varepsilon$, also $\mathbf{E}_d = -(\varepsilon - 1)\mathbf{E} = -\chi\mathbf{E}$ und $\mathbf{P} = -\varepsilon_0\mathbf{E}_d$ gegeben. Für einen langen Stab eines isotropen Mediums mit Längsachse parallel $\mathbf{E}_v$ gilt $\mathbf{E} = \mathbf{E}_v$ und $\mathbf{E}_d = 0$, weil das Feld an der Grenzfläche Vakuum/Körper kontinuierlich ist. Im allgemeinen ist $\mathbf{E}$ nicht homogen, auch wenn $\mathbf{E}_v$ es ist.

Für ein anisotropes Dielektrikum beschreibt ein Tensor 2. Stufe die Beziehung zwischen $\mathbf{D}$ und $\mathbf{E}$:

$$\left.\begin{aligned}
D_m &= \varepsilon_0 \sum_{n}^{3} \varepsilon_{mn} E_n \\[2em]
P_m &= \varepsilon_0 \sum_{n}^{3} \chi_{mn} E_n, \quad \chi_{mn} = \varepsilon_{mn} - \delta_{mn}
\end{aligned}\right\} \tag{4.46}$$

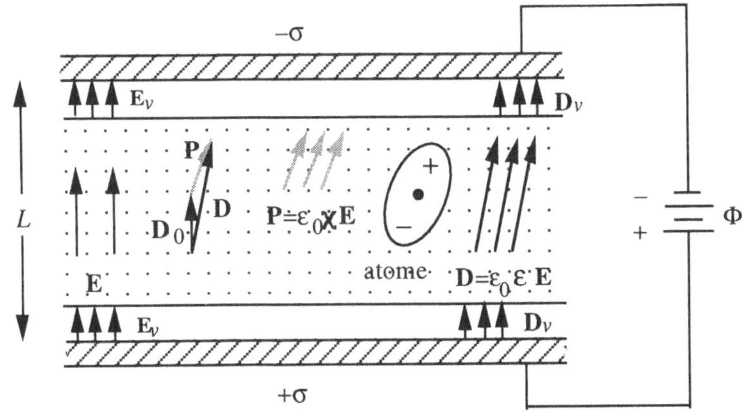

Bild 4.12 Kondensator mit anisotropem Dielektrikum. Die Vakuumschlitze sind sehr schmal im Vergleich zum Abstand L. Nach D. F. Nye, *Physical Properties of Crystals*

E, D und **P** sind im allgemeinen nicht parallel. Bild 4.12 zeigt die Verhältnisse zwischen diesen Vektoren.

Auf der Oberfläche der Kondensatorplatten ist das elektrostatische Potential konstant. Im Vakuum steht das Feld $\mathbf{E}_v$ daher senkrecht zu den Platten. Die dielektrische Verschiebung im Vakuum ist $\mathbf{D}_v = \varepsilon_0 \mathbf{E}_v$, $\|\mathbf{D}_v\| = \sigma$. Die Grenzfläche Kristall/Volumen erfüllt die folgenden Kontinuitätsbedingungen:

- Die Tangentialkomponente des elektrischen Feldes und die Normalkomponente der dielektrischen Verschiebung verhalten sich beim Grenzflächendurchgang kontinuierlich.
- Die Normalkomponente des elektrischen Feldes und die Tangentialkomponente der dielektrischen Verschiebung können beim Grenzflächendurchgang diskontinuierlich sein.

Da die Tangentialkomponente von $\mathbf{E}_v$ null ist, steht $\mathbf{E}$ ebenfalls senkrecht zu den Platten. Die Breite der Vakuumschlitze ist gegenüber der des Kristalls vernachlässigbar, daher ist $\|\mathbf{E}\| = \Phi/L$. Eine Tangentialkomponente hingegen kann zur dielektrischen Verschiebung beitragen; $\mathbf{D}$ ist daher nicht notwendig parallel $\mathbf{D}_v$. Die senkrechte Komponente $\mathbf{D}_L$ ist gleich $\mathbf{D}_v$

$$D_L = \varepsilon_0 \varepsilon_L \|\mathbf{E}\| = \|\mathbf{D}_v\| = \sigma$$

$$\varepsilon_L = \sum_{m}^{3} \sum_{n}^{3} \varepsilon_{mn} l_{mn} l_n \quad \text{nach (4.21) (S. 174)}$$

Die Richtungskosinus l_i bestimmen die Orientierung des Kristallgitters bezüglich der Kondensatorplatten. Die longitudinale Suszeptibilität ist

$$\chi_L = \sum_m^3 \sum_n^3 \chi_{mn} l_m l_n = \varepsilon_L - 1; \quad l_1^2 + l_2^2 + l_3^2 = 1$$

Im Vakuum ist das Feld

$$\|\mathbf{E}_v\| = \frac{1}{\varepsilon_0} \|\mathbf{D}_v\| = \varepsilon_L \|\mathbf{E}\|$$

Die Kapazität C des Kondensators pro Flächeneinheit ist σ/Φ

$$C = \varepsilon_0 \varepsilon_L \|\mathbf{E}\| / \Phi = \varepsilon_0 \varepsilon_L / L$$

Die longitudinale Dielektrizitätskonstante wird aus der folgenden Beziehung erhalten:

$$\frac{C_{(\text{mit anisotropem Kristall})}}{C_{(\text{ohne Dielektrikum})}} = \varepsilon_L$$

Folglich wird kein transversaler Effekt gemessen. Bei einem triklinen Kristall genügen Messungen von ε_L in sechs verschiedenen Richtungen, um den symmetrischen Tensor zu erhalten. Der Beitrag eines antisymmetrischen Tensors könnte nicht gemessen werden (vgl. Abschn. 4.2.5).

Ein Kondensator mit Plattenoberfläche F unter einer Spannung Φ besitzt die Gesamtladung $F\sigma$. Seine elektrostatische Energie ist

$$W = \int \Phi \, d(\sigma F) = F \int L \|\mathbf{E}\| \, d\left(\varepsilon_0 \varepsilon_L \|\mathbf{E}\|\right) = FL\varepsilon_0 \varepsilon_L \int \|\mathbf{E}\| \, d\|\mathbf{E}\|$$

Die Energie pro Volumeneinheit ist daher

$$w = \frac{W}{FL} = \frac{1}{2}\varepsilon_0 \varepsilon_L \|\mathbf{E}\|^2 = \frac{1}{2}\varepsilon_0 \|\mathbf{E}\|^2 \sum_m^3 \sum_n^3 \varepsilon_{mn} l_m l_n$$

Mit $\mathbf{E} = \|\mathbf{E}\|(l_1, l_2, l_3)$ gilt

$$w = \frac{1}{2}\varepsilon_0 \sum_m^3 \sum_n^3 \varepsilon_{mn} E_m E_n = \frac{1}{2}\varepsilon_0 \mathbf{E}^T \boldsymbol{\varepsilon} \mathbf{E} = \frac{1}{2}\mathbf{D} \cdot \mathbf{E} \qquad (4.47)$$

Eine hypothetische antisymmetrische Komponente trägt nichts zur Energie bei, induziert sie doch eine Polarisation, also eine Separation von Ladungen, in einer Richtung senkrecht zum Feld. Die durch den symmetrischen Tensor $\frac{1}{2}\left(\varepsilon_{mn} + \varepsilon_{nm}\right)$ beschriebene transversale Polarisation ist mit dem longitudinalen Effekt ε_L verknüpft. Was im Gegensatz dazu einen möglichen antisymmetrischen Tensor betrifft, so existiert kein Nachweis seiner Existenz und kein Mittel zu seiner Beobachtung. In formeller Weise kann wie folgt argumentiert werden: Die Energie w ist nur vom Zustand, aber nicht von der Geschichte des Körpers abhängig; sie ist daher eine *Zustandsfunktion*. Daraus ergibt sich

$$\text{rot grad } w(\mathbf{E}) = \text{rot } \mathbf{D} = 0$$

$$\frac{\partial^2 w}{\partial E_m \partial E_n} = \frac{\partial^2 w}{\partial E_n \partial E_m}$$

$$\varepsilon_{mn} = \varepsilon_{nm}, \text{ der Tensor ist symmetrisch.} \tag{4.48}$$

Es sei bemerkt, daß $\mathbf{D} = \text{grad } w(\mathbf{E})$ die Normale auf die Tangentialebene des Referenzellipsoids ist (vgl. Gl. (4.25), S. 176, und Bild 4.3, S. 176).

Die mit den verschiedenen Symmetrien kompatiblen Tensoren besitzen die Formen (4.10), (4.11), (4.13) und (4.14) (S. 171–172). Die Referenzellipsoide sind im Abschnitt 4.2.5 beschrieben. Die Eigenvektoren von $\boldsymbol{\varepsilon}$ sind sämtlich positiv. Für ein elektrisches Wechselfeld variiert der Tensor $\boldsymbol{\varepsilon}$ mit der Frequenz.

BEISPIELE. SiO_2 – Quarz (Kristallklasse **32**): $\varepsilon_{11} = \varepsilon_{22} = 4,5$; $\varepsilon_{33} = 4,6$
TiO_2 – Rutil (Kristallklasse **4/mmm**): $\varepsilon_{11} = \varepsilon_{22} = 89$; $\varepsilon_{33} = 173$
bei einer Frequenz von $4 \cdot 10^8$/s.

Die folgenden Eigenschaften werden durch symmetrische Tensoren 2. Stufe charakterisiert: magnetische Suszeptibilität (negative Eigenwerte für diamagnetische Materialien); elektrische und thermische Leitfähigkeit (ihre Tensoren sind entsprechend dem Onsager-Prinzip symmetrisch); thermische Ausdehnung.

4.4.2 Elastizität: Tensor 4. Stufe

Die Elastizitätskoeffizienten beschreiben Deformationen als Effekte mechanischer Spannungen. Die *beiden* linearen *Elastizitätsmoduln isotroper Festkörper* sind seit langem bekannt:
- Longitudinaler Effekt (Bild 4.8, S. 182), Spannung σ, Deformation $\varepsilon = u/L$

$$\left. \begin{array}{l} \varepsilon = \dfrac{1}{E}\sigma, \quad E : \text{Youngscher Modul} \\[1em] \text{(Hookesches Gesetz)} \end{array} \right\} \tag{4.49}$$

- Scherung (Bilder 4.8, S. 182 und 4.13, S. 190), transversale Spannung τ, $\gamma = u/H$

$$\gamma = \frac{1}{G}\tau \;, \quad G: \text{Schermodul} \tag{4.50}$$

Ein Stab unter Zugspannung (4.49) parallel zu seiner Längsachse erfährt senkrecht zu dieser Längenänderung gleichzeitig eine (Quer-)Kontraktion (Bild 4.8, S. 182):

$$\left.\begin{array}{l}\varepsilon' = \dfrac{B'-B}{B} = -m\varepsilon = -\dfrac{m}{E}\sigma \\[2mm] m:\ \text{Poisson-Zahl}\end{array}\right\} \tag{4.51}$$

Das Volumen des Stabes nach Längenänderung, $L'B'^2$, kann nicht kleiner sein als sein Volumen LB^2 vor der Deformation, woraus folgt

$$0 \le m \le \tfrac{1}{2} \tag{4.52}$$

Ein Würfel der Kantenlänge A stehe unter einer transversalen Spannung τ (Bild 4.13, $\tau = \sigma_{12} = \sigma_{21}$ in der Terminologie des Abschnitts 4.3.1). Mit Hilfe der Scherung γ nach (4.50) (S. 189) können die Diagonalen des deformierten Würfels berechnet werden:

$$\left.\begin{array}{ll}\text{lange Diagonale}: & 2A\cos\!\left(\dfrac{\pi}{4}-\dfrac{\gamma}{2}\right) \approx \sqrt{2}\,A\!\left(1+\dfrac{\gamma}{2}\right) \\[4mm] \text{kurze Diagonale}: & 2A\cos\!\left(\dfrac{\pi}{4}+\dfrac{\gamma}{2}\right) \approx \sqrt{2}\,A\!\left(1-\dfrac{\gamma}{2}\right)\end{array}\right\}\ \gamma = \dfrac{1}{G}\tau$$

Bei Änderung des Koordinatensystems $\mathbf{e}_1\mathbf{e}_2$ nach $\mathbf{e}'_1\mathbf{e}'_2$ (Bild 4.13) transformiert der Spannungstensor nach (4.6) (S. 169)

$$\tau\begin{pmatrix}0 & 1 & 0 \\ 1 & 0 & 0 \\ 0 & 0 & 0\end{pmatrix} \rightarrow \tau\begin{pmatrix}1 & 0 & 0 \\ 0 & -1 & 0 \\ 0 & 0 & 0\end{pmatrix}$$

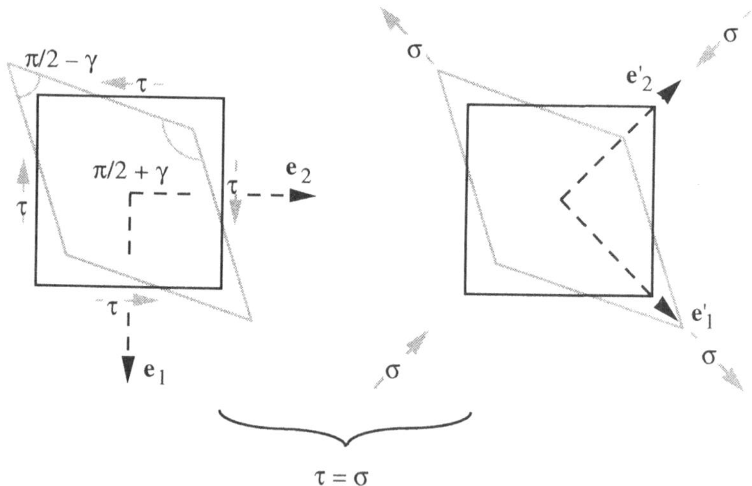

Bild 4.13 Die Änderung des Koordinatensystems $(\mathbf{e}_1\mathbf{e}_2) \rightarrow (\mathbf{e}'_1\mathbf{e}'_2)$ transformiert die transversalen Spannungen $\tau = \sigma_{12} = \sigma_{21}$ in longitudinale Spannungen $\sigma = \sigma'_{11} = -\sigma'_{22}$

Die transversale Spannung τ ist also äquivalent einer Zugspannung parallel $\mathbf{e}'_1$ und einer Kontraktionsspannung entlang $\mathbf{e}'_2$. Aus Bild (4.13) ergibt sich $\tau = \sigma$. Nach den Gleichungen (4.49) und (4.50) (S. 189) berechnen sich die beiden Diagonalen wie folgt:

$$\left.\begin{array}{ll} \text{lange Diagonale:} & A\sqrt{2}\,(1+\varepsilon)(1+m\varepsilon) \approx A\sqrt{2}\left[1+(1+m)\varepsilon\right] \\[2mm] \text{kurze Diagonale:} & A\sqrt{2}\,(1-\varepsilon)(1-m\varepsilon) \approx A\sqrt{2}\left[1-(1+m)\varepsilon\right] \end{array}\right\} \varepsilon = \frac{1}{E}\sigma$$

Hieraus werden die Beziehungen zwischen G, E und m erhalten:

$$\frac{\gamma}{2} = (1+m)\varepsilon$$

$$m = \frac{E}{2G} - 1 \tag{4.53}$$

$$2G \leq E \leq 3G; \quad \frac{E}{3} \leq G \leq \frac{E}{2} \tag{4.54}$$

Die lineare Elastizität eines *anisotropen Festkörpers* ist eine Tensoreigenschaft 4. Stufe. Sie beschreibt die Beziehung zwischen der mechanischen Spannung $\boldsymbol{\sigma}$ und der Deformation $\boldsymbol{\varepsilon}$, die beide Tensoren 2. Stufe sind:

$$\left.\begin{array}{l} \varepsilon_{mn} = \displaystyle\sum_{p}^{3}\sum_{q}^{3} S_{mnpq}\sigma_{pq} \\[5mm] \sigma_{mn} = \displaystyle\sum_{p}^{3}\sum_{q}^{3} C_{mnpq}\varepsilon_{pq} \end{array}\right\} \tag{4.55}$$

mit

S_{mnpq}: Tensor der elastischen Konstanten („Nachgiebigkeit")
C_{mnpq}: Tensor der elastischen Moduln („Steifheit")

Die Tensoren $\boldsymbol{\varepsilon}$ und $\boldsymbol{\sigma}$ sind symmetrisch, $\varepsilon_{mn} = \varepsilon_{nm}$, $\sigma_{mn} = \sigma_{nm}$; daher gilt

$$S_{mnpq} = S_{nmpq} = S_{mnqp} = S_{nmqp} \tag{4.56}$$

Diese Bedingungen ermöglichen die Anwendung der Voigt-Notation (Beziehungen (4.41) und (4.42), S. 185):

$$\varepsilon_i = \sum_{j}^{6} S_{ij}\sigma_j; \quad \sigma_i = \sum_{j}^{6} C_{ij}\varepsilon_j \tag{4.57}$$

Nach Beziehung (4.42) (S. 185) ist $\varepsilon_j = 2\varepsilon_{mn}$ für $m \neq n$. Da weiterhin, nach Gleichung (4.56) $S_{mnpq}\sigma_{pq} + S_{mnqp}\sigma_{qp} = 2S_{mnpq}\sigma_{pq}$ ist, resultiert für die Koeffizienten in (4.57)

$$S_{ij} = \begin{cases} S_{mnpq} & (i \text{ und } j \text{ sind } 1,2,3) \\ 2S_{mnpq} & (i \text{ oder } j \text{ sind } 4,5,6) \\ 4S_{mnpq} & (i \text{ und } j \text{ sind } 4,5,6) \end{cases} \qquad (4.58)$$

$$C_{mnqp} = C_{ij}$$

Die S_{ij} und C_{ij} bilden 6×6-Matrizen, $\mathbf{C} = \mathbf{S}^{-1}$ (vgl. Abschn. 4.4.6 für detaillierte Information). Zur Ableitung der Transformationseigenschaften müssen allerdings alle vier Indizes verwendet werden.

In Analogie zu Tensoren 2. Stufe können $\mathbf{C}$ und $\mathbf{S}$ beide als Summe eines symmetrischen und eines antisymmetrischen Tensors aufgefaßt werden (vgl. (4.20), S. 174):

symmetrisch: $\qquad \frac{1}{2}\left(S_{ij} + S_{ji}\right); \quad \frac{1}{2}\left(C_{ij} + C_{ji}\right)$

antisymmetrisch: $\qquad \frac{1}{2}\left(S_{ij} - S_{ji}\right); \quad \frac{1}{2}\left(C_{ij} - C_{ji}\right)$

Der *longitudinale Effekt* ε_L ist die Verlängerung des Kristalls in Richtung einer uniaxialen Zugspannung. Nach (4.33) (S. 181) wird die Zugspannung σ parallel $\mathbf{l}$ durch einen Tensor mit den Elementen $\sigma l_m l_n$ dargestellt. Die resultierende Deformation ist

$$\varepsilon_{mn} = \sigma \sum_{p}^{3} \sum_{q}^{3} S_{mnpq} l_p l_q$$

Der longitudinale Effekt ist daher

$$\varepsilon_L = \sum_{m}^{3} \sum_{n}^{3} \varepsilon_{mn} l_m l_n = \sigma \sum_{mnpq}^{3} S_{mnpq} l_m l_n l_p l_q = \sigma\, S_L \qquad (4.59)$$

Das Produkt $l_m l_n l_p l_q$ ist invariant bezüglich sämtlicher Permutationen der Indizes. Dies bedeutet, daß S_L nur den bezüglich der Indizes totalsymmetrischen Teil von $\mathbf{S}$ darstellt. Insbesondere trägt eine mögliche antisymmetrische Komponente von $\mathbf{S}$ nur einen transversalen Effekt zu den dem symmetrischen Anteil ohnehin zugehörigen transversalen Effekten bei.

Die Fläche 4. Ordnung

$$\sum_{mnpq}^{3} S_{mnpq} x_m x_n x_p x_q = 1$$

stellt den totalsymmetrischen Teil von $\mathbf{S}$ bezüglich der Indizes dar. Die Länge des Vektors vom Ursprung zu einem Punkt $(x_1, x_2, x_3) = r(l_1, l_2, l_3)$ auf der Fläche ist $r = S_L^{-1/4}$. Für die Fläche

$$\frac{1}{r^5} \sum_{mnpq}^{3} S_{mnpq} x_m x_n x_p x_q = 1 \quad \text{mit} \quad r^2 = x_1^2 + x_2^2 + x_3^2$$

ist die Länge von r gleich S_L. Die Fläche zur Darstellung von $1/S_L$ heißt Elastizitätsfläche, da $1/S_L$ mit einem anisotropen Young-Modul verglichen werden kann.

Die Deformationsenergie eines Festkörpers ergibt sich aus dem Skalarprodukt aus angreifender Kraft und resultierender Längenänderung. Die Energie pro Volumeneinheit ist daher gleich dem Produkt einer Spannung σ mit der entsprechenden Deformation ε, oder präziser: Es werden die Produkte aus den Spannungen σ_{mn} und den zu ihnen parallelen Deformationen ε_{mn} berechnet.

$$w = \int_0^\sigma \sum_m^3 \sum_n^3 \varepsilon_{mn}\, d\sigma_{mn} = \int_0^\sigma \sum_m^3 \sum_n^3 \sum_p^3 \sum_q^3 S_{mnpq}\sigma_{pq}\, d\sigma_{mn} \tag{4.60}$$

Gleichung (4.60) ist ein Kurvenintegral. Die endgültige Spannung σ kann auf verschiedene Weise erreicht werden: Zum Beispiel kann zuerst σ_{11} angewandt werden ($\sigma_{22} = \sigma_{33} = \sigma_{12} = \sigma_{13} = \sigma_{23} = 0$), anschließend σ_{22} (σ_{11} konstant, $\sigma_{33} = \sigma_{12} = \sigma_{13} = \sigma_{23} = 0$) und so fort bis σ_{23}. Jede andere Reihenfolge in der Anwendung der σ_{mn} führt zu derselben endgültigen Spannung und resultiert somit in demselben Wert für w. Dieses Argument impliziert, daß die Matrix S der Dimension [6×6] symmetrisch ist.

$$\left. \begin{array}{l} S_{mnpq} = S_{pqmn}\,; \quad S_{ij} = S_{ji} \\ C_{mnpq} = C_{pqmn}\,; \quad C_{ij} = C_{ji} \end{array} \right\} \tag{4.61}$$

In Analogie zur elektrischen Polarisation (Gl. (4.47), S. 188) trägt der antisymmetrische Teil des Tensors S nicht zur Energie bei, da er einen reinen transversalen Effekt darstellt. Es gibt keinen energetischen Grund für sein Auftreten, und so wird der antisymmetrische Teil von S als null betrachtet. Die Deformationsenergie wird

$$w = \frac{1}{2} \sum_m^3 \sum_n^3 \sum_p^3 \sum_q^3 S_{mnpq}\, \sigma_{mn}\sigma_{pq} = \frac{1}{2} \sum_m^3 \sum_n^3 \varepsilon_{mn}\sigma_{mn} = \frac{1}{2} \sum_i^6 \varepsilon_i\sigma_i \tag{4.62}$$

Aus Gl. (4.56) (S. 191) und (4.61) folgt, daß die Terme von S und C unter den folgenden Permutationen der Indizes gleich sind:

$$mnpq = mnqp = nmpq = nmqp = pqmn = qpmn = pqnm = qpnm$$

Da $S_{mnpq} \neq S_{mpnq}$, ist der Tensor jedoch nicht totalsymmetrisch. Das elastische Verhalten eines triklinen Kristalls ist daher durch 21 Elastizitätskonstanten oder -moduln charakterisiert:

Tensornotation							Voigt-Notation				
1111	1122	1133	1123	1113	1112		11	12	13	14	15	16
	2222	2233	2223	2213	2212			22	23	24	25	26
		3333	3323	3313	3312				33	34	35	36
			2323	2313	2312					44	45	46
				1313	1312						55	56
					1212							66

$$\text{Kristallklassen } 1, \bar{1} \qquad\qquad (4.63)$$

Der Elastizitätstensor transformiert nach Vorschrift (4.7) (S. 169), d. h. wie die Produkte aus vier Koordinaten. Ein Inversionszentrum transformiert die Koordinaten (x_1, x_2, x_3) nach $(x'_1, x'_2, x'_3) = (-x_1, -x_2, -x_3)$, also $S'_{mnpq} = (-1)^4 S_{mnpq} = S_{mnpq}$.

Ein Tensor gerader Stufe (2,4,6,...) ist invariant bezüglich eines Inversionszentrums. Das Symmetriezentrum $\bar{1}$ ist intrinsisches Symmetrieelement des Tensors.

Es genügt daher das Studium der 11 Laue-Klassen zur Charakterisierung von Tensoren gerader Stufe.

Eine Spiegelebene senkrecht e_3 transformiert (x_1, x_2, x_3) nach $(x'_1, x'_2, x'_3) = (x_1, x_2, -x_3)$, daher ist $S'_{mnpq} = (-1)^j S_{mnpq}$ mit j der Anzahl Indizes vom Wert 3. Ist der Tensor invariant bezüglich der Spiegelung, gilt $S'_{mnpq} = S_{mnpq}$. In der Voigtschen Notation hat er die folgende Form:

11	12	13	0	0	16
	22	23	0	0	26
		33	0	0	36
			44	45	0
				55	0
					66

$$\text{Kristallklassen } 11m, 112, 112/m \qquad\qquad (4.64)$$

Der Leser sei zur Ableitung der Formen der Tensoren aller weiterer Laue-Klassen aufgefordert bzw. auf die Literatur verwiesen (z. B. J. F. Nye, *Physical Properties of Crystals*). Die kubischen Kristallklassen seien besonders erwähnt. Für sie gilt nur eine Form die Elastizität betreffend:

S_{11}	S_{12}	S_{12}	0	0	0
S_{12}	S_{11}	S_{12}	0	0	0
S_{12}	S_{12}	S_{11}	0	0	0
0	0	0	S_{44}	0	0
0	0	0	0	S_{44}	0
0	0	0	0	0	S_{44}

$$\text{kubische Kristallklassen, 3 Terme; die Matrix } \mathbf{C} \text{ besitzt dieselbe Form} \qquad (4.65)$$

Wir haben gesehen, daß isotrope Körper zwei unabhängige Elastizitätsmoduln besitzen. Kubische Kristalle sind also nicht isotrop bezüglich ihrer Elastizität. Für einen isotropen Körper gilt die über die kubischen Bedingungen hinausgehende *zusätzliche Bedingung*

$$S_{44} = 2(S_{11} - S_{12}); \quad C_{44} = \tfrac{1}{2}(C_{11} - C_{12}); \quad \text{isotrop} \tag{4.66}$$

Es folgt daher:

$$\varepsilon_1 = S_{11}\sigma_1 + S_{12}\sigma_2 + S_{12}\sigma_3 = \left\{ \sigma_1 - m(\sigma_2 + \sigma_3) \right\} / E, \text{ nach den Beziehungen}$$

(4.49) (S. 189) und (4.51) (S. 190);

$$\varepsilon_4 = 2(S_{11} - S_{12})\sigma_4 = \sigma_4 / G, \text{ nach Beziehung (4.50) (S. 189)}$$

Und daraus

$$S_{11} = 1/E; \quad S_{12} = -m/E; \quad 2(S_{11} - S_{12}) = 1/G \tag{4.67}$$

Nun können die Beziehungen (4.53) und (4.54) (S. 191) leicht abgeleitet werden. Für die Moduln C_{ij} sind die Beziehungen deutlich komplizierter:

$$C_{11} = \frac{S_{11} + S_{12}}{(S_{11} - S_{12})(S_{11} + 2S_{12})}; \quad C_{12} = \frac{-S_{12}}{(S_{11} - S_{12})(S_{11} + 2S_{12})}$$

$$C_{44} = \frac{1}{2(S_{11} - S_{12})} = \frac{1}{2}(C_{11} - C_{12}) \tag{4.68}$$

Die Elastizitätskonstanten erfüllen bestimmte zusätzliche Bedingungen. So ist die Deformationsenergie positiv

$$2w = \sum_{i=1}^{6} \varepsilon_i \sigma_i > 0$$

Für einen kubischen Kristall wird daraus abgeleitet:

$$S_{11}\left(\sigma_1^2 + \sigma_2^2 + \sigma_3^2\right) + 2S_{12}\left(\sigma_1\sigma_2 + \sigma_1\sigma_3 + \sigma_2\sigma_3\right) + S_{44}\left(\sigma_4^2 + \sigma_5^2 + \sigma_6^2\right) > 0$$

durch Einsetzen von $\sigma_2 = \sigma_3 = \sigma_4 = \sigma_5 = \sigma_6 = 0$: $S_{11} > 0$;

durch Einsetzen von $\sigma_1 = \sigma_2, \sigma_3 = \sigma_4 = \sigma_5 = \sigma_6 = 0$: $S_{11} + S_{12} > 0$;

durch Einsetzen von $\sigma_1 = \sigma_2 = \sigma_3, \sigma_4 = \sigma_5 = \sigma_6 = 0$: $S_{11} + 2S_{12} > 0$;

durch Einsetzen von $\sigma_1 = \sigma_2 = \sigma_3 = 0$: $S_{44} > 0$;

daher $S_{11} > 0$, $S_{11} > 2|S_{12}|$, $S_{44} > 0$.

Für den isotropen Fall wird

$$E > 0, \; G > 0, \; m < \tfrac{1}{2}$$

Der Effekt von hydrostatischem Druck auf einen Kristall wird beschrieben durch

$$\varepsilon_{mn} = -h_{mn}\sigma, \; h_{mn} = \sum_{p}^{3} S_{mnpp} \tag{4.69}$$

Mit Beziehung (4.40) (S. 184) wird die Volumenkompressibilität des Kristalls

$$\kappa = \frac{V - V'}{V\sigma} = \frac{-\varepsilon_{11} - \varepsilon_{22} - \varepsilon_{33}}{\sigma} = \sum_{m}^{3}\sum_{p}^{3} S_{mmpp}$$
$$= (S_{11} + S_{22} + S_{33}) + 2(S_{12} + S_{13} + S_{23}) \tag{4.70}$$

Für einen isotropen Körper gilt: $\kappa = \dfrac{3}{E}\left(1 - 2m\right)$

BEISPIEL

Rechtsquarz, SiO_2, Kristallklasse **32**, $\mathbf{e}_1$ parallel **2**, $\mathbf{e}_3$ parallel **3**. Aufgrund der Kristallklasse hat der Tensor **S** die Form

$$
\begin{array}{cccccc}
S_{11} & S_{12} & S_{13} & S_{14} & 0 & 0 \\
 & S_{11} & S_{13} & -S_{14} & 0 & 0 \\
 & & S_{33} & 0 & 0 & 0 \\
 & & & S_{44} & 0 & 0 \\
 & & & & S_{44} & 2S_{14} \\
 & & & & & 2(S_{11}-S_{12})
\end{array}
$$

Der Tensor **C** besitzt die gleiche Form, mit dem Unterschied $C_{56} = C_{14}$, $C_{66} = \tfrac{1}{2}(C_{11} - C_{12})$.

Die elastischen Konstanten (bei Abwesenheit eines elektrischen Felds, vgl. Abschn. 4.4.6) sind in Einheiten von $10^{-12}\,\text{Pa}^{-1} = 10^{-4}\,\text{kbar}^{-1}$:

$$S_{11} = 17{,}294; \; S_{33} = 12{,}021; \; S_{12} = -2{,}825; \; S_{13} = -1{,}615; \; S_{14} = -5{,}756;$$
$$S_{44} = 26{,}457$$

Die elastischen Moduln in Einheiten von $10^{11}\,\text{Pa} = 10^{3}\,\text{kbar}$ sind:

$$C_{11} = 0{,}8674; \; C_{33} = 1{,}072; \; C_{12} = 0{,}0699; \; C_{13} = 0{,}1191; \; C_{14} = -0{,}1791;$$
$$C_{44} = 0{,}5794$$

Eine Zugspannung von 1 kbar = 10^8 Pa parallel $\mathbf{e}_1$ (zweizählige Drehachse) bewirkt als Deformationen in Einheiten von 10^{-3}:

$$\varepsilon_1 = 1{,}73; \; \varepsilon_2 = -0{,}28; \; \varepsilon_3 = -0{,}16; \; \varepsilon_4 = 2\varepsilon_{23} = 0{,}58; \; \varepsilon_5 = \varepsilon_6 = 0$$

Dies entspricht einer Verlängerung entlang der Drehachse **2** und einer anisotropen Schrumpfung zusammen mit einer Scherung in der Ebene senkrecht zur zweizähligen Drehachse. Der longitudinale Effekt ist $\varepsilon_L = 1{,}73 \times 10^{-3}$.

4.4.3 Elastische Wellen im Kristall

Das Zentrum des Volumenelements $dx_1dx_2dx_3$ im Bild 4.14 liege in (x_1,x_2,x_3). Während des Durchgangs einer elastischen Welle wirkt eine Kraft $\mathbf{f}$ auf dieses Volumenelement. Mittels des Spannungstensors $\boldsymbol{\sigma}(x_1,x_2,x_3)$, der in diesem Falle eine Funktion von x_1, x_2, x_3 ist, kann diese Kraft $\mathbf{f}$ berechnet werden.

Es wird die Komponente f_1 parallel $\mathbf{e}_1$ der Kraft $\mathbf{f}$ behandelt. Der Beitrag von σ_{11} auf die beiden Flächen des Volumenelements senkrecht $\mathbf{e}_1$ ist

für die Vorderfläche: $\sigma_{11}(x_1 + dx_1/2, x_2, x_3)dx_2dx_3$;
für die Rückfläche: $-\sigma_{11}(x_1 - dx_1/2, x_2, x_3)dx_2dx_3$.

In analoger Weise werden die Beiträge von σ_{12} und σ_{13} auf die Flächen senkrecht $\mathbf{e}_2$ und $\mathbf{e}_3$ erhalten. Die Komponenten von $\mathbf{f}$ sind infolgedessen

$$f_1 = \left(\frac{\partial\sigma_{11}}{\partial x_1} + \frac{\partial\sigma_{12}}{\partial x_2} + \frac{\partial\sigma_{13}}{\partial x_3} \right)dx_1 dx_2 dx_3$$

$$f_2 = \left(\frac{\partial\sigma_{12}}{\partial x_1} + \frac{\partial\sigma_{22}}{\partial x_2} + \frac{\partial\sigma_{23}}{\partial x_3} \right)dx_1 dx_2 dx_3$$

$$f_3 = \left(\frac{\partial\sigma_{13}}{\partial x_1} + \frac{\partial\sigma_{23}}{\partial x_2} + \frac{\partial\sigma_{33}}{\partial x_3} \right)dx_1 dx_2 dx_3$$

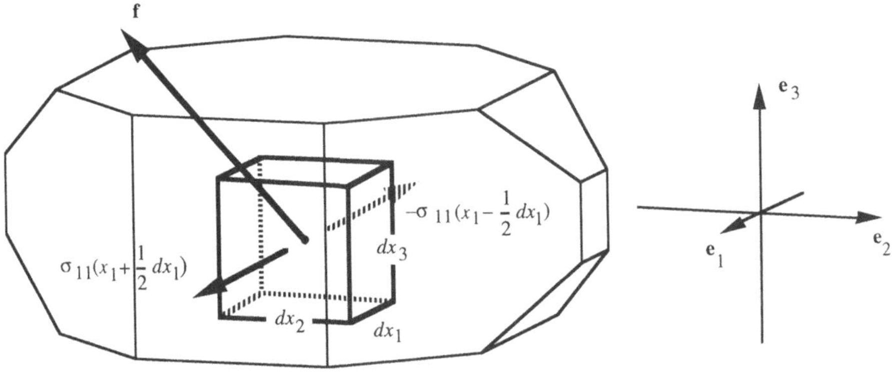

Bild 4.14 Kräfte auf ein Volumenelement während des Durchgangs einer elastischen Welle

Die mechanische Spannung $\boldsymbol{\sigma}(x_1,x_2,x_3)$ bewirkt eine inhomogene Deformation des Kristalls

$$\sigma_{mn}(x_1,x_2,x_3) = \sum_p^3 \sum_q^3 C_{mnpq}\varepsilon_{pq}(x_1,x_2,x_3)$$

Nach den Beziehungen (4.36) (S. 182) ist die Deformation die Ableitung der Verschiebung $\mathbf{u}$ des Volumenelements bezogen auf den undeformierten Kristall

$$\varepsilon_{pq}(x_1,x_2,x_3) = \frac{\partial u_p(x_1,x_2,x_3)}{\partial x_q} = \frac{\partial u_q(x_1,x_2,x_3)}{\partial x_p}$$

Die Kraft auf das Volumenelement ist folglich verknüpft mit den zweiten Ableitungen der elastischen Verschiebungen

$$f_m = dx_1 dx_2 dx_3 \sum_{n=1}^3 \frac{\partial \sigma_{mn}}{\partial x_n} = dx_1 dx_2 dx_3 \sum_n^3 \sum_p^3 \sum_q^3 C_{mnpq}\frac{\partial^2 u_p}{\partial x_n x_q}$$

Sie ist ebenso durch die Beschleunigung des Volumenelements gegeben

$$f_m = dx_1 dx_2 dx_3 \rho \frac{\partial^2 u_m}{\partial t^2}$$

mit ρ als Dichte und t als Zeit. Daraus wird die differentielle Wellengleichung erhalten

$$\rho \frac{\partial^2 u_m}{\partial t^2} = \sum_n^3 \sum_p^3 \sum_q^3 C_{mnpq}\frac{\partial^2 u_p}{\partial x_n x_q} \tag{4.71}$$

Die allgemeine Lösung der Gleichung (4.71) für einen isotropen Festkörper zeigt die Existenz reiner longitudinaler (Kompression) und reiner transversaler (Scherung) Wellen. Für den weitaus schwierigeren Fall eines anisotropen Körpers wird die Existenz einer ebenen Welle angenommen

$$\mathbf{u} = A\mathbf{p}\, \exp[2\pi i(\mathbf{n}\cdot\mathbf{x} - vt)/\lambda]$$

mit A als Amplitude, $\mathbf{p}$ als Polarisationsvektor ($\|\mathbf{p}\| = 1$), $\mathbf{n} = \{n_1,n_2,n_3\}^T$ als Wellenvektor senkrecht zur Ebene der Welle ($\|\mathbf{n}\| = 1$), v als Fortpflanzungsgeschwindigkeit und λ als Wellenlänge. Nun können die Größen in Gleichung (4.71) berechnet werden:

$$\frac{\partial^2 u_m}{\partial x_n \partial x_q} = -\frac{4\pi^2}{\lambda^2}n_n n_q u_p; \quad \frac{\partial^2 u_m}{\partial t^2} = -\frac{4\pi^2}{\lambda^2}v^2 u_m;$$

$$\rho\, v^2\, p_m = \sum_n^3 \sum_p^3 \sum_q^3 C_{mnpq} n_n n_q p_p$$

Die Lösungen dieser Gleichung sind Eigenwerte und Eigenvektoren

$$\rho\, v^2\, \mathbf{p} = \mathbf{B}\, \mathbf{p} \;;\; B_{mn} = \sum_r \sum_s C_{mrns} n_r n_s \qquad (4.72)$$

Aus (4.72) kann abgeleitet werden:
- für jeden Wellenvektor $\mathbf{n}$ gibt es im allgemeinen drei elastische Wellen unterschiedlicher Geschwindigkeiten v_i; die Eigenwerte von $\mathbf{B}$ sind ρv_i^2;
- die drei Wellen sind entlang den Eigenvektoren von $\mathbf{B}$ polarisiert; die Vektoren $\mathbf{p}_i$ stehen gegenseitig senkrecht aufeinander, doch sind sie im allgemeinen weder parallel noch senkrecht zu $\mathbf{n}$;
- sind zwei Eigenwerte gleich, $v_i^2 = v_j^2$, ist jede Linearkombination $\mathbf{p} = a\mathbf{p}_i + b\mathbf{p}_j$ eine Lösung von (4.72); alle entsprechenden Wellen können im Kristall existieren.

Unter Verwendung der Beziehungen in (4.58) (S. 192) wird für $\mathbf{B}$ explizit erhalten:

$$
\begin{aligned}
B_{11} &= C_{11}n_1^2 + C_{66}n_2^2 + C_{55}n_3^2 + 2C_{16}n_1 n_2 && + 2C_{15}n_1 n_3 && + 2C_{56}n_2 n_3 \\
B_{22} &= C_{66}n_1^2 + C_{22}n_2^2 + C_{44}n_3^2 + 2C_{26}n_1 n_2 && + 2C_{46}n_1 n_3 && + 2C_{24}n_2 n_3 \\
B_{33} &= C_{55}n_1^2 + C_{44}n_2^2 + C_{33}n_3^2 + 2C_{45}n_1 n_2 && + 2C_{35}n_1 n_3 && + 2C_{34}n_2 n_3 \\
B_{12} &= C_{16}n_1^2 + C_{26}n_2^2 + C_{45}n_3^2 + (C_{12}+C_{66})n_1 n_2 && + (C_{14}+C_{56})n_1 n_3 && + (C_{46}+C_{25})n_2 n_3 \\
B_{13} &= C_{15}n_1^2 + C_{46}n_2^2 + C_{35}n_3^2 + (C_{14}+C_{56})n_1 n_2 && + (C_{13}+C_{55})n_1 n_3 && + (C_{36}+C_{45})n_2 n_3 \\
B_{23} &= C_{56}n_1^2 + C_{24}n_2^2 + C_{34}n_3^2 + (C_{46}+C_{25})n_1 n_2 && + (C_{36}+C_{45})n_1 n_3 && + (C_{23}+C_{44})n_2 n_3
\end{aligned}
$$

Für ein *isotropes Medium* wird mit Hilfe der Beziehungen (4.65) (S. 194), (4.66), (4.67) und (4.68) (S. 195) erhalten:

$$
\mathbf{B} = \begin{pmatrix}
\tfrac{1}{2}(C_{11}+C_{12})n_1^2 + \tfrac{1}{2}(C_{11}-C_{12}) & \tfrac{1}{2}(C_{11}+C_{12})n_1 n_2 & \tfrac{1}{2}(C_{11}+C_{12})n_1 n_3 \\
\tfrac{1}{2}(C_{11}+C_{12})n_1 n_2 & \tfrac{1}{2}(C_{11}+C_{12})n_2^2 + \tfrac{1}{2}(C_{11}-C_{12}) & \tfrac{1}{2}(C_{11}+C_{12})n_2 n_3 \\
\tfrac{1}{2}(C_{11}+C_{12})n_1 n_3 & \tfrac{1}{2}(C_{11}+C_{12})n_2 n_3 & \tfrac{1}{2}(C_{11}+C_{12})n_3^2 + \tfrac{1}{2}(C_{11}-C_{12})
\end{pmatrix}
$$

Die Größen $\tfrac{1}{2}(C_{11}+C_{12})$ und $\tfrac{1}{2}(C_{11}-C_{12})$ sind die *Lamé-Moduln*. Die Eigenwerte und Eigenvektoren von $\mathbf{B}$ sind
- $\rho v_1^2 = C_{11} = E\dfrac{1-m}{(1+m)(1-2m)}$; $\mathbf{p}_1 = \mathbf{n}$, longitudinale Welle;
- $\rho v_2^2 = \rho v_3^2 = \tfrac{1}{2}(C_{11}-C_{12}) = E\dfrac{1}{2(1+m)} = G/E$; $\mathbf{p}_2$ und $\mathbf{p}_3$ senkrecht zu $\mathbf{n}$, transversale Wellen.

E ist der Youngsche Modul, G der Schermodul und m die Poisson-Zahl. Das Verhältnis der Geschwindigkeiten im isotropen Medium ist

$$\frac{v_1}{v_{2,3}} = \left(\frac{2(1-m)}{1-2m}\right)^{1/2}; \quad \frac{v_1}{v_{2,3}} > \sqrt{2}$$

4.4.4 Pyroelektrizität: Tensor 1. Stufe

Bestimmte Kristalle entwickeln bei Temperaturänderungen eine elektrische Polarisation. Turmalin, ein Aluminium-Bor-Silicat, Kristallklasse 3m, ist das bestbekannte Beispiel. Erhitzen eines pyroelektrischen Kristalls führt auf einer Seite zu negativer, auf der gegenüberliegenden Seite zu positiver elektrischer Aufladung. Die Pyroelektrizität ist ein Tensor 1. Stufe (ein Vektor),

$$\mathbf{P} = \mathbf{p}\,\Delta T \tag{4.73}$$

mit $\mathbf{P}$ als elektrischer Polarisation oder Dipolmoment pro Volumeneinheit und ΔT als Temperaturänderung.

Eine Änderung des Koordinatensystems transformiert den polaren Vektor $\mathbf{p}$ entsprechend den Gleichungen (4.5) (S. 169). Es kann leicht gezeigt werden, daß der pyroelektrische Effekt nur in *unikalen polaren Richtungen* auftreten kann, und damit nur bei folgenden Kristallklassen:

1 ($\mathbf{p}$ kann in eine beliebige Richtung zeigen);

m ($\mathbf{p}$ liegt parallel zur Spiegelebene);

2, 3, 4, 6, mm2, 3m, 4mm, 6mm ($\mathbf{p}$ parallel zur unikalen Symmetrieachse).

Die Pyroelektrizität gründet vor allem im piezoelektrischen Effekt (Abschn. 4.4.5). Während des Aufheizens deformiert der Kristall durch thermische Ausdehnung

$$\varepsilon_{mn} = e_{mn}\,\Delta T \qquad \text{thermische Ausdehnung} \tag{4.74}$$

Diese Deformation bewirkt einen piezoelektrischen Effekt

$$\sigma_{mn} = \sum_{p}^{3}\sum_{q}^{3} C_{mnpq}\varepsilon_{pq} = \sum_{p}^{3}\sum_{q}^{3} C_{mnpq}e_{pq}\Delta T, \quad \text{Elastizität (Abschn. 4.4.2)}$$

$$P_i = \sum_{m}^{3}\sum_{n}^{3} d_{imn}\sigma_{mn}, \qquad \text{Piezoelektrizität (Abschn. 4.4.5)}$$

$$p_i = \sum_{m}^{3}\sum_{n}^{3}\sum_{p}^{3}\sum_{q}^{3} d_{imn}C_{mnpq}e_{pq} \tag{4.75}$$

Der primäre pyroelektrische Effekt, d. h. bei konstantem Volumen, ist extrem klein.

BEISPIEL. Turmalin, Kristallklasse 3m

$p_1 = p_2 = 0$; $p_3 = 4 \times 10^{-6}$ Coulomb m^{-2} Grad^{-1}. Die dielektrische Konstante entlang der dreizähligen Drehachse ist $\varepsilon_{33} = 7{,}1$. Die entsprechende elektrische Suszeptibilität ist daher $\chi_{33} = 6{,}1$. Das elektrische Feld E_3, notwendig zum Aufbau derselben Polarisation wie eine Temperaturerhöhung um 1°C, wird berechnet, indem $P_3 = \varepsilon_0 \chi_{33} E_3 = p_3$ gesetzt wird, daher $E_3 = 700$ Volt/cm.

4.4.5 Piezoelektrizität: Tensor 3. Stufe

In bestimmten Kristallen wird eine elektrische Polarisation **P** (d. h. ein Dipolmoment pro Volumeneinheit) als Folge einer Deformation **σ** beobachtet, die zu einer Veränderung der Ladungsverteilung in der Elementarzelle führt (Bild 4.15, S. 202). Es handelt sich um den piezoelektrischen Effekt, der durch einen Tensor 3. Stufe charakterisiert ist

$$P_i = \sum_{m}^{3} \sum_{n}^{3} d_{imn} \sigma_{mn} \tag{4.76}$$

Der inverse piezoelektrische Effekt ist die Deformation **ε** eines Kristalls unter der Einwirkung eines elektrischen Feldes **E**

$$\varepsilon_{mn} = \sum_{i}^{3} d_{imn}^{*} E_i \tag{4.77}$$

Ìm Abschnitt 4.4.6 wird gezeigt, daß

$$d_{imn}^{*} = d_{imn} \tag{4.78}$$

BEMERKUNG. Der inverse Effekt entspricht nicht etwa einem inversen Tensor mit **P** als Ursache und **σ** als Effekt! Für die Berechnung eines solchen Tensors siehe weiter unten.

σ und **ε** sind symmetrische Tensoren. Daher ist d_{imn} ebenso symmetrisch bezüglich den Indizes m und n:

$$d_{imn} = d_{inm}; \text{ aber } d_{imn} \neq d_{min} \tag{4.79}$$

Mit Hilfe der Voigtschen Notation (Abschn. 4.3.3) kann **d** durch eine 3×6-Matrix beschrieben werden. Daher werden die Gleichungen (4.76) und (4.77) mit (4.78)

$$P_i = \sum_{j}^{6} d_{ij} \sigma_j; \quad \varepsilon_j = \sum_{i}^{3} d_{ij} E_i$$

$$d_{ij} = \begin{cases} d_{imn} & (j = 1,2,3) \\ 2 d_{imn} & (j = 4,5,6) \end{cases} \tag{4.80}$$

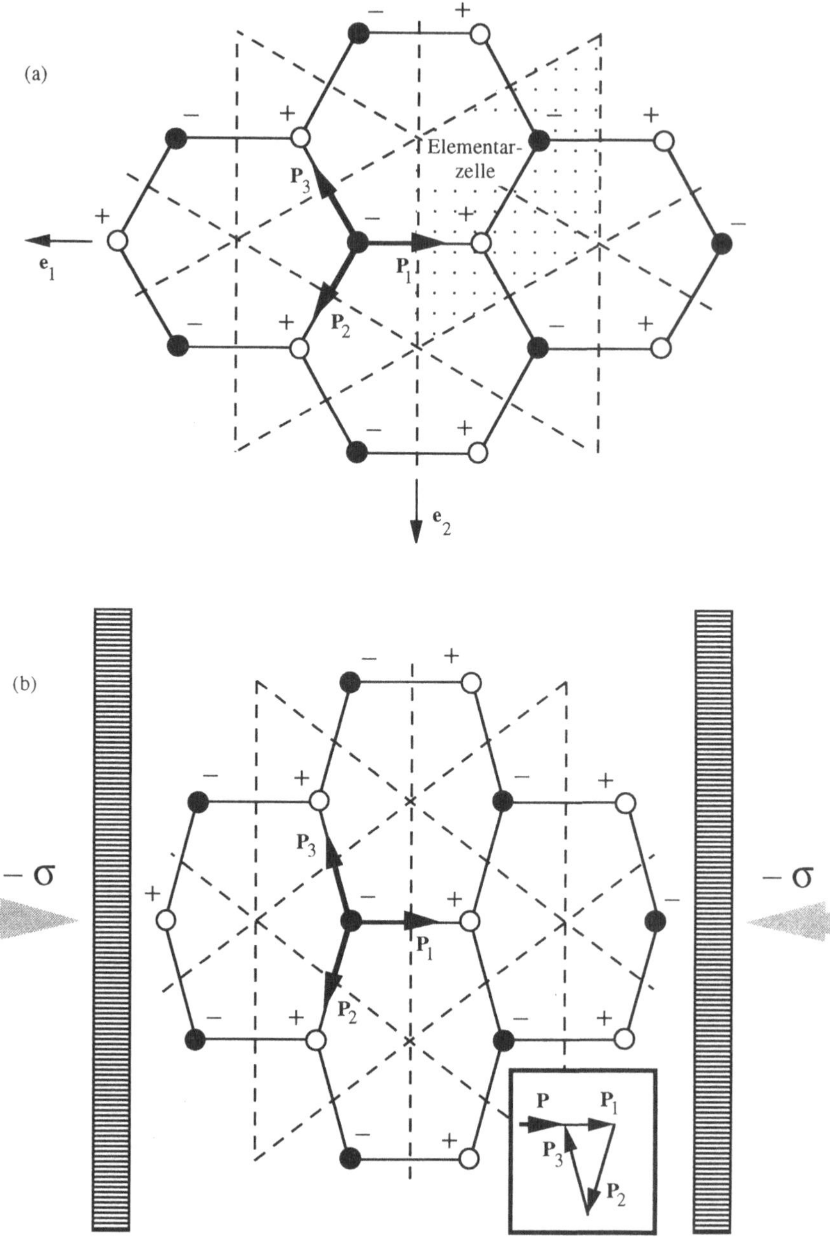

Bild 4.15 Piezoelektrische Eigenschaft einer zweidimensionalen Struktur: nicht deformierte Struktur A⁺B⁻ der Symmetrie **p3m1**; die Resultierende der Dipolmomente ist null (a); die Spannung −σ (Kompression) bewirkt eine ungleiche Verteilung der Ladungen; das resultierende Dipolmoment pro Elementarmasche ist **P** (b)

Der Effekt aufgrund einer uniaxialen Spannung σ parallel $\mathbf{l}$ (Gl. (4.33), S. 181) ist

$$P_i = \sigma \sum_m^3 \sum_n^3 d_{imn} l_m l_n$$

und der longitudinale Effekt P_L

$$P_L = \sum_i^3 P_i l_i = \sigma \sum_i^3 \sum_m^3 \sum_n^3 d_{imn} l_i l_m l_n = d_L \, \sigma \tag{4.81}$$

Man kann d_L in analoger Weise wie Gleichung (4.59) (S. 192) darstellen. Jedoch entspricht ein solches Bild nur dem totalsymmetrischen Anteil des Tensors.

Unter einer Transformation des Koordinatensystems durch die Matrix U transformiert $\mathbf{d}$ entsprechend der Vorschrift (4.7) (S. 169):

$$d'_{mnp} = \sum_r^3 \sum_s^3 \sum_t^3 u_{mr} u_{ns} u_{pt} d_{rst}$$

Der totalsymmetrische Anteil des Tensors transformiert daher wie das Produkt dreier Koordinaten. Die Inversion (Symmetriezentrum $\bar{1}$) transformiert (x_1,x_2,x_3) nach $(x'_1,x'_2,x'_3) = (-x_1,-x_2,-x_3)$, daher $d'_{imn} = (-1)^3 d_{imn} = -d_{imn}$. Ist der Tensor invariant bezüglich $\bar{1}$, gilt $d'_{imn} = d_{imn} = 0$. Als Konsequenz kann Piezoelektrizität nur in nicht zentrosymmetrischen Kristallen auftreten.

Ein Tensor ungerader Stufe verschwindet bei Anwesenheit eines Inversionszentrums $\bar{1}$. Im Gegensatz dazu ist ein Tensor gerader Stufe invariant bezüglich eines Inversionszentrums. Das Symmetriezentrum $\bar{1}$ ist intrinsisches Symmetrieelement eines solchen Tensors (vgl. Abschn. 4.4.2).

Eine zweizählige Drehachse parallel $\mathbf{e}_2$ transformiert (x_1,x_2,x_3) nach $(x'_1,x'_2,x'_3) = (-x_1,x_2,-x_3)$. In diesem Falle ist $d'_{imn} = (-1)^j d_{imn}$, wobei j die Anzahl Indizes vom Wert 1 und 3 ist. Für einen bezüglich einer solchen Achse invarianten Tensor gilt $d'_{imn} = d_{imn}$; daher ist $d_{imn} = 0$ für j ungerade. Der Tensor hat daher die Form

Tensor-Notation						Voigt-Notation					
0	0	0	123	0	112	0	0	0	14	0	16
211	222	233	0	213	0	21	22	23	0	25	0
0	0	0	323	0	312	0	0	0	34	0	36

$$\text{Kristallklasse } \mathbf{121} \qquad\qquad \text{unikale Achse } \mathbf{e}_2 \tag{4.82}$$

Eine Spiegelebene m senkrecht $\mathbf{e}_2$ liefert ein komplementäres Resultat:

Tensor-Notation						Voigt-Notation					
111	122	133	0	113	0	11	12	13	0	15	0
0	0	0	223	0	212	0	0	0	24	0	26
311	322	333	0	313	0	31	32	33	0	35	0

$$\text{Kristallklasse 1m1,} \qquad\qquad\qquad \text{unikale Achse } \mathbf{e}_2 \qquad\qquad (4.83)$$

Der Leser sei angeregt, die Form des Tensors für die weiteren nicht zentrosymmetrischen Kristallklassen abzuleiten und/oder in die Literatur zu schauen (z. B. J. F. Nye, *Physical Properties of Crystals*). Piezoelektrizität kann in allen diesen Gruppen, ausgenommen **432**, auftreten, wo der Tensor verschwindet. Dies kann mit Hilfe eines Theorems verstanden werden, das hier ohne Beweis Anwendung findet (C. Hermann, *Z. Kristallogr.* **89**, 32 – 48, 1934):

Ein Tensor der Stufe R besitzt Zylindersymmetrie bezüglich einer Drehachse, deren Ordnung R + 1 oder höher ist.

Daher ist ein symmetrischer Tensor 2. Stufe durch ein Rotationsellipsoid charakterisiert, wenn drei-, vier- oder sechszählige Symmetrieachsen vorliegen. Bezüglich der Piezoelektrizität schaffen die hexagonalen Gruppen dieselben Bedingungen für die Terme des Tensors wie die entsprechenden tetragonalen Gruppen (**422** ↔ **622**, **4mm** ↔ **6mm** etc.). Da eine piezoelektrische Polarisation nur entlang polarer Richtungen auftreten kann, existiert kein Effekt in allen Richtungen senkrecht zu einer Achse der Ordnung 4 oder 6. Als Konsequenz kann der Effekt in der Kristallklasse **432** nicht existieren. Im Falle des Elastizitätstensors generieren hexagonale Gruppen die Zylindersymmetrie ∞/**mmm**.

In der Literatur finden sich nicht nur die bisher diskutierten piezoelektrischen Konstanten, sondern ebenso auch die inversen Tensoren von geringerer experimenteller Bedeutung, die mechanische Spannungen aufgrund eines elektrostatischen Feldes, oder auch die Polarisation aufgrund einer Deformation beschreiben:

$$\sigma_{mn} = \sum_i^3 e_{imn} E_i; \quad P_i = \sum_m^3 \sum_n^3 e_{imn} \varepsilon_{mn} \qquad\qquad (4.84)$$

Die Beziehung zwischen **e** und **d** wird mit Hilfe des Elastizitätstensors berechnet, der ε als Funktion von $\boldsymbol{\sigma}$ beschreibt:

$$d_{ipq} = \sum_m^3 \sum_n^3 e_{imn} S_{mnpq}; \quad d_{ik} = \sum_j^6 e_{ij} S_{jk}$$

$$e_{ipq} = \sum_m^3 \sum_n^3 d_{imn} C_{mnpq}; \quad e_{ik} = \sum_j^6 d_{ij} C_{jk} \qquad\qquad (4.85)$$

BEISPIELE.
Der Tensor d_{imn} (i, m, n = 1 und 2), charakteristisch für die zweidimensionale Struktur der
Symmetrie p3m1 des Bildes 4.15 (S. 202), ist

Tensor-Notation				Voigt-Notation		
d_{111}	$-d_{111}$	0		d_{11}	$-d_{11}$	0
0	0	$-d_{111}$		0	0	$-2d_{11}$

wobei $\mathbf{e}_1$ parallel zur Spiegelgeraden m und zur Bindung B $\rightarrow$ A verläuft. Die Polarisation
aufgrund einer mechanischen Spannung wird

$$P_1 = d_{111}(\sigma_{11} - \sigma_{22}) = d_{11}(\sigma_1 - \sigma_2); \quad P_2 = -d_{111}\sigma_{12} = -2d_{11}\sigma_6 \tag{4.86}$$

Die Interpretation des Resultats für P_1 ist evident in Bild 4.15(b) (S. 202): Eine Kompression entlang der Bindung hat denselben Effekt wie eine Dilatation senkrecht zur Bindung.
Eine uniaxiale Spannung σ parallel $\mathbf{l} = (l_1, l_2)$, $\|\mathbf{l}\| = 1$ bewirkt

$$P_1 = d_{11}\sigma\left(l_1^2 - l_2^2\right); \quad P_2 = -2d_{11}\sigma l_1 l_2$$

$$\|\mathbf{P}\|^2 = \sigma^2 d_{11}^2 \quad \text{unabhängig von der Richtung } \mathbf{l}.$$

Der Winkel zwischen $\mathbf{P}$ und $\mathbf{l}$ ist

$$\cos \mathbf{P}/\mathbf{l} = \left(4l_1^2 - 3\right)l_1$$

Hieraus schließen wir, daß der Effekt rein longitudinal ist für $l_1 = 1$ oder $-1/2$, d. h. für eine
Spannung parallel zur Bindung B $\rightarrow$ A. Für $l_1 = 0$ oder $\pm\sqrt{3}/2$ ist der Effekt rein
transversal: Die mechanische Spannung ist nun senkrecht und die Polarisation parallel zur
Bindung B $\rightarrow$ A. Dieses Ergebnis erklärt sich leicht aus Bild 4.15(b) (S. 202). Ist die
Spannung diagonal bezüglich $\mathbf{e}_1$ und $\mathbf{e}_2$, $l_1 = l_2 = 1/\sqrt{2}$, wird eine Polarisation senkrecht zur
Bindung erhalten.
  Dieses Beispiel entspricht exakt den Eigenschaften von Quarz (SiO_2), wenn ein Kristall
senkrecht zur dreizähligen Achse zerschnitten wird. Quarz ist der wichtigste piezoelektrische
Kristall für technische Anwendungen:
  Rechtsquarz, Kristallklasse 32 (Beispiel der Abschnitte 4.4.1 und 4.4.2). Der Tensor $\mathbf{d}$
besitzt die Form (in Voigt-Notation):

d_{11}	$-d_{11}$	0	d_{14}	0	0
0	0	0	0	$-d_{14}$	$-2d_{11}$
0	0	0	0	0	0

$d_{11} = 2{,}30 \times 10^{-12}$ C/N, $d_{14} = -0{,}67 \times 10^{-12}$ C/N; 1 Coulomb/Newton = 1 Meter/Volt = 10^8 C m^{-2} kbar^{-1}. Eine mechanische Spannung senkrecht zur dreizähligen Drehachse, (σ_1 σ_2 0 0 0 σ_6), bewirkt die Polarisation $P_1 = d_{11}(\sigma_1 - \sigma_2)$, $P_2 = -2d_{11}\sigma_6$. Man erhält die Beziehungen (4.86) (S. 205) durch Eliminieren der Koordinate entlang $\mathbf{e}_3$. Eine uniaxiale Spannung von 1 bar (10^5 Pa, 1 Atmosphäre) bewirkt eine Polarisation von $2{,}30 \times 10^{-7}$ C/m^2. Die elektrische Suszeptibilität χ_{11} ist 3,5 (Abschn. 4.4.1). Die Polarisation entspricht daher einem elektrischen Feld von 74 V/cm.

BEMERKUNG. Eine Spannung σ_1 von 1 bar ohne elektrisches Feld, $\mathbf{E} = 0$, oder ein elektrisches Feld E_1 von 74 V/cm ohne mechanische Spannung, $\boldsymbol{\sigma} = 0$, bewirken die gleiche Polarisation, aber die Deformation des Kristalls ist für beide Fälle verschieden, vgl. Abschn. 4.4.2 für den Fall einer Spannung σ_1 und $\mathbf{E} = 0$. E_1 bei $\boldsymbol{\sigma} = 0$ führt zu $\varepsilon_1 = d_{11}E_1$, $\varepsilon_2 = -d_{11}E_1$; $\varepsilon_4 = 2\varepsilon_{23} = d_{14}E_1$. Für $E_1 = 100$ V/cm = 10^4 V/m ist $\varepsilon_1 = -\varepsilon_2 = 2{,}3 \times 10^{-8}$, $\varepsilon_4 = -0{,}67 \times 10^{-8}$. Der Haupteffekt ε_1 und ε_2 ist in Bild 4.16 dargestellt.

Die durch $\pm\mathbf{E}$ induzierte Schwingung erlaubt die Frequenzstabilisierung eines elektrischen Resonators (angewandt beispielsweise in einer Quarzuhr); Quarz wird ebenso zur Herstellung akustischer Generatoren verwendet. Die Theorie zur Beschreibung dieses dynamischen Effektes beinhaltet die Berechnung elastischer Schwingungen des Kristalls (Abschn. 4.4.3), ausgelöst durch ein elektrisches Wechselfeld $E_1\cos\omega t$ parallel zu $\mathbf{e}_1$ in Abwesenheit einer externen mechanischen Spannung. Die Bedeutung von Quarz beruht auf zwei Faktoren: Er ist chemisch inert und sehr stabil; und obwohl die elastischen und piezoelektrischen Konstanten temperaturabhängig sind, können Kristallplatten mit Orientierungen geschnitten werden, deren Eigenfrequenzen über einen großen Temperaturbereich nicht variieren. Der piezoelektrische Effekt von Keramiken des Perowskittyps findet in Gasfeuerzeugen Anwendung.

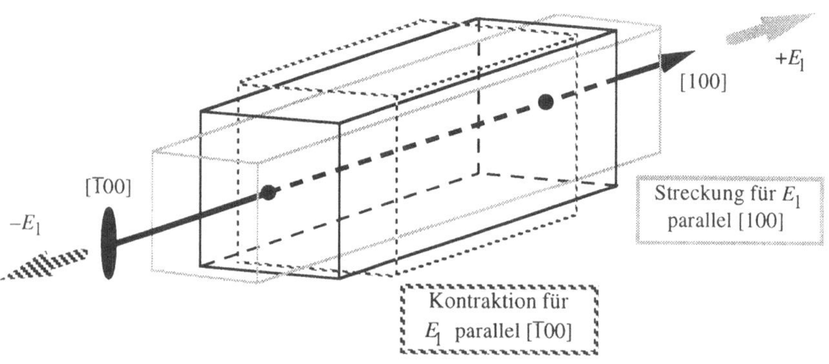

Bild 4.16 Deformation eines Quarzstabes durch ein elektrisches Wechselfeld $\pm E_1$ entlang einer zweizähligen Drehachse

4.4.6 Allgemeine Beschreibung von Gleichgewichtseigenschaften

Die in den Abschn. 4.4.1 bis 4.4.5 beschriebenen anisotropen Eigenschaften sind nicht alle unabhängig voneinander. Die Deformation ε eines Kristalls ist nicht ausschließlich eine Funktion der mechanischen Spannung σ, der er ausgesetzt ist. Sie ist ebenso eine Funktion des elektrischen Feldes $\mathbf{E}$ (inverser piezoelektrischer Effekt) und der Temperatur ΔT (thermische Ausdehnung):

$$\varepsilon_{mn} = \varepsilon_{mn}(\sigma_{pq}, E_p, \Delta T), \quad (p, q \text{ von 1 bis 3}) \tag{4.87}$$

Die elektrische Polarisation $\mathbf{P}$ und die Entropie S des Kristalls sind von denselben Größen σ_{pq}, E_p, ΔT abhängig. Eine reversible Temperaturänderung ΔT schließt eine Entropieänderung pro Volumeneinheit von

$$\Delta S = (C/T)\, \Delta T$$

ein. C ist die spezifische Wärme und T die absolute Temperatur. Die entsprechende thermische Energie pro Volumeneinheit ist

$$\Delta Q = T\Delta S = C\Delta T \tag{4.88}$$

Nach der Tensorgleichung (4.3) (S. 167) sind σ, $\mathbf{E}$ und ΔT die Ursachen der Effekte ε, $\mathbf{P}$ und ΔS. Bei Entwicklung der Funktionen (4.87) als Taylor-Reihen um die Punkte $\varepsilon = 0$, $\mathbf{E} = 0$, $\Delta S = 0$ und Beschränkung auf lineare Terme, werden die Funktionen (4.89) erhalten:

$$\varepsilon_{mn} = \sum_{p}^{3}\sum_{q}^{3} S_{mnpq}^{E,T}\sigma_{pq} + \sum_{p}^{3} d*_{pmn}^{\sigma,T} E_p + e_{mn}^{\sigma,E}\Delta T$$

$$P_m = \sum_{p}^{3}\sum_{q}^{3} d_{mpq}^{E,T}\sigma_{pq} + \varepsilon_0 \sum_{p}^{3}\chi_{mp}^{\sigma,T} E_p + p_m^{\sigma,E}\Delta T \tag{4.89}$$

$$\Delta S = \sum_{p}^{3}\sum_{q}^{3} e*_{pq}^{E,T}\,\sigma_{pq} + \sum_{p}^{3} p*_{q}^{\sigma,T} E_q + (C^{\sigma,E}/T)\Delta T$$

Die Superskripte (E,T), (σ,T) und (σ,E) bedeuten konstantes elektrisches Feld und konstante Temperatur, konstante mechanische Spannung und konstante Temperatur, konstante mechanische Spannung und konstantes elektrisches Feld. Die individuellen Terme sind:

$$S_{mnpq}^{E,T} = \left(\frac{\partial \varepsilon_{mn}}{\partial \sigma_{pq}}\right)_{E,T} \quad : \text{elastische Konstanten (Abschn. 4.4.2)}$$

$$d*_{pmn}^{E,T} = \left(\frac{\partial \varepsilon_{mn}}{\partial E_p}\right)_{\sigma,T} \quad : \text{inverse Piezoelektrizität (Abschn. 4.4.5)}$$

$$e_{mn}^{\sigma,E} = \left(\frac{\partial \varepsilon_{mn}}{\partial T} \right)_{\sigma,E} \qquad : \text{thermische Ausdehnung (Abschn. 4.4.4)}$$

$$d_{mpq}^{E,T} = \left(\frac{\partial P_m}{\partial \sigma_{pq}} \right)_{E,T} \qquad : \text{Piezoelektrizität (Abschn. 4.4.5)}$$

$$\chi_{mp}^{\sigma,T} = \frac{1}{\varepsilon_0} \left(\frac{\partial P_m}{\partial E_p} \right)_{\sigma,T} \qquad : \text{elektrische Suszeptibiltät (Abschn. 4.4.1)}$$

$$P_m^{\sigma,E} = \left(\frac{\partial P_m}{\partial T} \right)_{\sigma,E} \qquad : \text{Pyroelektrizität (Abschn. 4.4.4)}$$

$$e *_{pq}^{E,T} = \left(\frac{\partial S}{\partial \sigma_{pq}} \right)_{E,T} \qquad : \text{piezokalorischer Effekt}$$

$$p *_q^{\sigma,T} = \left(\frac{\partial S}{\partial E_q} \right)_{\sigma,T} \qquad : \text{elektrokalorischer Effekt}$$

$$C^{\sigma,E} / T = \left(\frac{\partial S}{\partial T} \right)_{\sigma,E} \qquad : \text{spezifische Wärme; } C^{\sigma,E} = C_p \text{ (bei konstantem Druck)}$$

Mit Hilfe der Voigt-Notation wird (4.89) (S. 207) durch eine symmetrische 10×10-Matrix dargegestellt. Bild 4.17 gibt sie und ihre Inverse wieder. Die Energieänderung eines Kristalls pro Volumeneinheit bei reversiblen σ, E und ΔT ist die Summe aus Deformationsenergie (4.62) (S. 193), elektrischer Polarisation (4.47) (S. 188) und thermischer Energie (4.88) (S. 207) :

$$w = \int_0^{\sigma,E,T} \left\{ \sum_m^3 \sum_n^3 \varepsilon_{mn} d\sigma_{mn} + \varepsilon_0 \sum_m^3 P_m dE_m + C\, dT \right\} \tag{4.90}$$

Anders als (4.47) (S. 188) enthält das Integral (4.90) die Polarisationsenergie ohne die Energie des elektrischen Feldes $\varepsilon_0 \|E\|^2/2$. In Analogie mit (4.60) (S. 193) ist (4.90) ein Kurvenintegral. Es werden dieselben endgültigen Zustände σ, E und T und damit dieselbe Energie w erreicht, wenn der Kristall in beliebiger Reihenfolge nacheinander den Komponenten der mechanischen Spannung, des elektrischen Feldes und der Temperatur ausgesetzt wird. Daraus folgt, daß die 10×10-Matrizen des Bildes 4.17 symmetrisch sind. Der inverse und der direkte piezoelektrische Tensor sind daher numerisch identisch (4.78) (S. 201):

$$d *_{pmn}^{\sigma,T} = d_{pmn}^{E,T} \tag{4.91}$$

In gleicher Weise erkennt man die Übereinstimmungen von

- thermischer Ausdehnung und piezokalorischem Effekt, $e_{mn}^{\sigma,E} = e *_{mn}^{E,T}$ (4.92)
- Pyroelektrizität und elektrokalorischem Effekt, $p_m^{\sigma,E} = p *_m^{\sigma,T}$ (4.93)

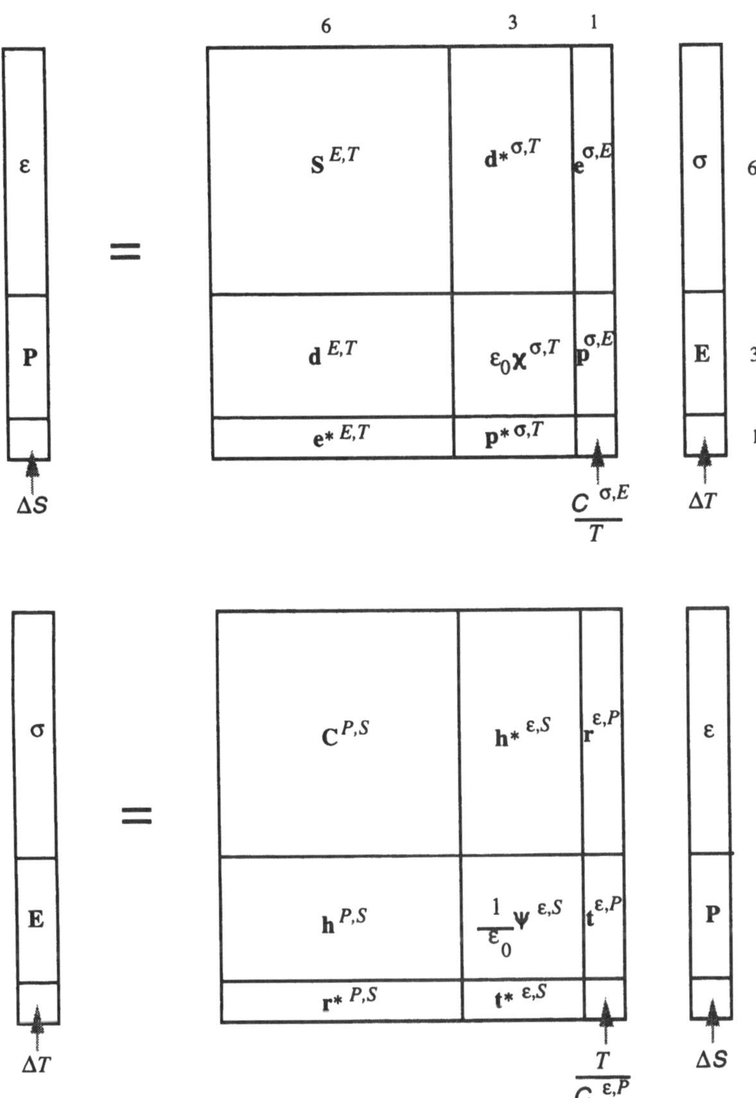

Bild 4.17 Die 10×10-Matrix und ihre Inverse

Es sei bemerkt, daß die Untermatrix $\mathbf{C}^{P,S}$ nicht die Inverse der Untermatrix $\mathbf{S}^{E,T}$ ist, daher $\mathbf{C}^{E,T} \neq \mathbf{C}^{P,S}$: Die elastischen Konstanten bei konstantem elektrischen Feld und konstanter Temperatur unterscheiden sich von denen bei konstanter elektrischer Polarisation und konstanter Entropie. Die spezifische Wärme $C^{\varepsilon,P}$ (bei konstanter Deformation und Polarisation) wird im allgemeinen als C_v bezeichnet (spezifische Wärme bei konstantem Volumen), $C^{\sigma,E}$ dagegen als C_p (spezifische Wärme bei konstantem Druck).

4.5 Kristalloptik

4.5.1 Doppelbrechung

Die Doppelbrechung ist eine der eindrucksvollsten anisotropen Eigenschaften der Kristalle. Sie findet zahlreiche wissenschaftliche und technische Anwendungen. Entdeckt wurde diese Eigenschaft von Erasmus Bartholin 1669 an Calcit, einer Form von $CaCO_3$ mit der Kristallklasse $\bar{3}m$, dem seither bestbekannten doppelbrechenden Kristall: Durch einen Calcitkristall betrachtete Objekte erscheinen doppelt, es sei denn, die Beobachtung erfolgt entlang der $\bar{3}$-Achse. Ein unpolarisierter Lichtstrahl spaltet beim Eintritt in den Kristall in zwei senkrecht zueinander polarisierte Strahlen auf. Der eine, als *außerordentlicher* Strahl bezeichnet, befolgt dabei nicht das Snelliussche Brechungsgesetz. Der zweite, *ordentliche* Strahl dagegen befolgt es; er ist senkrecht zur $\bar{3}$-Achse polarisiert (Bild 4.18). In Kristallen niedriger Symmetrie (triklin, monoklin, orthorhombisch) erfüllen im allgemeinen sogar beide Strahlen das Snelliussche Gesetz nicht, sind also beide außerordentliche Strahlen.

Die wichtigsten Anwendungen der Kristalloptik sind die Identifikation verschiedener Phasen und von Domänen derselben Phase in polykristallinen Aggregaten. Das Polarisationsmikroskop (vgl. Abschn. 4.5.6) ist ein unverzichtbares Werkzeug der Mineralogen. Der an dieser Methode interessierte Leser sollte die Spezialliteratur zu Rate ziehen.

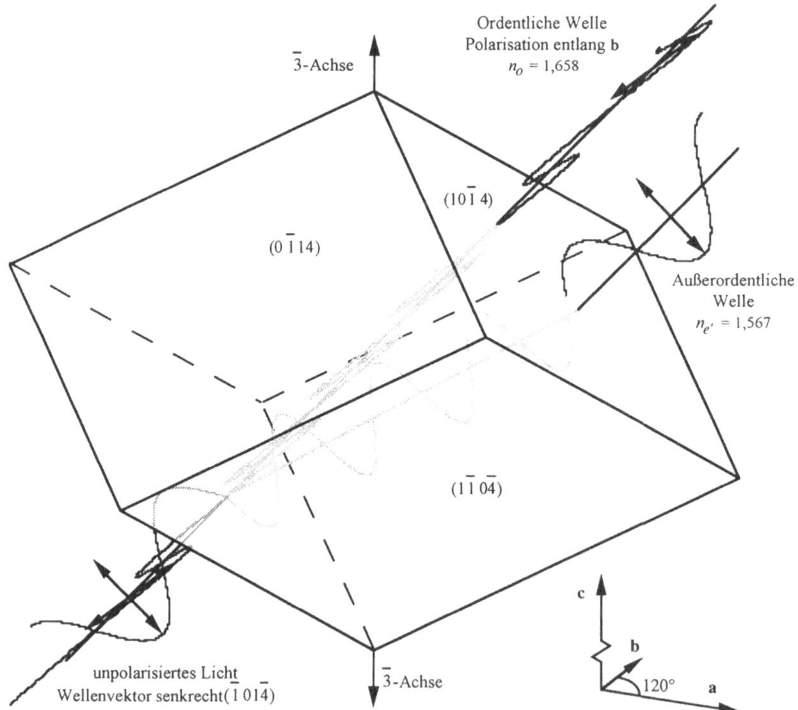

Bild 4.18 Ordentlicher und außerordentlicher Lichtstrahl in Calcit

4.5.2 Wellennormale und Lichtstrahl

Die *Maxwellschen Gleichungen* erlauben ein Verständnis der Doppelbrechung in Kristallen bei Berücksichtigung der Anisotropie:

$$\text{rot}\mathbf{H} = \frac{\partial \mathbf{D}}{\partial t} \qquad \text{Kristall als elektrischer Isolator, also ohne Stromfluß}$$

$$\text{rot}\mathbf{E} = \frac{\partial \mathbf{B}}{\partial t}$$

$$\mathbf{D} = \varepsilon_0\boldsymbol{\varepsilon}\mathbf{E} \qquad \boldsymbol{\varepsilon} \text{ ist ein Tensor 2. Stufe (Beziehungen (4.46) (S. 186))}$$

$$\mathbf{B} = \mu_0\boldsymbol{\mu}\mathbf{H} \qquad \boldsymbol{\mu} \text{ ist der Tensor der magnetischen Permeabilität; } \mu_0 \text{ ist}$$
die Permeabilität im Vakuum

Die Beziehung zwischen magnetischer Induktion $\mathbf{B}$ und magnetischem Feld $\mathbf{H}$ ist vollkommen analog zu der zwischen elektrischer Verschiebung $\mathbf{D}$ und elektrischem Feld $\mathbf{E}$ (Abschn. 4.4.1). Mit Ausnahme ferromagnetischer Kristalle (die nur selten transparent sind) sind die Eigenwerte von $\boldsymbol{\mu}$ wenig verschieden von 1:

$$\mu \approx 1 \pm 10^{-5}; \; + \text{ paramagnetisch}, - \text{ diamagnetisch}.$$

Die Tensornatur von $\boldsymbol{\mu}$ kann also vernachlässigt werden, so daß $\mathbf{B} \approx \mu_0\boldsymbol{\mu}\mathbf{H} \approx \mu_0\mathbf{H}$. Im Gegensatz dazu sind die Eigenwerte von $\boldsymbol{\varepsilon}$ deutlich verschieden von 1 (zwischen 4 und 5 bei Quarz, vgl. Abschn. 4.4.1): Die Tensornatur von $\boldsymbol{\varepsilon}$ hat wichtige Konsequenzen. Die Terme dieses Tensors variieren außerdem mit der Frequenz des Lichtes.

Es existiere eine ebene Welle im Inneren des Kristalls:

$$\mathbf{E} = \mathbf{E}_0\, e^{i(\omega t - \mathbf{k}\cdot\mathbf{r})} = \mathbf{E}_0\psi, \qquad \omega = 2\pi\nu, \; \|\mathbf{k}\| = \frac{2\pi}{\lambda}, \qquad \text{Gl. (3.6) (S. 98)}$$

mit der Frequenz ν und der Wellenlänge λ. Nach den Regeln der Vektoranalysis folgt:

$$\text{rot}\mathbf{E} = \text{rot}(\mathbf{E}_0\psi) = \psi\,\text{rot}\mathbf{E}_0 + \text{grad}\psi \times \mathbf{E}_0 = \text{grad}\psi \times \mathbf{E}_0$$

$$\text{rot}\mathbf{E} = -i\big[\mathbf{k}\times\mathbf{E}_0\big]e^{i(\omega t - \mathbf{k}\cdot\mathbf{r})} = -\frac{\partial \mathbf{B}}{\partial t}$$

$$\mathbf{B} = \frac{1}{\omega}\big[\mathbf{k}\times\mathbf{E}_0\big]e^{i(\omega t - \mathbf{k}\cdot\mathbf{r})} = \mu_0\boldsymbol{\mu}\mathbf{H} \tag{4.94}$$

Für $\mathbf{D}$ folgt in Analogie:

$$\mathbf{D} = \frac{1}{\mu\mu_0\omega^2}\big\{[\mathbf{k}\times\mathbf{E}_0]\times\mathbf{k}\big\}e^{i(\omega t - \mathbf{k}\cdot\mathbf{r})} = \varepsilon_0\boldsymbol{\varepsilon}\mathbf{E} \tag{4.95}$$

Es sei erinnert, daß $\{[\mathbf{k}\times\mathbf{E}_0]\times\mathbf{k}\} = \|\mathbf{k}\|^2\mathbf{E}_0 - \mathbf{k}(\mathbf{E}_0\cdot\mathbf{k})$.

Während $\mathbf{B}\cdot\mathbf{E} = \mathbf{B}\cdot\mathbf{k} = \mathbf{B}\cdot\mathbf{D} = \mathbf{D}\cdot\mathbf{k} = 0$, ist im allgemeinen $\mathbf{E}\cdot\mathbf{k} \neq 0$. Die Energieströmung einer Welle ist durch den Poynting-Vektor gegeben:

$$\mathbf{S} = [\mathbf{E} \times \mathbf{H}] \qquad \text{Lichtstrahl} \tag{4.96}$$

Es folgt, daß

$$\text{div}\mathbf{S} = \text{div}\left[\mathbf{E} \times \mathbf{H}\right] = \mathbf{H} \cdot \text{rot}\mathbf{E} - \mathbf{E} \cdot \text{rot}\mathbf{H} = -\mathbf{H} \cdot \frac{\partial \mathbf{B}}{\partial t} - \mathbf{E} \cdot \frac{\partial \mathbf{D}}{\partial t}$$

$$\mathbf{E} \cdot \frac{\partial \mathbf{D}}{\partial t} = \varepsilon_0 \sum_{m}^{3} \sum_{n}^{3} \varepsilon_{mn} E_m \frac{\partial E_n}{\partial t} = \frac{1}{2} \varepsilon_0 \frac{\partial}{\partial t} \sum_{m}^{3} \sum_{n}^{3} \varepsilon_{mn} E_m E_n$$

Mit der Beziehung (4.47) (S. 188) folgt für die elektrische Energiedichte w_{el}

$$\mathbf{E} \cdot \frac{\partial \mathbf{D}}{\partial t} = \frac{\partial w_{\text{el}}}{\partial t}$$

und genauso für die magnetische Energiedichte

$$\mathbf{H} \cdot \frac{\partial \mathbf{B}}{\partial t} = \frac{1}{2} \mu_0 \frac{\partial}{\partial t} \sum_{m}^{3} \sum_{n}^{3} \mu_{mn} H_m H_n = \frac{\partial w_{\text{mag}}}{\partial t}$$

Die Energiedichte der Welle ist $w_{\text{el}} + w_{\text{mag}} = w_{\text{tot}}$

$$\text{div}\mathbf{S} = -\frac{\partial w_{\text{tot}}}{\partial t} \tag{4.97}$$

$\mathbf{S}$ ist also der Energiefluß pro Flächeneinheit.

Es werden Einheitsvektoren $\mathbf{V}$ und $\mathbf{s}$, $\|\mathbf{V}\|^2 = \|\mathbf{s}\|^2 = 1$ wie folgt *definiert*:

$$\mathbf{k} = \|\mathbf{k}\| \, \mathbf{V} \qquad\qquad \mathbf{V} = \textit{Normale zur ebenen Welle}$$

$$\mathbf{S} = \|\mathbf{S}\| \, \mathbf{s} \qquad\qquad \mathbf{s} = \textit{Richtung des Lichtstrahls}$$

Die Wellennormale $\mathbf{V}$ steht senkrecht auf der Ebene der Welle (geometrischer Ort konstanter Phase), $\mathbf{k} \cdot \mathbf{r} = (2\pi/\lambda)\mathbf{V} \cdot \mathbf{r} = \text{konstant}$. Die Ausbreitungsgeschwindigkeit in der Richtung von $\mathbf{V}$ ist $v_n = \omega/\|\mathbf{k}\|$. In Richtung von $\mathbf{s}$ (Bild 4.19) ist die Ausbreitungsgeschwindigkeit $v_s = v_n/\cos\delta$, mit δ als Winkel zwischen $\mathbf{D}$ und $\mathbf{E}$. Mit Hilfe der Gleichungen (4.94), (4.95) (beide S. 211) und (4.96) ergibt sich für $\mathbf{H}$, $\mathbf{E}$, $\mathbf{D}$, $\mathbf{V}$ und $\mathbf{s}$:

$$\mathbf{H} = \frac{1}{\mu\mu_0 v_n}\left[\mathbf{V} \times \mathbf{E}\right] = v_n\left[\mathbf{V} \times \mathbf{D}\right] = \frac{1}{\mu\mu_0 v_s}\left[\mathbf{s} \times \mathbf{E}\right] = v_s\left[\mathbf{s} \times \mathbf{D}\right]$$

$$\mathbf{D} = \frac{1}{v_n}\left[\mathbf{H} \times \mathbf{V}\right] = \frac{1}{\mu\mu_0 v_n^2}\left\{\mathbf{E} - \mathbf{V}(\mathbf{V} \cdot \mathbf{E})\right\} \tag{4.98}$$

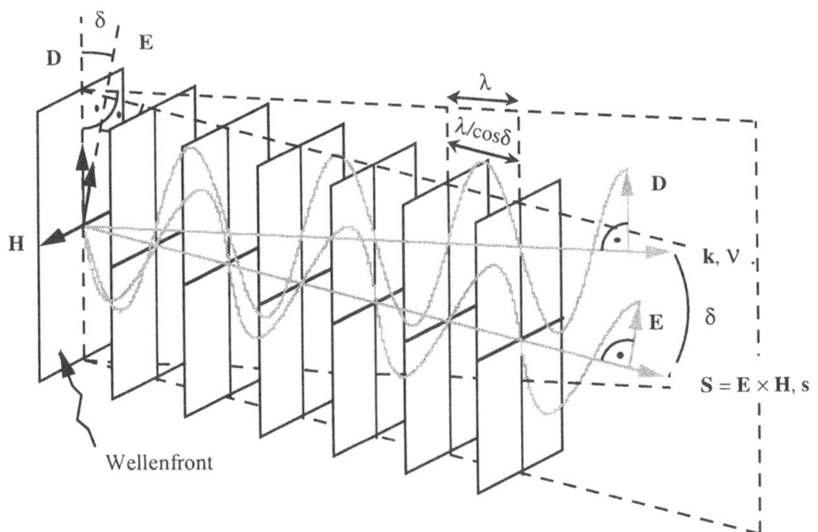

Bild 4.19 Darstellung der Vektoren $\mathbf{H}, \mathbf{E}, \mathbf{D}, \mathsf{V}, \mathbf{s}$

$$\mathbf{E} = \mu\mu_0 v_s\left[\mathbf{H} \times \mathbf{s}\right] = \mu\mu_0 v_s^2\left\{\mathbf{D} - \mathbf{s}(\mathbf{s} \cdot \mathbf{d})\right\} \tag{4.99}$$

Bild 4.19 illustriert diese Beziehungen. Es muß unterschieden werden zwischen der *Wellennormalen* V und dem *Lichtstrahl* **s**. Die Ebene der Welle steht immer senkrecht auf V. Sie enthält **D**, jedoch nicht **E**. Ebene Wellen sind bezüglich V transversal, jedoch nicht rein transversal bezüglich **s**. Ein analoger Effekt wird für elastische Wellen in einem Kristall beobachtet (Abschn. 4.4.3), die im allgemeinen weder rein transversal noch rein longitudinal sind. Es sei noch einmal betont, daß

$$\mathrm{div}\mathbf{D} = -\mathrm{i}\mathbf{k}\cdot\mathbf{D} = 0, \quad \text{jedoch} \quad \mathrm{div}\mathbf{E} = -\mathrm{i}\mathbf{k}\cdot\mathbf{E} = -\mathrm{i}kE\sin\delta \neq 0 \quad \textit{ist.}$$

4.5.3 Gesetz von Snellius

Die folgenden Ausführungen sind durch die Wahl eines Koordinatensystems, das auf den Eigenvektoren des Tensors $\mathcal{E}$ beruht, vereinfacht: $D_i = \varepsilon_0\varepsilon_i E_i$ ($i = 1, 2, 3$). Zuerst sollen die Wellen berechnet werden, die sich in Richtung einer gegebenen Wellennormalen $\mathsf{V} = (v_1, v_2, v_3)$ ausbreiten können.

Mit Gleichung (4.98) (S. 212) erhalten wir

$$D_i\left\{v_n^2\mu_0\mu - \frac{1}{\varepsilon_0\varepsilon_i}\right\} + v_i\left(\mathsf{V} \cdot \mathbf{E}\right) = 0$$

$$D_i = \frac{v_i\left(\mathsf{V} \cdot \mathbf{E}\right)\varepsilon_0\varepsilon_i}{1 - \varepsilon_0\varepsilon_i\mu_0\mu\, v_n^2}; \quad \sum_i^3 D_i v_i = 0$$

$$\sum_i^3 \frac{\varepsilon_i v_i^2}{1 - v_n^2 \mu_0 \mu \, \varepsilon_0 \varepsilon_i} = 0 \qquad (4.100)$$

$$\sum_i^3 \varepsilon_i v_i^2 \left(1 - v_n^2 \mu_0 \mu \, \varepsilon_0 \varepsilon_j \right)\left(1 - v_n^2 \mu_0 \mu \, \varepsilon_0 \varepsilon_k \right) = 0, \quad \left(i \neq j \neq k\right) \qquad (4.101)$$

Gleichung (4.101) ist eine quadratische Funktion von v_n^2. Für jede Richtung V existieren zwei Lösungen, v'^2_n und v''^2_n. Für $V = (1,0,0)$ beispielsweise folgt

$$v'_n = v_2 = \frac{1}{\sqrt{\mu_0 \mu \, \varepsilon_0 \varepsilon_2}}; \quad v''_n = v_3 = \frac{1}{\sqrt{\mu_0 \mu \, \varepsilon_0 \varepsilon_3}}$$

Mit Hilfe dieser Beziehungen wird aus Gleichung (4.100)

$$\frac{v_1^2}{v_1^2 - v_n^2} + \frac{v_2^2}{v_2^2 - v_n^2} + \frac{v_3^2}{v_3^2 - v_n^2} = 0 \qquad (4.102)$$

$$D_1 : D_2 : D_3 = \frac{v_1}{v_1^2 - v_n^2} + \frac{v_2}{v_2^2 - v_n^2} + \frac{v_3}{v_3^2 - v_n^2} = 0 \qquad (4.103)$$

$$v_i = \frac{1}{\sqrt{\mu_0 \mu \, \varepsilon_0 \varepsilon_i}} \qquad (4.104)$$

Zu den beiden Lösungen v'^2_n und v''^2_n von (4.102) korrespondieren zwei Vektoren $\mathbf{D}'$ und $\mathbf{D}''$. Ihr Skalarprodukt $\mathbf{D}' \cdot \mathbf{D}''$ wird aus (4.103) erhalten unter Zuhilfenahme der Formel

$$\frac{1}{ab} = -\frac{1}{a-b}\left(\frac{1}{a} - \frac{1}{b}\right)$$

woraus folgt: $\mathbf{D}' \cdot \mathbf{D}'' = 0$. $\mathbf{D}'$ ist also senkrecht zu $\mathbf{D}''$.

In Richtung V einer Wellennormalen können sich zwei Wellen mit unterschiedlichen Geschwindigkeiten v'^2_n und v''^2_n ausbreiten. Die Polarisationen der entsprechenden dielektrischen Verschiebungen stehen senkrecht aufeinander: $\mathbf{D}' \cdot \mathbf{D}'' = \mathbf{H}' \cdot \mathbf{H}'' = 0$. Im Gegensatz dazu stehen die Vektoren $\mathbf{E}'$ und $\mathbf{E}''$ nicht senkrecht zueinander, und die Lichtstrahlen $\mathbf{s}'$ und $\mathbf{s}''$ fallen nicht zusammen.

Für Wellen, die sich in eine Richtung $\mathbf{s} = (s_1, s_2, s_3)$ eines Lichtstrahls ausbreiten, berechnet sich in ähnlicher Weise aus (4.99) (S. 213):

$$\frac{s_1^2}{v_1^{-2} - v_s^{-2}} + \frac{s_2^2}{v_2^{-2} - v_s^{-2}} + \frac{s_3^2}{v_3^{-2} - v_s^{-2}} = 0 \qquad (4.105)$$

$$E_1 : E_2 : E_3 = \frac{s_1}{v_1^{-2} - v_s^{-2}} + \frac{s_2}{v_2^{-2} - v_s^{-2}} + \frac{s_3}{v_3^{-2} - v_s^{-2}} = 0 \tag{4.106}$$

$$v_i = \frac{1}{\sqrt{\mu_0 \mu \, \varepsilon_0 \varepsilon_i}}$$

Zu den beiden Lösungen $v_s'^2$ und $v_s''^2$ von (4.105) gehören zwei Vektoren $\mathbf{E}'$ und $\mathbf{E}''$. Aus (4.106) wird das Skalarprodukt $\mathbf{E}' \cdot \mathbf{E}'' = 0$ erhalten.

In Richtung $\mathbf{s}$ eines Lichtstrahls können sich zwei Wellen mit unterschiedlichen Geschwindigkeiten v'_s und v''_s ausbreiten. Die Polarisationen der entsprechenden elektrischen Felder stehen senkrecht aufeinander: $\mathbf{E}' \cdot \mathbf{E}'' = \mathbf{H}' \cdot \mathbf{H}'' = 0$. Im Gegensatz dazu stehen die Vektoren $\mathbf{D}'$ und $\mathbf{D}''$ nicht senkrecht zueinander, und die Wellennormalen $\mathbf{V}'$ und $\mathbf{V}''$ fallen nicht zusammen.

Es existieren also zwei Typen der Doppelbrechung, eine bezüglich der Lichtstrahlen, die andere bezüglich der Wellennormalen. Die Auswirkungen beider Typen hängen ab von den Brechungsgesetzen.

In Bild 4.20 ist der Einfall polarisierten Lichtes senkrecht zu einer Kristallfläche dargestellt.

Nach den Kontinuitätsbedingungen des Abschnitts 4.4.1 ist die dielektrische Verschiebung $\mathbf{D}_C$ im Kristall parallel zu der im Vakuum, $\mathbf{D}_V$, obwohl die elektrischen Felder $\mathbf{E}_V$ und $\mathbf{E}_C$ nicht notwendig parallel sind. Folglich erfährt der Lichtstrahl $\mathbf{s}$ eine Brechung und befolgt im Gegensatz zur Wellennormalen $\mathbf{V}$ nicht das Snelliussche Gesetz. Mit gleicher Argumentation kann für den allgemeinen Fall schrägen Lichteinfalls auf die Grenzfläche Vakuum/Kristall gezeigt werden, daß

die Wellennormale das Snellius-Gesetz befolgt, der Lichtstrahl dagegen nicht.

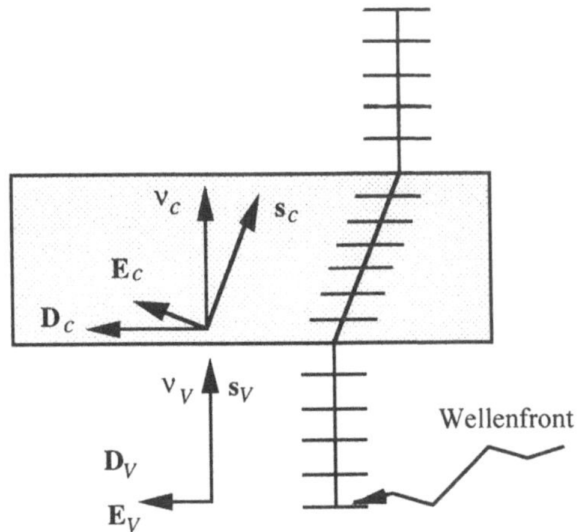

Bild 4.20 Polarisiertes Licht fällt senkrecht auf eine Kristallfläche

Bild 4.20 (S. 215) zeigt, wie in einem Kristall Wellen in beliebige Richtungen V erzeugt werden können: Das Licht muß senkrecht zur Oberfläche eines orientierten Kristallplättchens einfallen. Einen unpolarisierten einfallenden Strahl verwandelt der Kristall in zwei senkrecht zueinander polarisierte Strahlen mit den Polarisationen D' und D''. Wird einer der beiden Strahlen unterdrückt, emittiert der Kristall eine perfekt polarisierte Welle. Dies ist das Prinzip des Nicolschen Prismas, das auf der Titelseite dieses Kapitels illustriert ist. Dagegen ist die Erzeugung einer Welle in eine gewünschte Richtung s weniger einfach.

4.5.4 Die Fletcher-Indikatrix

Das Bezugsellipsoid des Tensors $\phi = \varepsilon^{-1}$ charakterisiert die Doppelbrechung der Wellennormalen. Immer noch im Koordinatensystem der Eigenvektoren von ε erhält man nach Einsetzen von $D = D(d_1, d_2, d_3)$ und $d_1^2 + d_2^2 + d_3^2 = 1$ in (4.98) (S. 212)

$$v_n^2 = \frac{E \cdot D}{D^2 \mu_0 \mu} \left\{ \frac{d_1^2}{\varepsilon_1} + \frac{d_2^2}{\varepsilon_2} + \frac{d_3^2}{\varepsilon_3} \right\} \quad \text{und nach (4.104) (S. 214)}$$

$$v_n^2 = v_1^2 d_1^2 + v_2^2 d_2^2 + v_3^2 d_3^2$$

Der Brechungsindex n ist das Verhältnis der Ausbreitungsgeschwindigkeiten im Vakuum und im Kristall. Er betrifft die Geschwindigkeit v_n, da der Lichtstrahl das Snelliussche Gesetz nicht befolgt:

$$n = \frac{v_0}{v_n} = \frac{\lambda_0}{\lambda}$$

$$\frac{1}{n^2} = \frac{d_1^2}{n_1^2} + \frac{d_2^2}{n_2^2} + \frac{d_3^2}{n_3^2} \tag{4.107}$$

Gleichung (4.107) enthält die Brechungsindizes für eine in Richtung $D = D(d_1, d_2, d_3)$ polarisierte Welle. Man nennt das Ellipsoid

$$\frac{x_1^2}{n_1^2} + \frac{x_2^2}{n_2^2} + \frac{x_3^2}{n_3^2} = 1 \tag{4.108}$$

die *Fletcher-Indikatrix* oder das *Indexellipsoid*. Die Länge r eines Radiusvektors parallel D vom Zentrum zur Oberfläche des Ellipsoids ist n:

$$x_i = r\, d_i \rightarrow r = n$$

Dieses Resultat ist wenig überraschend. In einem isotropen Körper beträgt die Lichtgeschwindigkeit $v = (\mu_0 \mu \varepsilon_0 \varepsilon)^{-1/2}$, womit der Brechungsindex $n = (\mu \varepsilon)^{1/2} = \sqrt{\varepsilon}$ folgt, da $\mu \approx 1$ ist. In einem anisotropen Körper muß der longitudinale dielektrische Effekt $E_L = (\varepsilon_{L,D})^{-1} D$ parallel D berücksichtigt werden, nicht etwa $D_L = \varepsilon_{L,E} E$ parallel E; schließlich ist die

Verschiebung von Ladungen unter dem Einfluß eines elektrischen Feldes verantwortlich dafür, daß $v < v_0$ ist. Dieser longitudinale Effekt wird durch das Tensorellipsoid $\phi = \mathcal{E}^{-1}$ dargestellt. Für ein beliebiges Koordinatensystem werden aus den Beziehungen (4.46) (S. 186) erhalten:

$$E_m = \frac{1}{\varepsilon_0} \sum_n \phi_{mn} D_n = \frac{D}{\varepsilon_0} \sum_n \phi_{mn} d_n$$

$$\sum_m^3 \sum_n^3 \phi_{mn} d_m d_n = \phi_L = \frac{1}{\varepsilon_{L,\mathbf{D}}}, \text{ longitudinaler Effekt parallel } \mathbf{D}.$$

Die Fletcher-Indikatrix

$$\sum_m^3 \sum_n^3 \phi_{mn} x_m x_n = 1$$

ist das Ellipsoid mit der Eigenschaft, daß die Länge des Radiusvektors in Richtung $\mathbf{D}$ gleich $r = 1/\sqrt{\phi_L} = \sqrt{(\varepsilon_{L,\mathbf{D}})} = n$ wird, in Übereinstimmung mit Gleichung (4.23) (S. 175).

Die Normale auf die Tangentialebene an dieses Ellipsoid bestimmt die Richtung von $\mathbf{E}$ (vgl. Gl. (4.25), S. 176, und Bild 4.3, S. 176). Offensichtlich fällt die Normale $\mathbf{V}$ einer Welle $\mathbf{D}$, die entlang einer Hauptachse des Ellipsoids polarisiert ist, mit dem zugehörigen Lichtstrahl s zusammen. Daher sind die Hauptgeschwindigkeiten v_1, v_2 und v_3 dieselben in den Beziehungen (4.103) (S. 214) und (4.106) (S. 215). Die entsprechenden n_i-Werte in (4.108) heißen die *Hauptbrechungsindizes*.

Die Fletcher-Indikatrix wurde mit Hilfe von (4.98) (S. 212) abgeleitet. Mit (4.99) (S. 213) wird auf analoge Weise ein Ellipsoid erhalten, das den Tensor $\mathcal{E}$ und damit die Geschwindigkeiten v_S darstellt:

$$\frac{1}{v_S^2} = \frac{e_1^2}{v_1^2} + \frac{e_2^2}{v_2^2} + \frac{e_3^2}{v_3^2} \; ; \; \mathbf{E} = E(e_1, e_2, e_3) \; ; \; e_1^2 + e_2^2 + e_3^2 = 1$$

Das *Geschwindigkeitenellipsoid* (Fresnel-Ellipsoid) $n_1^2 x_1^2 + n_2^2 x_2^2 + n_3^2 x_3^2 = 1$ besitzt die Eigenschaft, daß ein Radiusvektor parallel $\mathbf{E}$ die Länge $r = v_S/v_0$ besitzt.

Die Fletcher-Indikatrix erlaubt die Bestimmung der Polarisationen und Brechungsindizes von Wellen, die sich in einem Kristall entlang der Normalen $\mathbf{V}$ ausbreiten. Der Schnitt des Ellipsoids mit der Ebene senkrecht $\mathbf{V}$ durch ihren Mittelpunkt ist eine Ellipse. Er enthält den Vektor $\mathbf{D}$ normal zu $\mathbf{V}$.

Es sei daran erinnert, daß die Indikatrix den Tensor $\mathcal{E}^{-1}$ darstellt: Für eine durch $\mathbf{D}$ gegebene Richtung ist $\mathbf{E}$ die Normale auf der Tangentialebene (Bild 4.3, S. 176). Außerdem sind $\mathbf{D}$, $\mathbf{E}$ und $\mathbf{V}$ komplanar (Bild 4.19, S. 213). Bild 4.21 (S. 218) zeigt, wie diese Bedingungen die Polarisationen der beiden mit $\mathbf{V}$ assoziierten Wellen bestimmen: $\mathbf{D}'$ und $\mathbf{D}''$ sind parallel zu den Hauptachsen der Ellipse.

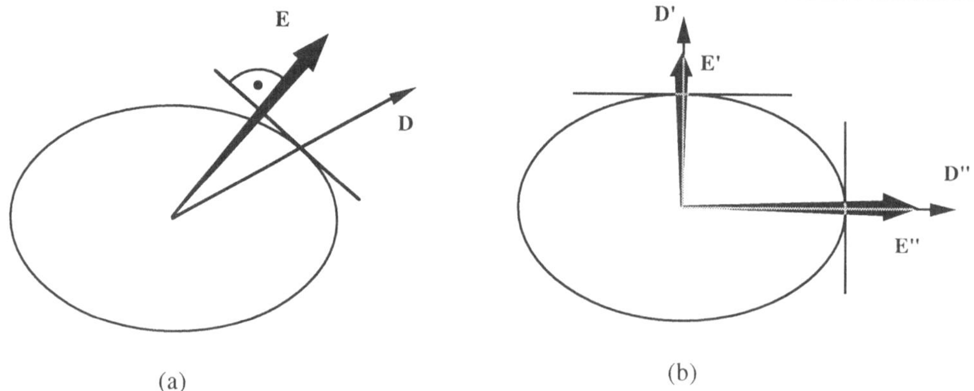

Bild 4.21 Schnittellipse der Indikatrix mit der Ebene senkrecht V. Für eine durch **D** gegebene Richtung wird **E** entsprechend Bild 4.3 (S. 176) konstruiert. Die Tangentialebene ist nicht senkrecht zur Zeichenebene, und **E** ist daher nicht senkrecht zu V. Nur in (b) sind die Vektoren V, **D** und **E** komplanar

*Mit der Konstruktion in Bild 4.22 können die beiden zu einer Normalen V gehören-den Wellen mittels der Fletcher-Indikatrix charakterisiert werden: Man konstruiert die Ebene senkrecht V durch den Mittelpunkt der Indikatrix. Der Schnitt dieser Ebene mit dem Ellipsoid ist eine Ellipse. Die Richtungen der Polarisation **D** ' und **D** '' sind parallel den Hauptachsen dieser Ellipse und somit die Brechungsindizes n' und n'' gleich ihren Halbmessern. Es gilt $n_1 \leq n' \leq n_2 \leq n'' \leq n_3$, wobei n_1, n_2 und n_3 die Hauptbrechungsindizes sind.*

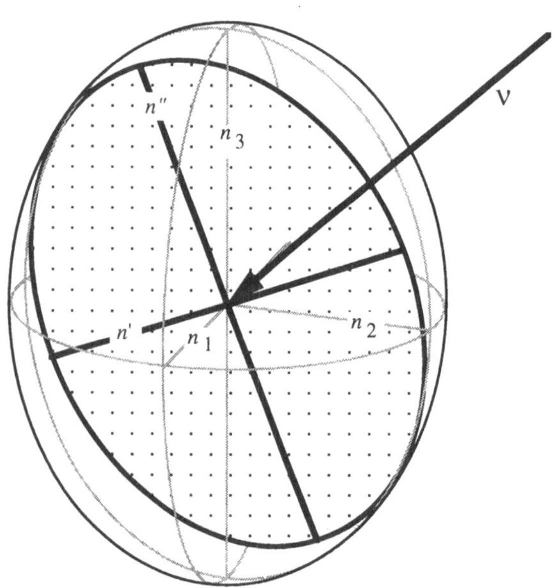

Bild 4.22 Konstruktion zur Bestimmung der Brechungsindizes und der Polarisation der beiden mit der Normalen V verknüpften Wellen

4.5.5 Optische Achsen

Für ein Ellipsoid mit $n_1 \neq n_2 \neq n_3$ existieren zwei Kreisschnitte mit Radius n_2. Die Richtungen senkrecht auf diesen beiden Ebenen sind die *optischen Achsen (Binormalen)*; sie verlaufen in der Ebene n_1/n_3. Wellen mit Normalen V parallel einer optischen Achse besitzen eine beliebige Polarisation D. In Richtung der optischen Achsen ist der Kristall jedoch nicht isotrop: Zu jeder Polarisationsart gehört eine Richtung s des Lichtstrahls, die nur dann mit V zusammenfällt, wenn D parallel n_2 ist. Die innere konische Refraktion ist ein Effekt dieser Anisotropie (Bild 4.23(a)). Die Lichtstrahlen mit Wellennormalen entlang einer Binormalen bilden einen Kegel im Inneren des Kristalls. Nach Verlassen des Kristalls sind die Ausbreitungsrichtungen der Strahlen parallel.

Die Indikatrix der Geschwindigkeiten v_s (Fresnel-Ellipsoid) ist ohne praktische Bedeutung. Sie besitzt ebenfalls optische Achsen (*Biradiale*), die jedoch nicht mit den Binormalen zusammenfallen. Wellen, deren Lichtstrahl s parallel einer Biradialen verlaufen, breiten sich mit einer beliebigen Polarisation E aus. Jede Polarisation besitzt indessen eine eigene Wellennormale V. Der Brechungswinkel einer Welle mit Strahlrichtung entlang einer Biradialen ist abhängig von der Polarisation. Dieser Effekt führt zur äußeren konischen Refraktion (Bild 4.23(b)).

Die Richtungen n_1 und n_3 sind die *Bisektrizen* der Winkel zwischen den optischen Achsen; n_2 ist die *optische Normale*. Der *optische Charakter* eines Kristalls wird wie folgt definiert (Bild 4.24, S. 220):

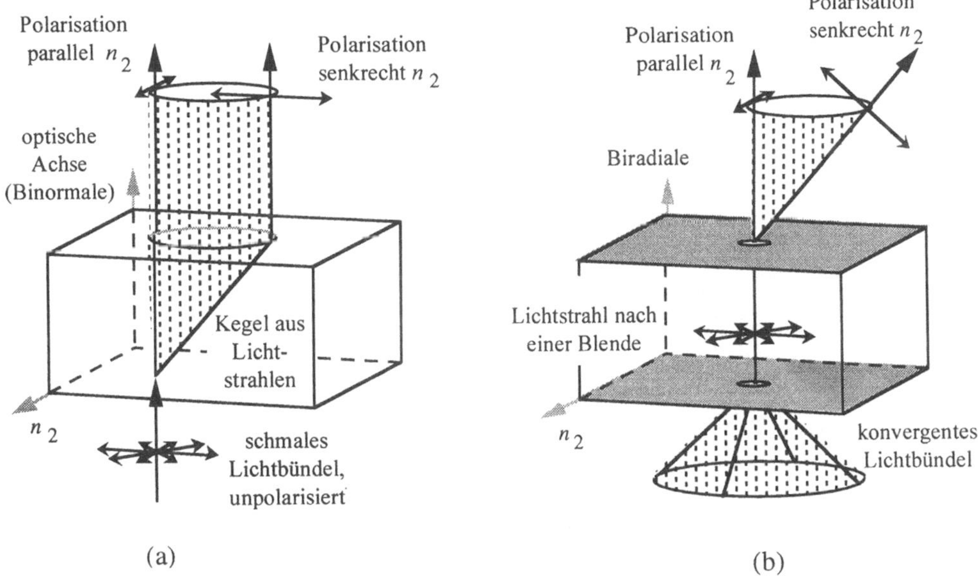

Bild 4.23 Innere konische Refraktion (Binormale) (a) und äußere konische Refraktion (b). Die Pfeile zeigen Strahlrichtungen und Polarisation an

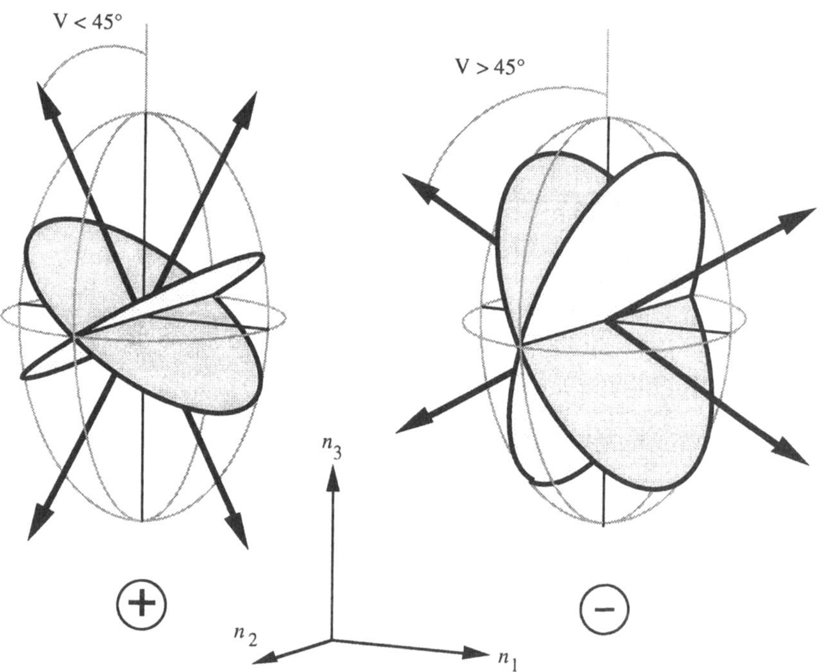

Bild 4.24 Optischer Charakter eines optisch zweiachsigen Kristalls

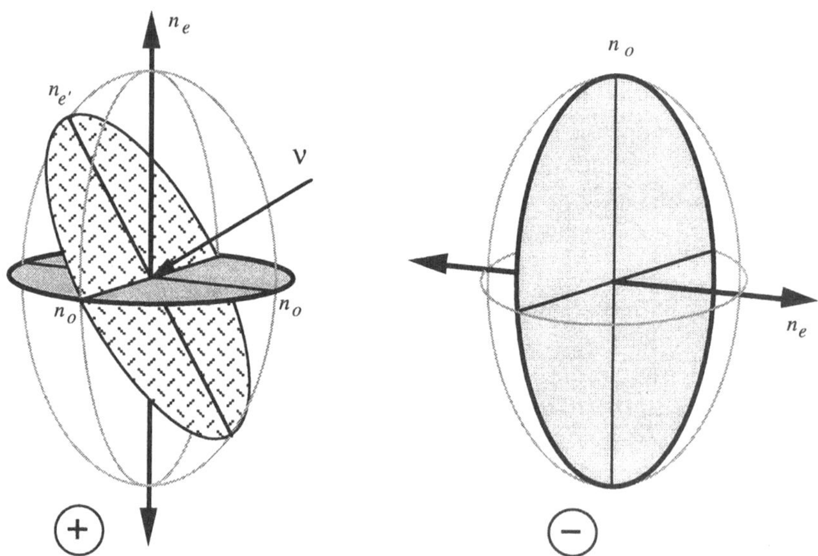

Bild 4.25 Indikatrizes optisch einachsig positiver und negativer Kristalle

optisch (zweiachsig) positiv $+$ n_3 spitze Bisektrix, n_1 stumpfe Bisektrix;
optisch (zweiachsig) negativ $-$ n_1 spitze Bisektrix, n_3 stumpfe Bisektrix.

Für $n_1 \neq n_2 \neq n_3$ existieren zwei optische Achsen; der Kristall heißt daher *zweiachsig*. Ist die Indikatrix ein Rotationsellipsoid, gibt es nur eine optische Achse, die Rotationsachse. Der Kristall heißt *optisch einachsig*. Die optische Achse eines einachsigen Kristalls ist eine Richtung der Isotropie. Für jede Richtung V existiert eine Welle mit Polarisation *senkrecht* zur optischen Achse, für die s parallel zu V und E parallel zu D ist (Bild 4.25). Diese *ordentliche Welle* verhält sich wie in einem isotropen Medium. Ihr Brechungsindex wird mit n_o bezeichnet. Bei der *außerordentlichen Welle* fallen s und V nicht zusammen (Bild 4.18, S. 210). Ihr Brechungsindex $n_{e'}$ besitzt einen Wert zwischen n_o und der Länge der Hauptachse n_e. Der *optische Charakter* ist dann wie folgt definiert (Bild 4.25):

optisch (einachsig) positiv $+$ $n_1 = n_2 = n_o$, $n_3 = n_e$, $n_e > n_o$, längliches Ellipsoid;
optisch (einachsig) negativ $-$ $n_2 = n_3 = n_o$, $n_1 = n_e$, $n_e < n_o$, flaches Ellipsoid.

Trikline, monokline und orthorhombische Kristalle sind optisch zweiachsig; trigonale, tetragonale und hexagonale Kristalle sind optisch einachsig. Kristalle des kubischen Kristallsystems schließlich sind isotrop (vgl. Abschn. 4.2.5).

Es seien beispielhaft die optischen Eigenschaften zweier wichtiger Minerale aufgeführt: Der optische Charakter von Quarz (SiO_2) ist einachsig positiv ($+$), $n_o = 1{,}5442$, $n_e = 1{,}5533$; Calcit ($CaCO_3$) ist optisch einachsig negativ ($-$), $n_o = 1{,}6584$, $n_e = 1{,}4865$.

Licht einer punktförmigen Quelle im Inneren eines Kristalls breitet sich im allgemeinen nicht als sphärische Welle aus. Die Wellenfront wird durch Punkte (x_1, x_2, x_3) gegeben, deren Abstand von der Lichtquelle in Richtung $s = (s_1, s_2, s_3)$ gleich v_s ist:

$$x_i = rs_i, \quad r^2 = x_1^2 + x_2^2 + x_3^2 = v_s^2$$

Mit Gleichung (4.105) (S. 214) wird erhalten:

$$x_1^2 v_1^2 \left(r^2 - v_2^2 - v_3^2 \right) + x_2^2 v_2^2 \left(r^2 - v_1^2 - v_3^2 \right) + x_3^2 v_3^2 \left(r^2 - v_1^2 - v_2^2 \right) + v_1^2 v_2^2 v_3^2 = 0$$

Diese Gleichung vierter Ordnung beschreibt zwei verschiedene Flächen, die sich in den Biradialen schneiden. Für einen optisch einachsig negativen Kristall ist $v_2^2 = v_3^2$; die Flächen sind eine Kugel und ein Rotationsellipsoid:

$$r^2 = v_2^2 \; ; \; \frac{x_1^2}{v_2^2} + \frac{x_2^2 + x_3^2}{v_1^2} = 1$$

Dies erlaubt die Illustration der Lichtbrechung durch einen einachsigen Kristall nach dem Huygensschen Prinzip (Bild 4.26, S. 222).

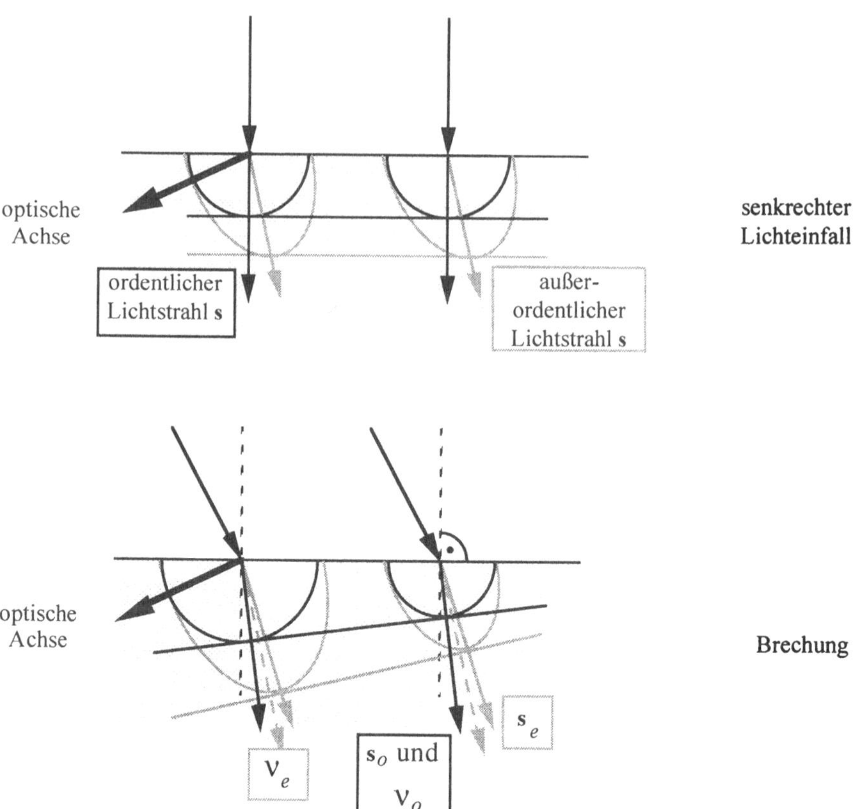

Bild 4.26 Lichtbrechung nach dem Prinzip von Huygens: Wellenfronten und Lichtstrahlen in einem optisch einachsigen Kristall

4.5.6 Das Polarisationsmikroskop

Doppelbrechende Kristalle werden entweder im parallelen Licht (Orthoskopie) oder im konvergenten Licht (Konoskopie) untersucht. Von transparenten Mineralen werden Dünnschliffe von 0,02 – 0,04 mm hergestellt. Der Kristall wird zwischen zwei Polarisatoren mit senkrecht zueinander orientierten Polarisationsrichtungen gebracht. Bild 4.27 gibt die orthoskopische Anordnung. Die Intensität des auf den Kristall fallenden polarisierten Lichtes ist I_P. Hinter dem zweiten Polarisator (Analysator genannt) ist die Intensität I_A. Sie kann mit Hilfe von Bild 4.28 berechnet werden.

Nach dem ersten Polarisator sind die Komponenten s und t der Amplitude $\mathbf{D}_P$ entlang den Schwingungsrichtungen n'' und n':

$$s = D_P \cos\psi; \quad t = D_P \sin\psi$$

Die Komponenten a_1 und a_2 von s und t parallel zur Amplitude $\mathbf{D}_A$ des Analysators sind

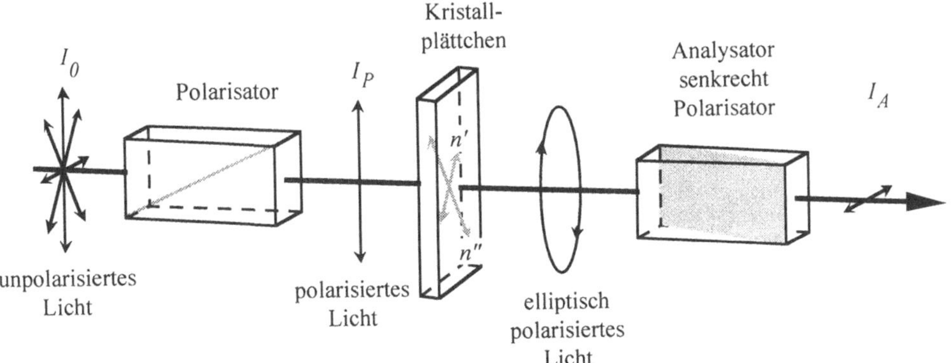

Bild 4.27 Orthoskopische Anordnung

$$a_1 = -a_2 = \tfrac{1}{2} D_P \sin 2\psi$$

Seien d die Dicke des Kristalls, n' einer der beiden Brechungsindizes, λ_0 und λ' die Wellenlängen im Vakuum und im Kristall und v_0 und $v_{n'}$ die zugehörigen Geschwindigkeiten. Wir berechnen die Kristalldicke in Einheiten der Wellenlänge:

$$n' = \frac{v_0}{v_{n'}} = \frac{\lambda_0}{\lambda'}, \quad \frac{d}{\lambda'} = \frac{d}{\lambda_0} n'$$

Die Welle n'' breitet sich im Kristall langsamer aus als die Welle n'. Daher resultiert eine Phasendifferenz δ zwischen diesen beiden Wellen:

$$\delta = \frac{2\pi d}{\lambda_0} \left(n'' - n' \right)$$

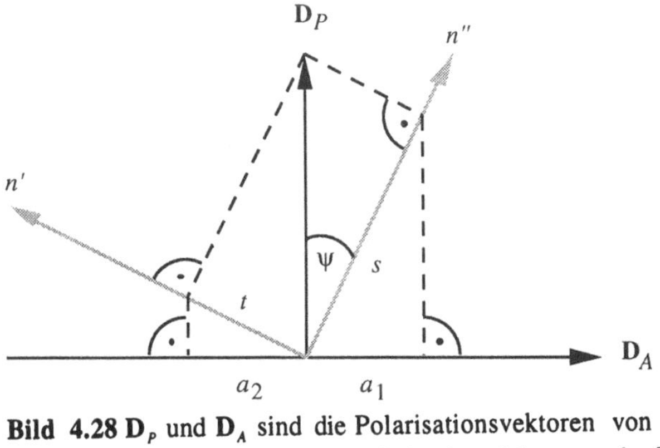

Bild 4.28 $\mathbf{D}_P$ und $\mathbf{D}_A$ sind die Polarisationsvektoren von Polarisator und Analysator; n' und n'' sind die Brechungsindizes und Polarisationsrichtungen der Wellen im Kristall

Die vom Analysator durchgelassenen Wellen a_1 und a_2 interferieren zur resultierenden Welle D_A

$$D_A = a_1 + a_2\,\mathrm{e}^{\mathrm{i}\delta} = \tfrac{1}{2} D_P \sin 2\psi \left(1 - \mathrm{e}^{\mathrm{i}\delta}\right)$$

Mit der Intensität I proportional $|D|^2$, erhält man die Fresnel-Gleichung (1821)

$$I_A = I_P \sin^2 2\psi \sin^2\left[\frac{\pi}{\lambda_0} d\left(n'' - n'\right)\right] \qquad (4.109)$$

I_A wird null unter den folgenden Bedingungen:
- $\psi = m\,\pi/2$; n'' und n' sind parallel zu Analysator und Polarisator. Es können daher die Richtungen von n'' und n' bestimmt werden.
- $d(n'' - n') = m\lambda_0$; die Wegdifferenz ist ein ganzzahliges Vielfaches von λ_0. Mit polychromatischem Licht werden Farben beobachtet. Man nennt $d(n'' - n')$ die *Doppelbrechung* des Kristallplättchens.

Die Identifizierung von n'' und n' in einem Kristall unbekannter Orientierung geschieht mit Hilfe eines Kristallplättchens bekannter Orientierung und Doppelbrechung (Bild 4.29). Das Polarisationsmikroskop ist mit einem Gipsplättchen versehen mit Doppelbrechung $d(n'' - n') = 551$ nm (Rot 1. Ordnung). Je nach Orientierung des unbekannten Kristalls im Vergleich zu diesem Plättchen werden Additions- oder Subtraktionsfarben erhalten.

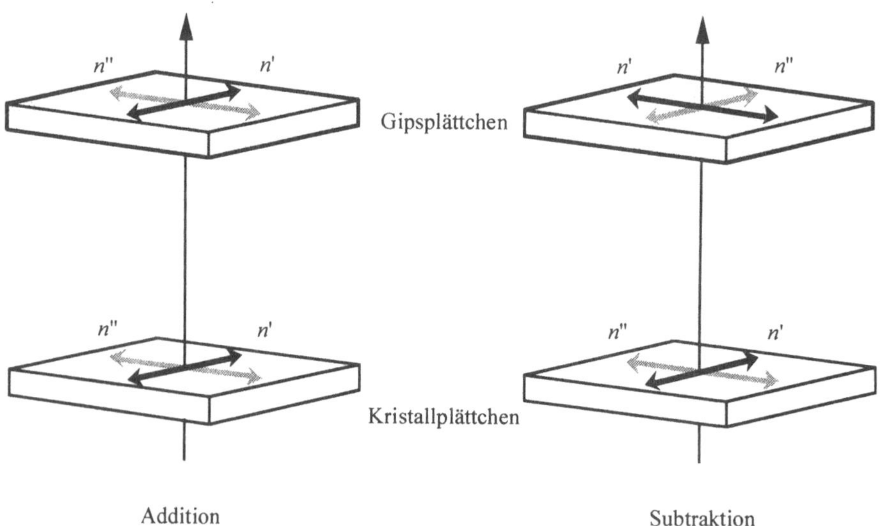

Bild 4.29 Addition und Subtraktion von Interferenzfarben bei Verwendung eines Gipsplättchens im Polarisationsmikroskop

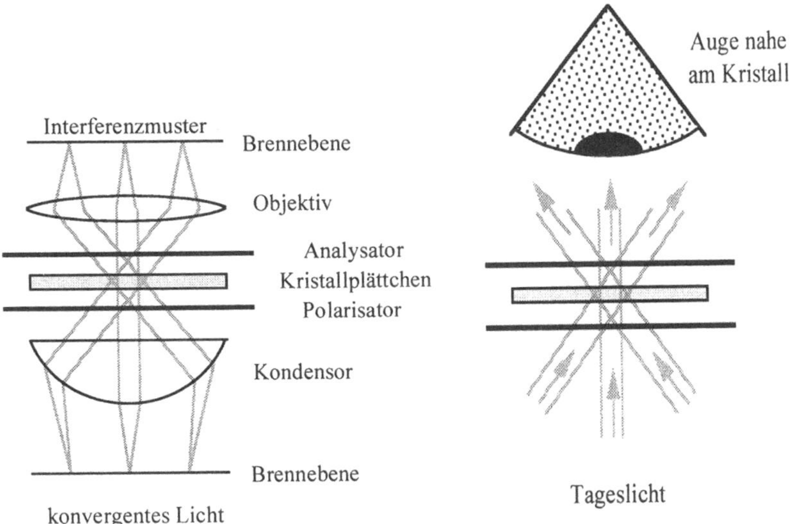

Bild 4.30 Konoskopische Methode im Mikroskop und im Auge

In Bild 4.30 ist das konoskopische Verfahren dargestellt. Das in den Kristall einfallende Licht ist konvergent. Die Lichtstrahlen passieren den Kristall in verschiedenen Richtungen, jede mit einer charakteristischen Doppelbrechung $d(n'' - n')$. Die Doppelbrechung variiert insbesondere wegen der Anisotropie des Kristalls. Ein kleiner zusätzlicher Beitrag stammt von den verschiedenen Weglängen des Lichts im Kristall und von der Brechung der zur Oberfläche geneigten Strahlen.

Bei dieser Methode wird kein Abbild des Kristalls beobachtet, sondern eine Interferenzfigur in der Brennebene des Objektivs des Mikroskops. Jeder Punkt dieser Ebene entspricht der Richtung einer Wellennormalen, charakterisiert durch eine Doppelbrechung und damit durch eine Interferenzfarbe oder eine Lichtintensität. Die Intensität wird null für alle Wellen, die wie Polarisator und Analysator polarisiert sind. Die Interferenzfiguren sind charakteristisch für die Kristallsymmetrie, den optischen Charakter und die Orientierung der Indikatrix.

Kapitel 5

Übungen

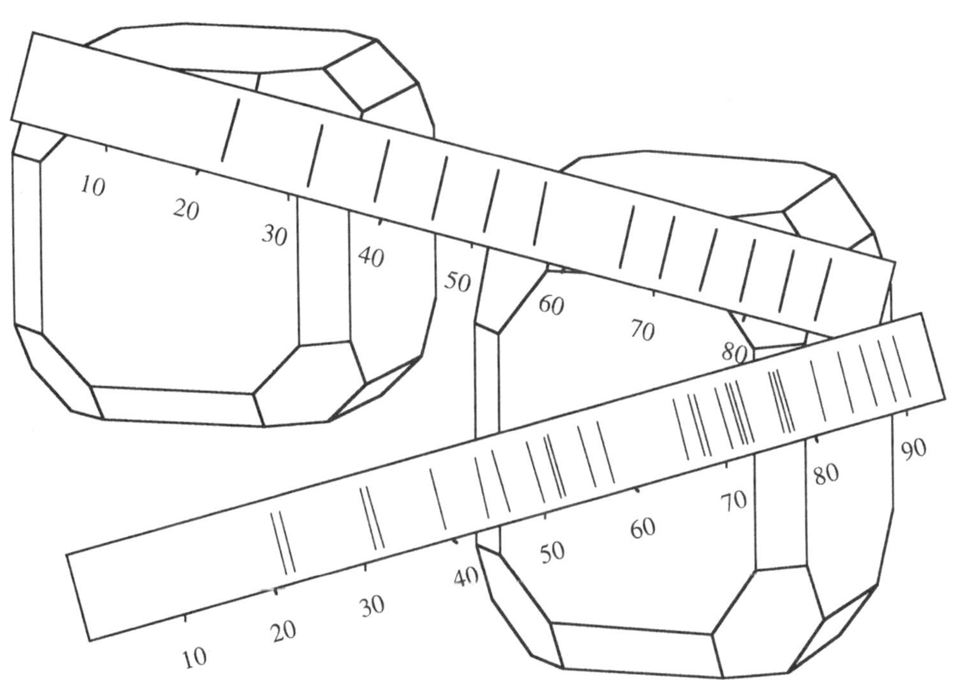

5.1 Übungen zu Kapitel 1

5.1.1

Bestimmen Sie die Miller-Indizes der 12 Flächen eines Rhombendodekaeders (Bild 5.1). Das Koordinatensystem ist gegeben durch $a_1 = a_2 = a_3$, $\alpha_1 = \alpha_2 = \alpha_3 = 90°$. Jede Fläche ist parallel zu einer Koordinatenachse. Berechnen Sie die Winkel zwischen den Normalen von Rhombendodekaederflächen mit einer gemeinsamen Kante.

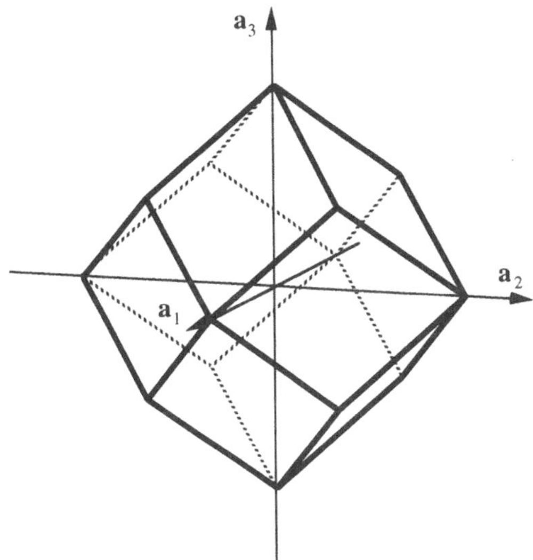

Bild 5.1 Rhombendodekaeder

LÖSUNG:
Die Indizes sind in Bild 5.2 (S. 230) gezeigt. Zu jeder Fläche (hkl) existiert eine Gegenfläche $(\overline{h}\,\overline{k}\,\overline{l})$. Der Winkel ρ zwischen den Normalen zweier Flächen $(h_1k_1l_1)$ und $(h_2k_2l_2)$ ist gegeben durch

$$\cos\rho = \frac{\mathbf{r}_1^* \cdot \mathbf{r}_2^*}{r_1^* \, r_2^*}, \text{ mit } \mathbf{r}_i^* = h_i\mathbf{a}^* + k_i\mathbf{b}^* + l_i\mathbf{c}^*; \; r_i^* = \left\| \mathbf{r}_i^* \right\|$$

Das reziproke Koordinatensystem ist $a_1^* = a_2^* = a_3^* = 1/a$, $\alpha_1^* = \alpha_2^* = \alpha_3^* = 90°$.
$\mathbf{r}_1^* \cdot \mathbf{r}_2^* = a^{-2}\left(h_1h_2 + k_1k_2 + l_1l_2\right)$, $r_i^* = a^{-1}\left(h_i^2 + k_i^2 + l_i^2\right)^{1/2}$; $\cos(110;101) = \cos(101;011)$
$= \cos(011;110) = 1/2$. Die Winkel betragen $60°$.

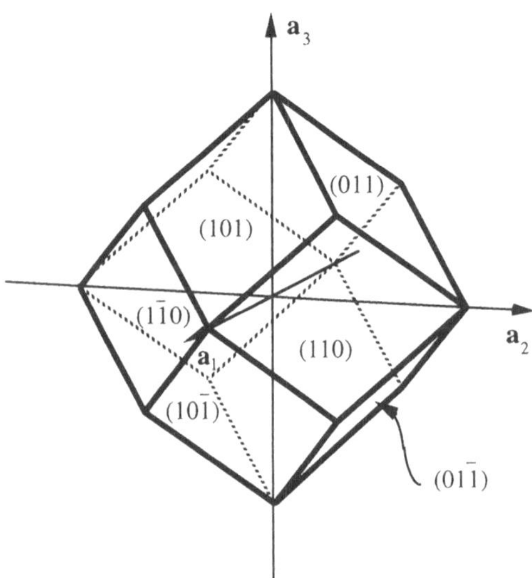

Bild 5.2 Rhombendodekaeder mit indizierten Flächen

5.1.2

Ein orthorhombisches Koordinatensystem ist charakterisiert durch $a \neq b \neq c$, $\alpha = \beta = \gamma = 90°$. Die Verhältnisse der Achsenlängen sollen $a : b : c = 1 : 2 : 3$ sein. Berechnen Sie den Winkel zwischen der Normalen auf die Fläche (112) und der Richtung [112]. Berechnen Sie ebenso die Winkel zwischen der Normalen auf (121) und der Richtung [121] sowie der Normalen zur Fläche (211) und der Richtung [211].

LÖSUNG:

Der Winkel ψ_{112} zwischen den Vektoren $\mathbf{R}^* = \mathbf{a}^* + \mathbf{b}^* + 2\mathbf{c}^*$, senkrecht zur Fläche (112), und $\mathbf{R} = \mathbf{a} + \mathbf{b} + 2\mathbf{c}$ ist $\cos\psi_{112} = (\mathbf{R} \cdot \mathbf{R}^*)/(RR^*)$. Das reziproke Koordinatensystem ist orthogonal wie das Koordinatensystem $\mathbf{a}$, $\mathbf{b}$, $\mathbf{c}$; $a^* = \|\mathbf{b} \times \mathbf{c}\|/(\mathbf{a}\,\mathbf{b}\,\mathbf{c}) = 6a^2/6a^3 = 1/a$, $b^* = 1/(2a)$, $c^* = 1/(3a)$. $\mathbf{R} \cdot \mathbf{R}^* = 6$, $R^2 = a^2 + b^2 + 4c^2 = 41a^2$, $R^{*2} = a^{*2} + b^{*2} + 4c^{*2} = 61/36a^2$. Daher folgt $\cos\psi_{112} = 0{,}7199$ und $\psi_{112} = 43{,}96°$. In analoger Weise folgt $\psi_{121} = 35{,}92°$ und $\psi_{211} = 45{,}83°$.

5.1.3

In einem hexagonalen Gitter gilt $a = b \neq c$, $\alpha = \beta = 90°$, $\gamma = 120°$. Zeichnen Sie die Spur der $(\bar{2}10)$-Kristallfläche. Bestimmen Sie die Winkel zwischen $(\bar{2}10)$ und den Achsen $\mathbf{a}$ und $\mathbf{b}$. Bestimmen Sie die Miller-Indizes der Flächen beider Prismen des Bildes 5.3.

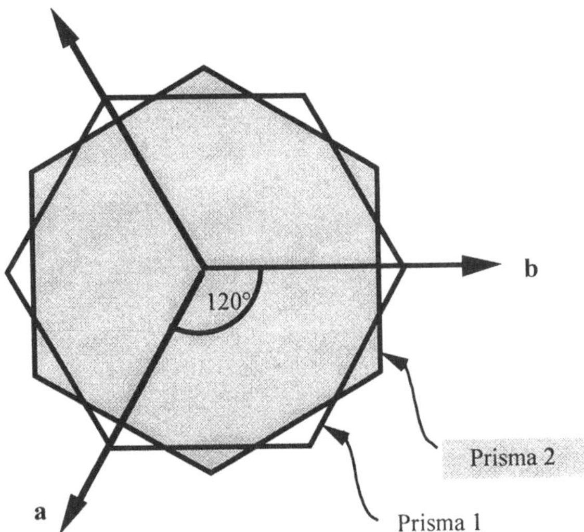

Bild 5.3 Zwei hexagonale Prismen spezieller Orientierung

LÖSUNG:
Die Fläche $(\overline{2}10)$ steht senkrecht auf **a**. Die Flächenindizes beider Prismen sind in Bild 5.4 gegeben.

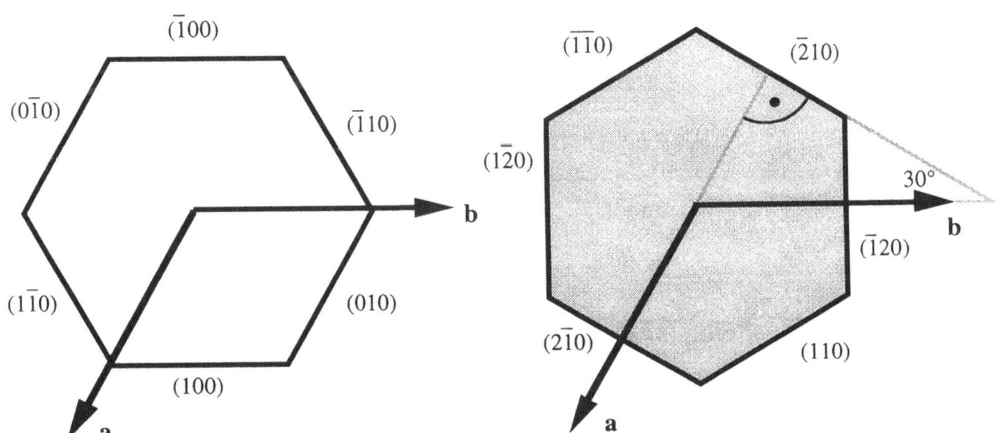

Bild 5.4 Flächenindizes beider hexagonaler Prismen des Bildes 5.3

5.1.4

Seien ϕ_1, ϕ_2 und ϕ_3 die Winkel zwischen der Normalen der Fläche (111) und den Achsen $\mathbf{a}_1$, $\mathbf{a}_2$ und $\mathbf{a}_3$ eines nicht orthonormierten Koordinatensystems. Zeigen Sie, daß das Verhältnis der Normen der Vektoren $\mathbf{a}_1$, $\mathbf{a}_2$ und $\mathbf{a}_3$ gegeben ist durch $a_1 : a_2 : a_3 = 1/\cos\phi_1 : 1/\cos\phi_2 : 1/\cos\phi_3$. Seien ψ_1, ψ_2 und ψ_3 die Winkel zwischen der Normalen auf (123) und den Achsen $\mathbf{a}_1$, $\mathbf{a}_2$, $\mathbf{a}_3$. Bestimmen Sie die Verhältnisse $a_1 : a_2 : a_3$ als Funktion dieser Winkel.

LÖSUNG:

$$\cos\phi_1 = \left(\mathbf{r}^*_{111} \cdot \mathbf{a}_1\right)/\left(r^*_{111}a_1\right) = 1/\left(r^*_{111}a_1\right); \quad \mathbf{r}^*_{111} = \mathbf{a}^*_1 + \mathbf{a}^*_2 + \mathbf{a}^*_3$$

$$\cos\phi_2 = \left(\mathbf{r}^*_{111} \cdot \mathbf{a}_2\right)/\left(r^*_{111}a_2\right) = 1/\left(r^*_{111}a_2\right)$$

$$\cos\phi_3 = \left(\mathbf{r}^*_{111} \cdot \mathbf{a}_3\right)/\left(r^*_{111}a_3\right) = 1/\left(r^*_{111}a_3\right)$$

Daraus folgt

$$\cos\phi_1 : \cos\phi_2 : \cos\phi_3 = 1/a_1 : 1/a_2 : 1/a_3 \qquad \text{q. e. d.}$$

In analoger Weise erhält man:

$$\cos\psi_1 = \left(\mathbf{r}^*_{123} \cdot \mathbf{a}_1\right)/\left(r^*_{123}a_1\right) = 1/\left(r^*_{123}a_1\right)$$

$$\cos\psi_2 = 2/\left(r^*_{123}a_2\right); \quad \cos\psi_3 = 3/\left(r^*_{123}a_3\right)$$

$$a_1 : a_2 : a_3 = 1/\cos\psi_1 : 2/\cos\psi_2 : 3/\cos\psi_3$$

5.1.5

Finden Sie die notwendige Bedingung dafür, daß drei Flächen mit den Miller-Indizes $(h_1\ k_1\ l_1)$, $(h_2\ k_2\ l_2)$ und $(h_3\ k_3\ l_3)$ zu einer Zone gehören, d. h. daß sie zu einer Richtung parallel liegen.

LÖSUNG:

Die drei Vektoren $\mathbf{r}^*_i = h_i\mathbf{a}^* + k_i\mathbf{b}^* + l_i\mathbf{c}^*$ sind komplanar, wenn $(\mathbf{r}^*_1 \times \mathbf{r}^*_2) \cdot \mathbf{r}^*_3 = 0$. Daher muß die Determinante aus den Koordinaten h_i, k_i, l_i null sein:

$$D = \begin{vmatrix} h_1 & k_1 & l_1 \\ h_2 & k_2 & l_2 \\ h_3 & k_3 & l_3 \end{vmatrix} = 0$$

5.1.6

Bild 5.5 (S. 233) zeigt einen Kristall von Anorthit, $CaAl_2Si_2O_8$, einem Mitglied der Feldspatgruppe. Der Kristall ist zentrosymmetrisch. Zu jeder Fläche (hkl) existiert eine parallele Fläche $(\overline{h}\,\overline{k}\,\overline{l})$. Jedes parallele Flächenpaar ist durch einen Buchstaben identifiziert.

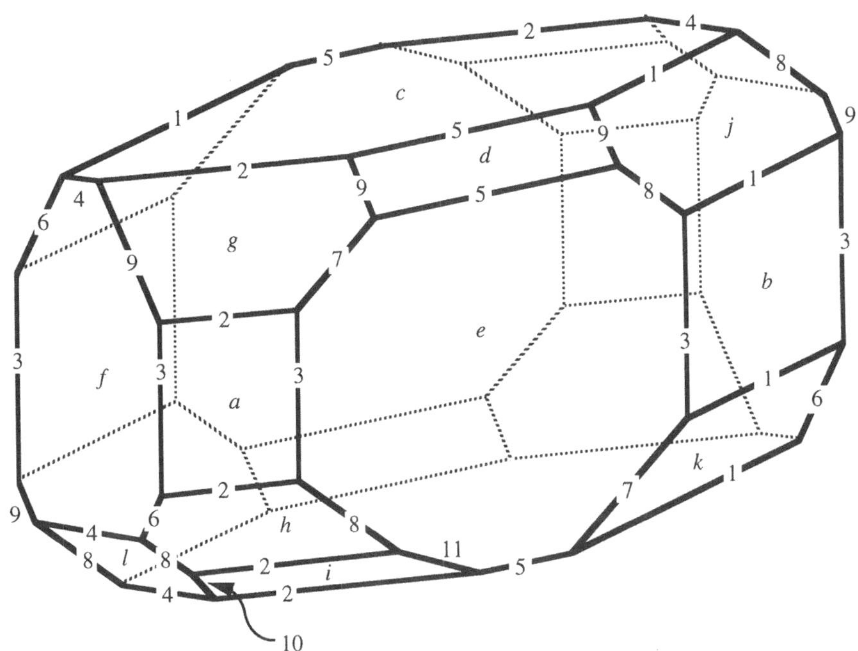

Bild 5.5 Anorthitkristall

Die Kanten sind numeriert: Parallele Kanten besitzen die gleiche Nummer. Wählen Sie vier Flächen zur Festlegung eines Koordinatensystems **a**, **b**, **c**. Bestimmen Sie die Miller-Indizes von so vielen Flächen und Kanten wie möglich.

LÖSUNG:

Mit dem Wissen, daß die häufigsten Kantenrichtungen wichtigen Gittergeraden entsprechen, wird das Koordinatensystem mit Hilfe der Flächen a, b und c festgelegt: $a = (100)$, $b = (010)$, $c = (001)$. Die Basisvektoren $\mathbf{a} = [100]$, $\mathbf{b} = [010]$ und $\mathbf{c} = [001]$ sind daher parallel zu den Kanten 1, 2 und 3. Zur Festlegung des Verhältnisses der Beträge von **a**, **b** und **c** bekommt die Fläche d die Indizes (111). Die Wahl eines anderen Koordinatensystems, z. B. festgelegt durch die Flächen f, e, c und g, wäre genauso möglich.

    Flächen parallel zu einer bestimmten Kante gehören zu einer *Zone*. Ihre Normalen $\mathbf{r}^*_{hkl}$ befinden sich in der Ebene senkrecht zu dieser Kante. Mit Hilfe der Indizes (hkl) zweier Flächen werden mit Beziehung (1.20) (S. 9) die Indizes $[uvw]$ ihrer gemeinsamen Kante berechnet. Aus den Indizes $[uvw]$ zweier Kanten werden die Indizes (hkl) der Fläche berechnet, die durch diese beiden Kanten definiert ist. Es werden zuerst die Indizes der Kanten 1, 2, 3 und 5 berechnet, die Schnittgeraden der vier Flächen (100), (010), (001) und (111). Mit den Indizes dieser Kanten werden die Indizes weiterer Flächen berechnet, die wiederum das Berechnen der Indizes weiterer Kanten erlauben. Es ist möglich, die Indizes von Flächen abzuleiten, ohne explizit die von Zonen zu berechnen. Da die Normalen dreier zu einer Zone gehörender Flächen $\mathbf{r}_1^*$, $\mathbf{r}_2^*$, $\mathbf{r}_3^*$ in derselben Ebene liegen, gilt $\mathbf{r}_3^* = s\mathbf{r}_1^* + t\mathbf{r}_2^*$, mit s und t als reelle Zahlen. Die Indizes der Flächen a, b, c und d sind bekannt. Da die Fläche e den beiden Zonen $\{a,b\}$ und $\{c,d\}$ angehört, gilt

$$(h_e, k_e, l_e) = s_3(h_a, k_a, l_a) + t_3(h_b, k_b, l_b) = s_5(h_c, k_c, l_c) + t_5(h_d, k_d, l_d) =$$
$$= s_3 (1, 0, 0) + t_3(0, 1, 0) \qquad = s_5(0, 0, 1) + t_5(1, 1, 1)$$

daher $s_3 = t_5$, $t_3 = t_5$ und $s_5 + t_5 = 0$, was zur Lösung $s_3 = t_3 = t_5 = -s_5 = 1$ führt. Schließlich folgt $(h_e, k_e, l_e) = (1, 1, 0)$.

Man sieht, daß sämtliche Flächen der Zone 1 Indizes vom Typ $(0mn)$ besitzen, die der Zone 2 Indizes vom Typ $(m0n)$ und die der Zone 3 vom Typ $(mn0)$. Folglich hat f die Indizes $(m\bar{n}0)$, mit $m, n > 0$. Es können so die Indizes aller anderen Flächen (außer i) als Funktion von m und n (oder ihren Vielfachen) abgeleitet werden.

Zonen 1 und 9	$\rightarrow$	j:	$(0, m+n, m)$
Zonen 2 und 9	$\rightarrow$	g:	$(m+n, 0, n)$
Zonen 1 und 7	$\rightarrow$	k:	$(0, m+n, \bar{n})$
Zonen 2 und 8	$\rightarrow$	h:	$(m+n, 0, \bar{m})$
Zonen 4 und 8	$\rightarrow$	l:	$(m, \bar{n}, \bar{m})$
Zonen 4 und 6	$\rightarrow$	f:	$(m, \bar{n}, n-m)$ oder $(m\bar{n}0)$

Aus den beiden Ausdrücken für die Indizes der Fläche f folgt $m = n$. Wird $n = 1$ gesetzt, folgt

a:	(100)	1:	$[100]$
b:	(010)	2:	$[010]$
c:	(001)	3:	$[001]$
d:	(111)	4:	$[110]$
e:	(110)	5:	$[\bar{1}10]$
f:	$(1\bar{1}0)$	6:	$[112]$
g:	(201)	7:	$[\bar{1}12]$
h:	$(20\bar{1})$	8:	$[1\bar{1}2]$
i:	$(p0\bar{q})$	9:	$[\bar{1}\bar{1}2]$
j:	(021)	10:	$[q, -p+q, p]$
k:	$(02\bar{1})$	11:	$[q, \bar{q}, p]$
l:	$(1\bar{1}\bar{1})$		

Die so erlangten Informationen reichen nicht aus, die Indizes der Fläche i zu finden, da die Kanten 10 und 11 nur je zwei Flächen angehören statt drei. Mit Hilfe der Winkel zwischen den Flächen könnte gezeigt werden, daß $p = q$ ist.

5.2 Übungen zu Kapitel 2

5.2.1

a) Nennen Sie die Symmetrieoperationen, die eine trigonale Pyramide invariant lassen (Kristallklasse 3m, Bild 2.17 (S. 54 – 56) und Bild 2.18 (S. 57 – 58)).

b) Stellen Sie die Multiplikationstafel (Gruppentafel) der gerade gewonnenen Gruppe auf.

c) Ist die Gruppe Abelsch? Welches sind die Charakteristika der Multiplikationstafel einer Abelschen Gruppe?

d) Finden Sie zwei Operationen, die alle anderen Operationen der Gruppe generieren.

e) Finden Sie sämtliche Untergruppen, also alle Teilensembles von Symmetrieoperationen, die ebenfalls Gruppen bilden.

f) Finden Sie Äquivalenzklassen der Gruppe. Laut Definition enthält die Äquivalenzklasse zur Operation A die Operationen B mit $B = XAX^{-1}$, X sämtliche Operationen der Gruppe.

g) Repräsentieren Sie die Symmetrieoperationen der Gruppe durch 2×2-Matrizen, indem einmal das Koordinatensystem ein orthonormiertes, ein anders Mal ein schiefwinkliges, an die dreizählige Symmetrie angepaßtes, ist.

h) Seien M_o und M_s die Darstellungen derselben Symmetrieoperation der Gruppe im orthonormierten und im schiefwinkligen Koordinatensystem. Finden Sie die Matrix T mit $T^{-1}M_oT = M_s$.

LÖSUNG:

a) Die dreizählige Drehachse und die drei Spiegelebenen der Gruppe 3m entsprechen den Symmetrieoperationen $\{E, A_3, A_3^2, I'_2, I''_2, I'''_2\}$.

b) **Tabelle 5.1** Multiplikationstafel der Gruppe 3m. Die Reihenfolge der Multiplikation ist M_2M_1, d. h. M_1 wird vor M_2 ausgeführt.

M_1 \ M_2	E	A_3	A_3^2	I'_2	I''_2	I'''_2
E	E	A_3	A_3^2	I'_2	I''_2	I'''_2
A_3	A_3	A_3^2	E	I''_2	I'''_2	I'_2
A_3^2	A_3^2	E	A_3	I'''_2	I'_2	I''_2
I'_2	I'_2	I'''_2	I''_2	E	A_3^2	A_3
I''_2	I''_2	I'_2	I'''_2	A_3	E	A_3^2
I'''_2	I'''_2	I''_2	I'_2	A_3^2	A_3	E

c) Die Gruppe ist Nichtabelsch. Die Multiplikationstafel einer Abelschen Gruppe ist symmetrisch bezüglich ihrer Hauptdiagonalen.

d) Die Gruppe **3m** kann durch eine Drehung und eine Spiegelung, z. B. durch A_3 und I_2', generiert werden.

e) $\{E, A_3, A_3^2\}$, $\{E, I_2'\}$, $\{E, I_2''\}$, $\{E, I_2'''\}$

f) Äquivalenzklasse zu E: $\{XEX^{-1}\} = \{E\}$

Äquivalenzklasse zu A_3: $\{XA_3X^{-1}\} = \{A_3, A_3^2\}$

Äquivalenzklasse zu I_2'': $\{XI_2''X^{-1}\} = \{I_2', I_2'', I_2'''\}$

g) Seien e_1, parallel zu Spiegelebene m_1, und e_2, senkrecht zu m_1, die Basisvektoren des orthonormierten Koordinatensystems:

$$E = \begin{pmatrix} 1 & 0 \\ 0 & 1 \end{pmatrix}, \quad A_3 = \begin{pmatrix} \cos\phi & -\sin\phi \\ \sin\phi & \cos\phi \end{pmatrix}, \quad A_3^2 = \begin{pmatrix} \cos\phi & \sin\phi \\ -\sin\phi & \cos\phi \end{pmatrix},$$

$$I_2' = \begin{pmatrix} 1 & 0 \\ 0 & -1 \end{pmatrix}, \quad I_2'' = \begin{pmatrix} \cos\phi & -\sin\phi \\ -\sin\phi & -\cos\phi \end{pmatrix}, \quad I_2''' = \begin{pmatrix} \cos\phi & \sin\phi \\ \sin\phi & -\cos\phi \end{pmatrix}, \quad \phi = 2\pi/3$$

Wir wählen die Basisvektoren a_1 und a_2 des schiefwinkligen Koordinatensystems parallel zu den Kanten des Dreiecks, so daß $a_1 = a_2$, $\gamma = 2\pi/3$:

$$E = \begin{pmatrix} 1 & 0 \\ 0 & 1 \end{pmatrix}, \quad A_3 = \begin{pmatrix} 0 & -1 \\ 1 & -1 \end{pmatrix}, \quad A_3^2 = \begin{pmatrix} -1 & 1 \\ -1 & 0 \end{pmatrix}$$

$$I_2' = \begin{pmatrix} 1 & -1 \\ 0 & -1 \end{pmatrix}, \quad I_2'' = \begin{pmatrix} -1 & 0 \\ -1 & 1 \end{pmatrix}, \quad I_2''' = \begin{pmatrix} 0 & 1 \\ 1 & 0 \end{pmatrix}$$

h) Die Matrix **T** ist die Transformationsmatrix vom schiefwinkligen zum orthonormierten System

$$\begin{pmatrix} e_1 \\ e_2 \end{pmatrix} = \left(T^{-1} \right)^T \begin{pmatrix} a_1 \\ a_2 \end{pmatrix}, \quad \begin{pmatrix} x_{\text{orthonormiert}} \\ y_{\text{orthonormiert}} \end{pmatrix} = T \begin{pmatrix} x_{\text{schiefwinklig}} \\ y_{\text{schiefwinklig}} \end{pmatrix}$$

$$T = \begin{pmatrix} 1 & -1/2 \\ 0 & \sqrt{3}/2 \end{pmatrix}, \quad T^{-1} = \begin{pmatrix} 1 & 1/\sqrt{3} \\ 0 & 2/\sqrt{3} \end{pmatrix}$$

5.2.2

Bild 5.6 zeigt Würfel mit dekorierten Flächen. Identifizieren Sie die zugehörigen Kristallklassen mit Hilfe von Bild 2.17 (S. 54 – 56). Entwickeln Sie weitere Symmetrien durch angemessene Dekoration der Flächen eines Würfels aus Holz oder Karton.

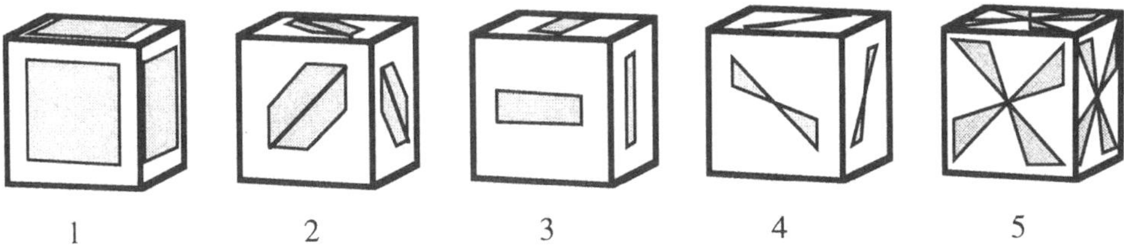

1   2   3   4   5

Bild 5.6 Würfel mit Flächendekorationen

LÖSUNG:

(1) $m\bar{3}m$, (2) $\bar{4}3m$, (3) $m\bar{3}$, (4) **23**, (5) **432**.

5.2.3

Finden Sie die Symmetrieelemente und die Elementarmaschen der zweidimensionalen Strukturen des Bildes 5.7 (S. 238). Vergleichen Sie die Resultate mit Bild 2.29 (S. 74).

5.2.4

Bestimmen Sie die allgemeine Position und die speziellen Positionen (Orbits) sowie die Symmetrieelemente der Ebenengruppe **p4gm**.

    METHODE. Die Gruppe wird generiert durch eine Gleitspiegelgerade **g** parallel einer Kante und durch eine Spiegelgerade **m** parallel einer Diagonalen eines Quadrats. Zeichnen Sie mehrere quadratische Maschen sowie die beiden generierenden Elemente. Markieren Sie in einer Masche eine allgemeine Position mit einem Punkt; vermeiden Sie dabei die Wahl von besonderen Koordinaten wie 1/2 oder 1/4. Generieren Sie weitere äquivalente Punkte mit Hilfe der Geraden **m** und **g** und von Translationen. Nachdem der vollständige Orbit erhalten wurde, markieren Sie sämtliche Symmetrieelemente in der Zeichnung und vergleichen Sie das Resultat mit Bild 2.29 (S. 74). Verschieben Sie den Ursprung des Koordinatensystems in einen vierzähligen Drehpunkt und berechnen Sie die Koordinaten des Orbits bezüglich dieses neuen Ursprungs. Bestimmen Sie die Koordinaten aller speziellen Orbits und die zugehörigen Lagesymmetrien.

LÖSUNG:

Die Koordinaten des allgemeinen Orbits sind (Bild 5.8. S. 239):

x, y; $g\rightarrow 1/2+x, \bar{y}$; $m\rightarrow \bar{y}, 1/2+x$; $g\rightarrow 1/2-y, 1/2-x$; $m\rightarrow 1/2-x, 1/2-y$; $g\rightarrow \bar{x}, 1/2+y$; $m\rightarrow 1/2+y, \bar{x}$; $g\rightarrow y, x$; $m\rightarrow x, y$.

    Der Ursprung wird nun auf einen vierzähligen Drehpunkt mit den Koordinaten (−1/4, 1/4) verschoben. Der allgemeine Orbit wird: x, y; $\bar{y}, x$; $\bar{x}, \bar{y}$; $y, \bar{x}$; $1/2+y, 1/2+x$; $1/2-x, 1/2+y$; $1/2-y, 1/2-x$; $1/2+x, 1/2-y$. Die speziellen Orbits und ihre Lagesymmetrien sind:

Symmetrie **m**:	$x, 1/2+x$; $1/2-x, x$; $\bar{x}, 1/2-x$; $1/2+x, \bar{x}$
Symmetrie **2mm**:	$1/2, 0$; $0, 1/2$
Symmetrie **4**:	$0, 0$; $1/2, 1/2$

Bild 5.7 Die 17 Ebenengruppen in Illustrationen von G. Polya (Z. *Kristallogr.* **60**, 278-282, 1924)

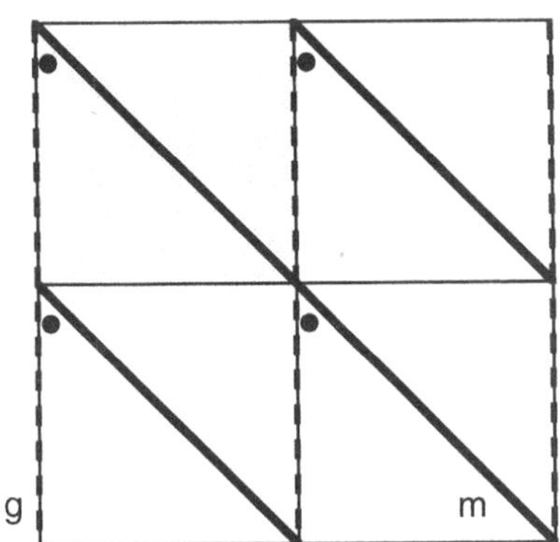

Bild 5.8 Konstruktion eines Orbits aus erzeugenden Symmetrieelementen

5.2.5

Bestimmen Sie die allgemeinen und speziellen Positionen sowie die Symmetrieelemente der Raumgruppen Pnma, $P\bar{4}2_1c$ und $R\bar{3}c$ analog zu Aufgabe 5.2.4. Wählen Sie die Erzeugenden 2_1 und c für $P\bar{4}2_1c$ und 2 und c für $R\bar{3}c$, da diese Symmetrieelemente sich schneiden (vgl. Abschn. 2.5.2). Überprüfen Sie die Ergebnisse anhand der Auszüge aus den *International Tables Vol. A* im Abschn. 2.7.4.

5.2.6

Die Strukturparameter von Calcit, $CaCO_3$, finden sich im Unterkap. 2.8. Zeichnen Sie die Projektionen der Kristallstruktur entlang den Richtungen [100] und [210]. Berechnen Sie die kürzesten C–O- und Ca–O-Abstände sowie die Winkel O–Ca–O. Bestimmen Sie die Koordinationszahl der Calciumatome durch Sauerstoffatome.

LÖSUNG:
Der Abstand C–O ist $ax = 1,28$ Å. Das Calciumatom im Ursprung (0, 0, 0) ist von sechs O-Atomen umgeben, mit den Koordinaten $\pm(2/3\text{-}x, 1/3, 1/12)$; $\pm(-1/3, 1/3\text{-}x, 1/12)$; $\pm(-1/3+x, x\text{-}2/3, 1/12)$. Sie bilden ein entlang c leicht langgezogenes Oktaeder. Mit Hilfe des metrischen Tensors (1.16) (S. 8) berechnet sich der Abstand Ca–O zu $[(x^2 - x + 1/3)a^2 + (c/12)^2]^{1/2} = 2,356$ Å. Die drei Winkel O–Ca–O haben die Werte 87,58°, 92,42° und 180°.

5.3 Übungen zu Kapitel 3

5.3.1

Gegeben ein Kristallgitter mit den Parametern $a = 5$ Å, $b = 10$ Å, $c = 15$ Å, $\alpha = \beta = 90°$, $\gamma = 120°$ sowie eine Strahlung der Wellenlänge 1,5418 Å (CuKα-Strahlung).

a) Bestimmen Sie die Gitterparameter a^*, b^*, c^*, α^*, β^*, γ^* des reziproken Gitters und die Volumina der direkten und der reziproken Elementarzellen.

b) Berechnen Sie den Abstand d und den Reflexionswinkel θ für die Netzebenenschar (321).

c) Der einfallende Strahl verlaufe senkrecht zur Achse $\mathbf{c}$. Bestimmen Sie graphisch mit der Ewald-Konstruktion die Orientierung des Kristalls zur Beobachtung des Reflexes 320. Diese Orientierung kann durch die Winkel zwischen einfallendem Strahl $\mathbf{s}_0$ und den Vektoren $\mathbf{a}^*$ und $\mathbf{b}^*$ angegeben werden. Berechnen Sie diese Winkel.

d) Bestimmen Sie die maximale Anzahl Bragg-Reflexe, die mit $CuK\alpha$-Strahlung beobachtet werden kann.

e) Geben Sie die Maximalwerte h_{max}, k_{max}, l_{max} der Indizes der beobachtbaren Reflexe an.

LÖSUNG:

a) Nach den Gleichungen (1.6) bis (1.15) (alle S. 7) gilt:

$$V = abc\,\sin\gamma = (\sqrt{3}/2)abc = 649{,}52\ \text{Å}^3$$
$$\alpha^* = \beta^* = 90°,\ \gamma^* = 60°$$
$$a^* = 1/(a\,\sin\gamma)\quad = 0{,}23094\ \text{Å}^{-1}$$
$$b^* = 1/(b\,\sin\gamma)\quad = 0{,}11547\ \text{Å}^{-1}$$
$$c^* = 1/c\qquad\qquad = 0{,}06667\ \text{Å}^{-1}$$

Das Volumen der reziproken Zelle ist $V^* = 1/V = 0{,}0015396\ \text{Å}^{-3}$.

b) $d_{321} = \|3\mathbf{a}^* + 2\mathbf{b}^* + \mathbf{c}^*\|^{-1} = (9a^{*2} + 4b^{*2} + c^{*2} + 12a^*b^*\cos\gamma^*)^{-1/2} = 1{,}197\ \text{Å}$

$\sin\theta_{321} = \lambda/(2d_{321}) = 0{,}6440;\quad \theta_{321} = 40{,}09°.$

c) Die graphische Konstruktion (vgl. Bild 5.9) gibt zwei Orientierungen des Kristalls. Der Winkel $(\mathbf{s}_0;\mathbf{a}^*)$ ist die Summe der Winkel $(\mathbf{s}_0;\mathbf{r}^*_{320})$ und $(\mathbf{a}^*;\mathbf{r}^*_{320})$; die anderen Winkel werden in analoger Weise berechnet:

$(\mathbf{s}_0;\mathbf{a}^*) = 143{,}83°;\quad (\mathbf{s}_0;\mathbf{b}^*) = 83{,}83°;\quad (\mathbf{s};\mathbf{a}^*) = 63{,}96°;\quad (\mathbf{s};\mathbf{b}^*) = 3{,}96°$

$(\mathbf{s}_0';\mathbf{a}^*) = 116{,}04°;\quad (\mathbf{s}_0';\mathbf{b}^*) = 176{,}04°;\quad (\mathbf{s}';\mathbf{a}^*) = 36{,}17°;\quad (\mathbf{s}';\mathbf{b}^*) = 96{,}17°$

Es ist offensichtlich, daß $\mathbf{s}_0' = -\mathbf{s}$, $\mathbf{s}' = -\mathbf{s}_0$ ist.

d) Die Punkte des reziproken Gitters, die infolge einer Bewegung des Kristalls durch die Ewald-Kugel wandern können, liegen in einer Kugel mit Radius $2/\lambda$, mit Zentrum im Ursprung des reziproken Gitters (Bild 5.9). Die Anzahl N der Gitterpunkte innerhalb dieser Kugel ist durch das Verhältnis des Kugelvolumens zum Volumen einer Zelle des reziproken Gitters gegeben.

$$N = V_{\text{Kugel}}/V^* = V_{\text{Kugel}}V = \frac{4\pi}{3}\left(\frac{2}{\lambda}\right)^3 \left(abc\,\sin\gamma\right) = 5939$$

e) Die Maximalwerte der Indizes sind gegeben durch die Verhältnisse des Radius der begrenzenden Kugel $2/\lambda$ zu den Gitterabständen $a^*\sin\gamma^* = 1/a$, $b^*\sin\gamma^* = 1/b$ und $c^*=1/c$ (vgl. Bild 3.20, S. 124).

$h_{max} = 2a/\lambda = 6{,}49 \approx 6,\quad k_{max} = 13,\quad l_{max} = 19.$

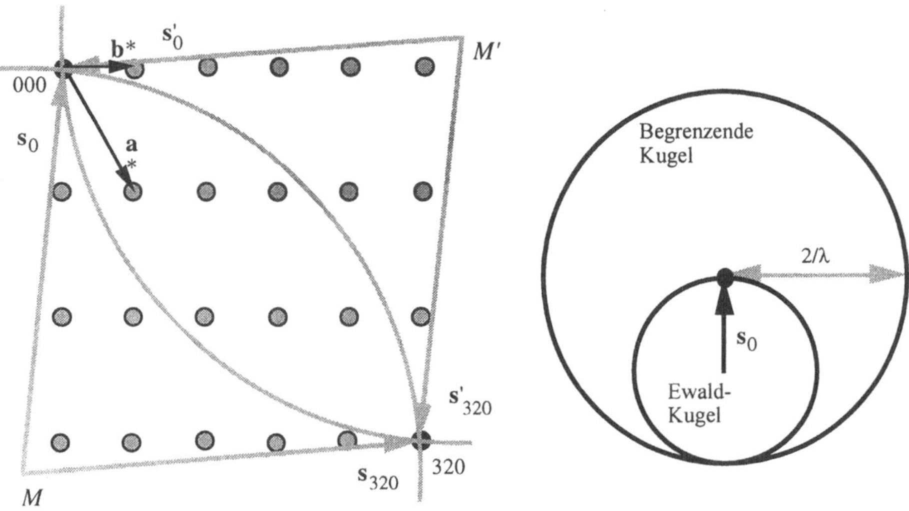

Bild 5.9 Ewald-Konstruktion für die Reflexion an den Netzebenen (320) (links) und begrenzende Kugel für die maximale Anzahl meßbarer Reflexe (rechts)

5.3.2

Tabelle 5.2 enthält die Auswertung der Pulverdiagramme vier kubischer Substanzen, aufgenommen mit CuKα-Strahlung, Wellenlänge $\overline{\lambda}$ = 1.5418 Å. Die Bragg-Winkel θ wurden mit einer Präzision von 0,01° gemessen; die Intensitäten I wurden so normiert, daß I = 100 für den stärksten Reflex eines jeden Diagramms gilt. Finden Sie die Indizes hkl der Reflexe sowie die Gitterkonstanten (Abschn. 3.5.3). Identifizieren Sie für jede Verbindung die integralen Reflexionsbedingungen und schließen Sie auf das Bravais-Gitter (Tabelle 3.2, S. 149).

Tabelle 5.2 Bragg-Winkel θ vier kubischer Substanzen

	NaCl		CuZn		W		Si	
Reflex Nr.	θ [°]	I	θ [°]	I	θ [°]	I	θ [°]	I
1	13,68	13	15,15	6	20,15	100	14,23	100
2	15,86	100	21,75	100	29,16	15	23,67	55
3	22,74	55	26,93	1	36,63	23	28,08	30
4	26,95	2	31,53	15	43,55	8	34,60	6
5	28,26	15	35,76	2	50,38	11	38,22	11
6	33,14	6	39,85	29	57,53	4	44,06	12
7	36,57	1	47,72	5	65,69	18	47,52	6
8	37,69	11	51,65	1	76,99	2	53,42	3
9	42,03	7	55,81	8			57,11	7
10	45,25	1	60,13	1			63,86	8

LÖSUNG:

Jedes Indextripel hkl in Tabelle 5.3 steht für die Gesamtheit der Reflexe von Netzebenenscharen mit demselben Wert $s = h^2+k^2+l^2$ (Abschn. 3.5.3). Ist die Laue-Klasse $m\bar{3}m$, sind alle diese Netzebenenscharen *symmetrieäquivalent.* Natürlich lassen die Pulverdiagramme keine Unterscheidung zwischen den fünf kubischen Kristallklassen oder den beiden Laue-Klassen zu. Die Gitterkonstanten werden mit Hilfe der Gleichung (3.47) (S. 134) berechnet:
$$(\lambda/2a)^2 = \sum \sin^2 \theta / \sum s.$$

NaCl: $a = 5{,}6404$ Å. Die Indizes hkl sind alle von gleicher Parität, daher ist das Bravais-Gitter F-zentriert. Die Linie Nr. 10 ist eine Überlagerung zweier nicht symmetrisch äquivalenter Linien.

CuZn: $a = 2{,}948$ Å. Es gibt keine integralen Reflexionsbedingungen, daher ist das Gitter P.

W: $a = 3{,}165$ Å. Die hkl erfüllen die Bedingungen $h+k+l = 2n$; das Gitter ist also I-zentriert. Es ist nicht möglich, bei der ersten Linie $s = 1$ zu setzen; dann würde für die siebte Linie der unmögliche Wert $s = 7$ folgen (vgl. Abschn. 3.5.3).

Si: $a = 5{,}431$ Å. Das Gitter ist F-zentriert wie bei NaCl. Zusätzlich gibt es keine Reflexe mit $h+k+l = 4n+2$. Insbesondere ist der Reflex 222 abwesend. Aus diesem Grund ist durch Reflexion an Si(111) monochromatisierte Strahlung nicht durch $\lambda/2$ kontaminiert.

Tabelle 5.3 Indizierung der Pulverdiagramme der vier kubischen Substanzen aus Tabelle 5.2 (S. 241). $(s = h^2+k^2+l^2)$

	NaCl		CuZn		W		Si	
Reflex Nr.	s	h, k, l	s	h, k, l	s	h, k, l	s	h, k, l
1	3	111	1	100	2	110	3	111
2	4	200	2	110	4	200	8	220
3	8	220	3	111	6	211	11	311
4	11	311	4	200	8	220	16	400
5	12	222	5	210	10	310	19	331
6	16	400	6	211	12	222	24	422
7	19	331	8	220	14	321	27	511/333
8	20	420	9	300/221	16	400	32	440
9	24	422	10	310			35	531
10	27	511/333	11	311			40	620

5.3.3

a) Vergleichen Sie die Intensitäten in Tabelle 5.2 (S. 241) mit den auf der Basis sphärischer Atome berechneten. Zum Vergleich benachbarter Linien müssen die Multiplizität m (Abschn. 3.5.3) und der Strukturfaktor $F(hkl)$ (Abschn. 3.7.1) betrachtet werden. Zur Vereinfachung der Rechnungen werden der Lorentz-Faktor (3.60) (S. 145) und der Polarisationsfaktor (3.19) (S. 106) vernachlässigt und ebenso die Abnahme des Formfaktors und Debye-Waller-Faktors mit $\sin\theta/\lambda$ (Abschn. 3.3.3 und 3.3.4). Die Atomkoordinaten sind:

NaCl: Raumgruppe $Fm\bar{3}m$

   $(0, 0, 0)+;$ $(1/2, 1/2, 0)+;$ $(1/2, 0, 1/2)+;$ $(0, 1/2, 1/2)+$

   4 Cl in 0, 0, 0; 4 Na in 1/2, 1/2, 1/2

CuZn: Raumgruppe $Pm\bar{3}m$

   Cu in 0, 0, 0; Zn in 1/2, 1/2, 1/2

   Zn besetzt das Zentrum der Elementarzelle – wieso ist das Gitter dann nicht I-zentriert?

W: Raumgruppe $Im\bar{3}m$

   $(0, 0, 0)+;$ $(1/2, 1/2, 1/2)+$

   2 W in 0, 0, 0

Si: Raumgruppe $Fm\bar{3}m$

   $(0, 0, 0)+;$ $(1/2, 1/2, 0)+;$ $(1/2, 0, 1/2)+;$ $(0, 1/2, 1/2)+$

   8 Si in 0, 0, 0; 1/4, 1/4, 1/4

b) Leiten Sie die Reflexionsbedingungen ab. Erklären Sie das Abwechseln starker mit schwachen Intensitäten.

LÖSUNG:

NaCl: $|F(hkl)|^2 = 16\{[f_{Cl}]_t + (-1)^{h+k+l}[f_{Na}]_t\}^2$, wenn h, k, l dieselbe Parität besitzen, andernfalls 0; $m = 8, 6, 12, 24, 8, 6, 24, 24, 24, 24+8$.

CuZn: $|F(hkl)|^2 = \{[f_{Cu}]_t + (-1)^{h+k+l}[f_{Zn}]_t\}^2$; $m = 6, 12, 8, 6, 24, 24, 12, 6+24, 24, 24$. Für $h+k+l = 2n+1$ streuen Cu und Zn außer Phase, und die Intensitäten sind schwach. Das Gitter ist nicht I-zentriert, da $(\mathbf{a}_1 + \mathbf{a}_2 + \mathbf{a}_3)/2$ keine Translation ist.

W: $F(hkl)|^2 = 4[f_W]_t^2$ für $h+k+l = 2n$, andernfalls 0; $m = 12, 6, 24, 12, 24, 8, 48, 6$. Für $h+k+l = 2n+1$ streuen die Atome der Elementarzelle außer Phase, und die Intensitäten annulieren sich. Die alternierende Abfolge starker und schwacher Linien liegt nur an der Multiplizität.

Si: $F(hkl)|^2 = 64[f_{Si}]_t^2$ für h, k, l gerade und $h+k+l \neq 4n+2$, $32[f_{Si}]_t^2$ für h, k, l ungerade, sonst 0; $m = 8, 12, 24, 6, 24, 24, 24+8, 12, 48, 24$. Es ist interessant, herzuleiten, daß die Abwesenheit des Reflexes 222 nicht in der Raumgruppe begründet liegt, sondern in der besonderen Anordnung der Atome in der Elementarzelle. Tatsächlich gilt $F(222) = 0$ nur bei sphärischer Elektronendichte der Si-Atome (Abschn. 3.3.3). Genaue Messungen an einem Einkristall zeigen, daß diese Intensität sehr schwach, jedoch nicht null ist. Dies liegt an der chemischen Bindung zwischen den Si-Atomen und an anharmonischen thermischen Schwingungen.

5.3.4

Bestimmen Sie mit Hilfe der folgenden Reflexionsbedingungen die zugehörigen Raumgruppen:

a) orthorhombisch; hkl: $k+l = 2n$; $0kl$: $k = 2n$; $h0l$: $h = 2n$

b) tetragonal; hkl: keine Bedingung; $00l$: $l = 4n$; $h00$: $h = 2n$

c) tetragonal; *hkl*: keine Bedingung; 0*kl*: $l = 2n$; *hhl*: $l = 2n$

d) tetragonal; *hkl*: keine Bedingung; *hk*0: $h+k = 2n$; 0*kl*: $l = 2n$; *hhl*: $l = 2n$

e) trigonal, Laue-Klasse $\bar{3}$m; *hkl*: $-h+k+l = 3n$.

f) trigonal, Laue-Klasse $\bar{3}$m1; *hkl*: keine Bedingung; 00*l*: $l = 3n$.

g) hexagonal; *hkl*: keine Bedingung; *hhl*: $l = 2n$.

h) kubisch; *hkl*: $k+l$, $h+l$, $h+k = 2n$; *h*00, $h = 4n$.

i) kubisch, Laue-Klasse m$\bar{3}$m; *hkl*: $k+l$, $h+l$, $h+k = 2n$.

LÖSUNG:

a) Aba2 oder Abam. In den *International Tables Vol. A* wird Abam in einer anderen Aufstellung (Benennung der Achsen **a**, **b**, **c**) mit dem Symbol Cmca verwendet.

b) P4$_1$2$_1$2 oder P4$_3$2$_1$2. Diese Raumgruppen bilden ein enantiomorphes Paar. Es ist nicht möglich, zwischen ihnen zu unterscheiden, solange die Friedel-Regel erfüllt ist (Abschn. 3.7.3). Die tetragonale Symmetrie fordert außerdem die Reflexionsbedingung 0*k*0: $k = 2n$ vorhanden.

c) P4cc oder P4/mcc. Wegen der tetragonalen Symmetrie gelten außerdem die Reflexionsbedingungen *h*0*l*: $l = 2n$ und $h\bar{h}l : l = 2n$ vorhanden.

d) P4/ncc. Die tetragonale Symmetrie impliziert die weiteren Reflexionsbedingungen *h*0*l*: $l = 2n$ und $h\bar{h}l : l = 2n$ vorhanden.

e) R3m oder R32 oder R$\bar{3}$m.

f) P3$_1$21 oder P3$_2$21. Ein enantiomorphes Raumgruppenpaar. Die Spiegelebenen der Laue-Klasse $\bar{3}$m1 stehen senkrecht auf den kürzesten Translationen in den trigonalen Netzebenen.

g) P6$_3$mc oder P6$_3$/mmc oder P$\bar{6}$2c. Aufgrund der hexagonalen Symmetrie gelten ebenfalls die Reflexionsbedingungen $2h\,\bar{h}\,l : l = 2n$; $\bar{h}\,2h\,l : l = 2n$ vorhanden.

h) F4$_1$32. Die kubische Symmetrie erfordert außerdem die Reflexionsbedingungen 0*k*0: $k = 4n$ und 00*l*: $l = 4n$ vorhanden.

i) F432 oder F$\bar{4}$3m oder Fm$\bar{3}$m.

5.3.5

Ist es vorteilhaft, zur Bestimmung der Raumgruppe eines Kristalls die Laue-Methode zu verwenden?

LÖSUNG:

Nein, denn es ist schwierig, die Reflexionsbedingungen zu erkennen. Im allgemeinen enthält ein gebeugter Strahl mehrere Ordnungen eines Reflexes *HKL*. So überlagern beispielsweise die Reflexe 00*l*.

5.3.6

Die Kristallstruktur von BaTiO$_3$ ist oberhalb 120°C kubisch, mit der Raumgruppe Pm$\bar{3}$m, $a \approx 4$ Å. Bei 120°C durchläuft sie eine Phasenumwandlung und wird ferroelektrisch: Zwischen 0 und 120°C ist sie tetragonal, Raumgruppe P4mm, $a = 3{,}99$ Å, $c = 4{,}03$ Å bei

Umgebungstemperatur. Diese Umwandlung kann mit der Pulvermethode untersucht werden (Abschn. 3.5.3): Beim Übergang der Struktur vom Kubischen ins Tetragonale spalten bestimmte Linien im Pulverdiagramm auf. Welche?

LÖSUNG:
Für eine tetragonale Struktur wird Gleichung (3.46) (S. 133)

$$\left(\frac{2\sin\theta}{\lambda}\right)^2 = \frac{\left(h^2 + k^2\right)}{a^2} + \frac{l^2}{c^2}$$

Jede Pulverlinie des kubischen Kristalls mit $h \neq k \neq l \neq h$ spaltet beim Übergang ins Tetragonale in drei Linien auf; sind zwei Indizes gleich, kommt es zu einer zweifachen Aufspaltung; bei $h = k = l$ geschieht keine Aufspaltung.

5.4 Übungen zu Kapitel 4

5.4.1
Zeigen Sie, daß eine Kugel aus einem nichtkubischen Kristall unter hydrostatischem Druck zu einem Ellipsoid deformiert, und bestimmen Sie die Orientierung seiner Hauptachsen.

LÖSUNG:
Gleichung (4.69) (S. 196) beschreibt die Deformation ε als Funktion des hydrostatischen Druckes σ. Die undeformierte Kugel wird durch die Gleichung $x_1^2 + x_2^2 + x_3^2 = r^2$ gegeben. Nach der Deformation gilt

$$x'_m = \sum_{n}^{3} \left(\delta_{mn} - \sigma h_{mn}\right) x_n$$

Im Koordinatensystem der Eigenvektoren von $\mathbf{h}$ und ε wird die Gleichung der deformierten Kugel zu

$$\frac{\left(x'_1\right)^2}{\left(1 - \sigma h_{11}\right)^2} + \frac{\left(x'_2\right)^2}{\left(1 - \sigma h_{22}\right)^2} + \frac{\left(x'_3\right)^2}{\left(1 - \sigma h_{33}\right)^2} = r^2$$

Dies ist die Gleichung eines Ellipsoids.

5.4.2
Das Mineral Calcit, $CaCO_3$, ist trigonal (Unterkapitel 2.8). Zur Bestimmung des Tensors der thermischen Ausdehnung $\mathbf{e}$ (Beziehung (4.74), S. 200) werden Pulverdiagramme bei

zwei verschiedenen Temperaturen aufgenommen und die Bragg-Winkel der Linien 330 und 00,18 ausgemessen:

$$T = \;\;\;40°C: \qquad 2\theta_{330} = 136{,}27° \qquad 2\theta_{00,18} = 108{,}82°$$
$$T = \;140°C: \qquad 2\theta_{330} = 136{,}43° \qquad 2\theta_{00,18} = 108{,}42°$$

Die Wellenlänge der benutzten Strahlung ist $\lambda = 1{,}54051$ Å (CuKα_1). Berechnen Sie die Komponenten des Tensors **e**. In welcher Richtung ist die thermische Ausdehnung null?

LÖSUNG:

Mit der Metrik des trigonalen Systems wird Gleichung (3.46) (S. 133)

$$\left(\frac{2\sin\theta}{\lambda}\right)^2 = d_{hkl}^{-2} = \left(h^2 + k^2 + hk\right)a^{*2} + l^2 c^{*2}; \quad a^* = \frac{2}{\sqrt{3}a}, \quad c^* = \frac{1}{c}$$
$$a = 6d_{330}; \quad c = 18d_{00,18}$$

Also können a und c bei 40 und 140°C berechnet werden. Der Deformationstensor ε und der Tensor der thermischen Ausdehnung **e** haben die Form (4.13) (S. 172). Die Deformationen nach dem Aufheizen sind $\varepsilon_{11} = [a_{140} - a_{40}]/a_{40}$ und $\varepsilon_{33} = [c_{140} - c_{40}]/c_{40}$. Wir erhalten $e_{11} = -6 \times 10^{-6}$ K^{-1}; $e_{33} = 25 \times 10^{-6}$ K^{-1}. Die thermische Ausdehnung entlang dem Einheitsvektor $\mathbf{l} = (l_1, l_2, l_3)$ ist

$$e_L(\mathbf{l}) = \left(1 - l_3^2\right)e_{11} + l_3^2 e_{33}$$

Sie wird null für $\theta = 64°$ mit $\theta = \arccos(l_3)$, dem Winkel zwischen dem Vektor $\mathbf{l}$ und der dreizähligen Achse.

5.4.3

Die Struktur von Kupfer ist kubisch, Kristallklasse $m\bar{3}m$. Die Elastizitätsmoduli sind $C_{11} = 1{,}76$; $C_{12} = 1{,}29$; $C_{44} = 0{,}75 \times 10^{11}$ Pa. Die Dichte beträgt $d = 8{,}92$ g cm^{-3}. Berechnen Sie Ausbreitungsgeschwindigkeiten und Polarisationsrichtungen von ebenen Wellen mit Wellennormalen parallel [100], [111], [110], [210], [211]. Berechnen Sie die Winkel zwischen den Wellennormalen und den Polarisationsrichtungen.

Tabelle 5.4 Ebene elastische Wellen in Kupfer: Ausbreitungsgeschwindigkeit v in km/s und Winkel zwischen der Richtung der Ausbreitung und der Polarisation

	longitudinal		transversal		transversal	
n	v	Winkel	v	Winkel	v	Winkel
[100]	4,44	0	2,90	90	2,90	90
[111]	5,24	0	2,14	90	2,14	90
[110]	5,05	0	1,62	90	2,90	90
[210]	4,88	8,25	2,08	98,25	2,90	90
[211]	5,08	7,28	2,05	97,28	2,55	90

LÖSUNG:
Für jede Wellennormale **n** wird die Matrix **B** (4.72) (S. 199) aus dem Tensor der Elastizitätsmodulen kubischer Symmetrie erhalten (Tensorform (4.65), S. 194). Dann werden die Eigenvektoren und Eigenwerte von **B** berechnet. Bei Beachten der Symmetrie können diese Informationen erhalten werden, ohne das charakteristische Polynom für **B** zu berechnen.

In den Ausbreitungsrichtungen [100] und [111] ist jede transversale Polarisation erlaubt. Die Polarisationsrichtungen transversaler Wellen parallel [110] sind [$\bar{1}$10] und [001], also Richtungen senkrecht zu den Spiegelebenen. Für **n** parallel zu [210] und [211] ist die Polarisationsrichtung einer Welle senkrecht zu einer Spiegelebene; die beiden anderen Wellen sind weder transversal noch longitudinal. Tabelle 5.4 faßt diese Resultate zusammen.

5.4.4

KH_2PO_4 (Abschn. 3.9.2; Bild 3.41, S. 158) besitzt bei tiefen Temperaturen einen außergewöhnlich großen piezoelektrischen Modul. Die Kristallklasse ist $\bar{4}2m$. Bei 122 K ist $d_{36} = 2 \times 10^{-8}$ C/N; bei Umgebungstemperatur fällt d_{36} um etwa drei Größenordnungen auf $1{,}7 \times 10^{-11}$ C/N. Die anderen Module sind vernachlässigbar.

Bestimmen Sie die Terme des piezoelektrischen Tensors. Die Vektoren $\mathbf{e}_1$ und $\mathbf{e}_2$ sollten parallel den zweizähligen Drehachsen verlaufen und $\mathbf{e}_3$ parallel zur $\bar{4}$-Achse. Es liege ein flaches tetragonales Prisma mit Seitenflächen parallel zu den zweizähligen Achsen vor, an dem ein elektrisches Feld von 3000 V/cm parallel zu $\mathbf{e}_3$ wirkt. Berechnen Sie die Deformation des Kristallplättchens.

LÖSUNG:
Die unabhängigen Terme sind d_{14}, $d_{25} = d_{14}$ und d_{36}. Der inverse piezoelektrische Effekt (4.77) (S. 201) resultiert in einer Deformation $\varepsilon_6 = 2\varepsilon_{12} = d_{36}E_3$, wobei d_{36} die Einheit C/N = m/V besitzt. Die quadratische Grundfläche mit Seitenlänge a verzerrt zu einem Rhombus.

$$\mathbf{a}_1' = a\left[1 + \varepsilon_{11},\ \varepsilon_{12},\ \varepsilon_{13}\right], \quad \mathbf{a}_2' = a\left[\varepsilon_{12},\ 1 + \varepsilon_{22},\ \varepsilon_{23}\right]$$

Der spitze Winkel des Rhombus ist $\gamma = \pi/2 - \varepsilon_6$. Bei 122 K nimmt er den Wert $\gamma = 89{,}66°$ an.

5.4.5

Die außergewöhnlich hohe Doppelbrechung des Minerals Calcit, $CaCO_3$, ist gut bekannt. Die Strukturparameter sind in Unterkapitel 2.8 aufgeführt. Die Brechungsindizes sind $n_0 = 1{,}6584$ und $n_e = 1{,}4865$. Häufig kommen Kristalle als Rhomboeder $\{104\}$ vor, mit den sechs symmetrieäquivalenten Flächen (104), (0$\bar{1}$4), ($\bar{1}$14), ($\bar{1}$0$\bar{4}$), (01$\bar{4}$) und (1$\bar{1}$4).

Eine unpolarisierte elektromagnetische Welle soll senkrecht zur Fläche ($\bar{1}$04) einfallen. Bestimmen Sie die charakteristischen Vektoren der Wellen, die sich im Kristall ausbreiten: dielektrische Verschiebungen **D**, elektrische Felder **E**, Lichtstrahlen **s**. Berechnen Sie den Abstand der Bilder eines Objekts, das durch einen Kristall der Dicke 3 cm betrachtet wird.

LÖSUNG:

Die Achsen eines orthonormierten Koordinatensystems werden wie folgt gewählt: $\mathbf{e}_1$ parallel $\mathbf{a}^*$, $\mathbf{e}_2$ parallel $\mathbf{b}$, $\mathbf{e}_3$ parallel $\mathbf{c}$. Die reziproken Vektoren wurden in Übung 5.4.2 berechnet. Der reziproke Vektor $\mathbf{a}^* + 4\mathbf{c}^* = a^*\mathbf{e}_1 + 4c^*\mathbf{e}_3$ fällt mit der Normalen der Welle $\mathbf{v}$ zusammen. Der Winkel η zwischen $\mathbf{v}$ und $\mathbf{e}_3$ berechnet sich nach

$$\cos^2\eta = \frac{12}{12+(c/a)^2}; \quad \mathbf{v}^T = \left(\sin\eta,\, 0,\, \cos\eta\right); \quad \eta = 44{,}53°$$

Die dielektrische Verschiebung der ordentlichen Welle, $\mathbf{D}_o$, ist senkrecht $\mathbf{v}$ und $\mathbf{e}_3$. Die dielektrische Verschiebung der außerordentlichen Welle, $\mathbf{D}_{e'}$, befindet sich in der Ebene ($\mathbf{v}$; $\mathbf{e}_3$). Die Richtungen von $\mathbf{D}_o$ und $\mathbf{D}_{e'}$ werden durch Vektoren der Norm 1 dargestellt

$$\mathbf{D}_o^T = (0,\, 1,\, 0); \quad \mathbf{D}_{e'}^T = (-\cos\eta,\, 0,\, \sin\eta)$$

Die Brechungsindizes werden mit Hilfe von Gleichung (4.107) (S. 216) berechnet: $n_o = 1{,}6584$ und $n_{e'} = 1{,}5668$. Durch Multiplikation von $\mathbf{D}$ mit dem inversen dielektrischen Tensor ε^{-1} wird die Richtung von $\mathbf{E}$ erhalten

$$\mathbf{E} = \text{parallel zu} \begin{pmatrix} n_o^{-2} & 0 & 0 \\ 0 & n_o^{-2} & 0 \\ 0 & 0 & n_e^{-2} \end{pmatrix} \mathbf{D}$$

Die elektrischen Felder $\mathbf{E}_o$ und $\mathbf{E}_{e'}$ der Norm 1 sind

$$\mathbf{E}_{e'}^T = \frac{1}{\sqrt{n_e^4 + (n_o^4 - n_e^4)\sin^2\eta}}\left(-n_e^2\cos\eta,\, 0,\, n_o^2\sin\eta\right), \quad \mathbf{E}_o^T = \left(0,\, 1,\, 0\right)$$

Die Lichtstrahlen $\mathbf{s}_o$ und $\mathbf{s}_{e'}$ liegen in den Ebenen ($\mathbf{D}_o$;$\mathbf{E}_o$) und ($\mathbf{D}_{e'}$;$\mathbf{E}_{e'}$). Der Winkel δ zwischen $\mathbf{s}_o$ und $\mathbf{s}_{e'}$ wird wie folgt berechnet:

$$\mathbf{s}_o = \mathbf{v}, \quad \mathbf{s}_{e'}^T = \frac{1}{\sqrt{n_e^4 + (n_o^4 - n_e^4)\sin^2\eta}}\left(n_o^2\sin\eta,\, 0,\, n_e^2\cos\eta\right)$$

$$\cos\delta = \frac{n_e^2 + (n_o^2 - n_e^2)\sin^2\eta}{\sqrt{n_e^4 + (n_o^4 - n_e^4)\sin^2\eta}} = \frac{n_o n_e}{n_{e'}\sqrt{n_o^2 + n_e^2 - n_{e'}^2}}, \quad \delta = 6{,}23°$$

Der Abstand beider Abbildungen ist $30\sin\delta = 3{,}26$ mm (Bild 5.10).

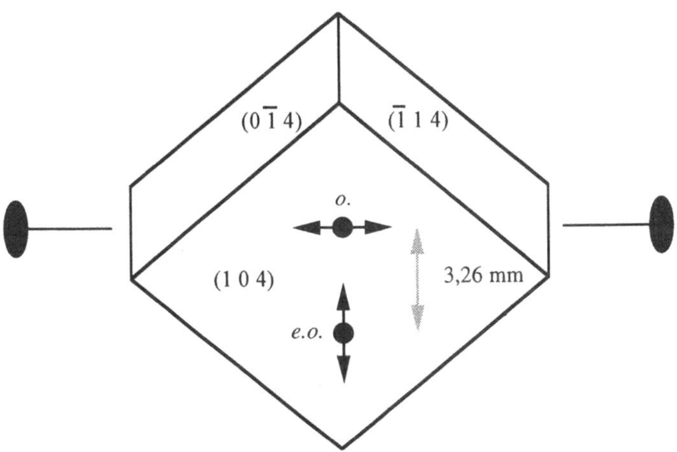

Bild 5.10 Ordentliche (*o.*) und außerordentliche (*e.o.*) Wellen in Calcit

Bibliographie

Kristallographie, allgemein

Giacovazzo, C. (Hrsg.): *Fundamentals of Crystallography* (Oxford University Press, Oxford 1992), 654 S.

Kleber, W., Bautsch, H.-J., Bohm, J.: *Einführung in die Kristallographie* (Verlag Technik, Berlin 1998), 416 S.

Lipson, S. G., Lipson, H.: *Optical Physics* (Cambridge University Press, Cambridge 1981)

Megaw, H. D.: *Crystal Structures: A Working Approach* (Saunders, Philadelphia 1973), 563 S.

Vainshtein, B. K. (Hrsg.): *Modern Crystallography*:

Vol. 1: Vainshtein, B. K.: *Fundamentals of Crystals. Symmetry, and Methods of Structural Crystallography* (Springer, Berlin 1994), 480 S.

Vol. 2: Vainshtein, B. K., Fridkin, V. M., Indenbom, V. L.: *Structure of Crystals* (Springer, Berlin 1995), 520 S.

Vol. 3: Chernov, A. A.: *Crystal Growth* (Springer, Berlin 1984), 517 S.

Vol. 4: Shuvalov, L. A. (Hrsg.): *Physical Properties of Crystals* (Springer, Berlin 1988), 583 S.

Symmetrie

Burns, G., Glazer, A. M.: *Space Groups for Solid State Scientists* (Academic Press, New York 1990), 278 S.

Burzlaff, H., Zimmermann, H.: *Kristallsymmetrie – Kristallstruktur* (Merkel Universitäts-Buchhandlung, Erlangen 1986), 276 S.

Engel, P.: *Geometric Crystallography. An Axiomatic Introduction to Crystallography* (D. Reidel, Dordrecht 1986), 266 S.

Hahn, Th. (Hrsg.): *International Tables for Crystallography*, Vol. A: *Space-Group Symmetry* (Kluwer Academic Publishers, Dordrecht 2000), 874 S.

Hahn, Th., Wondratschek, H.: *Symmetry of Crystals. Introduction to the International Tables for Crystallography, Vol. A.* (Heron Press, Sofia 1994), 134 S.

Hammond, C.: *The basics of Crystallography and Diffraction* (Oxford University Press, Oxford 1997), 249 S.

Senechal, M.: *Crystalline Symmetries. An Informal Mathematical Introduction* (A. Hilger, Bristol 1990), 137 S.

Beugung, Kristallstrukturbestimmung

Allmann, R.: *Röntgen-Pulverdiffraktometrie. Rechnergestützte Auswertung, Phasenanalyse und Strukturbestimmung* (Springer, Berlin 1994), 228 S.

Clegg, W.: *Crystal Structure Determination* (Oxford University Press, Oxford 1998), 84 S.

Dunitz, J. D.: *X-Ray Analysis and the Structure of Organic Molecules* (Wiley-VCH, Weinheim 1995), 514 S.

Glusker, J. P., Trueblood, K. N.: *Crystal Structure Analysis: A Primer* (Oxford University Press, Oxford 1985), 269 S.

Glusker, J. P., Lewis, M., Rossi, M.: *Crystal Structure Analysis for Chemists and Biologists* (VCH Publishers, New York 1994), 854 S.

Ladd, M. F. C., Palmer, R. A.: *Structure Determination by X-Ray Crystallography* (Plenum Publishing Corporation, New York 1993), 572 S.

Massa, W.: *Kristallstrukturbestimmung* (Teubner, Stuttgart 1994), 261 S.

Meersche, M. van, Feneau-Dupont, J.: *Introduction à la cristallographie et à la chimie structurale* (Edition Peeters, Louvain 1984), 849 S.

Shmueli, U. (Hrsg.): *International Tables for Crystallography, Vol. B: Reciprocal Space* (Kluwer Academic Publishers, Dordrecht 2000), 550 S.

Stout, G. H., Jensen, L. H.: *X-Ray Structure Determination. A Practical Guide* (John Wiley & Sons, New York 1989), 453 S.

Wilson, A. J. C., Prince, E. (Hrsg.): *International Tables for Crystallography, Vol. C: Mathematical, Physical and Chemical Tables* (Kluwer Academic Publishers, Dordrecht 1999), 1024 S.

Woolfson, M., Hai-fu, F.: *Physical and Non-Physical Methods of Solving Crystal Structures* (Cambridge University Press, Cambridge 1995), 276 S.

Woolfson, M. M.: *An Introduction to X-ray Crystallography* (Cambridge University Press, Cambridge 1997), 402 S.

Physikalische Eigenschaften der Kristalle

Bloss, F. D.: *Optical Crystallography* (Mineralogical Society of America, Washington 1999), 239 S.

Haussühl, S.: *Kristallphysik* (Physik-Verlag, Weinheim 1983), 434 S.

Lovett, D. R.: *Tensor Properties of Crystals* (A. Hilger, Bristol 1999), 180 S.

Nye, J. F.: *Physical Properties of Crystals. Their Representations by Tensors and Matrices* (Oxford University Press, Oxford 1985), 352 S.

Paufler, P.: *Physikalische Kristallographie* (VCH, Weinheim 1986), 325 S.

Sachwortverzeichnis